山东省精品课程实验教材

高等学校"十三五"规划教材

新编

大学物理实验

杨清雷　王泽华　朱国全　刘 珂　主编

U0235006

化学工业出版社

·北京·

《新编大学物理实验》根据 2010 年教育部高等学校物理学与天文学教学指导委员会的《理工科类大学物理实验课程教学基本要求》，结合相关理工类学校的办学方向、专业特色和物理实验教学的实践，及相关学科的新技术、新方法编写而成。本书突出实验中测量物理量的实验原理、实验方法和操作技能，帮助学生在观察、测量与分析中进一步理解物理思想，养成用实验方法探索问题、解决问题的科学习惯；同时基于实验教学中对数字技术和智能仪器原理的介绍，使学生能够适应现代化工程技术发展的需求，培养学生的创新意识和创新能力。

全书共分 4 章。第 1 章是测量误差与数据处理；第 2 章是基础性实验，精选了 35 个典型的实验项目，涵盖力学、热学、电磁学、光学等测试技术方面的内容；第 3 章是综合性实验，选编了 20 个实验项目，包括近代物理、半导体物理、物理学与交叉学科等方面的内容；第 4 章是设计性实验，结合实际教学过程及物理科技创新大赛，提出了 44 个实验项目。

《新编大学物理实验》为普通高等学校理工科专业的大学物理实验教材，也可供实验教师和实验技术人员参考。

图书在版编目（CIP）数据

新编大学物理实验/杨清雷等主编. —北京：化学工业
出版社，2020.2（2025.2重印）
ISBN 978-7-122-36015-1

Ⅰ.①新… Ⅱ.①杨… Ⅲ.①物理学-实验-高等学校-
教材 Ⅳ.①O4-33

中国版本图书馆 CIP 数据核字（2020）第 007714 号

责任编辑：王清颢　　　　　　　　　　文字编辑：陈小滔
责任校对：宋　玮　　　　　　　　　　装帧设计：王晓宇

出版发行：化学工业出版社（北京市东城区青年湖南街 13 号　邮政编码 100011）
印　　装：北京天宇星印刷厂
787mm×1092mm　1/16　印张 26¾　字数 672 千字　2025 年 2 月北京第 1 版第 6 次印刷

购书咨询：010-64518888　　　　　　　售后服务：010-64518899
网　　址：http://www.cip.com.cn
凡购买本书，如有缺损质量问题，本社销售中心负责调换。

定　　价：59.80 元

编写人员名单

主　编　杨清雷　王泽华　朱国全　刘　珂

参　编　郭　俊　梁大光　刘　静　李武男

前言

大学物理实验课程是高等院校理工科类专业一门重要的实验课程，是对学生进行科学实验基本训练的必修基础课程，是学生接受系统实验方法和实验技能训练的开端。物理实验是科学实验的先驱，覆盖面非常广泛，具有丰富的实验思想、实验方法和实验手段，体现了大多数科学实验的共性，在培养学生严谨的治学态度、活跃的创新意识、理论联系实际和适应科技发展的综合应用能力等方面具有其他实践类课程不可替代的作用。随着科学技术的飞速发展，各学科之间相互渗透，物理实验项目和实验方法不断更新，带动实验技术和实验水平不断提高。而物理实验教材作为实验教学内容的载体，是物理实验教学水平、教学质量的基本保证，也是物理实验课程体系和课程内容改革成果的核心体现。

《新编大学物理实验》的编写原则是：紧扣教育部《理工科类大学物理实验课程教学基本要求》，结合相关学科的新技术、新方法，源于物理又广于物理；突出实验中测量物理量的实验原理、实验方法和操作技能，在观察、测量与分析中进一步理解物理思想，养成用实验方法探索问题、解决问题的科学习惯；结合实验教学中对数字技术和智能仪器原理的介绍，使学生能够适应现代化工程技术发展的需求，培养学生的创新意识和创新能力。

全书共分 4 章。第 1 章是测量误差与数据处理。系统论述了物理实验中测量及测量误差等方面的基本知识，并介绍了测量、计量、量值传递、检定等概念，采用简化模式，尝试用不确定度评定测量结果，力求与国家的技术规范相一致，思想较新颖。增加了 Excel 及MATLAB 在物理实验中的应用。第 2 章是基础性实验。精选了 35 个典型的实验项目，涵盖了力学、热学、电磁学、光学等测试技术方面的内容。第 3 章是综合性实验。选编了 20个实验项目，包括了近代物理、半导体物理、物理学与交叉学科等方面的内容。第 4 章是设计性实验。结合实际教学过程及物理科技创新大赛，提出了 44 个实验项目。设计性实验是对已经具备一定的实验技能和仪器设备综合使用能力的学生开设的，与基础性实验和综合性实验既有联系，又有提高，提出的实验项目难易适中，可操作性强。

本教材编写时，总结了多位编者多年来的物理实验教学经验及近年来物理实验的研究成果和创新内容，并结合各专业特点，把物理量的测量以及在工程技术中的应用作为重点突出在教材中。选编的实验项目，既有经过长期教学实践、内容经典的实验，又有物理技术与计算机技术相结合的新实验。各个实验项目之间既相互独立，又循序渐进、相辅相成，形成一个完整的从基础到综合再到创新的课程体系。教学过程中，重点是学生在实验方法、实验技能和仪器设备使用等方面都能得到全面而系统的训练。在文字上力求简明、准确，深入浅出，每个实验的目的明确、实验原理叙述清楚、实验步骤条理分明，学生可依次操作，数据处理要求规范，思考题能供学生在实验后进行分析讨论，以巩固所学知识和开阔视野。

本教材由杨清雷、王泽华、朱国全、刘珂主编，参加本书编写的还有郭俊、梁大光、刘静、李武男。全书由杨清雷、郭俊负责统稿。特别感谢葛松华老师和唐亚明老师对本教材编写工作的悉心指导。由于编者的水平有限，书中难免有疏漏和不妥之处，恳请读者批评指正。

编者

2019 年 10 月

目录

第 3 章 综合性实验

第 4 章　设计性实验

附录 Ⓐ　中华人民共和国法定计量单位

附录 Ⓑ　物理学常用数表

参考文献

绪 论

1. 物理实验的地位和作用

物理学研究自然界物质运动最基本最普遍的形式。物理学所研究的运动，普遍地存在于其他高级的、复杂的物质运动形式（如化学的、生物的等）之中，因此，物理学在自然科学中占有重要地位，成为其他自然科学和工程科学的基础。

物理学是一门实验科学，物理学的形成和发展是以实验为基础的。物理实验的重要性，不仅表现在通过实验发现物理定律，而且表现在物理学中每一项重要突破都与实验密切相关。物理学史表明，经典物理学的形成，是伽利略、牛顿、麦克斯韦等人通过观察自然现象，反复实验，运用抽象思维方法总结出来的。近代物理的发展，经过在某些实验基础上提出假设，例如，普朗克根据黑体辐射提出"能量子假设"，在假设基础上再经过大量的实验证实，假设才能成为科学理论，实践证明物理实验是物理学发展的动力。在物理学发展的进程中，物理实验和物理理论始终相互制约、相互促进。没有理论指导的实验是盲目的，实验必须总结抽象上升为理论，才有其存在的价值；而理论靠实验来检验，同时理论上的需要又促进实验的发展。例如，麦克斯韦的电磁场理论，是建立在法拉第等科学家长期实验的基础上的；而赫兹的电磁波实验，又使理论得到普遍的承认和广泛的应用。又如，物理学家杨振宁、李政道在 1956 年提出基本粒子在"弱相互作用下的宇称不守恒"的理论，是在实验物理学家吴健雄用实验证实以后，才得到了国际上的公认的。

物理实验不仅在物理学自身发展中起着重要作用，而且对推动自然科学和工程技术发展也起着重要作用。特别是近代各学科相互渗透，发展了许多交叉学科，物理实验的构思、实验方法、实验技术与化学、生物学、天体学等学科相互结合已取得了巨大成果。

2. 物理实验课的目的和任务

大学物理实验是教育部规定的理工科大学生必修的基础实验课程，独立设课。作为培养高级工程技术人才的高等学校，不仅要使学生具有比较深广的理论知识，而且要使学生具有较强的从事科学实验的能力。物理实验是学生进入大学后接受系统的实验方法、实验技能训练的开始，是后续实验课的基础。

物理实验分为：着重弄清物理现象的成因和规律的定性实验；着重于各物理量、物理规律之间的数量关系的测量的定量实验；以及验证某些物理现象与定律的验证性实验。不同种类的物理实验都与测量有关。但测量不仅限于获得数据，而应着重于物理思想、测量方法和实验技能。随着数字化技术的发展，测量手段越来越先进，测量准确度也越来越高，用测量的观点去做物理实验，认识可能更深刻。

根据教学大纲要求，物理实验的主要目的和任务如下。

① 通过对实验现象的观察、分析和对物理量的测量，使学生进一步掌握物理实验的基本知识、基本方法及基本技能。能运用物理原理、物理实验方法研究物理现象的规律，加深对物理原理的理解。

② 培养和提高学生的科学实验能力，包括：能够自行阅读实验教材，做好实验前的准备；能够借助教材与说明书，正确使用常用仪器；能够运用物理学理论对实验现象进行分析判断；能够正确记录和处理实验数据，绘制曲线，说明实验结果，写出实验报告；能够完成简单的设计性实验。

③ 培养和提高学生的科学实验素质，要求学生具有理论联系实际和实事求是的科学作风、勤奋工作、严肃认真的工作态度，主动研究和坚韧不拔的探索精神，遵守纪律、团结协作、爱护公物的优良品质。

3. 物理实验课的主要教学环节

物理实验课分三个环节：实验预习、实验操作和实验报告。

（1）实验预习

实验前要做好预习，写出预习报告。预习时，主要阅读实验教材，了解实验目的，搞清楚实验内容，要测量什么量，使用什么方法，实验的原理是什么，使用什么仪器，性能如何，使用操作要点及注意事项等。在此基础上，设计好数据记录表格等。经验表明，课前预习得是否充分是实验中能否取得主动的关键。只有在充分了解实验内容的基础上，才能在实验操作中从容地观察现象，思考问题，达到预期的目的。

（2）实验操作

学生进入实验室后应遵守实验室规则，经指导教师检查预习报告后方能进行实验。实验正式进行之前，首先要熟悉一下所用仪器设备的性能、正确的操作规程和仪器的正常工作条件。切勿盲目操作，避免损坏仪器，注意安全。

仪器连接调试准备就绪后，开始进行测量，测量的原始数据要整齐地记录在准备的表格中，读数一定要认真仔细。记录的数据一定要标明单位，不要忘记记录必要的环境条件等。测完数据后，记录的数据要经指导教师审阅签字，发现错误数据时，要重新进行测量。实验完毕，整理好仪器，经指导教师检查后方可离开实验室。

（3）实验报告

实验报告是实验工作的总结，学会写实验报告是培养实验能力的一个方面。写实验报告要用简明的形式将实验结果完整、准确地表达出来，要求文字通顺、字迹端正、图表规范、结果正确、讨论认真。

实验报告通常包括以下内容。

① 实验名称　表明做什么实验。

② 实验目的　说明实验要达到的目的。

③ 实验仪器　列出主要仪器的名称、型号、规格、精度等。

④ 实验原理　阐明实验的理论依据，写出待测量计算公式的简要推导过程，画出有关原理图或示意图。

⑤ 实验内容与步骤　根据实验过程写明内容与实验步骤。

⑥ 数据记录　实验中所测得的原始数据要尽可能用表格的形式列出，正确表示有效位

数和单位。

⑦ 数据处理　按要求对测量结果进行计算或作图表示，并对测量结果进行评定，计算不确定度。计算过程要写出主要步骤。

⑧ 实验结果　扼要写出实验结论。

⑨ 问题讨论　讨论实验中观察到的异常现象及其可能的解释，分析实验误差的主要来源，对实验仪器的选择和实验方法的改进提出建议，回答实验思考题。

第 1 章
测量误差与数据处理

物理实验离不开测量，测量必然存在误差。随着科学技术的发展，测量方法和手段不断提高，尽管可将误差控制在愈来愈小的范围内，但始终不能完全消除。因此，必须对误差的来源、性质及规律进行研究，以便能及时发现误差，并采取减小误差的措施；必须正确处理数据，有效地提高测量精度和测量结果的可靠程度。

误差理论与数据处理是以数理统计和概率论为数学基础的专门学科。近年来，误差的基本概念和处理方法也有了较大发展，逐步形成了新的表示方法。本课程仅限于误差分析的初步知识，着重介绍几个重要概念及简单情况下的误差处理方法，不进行严密的数学论证。

1.1　测量的基本概念

（1）测量

一般地讲，为确定被测对象量值而进行的实验称为测量。在测量过程中，通常将被测量与同类标准量进行比较，得到被测量的量值。例如，用游标卡尺测得一圆柱体的直径为 56.85mm 等。由测量所得到的被测量的量值叫作测量结果，当然，测量结果还应包括误差部分。

（2）计量

计量是利用先进技术和法制手段实现单位统一和量值准确可靠的测量。计量具有准确性、一致性、溯源性和法制性。计量与物理学密切相关，历史上三次大的技术革命都是以物理学的成就为理论基础的，促进了计量的发展，同时计量的发展也为物理现象的深入研究和广泛应用提供了重要手段。尽管物理实验并不以计量为目的，但理工科学生掌握一定的计量知识是非常必要的，因为，计量工作涉及国民经济的各个部门、科学技术的各个领域以及人民生活的各个方面，是国民经济的一项重要技术基础和管理基础。

（3）计量单位和基准

为了确保单位的统一和量值的准确可靠，国家以法律形式规定了允许使用的单位，称为法定计量单位。

我国的法定计量单位包括：国际单位制的基本单位，国际单位制的辅助单位，国际单位制中具有专门名称的导出单位，国家选定的非国际单位制单位，由以上单位构成的组合形式的单位，由词头和以上单位构成的十进制倍数和分数单位。同时还规定了法定计量单位的使用方法。

为了保存或复现基本量的单位量值，由定义建立了相应的基准。基准是测量的最高依据，通过基准将单位量值传递到标准，再通过各级标准传递到普通测量器具。测量器具要根据具体情况定期进行检定。

基准的建立是随科学技术的发展而不断改进的。以长度基准为例，18世纪末法国科学院提出"米制"建议，1791年，法国国会批准，决定以通过巴黎的地球子午线长度的4000万分之一定义为"米"。1799年，按这一定义制成了铂杆"档案尺"，以其两端的距离定义为"米"，这是第一个米的实物基准。但由于档案尺变形易造成较大误差，1872年在讨论米制的国际会议上决定废弃"档案尺"的米定义，1889年第一次国际计量大会（CGPM）决定采用铂铱合金的X形尺作为国际米原器，以该尺中性面上两端刻线间0℃时的长度为"米"，其复现精度为$\pm(1\sim2)\times10^{-7}$。1960年，第11次国际计量大会决定废弃米原器，并定义"米"为Kr-86原子在$2P_{10}\sim5d_5$能级跃迁时，所辐射的谱线在真空中波长的1650763.73倍，使长度基准的复现精度提高到$\pm(0.5\sim1)\times10^{-8}$。1983年第17届国际计量大会又通过了"米"的新定义，即"米"是光在真空中于1/299792458s时间间隔内所路经的长度，相对不确定度最高为$\pm1.3\times10^{-10}$。长度基准由实物基准发展到量子基准。

2018年11月13日，第26届国际计量大会在位于法国巴黎市郊的凡尔赛会议中心隆重开幕，16日表决了关于国际单位制（SI）修订的相关决议：质量单位"千克"由普朗克常数（h）定义、电流强度单位"安培"由基本电荷常数（e）定义、热力学温度单位"开尔文"由玻尔兹曼常数（k）定义、物质的量单位"摩尔"由阿伏加德罗常数（N_A）定义。2019年5月20日世界计量日起正式实施新的定义，开启计量的常数化和量子化时代，实现国际单位制有史以来最为重大的历史性变革。

在计量中，计量检定是一项基本工作，需要评定计量器具的计量性能，确定其是否合格。所有的正式检定，都必须严格按照国家计量检定规程进行。尽管物理实验不是计量，但测量器具都要按期维护、校准或检定，只有这样得到的测量值才能准确可靠。

（4）测量方法的分类

对不同的被测量量和不同的测量要求，需要采用不同的测量方法。这里，测量方法是泛指测量中所涉及的测量原理、测量方式、测量系统及测量环境条件等诸项测量环节的总和。

测量方法可按不同的原则进行分类。按测量结果获得的方法可分为：直接测量与间接测量，等精度测量与不等精度测量，静态测量与动态测量等。按实验数据的处理方法可分为：直接测量、间接测量和组合测量等。当然，上述的分类方法是相对的。

直接测量是指将被测量与标准量直接进行比较，或者用经标准量标定了的仪器对被测量进行测量，从而直接获得被测量的量值。例如，用米尺测量长度，用温度计测量温度，用电流表测量电流都是直接测量。

间接测量则依据函数关系式，由直接测量量计算出所要求的物理量。大多数物理量都是间接测量值。例如，单摆法测重力加速度g时，$g=4\pi^2 l/T^2$，T为周期，l为摆长，都是直接测量值，而g是间接测量值。

等精度测量是指在对某一物理量进行多次重复测量的过程中，每次的测量条件都相同的一系列测量。例如，由同一人在同一仪器上采用同样测量方法对同一待测量进行测量，每次测量的可靠程度都相同，那么这些测量是等精度测量。

不等精度测量是指在对某一物理量进行多次测量时，测量条件完全不同或部分不同，各测量结果的可靠程度自然也不同的一系列测量。例如，在对某一物理量进行多次测量时，选用的仪器不同、测量方法不同或测量人员不同等都属于不等精度测量。

一般来讲，保持测量条件完全相同的多次测量是极其困难的，但当某些条件的变化对结果影响不大时，可视为等精度测量。等精度测量的数据处理比较容易，所以物理实验中的测量都认为是等精度测量。

1.2　测量误差的基本概念

1.2.1　误差的定义

（1）真值

所谓真值，是指被测量的客观真实值。但由于测量误差的存在，真值一般无法得到，因此，通常所说的真值都是相对真值。在实际测量中，上一级标准的示值对下一级标准来说，可视为相对真值。在多次重复测量中，可用测量值的算术平均值作为相对真值。

（2）绝对误差

绝对误差 Δx 是测量值 x 与其真值 x_0 之差，即

$$\Delta x = x - x_0 \tag{1-2-1}$$

绝对误差可正可负，不要理解成误差的绝对值。

绝对误差是测量结果的实际误差值，其量纲与被测量的量纲相同。

（3）相对误差

相对误差 δ_x 是测量值的绝对误差 Δx 与其真值 x_0 之比，常用百分数表示，即

$$\delta_x = \frac{\Delta x}{x_0} \times 100\% \tag{1-2-2}$$

用相对误差能确切地反映测量效果。例如，测量长度为 1000mm 时，其绝对误差为 5mm；而测量长度为 10mm 时，其绝对误差为 1mm。尽管前者的绝对误差为后者的 5 倍，但前者的测量效果却比后者好，用相对误差的概念就能做出评价。

（4）引用误差

引用误差也属相对误差，一般用于连续刻度的多挡仪表，特别是电测量仪表。因为各挡、各刻度上示值的绝对误差和相对误差都不可能一样，为了便于仪表精度等级的评定，规定了引用误差。

引用误差是仪表各示值处的绝对误差 Δx 与该仪表测量范围上限值，即量限 A_m 之比。

$$r = \frac{\Delta x}{A_m} \times 100\%$$

可见，计算每一示值处的引用误差要比计算其相对误差方便。

为了能全面地反映仪表误差情况，一般用仪表的最大引用误差表示，它是仪表各示值处的最大绝对误差 Δx_m 与量限 A_m 之比。

$$r_m = \frac{\Delta x_m}{A_m} \times 100\% \tag{1-2-3}$$

仪表的准确度是用仪表的最大引用误差 r_m 来表示的，并以 r_m 的大小来划分仪表的准确度等级。根据国家规定，目前我国生产的电测量仪表的准确度等级分为 7 级，它们是：

0.1 级、0.2 级、0.5 级、1.0 级、1.5 级、2.5 级和 5.0 级，其对应的最大引用误差不超过 $\pm 0.1\%$、$\pm 0.2\%$、$\pm 0.5\%$、$\pm 1.0\%$、$\pm 1.5\%$、$\pm 2.5\%$ 和 $\pm 5.0\%$。

【例 1-2-1】　一量限为 300V 的电压表，其最大绝对误差为 1.2V，求该电压表的最大引用误差和准确度等级。

解：

$$r_{\mathrm{m}}=\frac{1.2}{300}\times 100\%=0.4\%$$

准确度等级为 0.5 级。

【例 1-2-2】　经检定发现，量程为 250V 的 2.5 级电压表在 10V 处的示值误差最大，误差值为 5V，该电压表是否合格？

解：按电压表准确度等级规定，2.5 级表的最大引用误差不超过 $\pm 2.5\%$ 的范围，而该表的最大引用误差为

$$r_{\mathrm{m}}=\frac{5}{250}\times 100\%=2\%$$

故该电压表检定结果为合格。

应当指出，仪表的准确度等级只是从整体上反映仪表的误差情况，在使用仪表进行测量时，被测量的值的准确度往往低于仪表的准确度，而且如果其值离仪表的量限愈远，其测量的准确度愈低。被测量的值最好大于 2/3 量程。

1.2.2　测量误差的分类

根据误差的性质和产生的原因，传统上，把误差分为系统误差、随机误差和粗大误差。随着误差理论的不断发展，传统的分类方法将逐渐过渡到新的分类方法。当然，传统的分类方法是新的分类方法的基础。作为教学内容的连续和更新，把两种方法都分别介绍，着重强调新方法的应用。

（1）系统误差

在同一量的多次测量过程中，符号和绝对值保持恒定或以确定的规律变化的测量误差称为系统误差。

系统误差决定测量结果的"正确"程度。系统误差与测量次数无关，因此，不能用增加测量次数的方法使其消除或减小。

许多系统误差可以通过实验确定并加以修正，但有时由于对某些系统误差的认识不足或没有相应的手段予以充分肯定，而不能修正。

产生系统误差的原因是多方面的，主要有测量仪器误差、理论方法误差、环境误差和个人误差等。

测量仪器误差是由于仪器本身的缺陷或没有按规定使用仪器而造成的。例如，仪器零点不准、天平两臂不等长等。

理论方法误差是由于测量所依据的理论公式本身的近似性，实验条件不能达到所规定的要求，或测量方法不适当所带来的误差。例如，单摆的周期公式成立的条件是：摆角趋于零，摆球的体积趋于零。这些条件在实验中是达不到的。另外，用伏安法测电阻时，电表内阻的影响等也会引起误差。

环境误差是由于各种环境因素，如温度、气压、振动、电磁场等与要求的标准状态不一

致，引起测量设备的量值变化或机构失灵等产生的误差。

个人误差是由观测者本人生理或心理特点造成的。例如，估计读数时，有些人始终偏大，而有些人始终偏小等。

正因为引起系统误差的因素多种多样，没有固定的模式，所以要减小和消除系统误差就要具体情况具体分析。应分别采用对比法、理论分析法或数据分析法来找出系统误差，提高测量的准确程度。

（2）随机误差

实验中即使采取了措施，对系统误差进行修正或消除，但仍存在随机误差。

在同一量的多次测量中，各测量数据的误差值或大或小，或正或负。以不可确定的方式变化的误差称为随机误差。

随机误差决定测量结果的"精密"程度。

随机误差的特点是，表面上单个误差值没有确定的规律，但进行足够多次的测量后可以发现，误差在总体上服从一定的统计分布，每一误差的出现都有确定的概率。

随机误差是由许多随机因素综合作用造成的，这些误差因素不是在测量前就已经固有的，而是在测量中随机出现的。其大小和符号的正负各不相同，又都不很明显，所以随机误差不能完全消除，只能根据其本身存在的规律用多次测量的方法来减小。

应该说，关于随机误差的分布规律和处理方法，涉及了较多的数理统计和概率论知识，是比较复杂的，在这里只简单介绍正态分布的性质及特征量，详尽地讨论请查阅有关误差理论与数据处理的书籍。

实践表明，绝大多数随机误差分布都服从正态分布。正态分布具有有限性、抵偿性、单峰性和对称性。

作为随机变量，随机误差 δ 的统计规律可由分布密度 $f(\delta)$ 给出完整的描述。由随机误差的特性，从理论上可得到

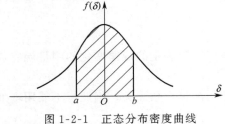

图 1-2-1 　 正态分布密度曲线

$$f(\delta) = \frac{1}{\sigma\sqrt{2\pi}} \exp\left(-\frac{\delta^2}{2\sigma^2}\right) \qquad (1\text{-}2\text{-}4)$$

式中，σ 为标准差，其正态分布密度曲线如图 1-2-1所示。分布密度 $f(\delta)$ 在 $-\infty \sim \infty$ 范围内的积分等于 1，即

$$\int_{-\infty}^{\infty} f(\delta)\mathrm{d}\delta = 1 \qquad (1\text{-}2\text{-}5)$$

这一积分是整个分布密度曲线下的面积，代表测量的随机误差全部取值的概率。而在任意区间 $[a,b]$ 内的概率为

$$P = \int_a^b f(\delta)\mathrm{d}\delta \qquad (1\text{-}2\text{-}6)$$

这一概率是区间 $[a,b]$ 上分布密度曲线下的面积。

分布密度给出了随机误差 δ 取值的概率分布。这是对随机误差统计性的完整描述，但在一般测量数据处理中，并不需要给出随机误差的分布密度，通常只需给出一个或几个特征参数，即可对随机误差的影响做出评定。

表示测量结果的精度参数，目前常用标准差或极限误差等，下面给出有关标准差的一些基本概念。

① 算术平均值　对同一量的 n 次重复测量中，设测量值分别为 x_1，x_2，$\cdots$，x_n，根据最小二乘法原理可以证明，其算术平均值

$$\bar{x} = \frac{1}{n} \sum_{i=1}^{n} x_i \qquad (1\text{-}2\text{-}7)$$

是被测量真值的最佳估计值，可视为相对真值，这正是为什么常常用算术平均值作为测量结果的原因。

② 标准差　标准差的计算可由贝塞尔（Bessel）公式得到

$$\sigma = \sqrt{\frac{\sum\limits_{i=1}^{n} (x_i - \bar{x})^2}{n-1}} \qquad (1\text{-}2\text{-}8)$$

标准差 σ 愈小，相应的分布曲线愈陡峭，说明随机误差取值的分散性小、测量精度高；标准差 σ 大，则测量精度低。图 1-2-2 所示为不同 σ 值的两条正态分布密度曲线的形状。

通过计算还可以得到

$$P = \int_{-\sigma}^{\sigma} f(\delta)\,\mathrm{d}\delta = 0.683 \qquad (1\text{-}2\text{-}9)$$

$$P = \int_{-3\sigma}^{3\sigma} f(\delta)\,\mathrm{d}\delta = 0.997 \qquad (1\text{-}2\text{-}10)$$

其意义表示，某次测量值的随机误差在 $-\sigma \sim \sigma$ 之间的概率为 68.3%，在 $-3\sigma \sim 3\sigma$ 之间的概率为 99.7%，如图 1-2-3 所示。

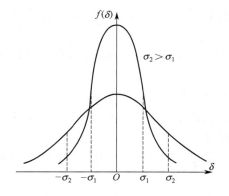

图 1-2-2　不同 σ 值的分布密度曲线

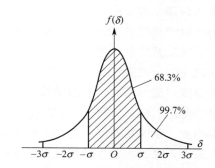

图 1-2-3　分布密度曲线与概率

③ 算术平均值的标准差　实际测量中，由于测量次数有限，如果进行多组重复测量，则每一组所得到的算术平均值一般也不会相同，因此，算术平均值也存在误差，用算术平均值的标准差 $\sigma_{\bar{x}}$ 表示

$$\sigma_{\bar{x}} = \frac{\sigma}{\sqrt{n}} = \sqrt{\frac{\sum\limits_{i=1}^{n} (x_i - \bar{x})^2}{n(n-1)}} \qquad (1\text{-}2\text{-}11)$$

其意义表示，测量值的平均值的随机误差在 $-\sigma_{\bar{x}} \sim +\sigma_{\bar{x}}$ 之间的概率为 68.3%；在 $-3\sigma_{\bar{x}} \sim +3\sigma_{\bar{x}}$ 之间的概率为 99.7%，或者说测量值的真值在 $(\bar{x}-\sigma_{\bar{x}}) \sim (\bar{x}+\sigma_{\bar{x}})$ 范围内的概率为 68.3%；在 $(\bar{x}-3\sigma_{\bar{x}}) \sim (\bar{x}+3\sigma_{\bar{x}})$ 范围内的概率为 99.7%。

需要注意，σ 与 $\sigma_{\bar{x}}$ 是两个不同的概念，标准差 σ 反映了一组测量数据的精密程度，而

算术平均值的标准差 $\sigma_{\bar{x}}$ 反映了算术平均值接近真值的程度。

从贝塞尔公式(1-2-8)可以看出，随着测量次数 n 的增加，标准差 σ 趋于稳定，而根据式(1-2-11)，$\sigma_{\bar{x}}$ 随 n 的增加而减小，所以测量精度随 n 的增加会有所提高。因此，在实际测量中，应根据 σ 稳定值（由测量仪器的精度所决定）和对结果的精度要求，合理地选定测量次数。

【例 1-2-3】 用千分尺测一圆柱体的直径 10 次（单位：mm），数据为 2.474，2.473，2.478，2.471，2.480，2.472，2.477，2.475，2.474，2.476，表示出测量结果。

解：

$$\bar{x} = \frac{1}{10} \sum_{i=1}^{10} x_i = 2.475 \text{mm}$$

$$\sigma = \sqrt{\frac{\sum\limits_{i=1}^{10} (x_i - \bar{x})^2}{n-1}} = \sqrt{\frac{7 \times 10^{-3}}{9}} = 0.028 \text{mm}$$

$$\sigma_{\bar{x}} = \frac{\sigma}{\sqrt{n}} = 0.009 \text{mm}$$

所以测量结果

$$x = \bar{x} \pm \sigma_{\bar{x}} = (2.475 \pm 0.009) \text{mm} \qquad (P = 68.3\%)$$

或

$$x = \bar{x} \pm 3\sigma_{\bar{x}} = (2.475 \pm 0.027) \text{mm} \qquad (P = 99.7\%)$$

上面分别讨论了系统误差与随机误差，一般情况下，两种误差同时存在且相互影响，这就需要用到误差的合成。

为了对测量结果作出评定，常用正确度、精密度、准确度等名词术语，《计量名词术语定义》中规定其含义如下。

正确度　反映系统误差的影响程度，表示测量结果与真值的接近程度。

精密度　简称精度，反映随机误差的影响程度，表示在测量条件不变时对同一量进行多次测量所得结果的一致程度，或测量值之间的接近程度。

准确度　也叫精确度，是精密度与正确度的综合表达。它既表示在相同条件下各次测量值的一致性，又表示整个测量结果与真值的一致性。

（3）异常数据的剔除

粗大误差又称疏忽误差或过失误差，它是由于测量者技术不熟练，测量时不仔细，或外界的严重干扰等原因造成的。粗大误差超出了正常的误差分布范围，它会对测量结果产生明显的歪曲，因此，一旦发现含有粗大误差的测量数据（称为异常数据），应将其剔除不用。

对粗大误差，除了设法从测量结果中发现和鉴别而加以剔除外，更重要的是以严格的科学态度来认真做实验，做好每一件事情，不能马马虎虎，应付差事。

在判别某个测量数据是否含有粗大误差时，要特别慎重，仅凭直观判断常难以区别出粗大误差和正常分布的较大误差。若主观地将误差较大但属正常分布的测量数据判定为异常数据而剔除，看起来精度很高，然而那是虚假的，不可靠的。

判别异常数据的方法一般采用 3σ 准则。我们知道，按照正态分布，误差落在 $\pm 3\sigma$ 以外的概率只有 0.3%。因而，可以认为，在有限次重复测量中误差超过 $\pm 3\sigma$ 的测量数据是由于过失或其他因素造成的，为异常数据，应当剔除。

1.2.3 研究误差的意义

测量误差是不可避免的，因此，研究测量误差的规律具有普遍意义。研究这一规律的直接目的，一是要减小误差的影响，提高测量准确度；二是要对所得结果的可靠性作出评定，即给出准确度的估计。

只有掌握测量误差的规律性，才能合理地设计测量仪器，拟定最佳的测量方法，正确地处理测量数据，以便在一定的条件下，尽量减小误差的影响，使所得到的测量结果有较高的可信程度。

随着科学技术的发展和生产水平的提高，对测量技术的要求越来越高。可以说，在一定程度上，测量技术的水平反映了科学技术和生产发展的水平，而测量准确度则是测量技术水平的主要标志之一。在某种意义上，测量技术进步的过程就是克服误差的过程，就是对测量误差规律性认识深化的过程。

当然，无论采取何种措施，测量误差总是存在的，准确度的提高总要受到一定的限制。因而就要求对测量准确度作出评定，任何测量总是对应于一定的准确度的，准确度不同，其使用价值就不同，可以说，未知准确度的测量是没有意义的。为了给出准确度，应掌握测量误差的特征规律，以便对测量的准确度作出可靠的评定。

1.3 测量结果的评定和不确定度

在工程技术方面，对测量结果的评定，目前国际上形成了较为统一的测量不确定度的表达方式，我国也实行了相应的技术规范。近几年来，为适应国民经济发展对人才培养的要求，作为教学内容的改革，物理实验中也逐步尝试用不确定度来评定测量结果。由于不确定度的计算较为复杂，许多教材中采用了不同的简化模式，自然评定结果也不相同。因此，应尽快统一方法，方法的选择应遵从国家标准，所做的简化处理不应冲淡或模糊对基本概念的理解，以便在教学中施行。

1.3.1 不确定度

在不确定度的新概念产生以前，测量结果的质量评定都用误差大小来表示，但是由于误差的定义及计算方法不完善，世界各国对误差的具体应用和计算规则并不相同，从而影响了国际间的交流和科研成果的推广。为此，国际计量局（BIPM）于 1980 年提出了实验不确定度建议书 INC-1。

误差的定义是测量值与真值之差，是一个确定值，但真值不能得到，误差也就无法知道。而标准误差、极限误差等是可以估算的，但它们表示的是测量结果的不确定性，与误差定义并不一致。测量不确定度是指由于误差存在而产生的测量结果的不确定性，表征被测量的真值所处的量值范围的评定。显然，从定义上看，不确定度比误差更合理一些。

1.3.2 不确定度的两类分量

传统上把误差分为随机误差和系统误差，但在实际测量中，有相当多情形很难区分误差的性质是随机的还是系统的，况且有的误差还具有随机和系统两重性，例如，电测量仪表的准确度等级误差就是系统和随机误差的综合，一般无法将系统误差和随机误差严格分开计算。而不确定度取消了系统误差和随机误差的分类方法，不确定度按计算方法的不同分为 A 类分量和 B 类分量。

① A 类不确定度　是指可以用统计方法评定的不确定度分量，如测量读数具有分散性，测量时温度波动影响等。这类不确定度被认为服从正态分布规律。因此，可以用测量列平均值的标准差计算

$$u_{\mathrm{A}}=\sqrt{\frac{\sum(x_i-\bar{x})^2}{n(n-1)}} \tag{1-3-1}$$

计算 A 类不确定度，也可以用最大偏差法、极限误差法等。

② B 类不确定度　是指不能由统计方法评定的不确定度分量，在物理实验教学中，作为简化处理，一般只考虑由仪器误差及测试条件不符合要求而引起的附加误差。具体分析 B 类不确定度的概率分布十分困难，而仪器的基本误差、仪器的分辨率引起的误差、仪器的示值误差、仪器的引用误差等仪器误差都满足均匀分布。因此，教学中通常对 B 类不确定度采用均匀分布的假定，则 B 类不确定度为

$$u_{\mathrm{B}}=\frac{\Delta_{\mathrm{s}}}{\sqrt{3}} \tag{1-3-2}$$

式中，Δ_{s} 为仪器的基本误差或允许误差，或者根据准确度等级确定。一般的仪器说明书中都由制造厂或计量检定部门注明仪器误差。

需要指出的是，A 类不确定度和 B 类不确定度与通常讲的随机误差和系统误差并不存在简单的对应关系，不要受传统的、固有的概念束缚。

总不确定度是由不确定度的两类分量合成的，合成不确定度 u_{C} 可表示为

$$u_{\mathrm{C}}=\sqrt{u_{\mathrm{A}}^2+u_{\mathrm{B}}^2} \tag{1-3-3}$$

确定总不确定度往往要讨论实际合成的概率分布。通常假定合成的分布近似满足正态分布，则总不确定度为

$$\sigma=t_{\mathrm{P}}u_{\mathrm{C}} \tag{1-3-4}$$

式中，t_{P} 称为置信因子。$t_{\mathrm{P}}=1$ 时，置信概率为 68.3%；$t_{\mathrm{P}}=3$ 时，置信概率为 99.7%。最后测量结果应表示成下面的形式

$$x=\bar{x}\pm\sigma \tag{1-3-5}$$

注意，这里的 σ 表示总不确定度，而不是前面所提到的标准差。

1.3.3　直接测量的不确定度

直接测量的不确定度计算比较简单，下面通过例子加以说明。

【例 1-3-1】 用毫米刻度的米尺，测量物体长度 10 次（单位：cm），其测量值分别为 53.27，53.25，53.23，53.29，53.24，53.28，53.26，53.20，53.24，53.21，试计算不确定度，并写出测量结果。

解： ① 计算平均值

$$\bar{x}=\frac{1}{n}\sum x_i=\frac{1}{10}\times(53.27+53.25+\cdots+53.21)$$

$$=53.24 \text{（cm）}$$

② 计算 A 类不确定度

$$u_A = \sqrt{\frac{\sum(x_i - \bar{x})^2}{n(n-1)}}$$

$$= \sqrt{\frac{(53.27-53.24)^2 + (53.25-53.24)^2 + \cdots + (53.21-53.24)^2}{10 \times (10-1)}}$$

$$= 0.01 \ (\text{cm})$$

③ 计算 B 类不确定度

米尺的仪器误差
$$\Delta_s = 0.05 \ (\text{cm})$$

$$u_B = \frac{\Delta_s}{\sqrt{3}} = 0.03 \ (\text{cm})$$

④ 总不确定度（取 $t_P = 1$）

$$\sigma = \sqrt{u_A^2 + u_B^2} = \sqrt{0.01^2 + 0.03^2} = 0.03 \ (\text{cm})$$

⑤ 测量结果表示为

$$x = (53.24 \pm 0.03) \ (\text{cm})$$

实际测量中，有的量不能进行多次测量，一般按仪器出厂检定书或仪器上注明的仪器误差 Δ_s 作为单次测量的总不确定度。

评价测量结果，有时需用相对不确定度，定义为

$$E = \frac{\sigma}{\bar{x}} \times 100\% \quad (E \ \text{一般取两位数})$$

有时还需将测量结果 $\bar{x}$ 与公认值 x_S 进行比较，得测量结果的百分偏差 B，定义为

$$B = \frac{|\bar{x} - x_S|}{x_S} \times 100\%$$

1.3.4　间接测量的合成不确定度

间接测量量是由直接测量量通过函数关系计算得到的。既然直接测量量有误差，那么间接测量量也必有误差，这就是误差的传递。

对于总不确定度的合成，可以先求出每个直接测量量的总不确定度，然后求出间接测量量的总不确定度；也可以先分别求出总的 A 类不确定度和总的 B 类不确定度，然后再求总的合成不确定度，下面给出前者的合成公式。

设间接测量量为 N，它由直接测量量 x，y，z，$\cdots$通过函数关系 f 求得，即

$$N = f(x, y, z, \cdots)$$

设直接测量量的测量结果分别为

$$x = \bar{x} \pm \sigma_x$$
$$y = \bar{y} \pm \sigma_y$$
$$z = \bar{z} \pm \sigma_z$$
$$\cdots$$

间接测量量的相对真值为

$$N = f(\bar{x}, \bar{y}, \bar{z}, \cdots) \tag{1-3-6}$$

间接测量量的合成不确定度为

$$\sigma_N = \sqrt{\left(\frac{\partial f}{\partial x}\right)^2 \sigma_x^2 + \left(\frac{\partial f}{\partial y}\right)^2 \sigma_y^2 + \left(\frac{\partial f}{\partial z}\right)^2 \sigma_z^2 + \cdots} \tag{1-3-7}$$

间接测量量的相对不确定度 E_N 为

$$E_N = \frac{\sigma_N}{N} = \sqrt{\left(\frac{\partial f}{\partial x}\right)^2 \left(\frac{\sigma_x}{N}\right)^2 + \left(\frac{\partial f}{\partial y}\right)^2 \left(\frac{\sigma_y}{N}\right)^2 + \left(\frac{\partial f}{\partial z}\right)^2 \left(\frac{\sigma_z}{N}\right)^2 + \cdots} \qquad (1\text{-}3\text{-}8)$$

对于以乘除运算为主的函数关系，也可用式(1-3-9)计算

$$E_N = \frac{\sigma_N}{N} = \sqrt{\left(\frac{\partial \ln f}{\partial x}\right)^2 \sigma_x^2 + \left(\frac{\partial \ln f}{\partial y}\right)^2 \sigma_y^2 + \left(\frac{\partial \ln f}{\partial z}\right)^2 \sigma_z^2 + \cdots} \qquad (1\text{-}3\text{-}9)$$

【例 1-3-2】 已知电阻 $R_1 = (50.2 \pm 0.5)\Omega$，$R_2 = (149.8 \pm 0.5)\Omega$，求它们串联的电阻 R 和合成不确定度 σ_R。

解： ① 串联电阻的阻值为

$$R = R_1 + R_2 = 50.2 + 149.8 = 200.0 \ (\Omega)$$

② 合成不确定度

$$\begin{aligned}
\sigma_R &= \sqrt{\left(\frac{\partial R}{\partial R_1}\sigma_1\right)^2 + \left(\frac{\partial R}{\partial R_2}\sigma_2\right)^2} \\
&= \sqrt{\sigma_1^2 + \sigma_2^2} = \sqrt{0.5^2 + 0.5^2} \\
&= 0.7 \ (\Omega)
\end{aligned}$$

③ 相对不确定度

$$E_R = \frac{\sigma_R}{R} = \frac{0.7}{200.0} \times 100\% = 0.35\%$$

④ 测量结果

$$R = (200.0 \pm 0.7) \ (\Omega)$$

【例 1-3-3】 测量金属环的内径 $D_1 = (2.880 \pm 0.004)$ cm，外径 $D_2 = (3.600 \pm 0.004)$ cm，厚度 $h = (5.575 \pm 0.004)$ cm，求环的体积 V。

解： 环的体积公式为 $V = \dfrac{\pi}{4}h(D_2^2 - D_1^2)$。

① 体积

$$\begin{aligned}
V &= \frac{\pi}{4}h(D_2^2 - D_1^2) \\
&= \frac{\pi}{4} \times 5.575 \times (3.600^2 - 2.880^2) \\
&= 20.429 \ (\text{cm}^3)
\end{aligned}$$

② 相对不确定度

先将环的体积公式两边取自然对数，再求偏导数后代入式(1-3-9)。

$$\begin{aligned}
E_V &= \frac{\sigma_V}{V} = \sqrt{\left(\frac{\sigma_h}{h}\right)^2 + \left(\frac{-2D_1\sigma_{D_1}}{D_2^2 - D_1^2}\right)^2 + \left(\frac{2D_2\sigma_{D_2}}{D_2^2 - D_1^2}\right)^2} \\
&= 0.0081 = 0.81\%
\end{aligned}$$

③ 总合成不确定度

$$\sigma_V = VE_V = 20.429 \times 0.0081 = 0.17 \ (\text{cm}^3)$$

④ 环体积的测量结果

$$\begin{aligned}
V &= (20.429 \pm 0.17) \ \text{cm}^3 \\
&= (20.43 \pm 0.17) \ \text{cm}^3
\end{aligned}$$

1.4　有效数字及其运算规则

1.4.1　有效数字

测量数据应该取几位并不是随意的，而是有确定意义的。

测量仪器都有一定的最小分度值，即两相邻刻度所表示的量值，或最小测量单位。一般情况下，在最小分度值以下的测量值需估计读数，这一位就是测量误差出现的位数。能够从仪器上准确读出的数值是可靠数字，误差所在位的估读数字是可疑数字，可靠数字加可疑数字称为有效数字；它们均作为仪器的示值，可以有效地表示测量结果。

如图 1-4-1 所示，用最小分度值为 1mm 的米尺测量物体的长度 $L=2.68$cm，其中，2.6cm 可以从米尺的刻度准确读出，0.08cm 是可疑数字，它是从物体长度 L 在两相邻毫米刻线间的位置估计出来的数值，2.68cm 表示了测量结果的大小和误差所在的位数。

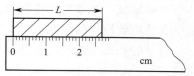

图 1-4-1　有效数字读数原理

有效数字的位数，由测量仪器的精度决定，不能多记，也不能少记。即使估计是 0，也必须写上。例如：用米尺测量物体长度为 2.68cm，有效数字是 3 位，仪器误差为十分之几毫米。假定改用游标卡尺测量，测得值为 2.680cm，有效数字是 4 位，仪器误差为百分之几毫米。显然，在这里 2.68cm 与 2.680cm 的意义是不同的，属于不同精度的测量仪器测量的结果。

有效数字的位数与十进制单位变换无关，上例中，用米尺测物体长度 L，不论用什么单位表示都是 3 位有效数字，$L=2.68$cm$=26.8$mm$=0.0268$m。这里应注意，用以表示小数点位置的 0 不是有效数字，而在非零数字后面的 0 都是有效数字，如 0.600V 的有效数字是 3 位，2.0020m 的有效数字是 5 位等。

为了便于表示过大或过小的数值，又不改变测量结果的有效数字位数，常采用科学记数法，即用一位整数加上若干位小数再乘以 10 的幂的形式表示。如上例，以 μm 为单位表示物体长度时 $L=2.68\times10^4\mu$m，又如某测量结果 $x=(0.000150\pm0.000003)$m 可表示为 $x=(1.50\pm0.03)\times10^{-4}$m。

在有效数字运算和测量结果的表示中，存在数据的截断，尾数的舍入问题，根据国家标准规定，采用"四舍六入五凑偶"的规则，它的依据是使尾数的舍与入的概率相等。

"四舍六入五凑偶"可概述为：尾数中最左边一位数小于 4（含 4）舍；大于 6（含 6）入；为 5 时则看 5 后，若为非零的数则入，若为零，则往左看拟留数的末位，为奇数则入，为偶数则舍。

1.4.2　有效数字的运算规则

有效数字运算时，其运算结果的数字位数应取得恰当，取少了会带来附加的计算误差，降低结果的精确程度；取多了，从表面上看似乎精度很高，实际上毫无意义，反而带来不必要的繁杂。

（1）有效数字的四则运算

四则运算，一般可以依据以下运算规则：

可靠数字间的运算结果为可靠数字，可靠数字与可疑数字或可疑数字之间的运算结果为可疑数字。运算结果只保留一位可疑数字。

例如，加减法运算

$$14.6\underline{1}+2.25\underline{6}=16.8\underline{66}=16.87$$
$$19.6\underline{8}-5.84\underline{8}=13.8\underline{32}=13.83$$

有效数字下面加横线表示可疑数字。

可以看出，加减法运算所得结果的最后一位，只保留到所有参加运算的数据中都有的最后那一位为止。

对于乘法和除法运算，例如

$$4.178\times10.\underline{1}=42.\underline{1978}=42.2$$
$$57\div4.678=12.\underline{185}=12$$

一般来说，有效数字进行乘法或除法运算，乘积或商的结果的有效位数与参加运算的各量中有效位数最少的相同。

测量的若干个量，若要进行乘、除法运算，应按有效位数相同的原则来选择不同精度的仪器。

（2）其他函数运算的有效数字

进行函数运算时，不能搬用有效数字的四则运算法则，严格地说，应该根据误差传递公式来计算。

对于指数、对数、三角函数等，查表或用计算器运算即可。

乘方、开方运算的有效位数与其底的有效位数相同。

无理常数 π，$\sqrt{2}$，$\sqrt{3}$…的位数可以看成许多位，计算过程中这些常数参加运算时，其取的位数应比测量数据中位数最少者多一位。

需要说明的是，上述运算规则都是很粗略的，没有考虑到某些特殊情况，为防止多次运算中因数字的舍入带来的附加误差，中间运算结果要多取一位数字，但在最后结果中仍只保留一位可疑数字。

1.5　数据处理的基本方法

实验中获得了大量的测量数据，而要通过这些数据来得到准确可靠的实验结果或实验规律，则需要学会正确的数据处理方法。这里介绍数据处理的基本知识和基本方法。

1.5.1　列表法

列表法是记录数据的基本方法，是将实验中的测量数据、中间计算数据和最终结果等按一定的形式和顺序列成表格记录的方法。列表法可以简单而明了地表示出有关物理量之间的对应关系，便于随时检查测量结果是否正确合理，及时发现问题，利于计算和分析误差。

列表时应注意，根据实验内容和目的合理地设计表格，要便于记录、计算和检查，在表格中应标明物理量的名称和单位，表格中数据要正确反映出有效数字，重要数据和测量结果要表示突出，还应有必要的说明和备注。

1.5.2 作图法

物理实验中所得到的一系列测量数据，也可以用图形直观地表示出来。作图法就是在坐标纸上描绘出一系列数据间对应关系曲线的方法。它是研究物理量之间变化规律，找出对应的函数关系，求经验公式的常用方法之一。

（1）图示法

① 选取坐标纸　作图一定要使用坐标纸，应根据不同实验内容和函数形式来选取不同的坐标纸，如直角坐标纸、极坐标纸和对数坐标纸等。再根据所测得数据的有效数字和对测量结果的要求来定坐标纸的大小，原则上以不损失实验数据的有效数字和能包括所有实验点作为选择依据，一般图上的最小分格至少应是有效数字的最后一位可靠数字。

② 定坐标　通常以横坐标表示自变量，纵坐标表示因变量。坐标轴旁应标明坐标轴所代表的物理量的名称和单位。为了使图形在坐标纸上的布局合理和充分利用坐标纸，坐标轴的起点不一定从 0 开始，要适当选取两坐标轴的比例和坐标分度值，坐标轴分度值应使最小分格代表 1、2 或 5 等，这样便于读数或计算。

③ 描点　根据测量数据，找出每个实验点在坐标纸上的位置，用铅笔以"×"标出。若一张图上要画几条曲线时，每条曲线可用不同标记（如"△"、"⊙"、"＋"等）以示区别。

④ 连线　根据不同函数关系对应的实验数据点的分布，把点连成直线或光滑曲线，校正曲线要连成折线。因为实验值有一定误差，所以曲线不一定要通过所有实验点，只要求曲线的两旁实验点分布均匀且离曲线较近。对个别偏离很大的点，要进行分析后决定取舍。

⑤ 写出图的名称　在图纸下方或空白位置处，写上图的名称，并将图纸贴在实验报告的适当位置。

（2）图解法

根据已画出的实验曲线，可以用解析法求出曲线上各种参数及物理量之间的关系式，即经验公式。特别是直线情况下，采用图解法最为方便。

① 直线图解法　在直线上任取两点 P_1 和 P_2，用与实验点不同的符号标出，分别标出它们的坐标读数 (x_1, y_1) 和 (x_2, y_2)。P_1、P_2 一般不取原实验点，相隔不能太近，也不允许超出实验点范围以外。

设直线方程为

$$y = a + bx$$

则可计算得斜率

$$b = \frac{y_2 - y_1}{x_2 - x_1} \tag{1-5-1}$$

截距

$$a = \frac{x_2 y_1 - x_1 y_2}{x_2 - x_1} \tag{1-5-2}$$

当然截距也可由图上直接读出。

【例 1-5-1】　一金属丝，在温度 $t(℃)$ 条件下的长度可表示为 $l = l_0(1 + \alpha t)$，式中，l_0 为 0℃时的金属丝的长度，α 为金属材料的线胀系数，求 l_0 与 α 的值。

解：经实验获得下列一组数据。

$t/℃$	15.0	20.0	25.0	30.0	35.0	40.0	45.0	50.0
l/cm	28.05	28.52	29.10	29.56	30.10	30.57	31.00	31.62

由以上数据可知，温度 t 的变化范围为 35℃，而长度的变化范围为 3.57cm。根据坐标纸大小的选择原则，既要反映有效数字，又能包括所有实验点，选 40×40 格的图纸；取自变量 t 为横坐标，起点为 10℃，每一小格代表 1℃；因变量 l 为纵坐标，起点为 28cm，每一小格为 0.1cm。根据测量数据值在坐标图上标点，然后作直线，使多数点位于直线上或接近于直线，且均匀分布在直线两侧，如图 1-5-1 所示。

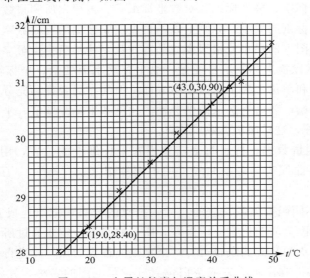

图 1-5-1　金属丝长度与温度关系曲线

在直线上取两点（19.0，28.40）和（43.0，30.90），则

$$l_0\alpha=\frac{30.90-28.40}{43.0-19.0}=0.104\text{（cm/℃）}$$

$$l_0=\frac{43.0\times28.40-19.0\times30.90}{43.0-19.0}=26.42\text{（cm）}$$

$$\alpha=\frac{l_0\alpha}{l_0}=\frac{0.104}{26.42}=3.94\times10^{-3}\text{（/℃）}$$

故有

$$l=(26.42+0.104t)\text{cm}$$

② 曲线的改直　实际中，多数物理量的关系不是线性的，但可通过适当的变换使它们成为线性关系，即把曲线改为直线。曲线改直以后，对实验数据的处理会很方便，也容易求得有关参数。

例如：$PV=C$，可作 P-$\frac{1}{V}$ 图得直线；$S=v_0t+\frac{1}{2}at^2$ 可作 $\frac{S}{t}$-t 图得直线等。

作图法虽然能直观形象地表示出物理量之间的关系，并由图求得经验公式，但因连线的任意性较大，由作图法得到的实验结果误差较大。在科研中常采用最小二乘法。

1.5.3　最小二乘法

求经验公式除采用上述图解法外，还可以用最小二乘法，通常称为方程的回归问题。

　　方程的回归首先要确定函数的形式，一般要根据理论推断或从实验数据变化的趋势推测出来。下面讨论一元线性回归。

　　设所研究的两个物理量 x 和 y，它们之间存在的线性关系为

$$y = a + bx \tag{1-5-3}$$

现要求出 a 与 b 的值，为此，可通过实验在 x_1 与 x_2 的条件下分别测得 y_1 与 y_2，于是

$$\left. \begin{array}{l} y_1 = a + bx_1 \\ y_2 = a + bx_2 \end{array} \right\}$$

由此可解出 a 与 b。

　　事实上，由于测量结果含有误差，所解得的 a 与 b 值也含有误差，为减小误差，应增加测量次数。

　　设在 x_1，x_2，$\cdots$，x_n 条件下分别测得 y_1，y_2，$\cdots$，y_n 共 n 个结果，可列出方程组

$$\left. \begin{array}{l} y_1 = a + bx_1 \\ y_2 = a + bx_2 \\ \cdots \\ y_n = a + bx_n \end{array} \right\}$$

但由于方程式的数目 n 多于待求量的数目，所以无法直接利用代数法求解上述方程组。

　　显然，为充分利用这 n 个测量结果所提供的信息，必须给出一个适当的处理方法来克服上面所遇到的困难，而最小二乘法恰恰较为理想地提供了这样一种数据处理方法。

　　最小二乘法的原理是，在所求得的直线上，各相应点的值与测量值误差的平方和比其他的直线上都要小，即

$$Q = \sum_{i=1}^{n} \left[y_i - (a + bx_i) \right]^2 = 最小值 \tag{1-5-4}$$

选取 a 与 b 使 Q 取最小值的必要条件是

$$\begin{cases} \dfrac{\partial Q}{\partial a} = -2 \sum_{i=1}^{n} \left[y_i - (a + bx_i) \right] = 0 \\ \dfrac{\partial Q}{\partial b} = -2 \sum_{i=1}^{n} \left[y_i - (a + bx_i) \right] x_i = 0 \end{cases}$$

得

$$\bar{y} - a - b\,\bar{x} = 0$$
$$\overline{xy} - a\,\bar{x} - b\,\overline{x^2} = 0$$

式中

$$\bar{x} = \frac{1}{n} \sum_{i=1}^{n} x_i \qquad （即 \ x \ 的平均值）$$

$$\bar{y} = \frac{1}{n} \sum_{i=1}^{n} y_i \qquad （即 \ y \ 的平均值）$$

$$\overline{x^2} = \frac{1}{n} \sum_{i=1}^{n} x_i^2 \qquad （即 \ x^2 \ 的平均值）$$

$$\overline{xy} = \frac{1}{n} \sum_{i=1}^{n} x_i y_i \qquad （即 \ xy \ 的平均值）$$

解方程得

$$b = \frac{\bar{x}\,\bar{y} - \overline{xy}}{\bar{x}^2 - \overline{x^2}} \tag{1-5-5}$$

$$a = \bar{y} - b\bar{x} \tag{1-5-6}$$

当然，a 与 b 的值求出后，还应该考虑 a 与 b 的误差，在这里不予讨论。

【例 1-5-2】 用最小二乘法求解例 1-5-1 中的 l_0 和 α。

解：金属丝长度与温度的关系为

$$l = l_0(1 + \alpha t) = l_0 + l_0\alpha t$$

令 $y = l$，$x = t$，$a = l_0$，$b = l_0\alpha$，则上式变为

$$y = a + bx$$

把实验数据列表，并进行计算。

i	x_i	x_i^2	y_i	y_i^2	x_iy_i
1	15.0	225.0	28.05	786.8	420.8
2	20.0	400.0	28.52	813.4	570.4
3	25.0	625.0	29.10	846.8	727.5
4	30.0	900.0	29.56	873.8	886.8
5	35.0	1225.0	30.10	906.0	1054.0
6	40.0	1600.0	30.57	934.5	1222.8
7	45.0	2025.0	31.00	961.0	1395.0
8	50.0	2500.0	31.62	999.8	1581.0
平均值	32.5	1187.5	29.815	890.269	982.219

计算可得

$$\bar{x} = 32.5;\ \overline{x^2} = 1187.5;\ \bar{y} = 29.815;\ \overline{y^2} = 890.269;\ \overline{xy} = 982.219$$

根据式(1-5-5)、式(1-5-6) 得

$$b\ (= l_0\alpha) = \frac{\bar{x}\,\bar{y} - \overline{xy}}{\bar{x}^2 - \overline{x^2}} = 0.101$$

$$a\ (= l_0) = \bar{y} - b\bar{x} = 26.53$$

$$\alpha = \frac{b}{a}\left(= \frac{l_0\alpha}{l_0}\right) = \frac{0.101}{26.53} = 3.81 \times 10^{-3}\ (/^\circ\mathrm{C})$$

则经验公式为

$$l = (26.53 + 0.101t)\mathrm{cm}$$

用最小二乘法与用作图法求得的经验公式有差别，说明作图法有一定的随意性。

1.6　应用计算机处理实验数据

数据处理是大学物理实验的重要内容，应用计算机处理实验数据不仅方便快捷，而且准确规范。此处，结合大学物理实验项目简要介绍 Excel 与 MATLAB 具体应用。

1.6.1　Excel 应用实例

利用 Excel 强大的计算及图形添加功能，处理例 1-5-1 的数据。

在 Excel 中插入"散点图"，选中数据后，单击右键点选添加"趋势线"，并勾选上"显

示公式"，即显示出 $y = 0.1008x + 26.539$（见图 1-6-1）。

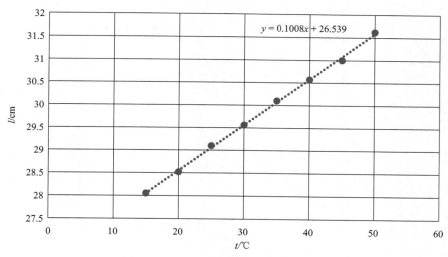

图 1-6-1　Excel 趋势线的拟合曲线功能

1.6.2　MATLAB 应用实例

利用 polyfit 函数处理例 1-5-1 的数据。

MATLAB 内部集成了对数据作最小二乘法的多项式拟合函数，其命令格式为：

polyfit(x,y,n)　　%对数据作最小二乘法的多项式拟合

polyval(p,x)　　%计算多项式的值

x,y　　%数据点及函数值

n　　%拟合多项式的最高幂次，返回值为按降幂排列

p　　%求得的多项式系数，按降幂排列

程序设计如下：

```
%测量金属丝长度y与温度x关系的数据处理
clear
y=[28.05 28.52 29.10 29.56 30.10 30.57 31.00 31.62];        %长度实验值
x=[15 20 25 30 35 40 45 50];        %温度实验值
p=polyfit(x,y,1)                    %拟合的运算方程
i=linspace(10,55,100);             %在10-55之间等间隔地取 100个点
z=polyval(p,i);                    %作100个点的拟合运算
plot(x,y,'o',i,z,'r')              %以 "o"标实验值，以红色画拟合曲线
xlabel('x/℃');ylabel('y/cm')
legend('实验值 ', '拟合曲线 ')
k=p(1)
p =
    0.1008    26.5387
k =
    0.1008
```

即拟合曲线方程为

$$y = 0.1008x + 26.5387$$

拟合曲线如图 1-6-2 所示。

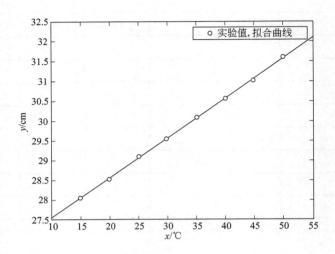

图 1-6-2　用 polyfit 命令的拟合曲线

思考题

1. 什么叫直接测量量和间接测量量？试举例说明。

2. 试述系统误差、随机误差的区别及产生原因。

3. 绝对误差、相对误差、引用误差是怎样定义的？它们的作用是什么？

4. 量程为 10A 的 0.2 级电流表经检定在示值为 5A 处出现最大示值误差为 15mA，该电流表是否合格？

5. 用量程 250V 的 2.5 级电压表测量电压，其最大误差应为多少？

6. 多次测量某个钢球的直径分别为：2.004mm，2.000mm，1.999mm，1.996mm。试求钢球直径的平均值、标准差，并写出测量结果的表达式。

7. 为什么要引入不确定度的概念？说明不确定度与误差的区别。

8. 一个铅圆柱体，测得直径 $d=(2.04\pm0.01)$ cm，高度 $h=(4.12\pm0.01)$ cm，质量 $m=(149.18\pm0.05)$ g，求出铅的密度 ρ，试用不确定度写出测量结果的表达式。

9. 指出下列各量有几位有效数字：

　　① $L=0.10$cm　　　　　　② $g=9.8403$m/s^2

　　③ $m=10.00$g　　　　　　④ $E=2.7\times10^{25}$J

10. 按照误差理论和有效数字运算规则，改正下列式中的错误：

　　① $N=(10.800\pm0.2)$ cm

　　② $a=(0.0705\pm0.00219)$ N/m

　　③ 28cm=280mm

11. 试用有效数字运算规则计算下列各式：

　　① $1.048+0.3$　　　　　② $98.754+1.3$

　　③ $2.0\times10^5+2345$　　④ $170.50-2.5$

　　⑤ 111×0.100　　　　⑥ $273.5\div0.10$

12. 测得一弹簧的长度与所加砝码质量的数据如下：

m/g	0	1.0	2.0	3.0	4.0	5.0	6.0
l/cm	6.55	10.28	14.05	17.30	21.51	25.25	29.03

　　由图解法求出弹簧的劲度系数。

13. 用伏安法测电阻数据如下，试用直角坐标纸作图，并求出 R 值。

U/V	1.00	2.00	3.00	4.00	5.00	6.00	7.00	8.00
I/mA	2.00	4.01	6.05	7.85	9.70	11.83	13.75	16.02

14. 试用最小二乘法求出 $y=a+bx$ 中的 a 和 b，实验数据如下。

x_i	2.0	4.0	6.0	8.0	10.0	12.0	14.0
y_i	14.34	16.35	18.36	20.34	22.39	24.38	26.33

15. 在测量玻璃折射率实验中，三棱镜的偏向角 δ 与入射角 i 的关系式为

$$\delta=\arcsin(\sqrt{n^2-\sin^2 i}\,\sin A-\cos A\sin i)+i-A$$

　　式中，A 为三棱镜的顶角，n 为玻璃的折射率。取 $A=60°$，$n=1.60$，用 MATLAB 绘出偏向角 δ 与入射角 i 的变化曲线。

16. 用 Excel 及 MATLAB 分别绘制 8 缝光栅衍射的相对光强分布图。设缝宽 $a=4\times10^{-6}$ m，光栅常数 $d=4\times10^{-5}$ m，波长 $\lambda=5\times10^{-7}$ m。

17. 用 Excel 及 MATLAB 的 polyfit 函数对 14 题的数据分别做最小二乘法的多项式拟合。

第 2 章
基础性实验

实验 2-1　长度测量

　　长度是一个基本物理量。广义地讲，长度测量的基本参量是长度（length）和角度（angle），以及由它们导出的平直度、圆度、锥度、粗糙度等。可以说，凡与几何尺寸、形状和位置相关的地方，都离不开长度测量。对于现代工业，若没有长度测量的保证，那简直是不可想象的。比如，机械产品的质量，基本上取决于零件的加工精度和装配精度，而精度的保证只能通过长度测量。另外，现代工业要求所有的零部件具有高度的互换性，也只有统一、准确、可靠的长度测量才能予以保证。

【实验目的】

　　① 了解长度测量的常用仪器和方法。

　　② 掌握游标卡尺和螺旋测微计的原理和使用方法。

　　③ 测量空心圆柱体的体积。

　　④ 掌握不确定度的计算方法。

【实验仪器】

　　游标卡尺，螺旋测微计。

　　长度测量器具，大体上可分为三类：机械式量仪、光学测量仪器和电动量仪。

　　机械式量仪是长度测量中最简单和常用的器具，如量块、角度块、线纹尺、千分尺、游标卡尺等。

　　光学测量仪器在长度测量中占有极其重要的地位。光学仪器有各种测长机、读数显微镜、光栅尺、光电显微镜等。

　　电动量仪是指将位移量转换成电量的测量仪器，如电感式、电容式微小位移测试仪，三坐标机等。

　　在实际工作中，要根据不同的测量范围和不同的精度要求，选择合适的测量器具，物理实验中常用的长度测量仪器是米尺、游标卡尺、螺旋测微计、读数显微镜等。通常用量程和分度值表示这些仪器的规格。量程是指测量范围；分度值是仪器所标示的最小分划单位，即仪器的最小读数。分度值的大小反映仪器的精密程度，分度值越小，仪器的误差相应也越小。学习使用这些仪器，应该掌握它们的构造原理、规格性能、读数方法、使用规则及维护知识等。

在精度要求不太高的情况下，通常用米尺来测量长度。米尺的分度值为1mm。因此，用米尺测量长度时，只能准确读到毫米这一位，毫米以下的一位仅能估计。在测量微小长度或精度要求较高的情况下，一般采用游标卡尺或螺旋测微计。

（1）游标卡尺

游标卡尺是应用游标读数原理进行读数的长度测量器具。它可以测量物体的长度、深度，圆环的内径和外径等。

游标卡尺由主尺和游标组成，外形如图2-1-1所示，主尺D与量爪A、A′相连，游标E与量爪B、B′及深度尺C相连，游标可紧贴着主尺滑动。量爪A、B用来测量厚度和外径，量爪A′、B′用来测量内径，深度尺C用来测量槽或孔的深度。当游标0线与主尺0线对齐时，读数是0；测量时，两个0线之间的距离等于所测的长度。F为固定螺钉。

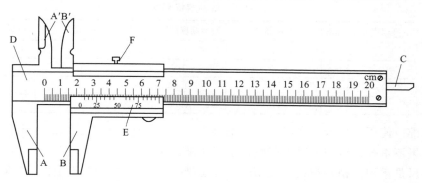

图 2-1-1　游标卡尺

① 游标卡尺的读数原理　如图2-1-2所示，主尺的刻度间距$a=1$mm，使游标10个刻度与主尺9个刻度相等，即游标刻度间距$b=0.9$mm。此时，主尺与游标刻度间距之差（分度值）$i=a-b=0.1$mm。如果游标零刻线与主尺某根刻线对齐，则游标的第10条刻线也与主尺的另一根刻线对齐。此时，若游标向右移动0.1mm，则游标的第1根刻线就与主尺的某根刻线对齐，其余刻线均错开；若游标向右移动0.2mm时，则游标的第2根刻线与主尺的某根刻线对齐，其余刻线都不与主尺刻线对齐；当游标向右移动0.9mm时，则游标的第9根刻线与主尺的某根刻线对齐，其余刻线均错开。由此可见，游标在1mm（主尺刻度间距）内移动的距离，可由与主尺对齐的游标刻线的序号来确定，这就是游标读数原理（游标卡尺没有估读）。例：实验室常用分度值为0.02mm的游标卡尺（游标尺50根刻线，长度为49mm），如图2-1-3所示，游标尺的第29根刻线与主尺的刻线对齐，其余刻线均错开，此时的读数为15.58mm。

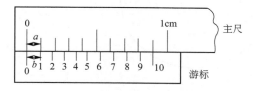

图 2-1-2　游标读数原理

② 游标的读数精度（分度值）　当主尺的刻度间距a和游标的刻度间距b过小时，难以辨认哪条线对齐，因而可将游标的刻度间距b放大。如：当$a=1$mm时，使$b=1.9$mm，

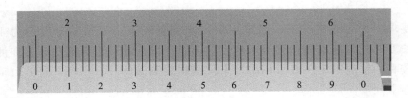

图 2-1-3　游标卡尺读数

则游标的读数精度（分度值）$i = ra - b = 2a - b = 0.1mm$，由此可见，游标的读数精度（分度值）和游标刻度间距 b 与 r 倍的主尺的刻度间距 a 之差有关（$r = 1, 2, 3\cdots\cdots$）。r 称为游标的模数，仅改变游标模数不能改变其读数值，但可使游标刻度的间距发生变化，模数太大会使游标尺的长度太长，一般取 $r = 1$ 或 2。表 2-1-1 列出了常用的四种游标形式。

表 2-1-1　四种游标形式

分度值	主尺刻度间距/mm	游标模数	游标刻度间距/mm	游标格数	游标刻度总长/mm
0.1	1	1	0.9	10	9
0.1	1	2	1.9	10	19
0.05	1	2	1.95	20	39
0.02	1	1	0.98	50	49

　　零点校准。使用游标卡尺之前，应先把量爪 A、B 合拢，检查游标的 0 线和主尺 0 线是否重合。如果不重合，应记下零点读数，予以校准修正。

　　游标卡尺是常用的精密量具，使用时要注意维护。测量时轻轻把物体卡住即可读数，切忌在夹紧物体后拉动卡尺；注意保护量爪，减少量爪磨损。用完以后，应立即将游标卡尺放回盒内。

　　（2）螺旋测微计

　　螺旋测微计，又称千分尺，它是比游标卡尺更精密的长度测量仪器。

　　螺旋测微计的结构如图 2-1-4 所示，主要部分是一个装在架子上的精密螺杆。测微螺杆在主尺 A 的内部，套筒 D 套在主尺 A 外，与测微螺杆相连。D 转一圈，测微螺杆 b 也转一周，并前进或后退一个螺距（0.5mm）。套筒边缘 d 均匀刻成 50 分格，称为螺尺；螺尺每转过一个分格，螺杆就前进或后退 0.01mm。螺旋测微计可测准到 0.01mm，螺尺需再估读 1 位，即能达到千分之几毫米。

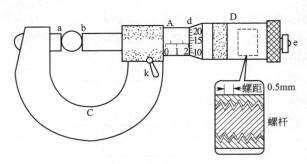

图 2-1-4　螺旋测微计

　　测量时，应轻轻转动棘轮旋柄 e（也称摩擦帽），推进螺旋杆前进，把待测物体刚夹住时，可听到咯咯声，此时应停止转动棘轮。读数时，先由主尺毫米刻度线读出毫米读数，剩

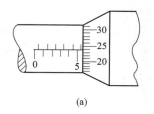 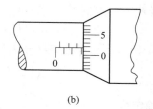

(a)   (b)

图 2-1-5 螺旋测微计读数

余尾数由螺尺读出。如图 2-1-5 所示，图（a）、图（b）读数分别为 5.740mm，3.019mm。螺旋测微计是精密仪器，在测量时应注意不能直接拧转螺尺套筒 D，以免用力过大而损坏螺纹或测砧。在测量完毕后，测砧与测杆间应留出一定间隙。

【实验内容与步骤】

用游标卡尺测出图 2-1-6 所示的圆柱体的外径 D、内径 d、高 H、孔深 h，得出空心圆柱体的体积 V。

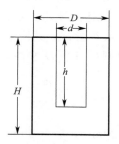

图 2-1-6 空心圆柱体

检查、调整游标卡尺使其顺利工作，如果有零差，首先记下零差，游标的读数应减去此零差。

测样品的外径 D、内径 d、高 H、孔深 h 各 10 次，记入表 2-1-2 中。

严格按有效数字运算，计算出样品的体积和体积的不确定度，写出体积的标准形式。

表 2-1-2 测量空心圆柱体数据表　　　　　（单位：mm）

次数	D	ΔD	d	Δd	H	ΔH	h	Δh
1								
2								
3								
4								
5								
6								
7								
8								
9								
10								
平均								

实验中所用游标卡尺的仪器误差，即其最小读数，对 20 分游标卡尺 $\Delta_s = 0.05\text{mm}$，对 50 分游标卡尺 $\Delta_s = 0.02\text{mm}$。D，d，H，h 的不确定度 σ_D，σ_d，σ_H，σ_h，根据第 1 章中式(1-3-1)～式(1-3-3) 计算。写出 $D = D \pm \sigma_D$，$d = d \pm \sigma_d$，$H = H \pm \sigma_H$，$h = h \pm \sigma_h$，由

$$V = \frac{\pi}{4}(D^2 H - d^2 h)$$

计算体积 V 的不确定度

$$\sigma = \sqrt{\left(\frac{\partial V}{\partial D}\right)^2 \sigma_D^2 + \left(\frac{\partial V}{\partial H}\right)^2 \sigma_H^2 + \left(\frac{\partial V}{\partial d}\right)^2 \sigma_d^2 + \left(\frac{\partial V}{\partial h}\right)^2 \sigma_h^2}$$

最后得出体积 V 的标准表达式

$$V = V \pm \sigma$$

在许多实际工作中，往往并不像通常实验课中那样，给定被测样品和测量器具，测量后得到测量结果和不确定度，而是只给出被测样品和精度要求，需要操作者自己设计测量方法，选定测量器具，有效地达到测量目的。这就是所谓的误差或不确定度的分配问题。

我们知道，在测量过程中，产生误差的因素有很多，必须抓住主要因素，按等作用原则分配误差，根据实际情况作调整，最后达到要求。当然，测量器具的选定不要片面追求精度，要考虑经济实用。作为教学内容改革尝试，请同学们做下面的练习。

测量一圆柱体的体积时，可测量圆柱直径 D 和高 h，根据函数式

$$V = \frac{\pi}{4}D^2 h$$

求体积。

已知直径和高度的公称值 $D_0 = 20\text{mm}$，$h_0 = 50\text{mm}$，要求测量体积的相对不确定度为 1%，试确定测量方案，选定测量器具，计算测量结果，验证精度是否达到要求。

■ 思考题

1. 已知游标卡尺的最小分度值为 0.01mm，其主尺的最小分度为 0.5mm，试问游标的分度数（格数）为多少；以毫米为单位，游标的长度可能取哪些值？

2. 量角器的最小刻度只有半度，现在打算用游标将其精度提高到 $1'$，游标应该怎样刻度？画出示意图说明刻度情况。

3. 如果一螺旋测微计螺距为 0.5mm，螺尺上刻有 100 个分格，这个螺旋测微计的准确度是多少？

4. 一个物体长度约 2cm，若用米尺、游标卡尺、螺旋测微计测量，分别能读出几位有效数字？若要进一步提高测量精度，可采用其他什么测量方法？

5. 设计一个测量固体密度的实验。

实验 2-2 拉伸法测金属丝的弹性模量

本实验采用拉伸法测定弹性模量（elastic modulus），并且综合运用多种测量长度的方法，采用逐差法处理数据。

【实验目的】

① 测定金属丝的弹性模量。

② 学会用光杠杆测量微小的长度变化。

③ 掌握用逐差法处理数据。

【实验仪器】

弹性模量测定仪、砝码、螺旋测微计和米尺等。

【实验原理】

（1）弹性模量

任何固体在外力作用下都要发生形变。当外力撤除后物体能够完全恢复原状的形变称为弹性形变。如果加在物体上的外力过大，以至外力撤除后，物体不能完全恢复原状而留下剩余形变，称为范性形变。本实验只研究弹性形变。

设钢丝截面积为 S，长为 L，在外力 F 的作用下伸长 ΔL。根据胡克定律，在弹性限度内，应力 $\dfrac{F}{S}$ 与应变 $\dfrac{\Delta L}{L}$ 成正比，即

$$\frac{F}{S} = E\,\frac{\Delta L}{L} \tag{2-2-1}$$

式中，比例系数 E 就是材料的杨氏弹性模量，简称弹性模量，它表征材料本身的性质，E 越大的材料，要使它发生一定应变所需的单位横截面上的力也就越大。

由式（2-2-1）可得

$$E = \frac{FL}{S\Delta L} = \frac{4FL}{\pi D^2 \Delta L} \tag{2-2-2}$$

式中，D 为钢丝直径。在式（2-2-2）中，F、L、D 都比较容易测量，而伸长量 ΔL 因为很小，很难用普通测量长度的仪器测出，本实验采用光杠杆法来测量。

（2）光杠杆原理

图 2-2-1 是弹性模量测定仪，图中左边是伸长仪，右边是镜尺组。

被测金属丝夹持在 a、d 之间，d 是一个可在平台 B 的中心圆孔内上下移动的圆柱形夹持件。其下端是施加外力的砝码 P。在平台上放置一个有三足尖的反射镜 M（光杠杆），它的后足尖置于夹持件 d 上，而两个前足尖置于平台的沟槽内。当 P 上加减砝码时，就可改变反射镜的倾角。

光杠杆镜如图 2-2-2 所示，光杠杆是一个三足（T_1、T_2、T_3）支架，上面有可转动的平面镜 M，前两足与镜面平行，后足与圆柱夹持件 d 接触（d 能随金属丝的伸缩而上下移动）。

如图 2-2-3 所示，如果在测量之前，将反射镜 M 的镜面调成与望远镜垂直，即望远镜中能看到直尺 n_1 处的反射像。当加砝码时，由于金属丝被拉长，夹持件 d 下降，而导致光杠

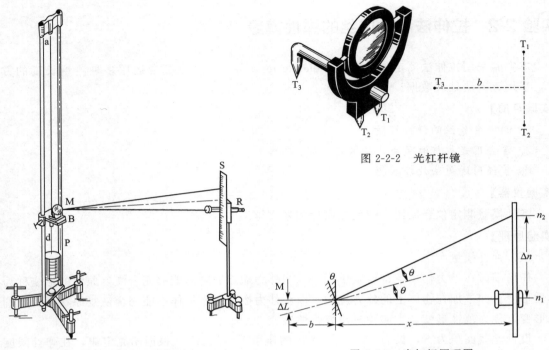

图 2-2-2 光杠杆镜

图 2-2-1 弹性模量测定仪

图 2-2-3 光杠杆原理图

杆的后足尖下降一段距离 ΔL （即金属丝的伸长量），同时镜面转过微小角度 θ，则此时从望远镜中能看到直尺 n_2 处的反射像，由几何关系可得

$$\theta \approx \tan\theta = \frac{\Delta L}{b}$$

$$2\theta \approx \tan(2\theta) = \frac{n_2 - n_1}{x} = \frac{\Delta n}{x}$$

即

$$\Delta L = \frac{b\Delta n}{2x} \tag{2-2-3}$$

式中，x 为光杠杆平面镜与刻度尺之间的镜尺距离；b 为光杠杆的杆长，将其代入式（2-2-2）得出

$$E = \frac{8Lx}{\pi D^2 b} \times \frac{F}{\Delta n} \tag{2-2-4}$$

如果长度单位采用 m，力的单位采用 N，则 E 的单位为 Pa。

【实验内容与步骤】

（1）用水平仪把弹性模量测定仪调成铅直。

（2）在试件（金属丝）下部挂上砝码托，并放上两个砝码，以便拉直试件。

（3）将光杠杆放在小平台上（前足尖置于沟槽内、后足尖放在圆柱夹持件 d 上，但不能触碰试件），将望远镜调成大致与反射镜面中心等高。

（4）调整望远镜的目镜，使其能看清楚十字叉丝像，并可转动镜筒使十字叉丝横平竖直。

（5）旋转望远镜调焦手轮直至从望远镜中看清楚标尺刻度为止。为了调节方便可将眼睛位于望远镜的上方，顺着镜筒方向观察，看反射镜内有无标尺的像，如没有，可左右移动标尺组支架，直到出现标尺像。

（6）调反射镜面的仰角，使其尽量铅直，并记下此时标尺的读数 n_1，填入表 2-2-1 中。

（7）每次增加一个砝码（1kg），记下相应的标尺读数 n_i，再依次减一个砝码并记下标尺读数。

（8）在金属丝的不同位置测量直径，记录相应的数据，并填入表 2-2-2 中。

表 2-2-1 弹性模量测量数据表

次数	所加砝码 F/kg	望远镜中标尺读数 n_i/mm		在同一负荷下标尺读数平均值/mm
		加砝码	减砝码	
0	1			
1	2			
2	3			
3	4			
4	5			
5	6			
6	7			
7	8			

表 2-2-2 金属丝直径

次数	1	2	3	4	5
D_i/mm					

（9）测量金属丝的长度 L，镜尺间距离 x，光杠杆的杆长 b。其中 b 的测量可以这样做：在纸上压出三足尖的位置，用做垂线的方法量出长度。

$L=$ _____ mm，$x=$ _____ mm，$b=$ _____ mm。

【数据处理】

① 将试件（金属丝）直径的测得值取算术平均值 $\overline{D}$，并算出误差 ΔD。

② 用逐差法求出 Δn 及误差。

本实验中，Δn 的计算要用逐差法。在光杠杆法中，如果每次增加的砝码质量为 1kg，连续增重 7 次，则可读得 8 个标尺读数，它们分别是 n_1，n_2，n_3，n_4，n_5，n_6，n_7，n_8，其相应的差是 $\Delta n_1 = n_2 - n_1$，$\Delta n_2 = n_3 - n_2$，$\cdots$，$\Delta n_7 = n_8 - n_7$。根据平均值的定义

$$\Delta n = \frac{(n_2-n_1)+(n_3-n_2)+(n_4-n_3)+\cdots+(n_8-n_7)}{7} = \frac{n_8-n_1}{7}$$

中间值全部抵消只有始末两次测量值起作用，与增重 7kg 的单次测量等价。一旦这两个数误差较大，将直接影响弹性模量测量的精确度。为充分利用实验数据，减小随机误差，可将 8 个数据分两组 n_1，n_2，n_3，n_4 和 n_5，n_6，n_7，n_8，然后对应相减再求平均，即

$$\Delta n = \frac{\Delta n_1 + \Delta n_2 + \Delta n_3 + \Delta n_4}{4} = \frac{(n_5-n_1)+(n_6-n_2)+(n_7-n_3)+(n_8-n_4)}{4}$$

式中，Δn 为增重 4kg 的平均差值。逐差法的优点是减小随机误差。

③ 将各数据代入式（2-2-4），求出 E 的大小（暂不定位数）。

④ 在本实验中，用米尺测量 L 和 x 的误差限 $\Delta L = \Delta x \approx 0.05\text{cm}$；用游标尺测量 b 的误差限 $\Delta b \approx 0.02\text{mm}$；用千分尺测量 D 的误差限 $\Delta D \approx 0.005\text{mm}$；标尺读数差的平均误差 $\Delta(\Delta n) \approx 0.03\text{cm}$。对各项分误差的估算可知，$\dfrac{\Delta L}{L}$、$\dfrac{\Delta x}{x}$ 和 $\dfrac{\Delta b}{b}$ 仅为千分之几，$2\dfrac{\Delta D}{D}$ 和 $\dfrac{\Delta(\Delta n)}{\Delta n}$ 达到百分之几，所以测量误差主要来源于标尺读数差和金属丝直径的测量。根据 $\dfrac{\Delta E}{E} \approx 2\dfrac{\Delta D}{D} + \dfrac{\Delta(\Delta n)}{\Delta n}$ 求出 E 的相对误差。

⑤ 由 $\Delta E = E \times \dfrac{\Delta E}{E}$ 求绝对误差，定出 ΔE 的数位。

⑥ 依 ΔE 的有效数字的位数，定出 E 的数位。

⑦ 结果写成"$E \pm \Delta E$（单位）"的形式。

【注意事项】

① 在同一砝码的增、减两种情况下，标尺读数可能不一样，这是正常的，是由于试件（金属丝）形变量需一段时间恢复的缘故。

② 实验时，砝码的取放要轻，以减少试件（金属丝）的振动，便于读数。

■ **思考题** ::

1. 材料相同，但粗细、长度不同的两根金属丝，它们的弹性模量是否不同？为什么？

2. 光杠杆有什么优点？怎样提高光杠杆测量微小长度变化的灵敏度？

3. 实验中为什么对各个长度量用不同仪器来测量，是怎样考虑的？

4. 是否可以用作图法求弹性模量？如果以所加砝码的质量为横坐标，望远镜中标尺读数为纵坐标作图，图形应是什么形状？如何求出弹性模量 E？

实验 2-3　光杠杆法测固体的线胀系数

当固体温度升高时，分子的热运动加剧，固体微粒间的距离增大，结果使固体膨胀；反之，当温度降低时，固体会收缩，即热胀冷缩的特性。这个特性在工程设计（如桥梁和过江电缆工程）、精密仪表设计、材料的加工和焊接中都必须加以考虑。在相同条件下，不同固体材料的线膨胀程度各不相同，于是用线胀系数（linear expansion coefficient）来表示固体的这种差别。

【实验目的】

① 掌握测量金属杆线胀系数的方法。

② 学会用光杠杆测量微小的长度变化。

【实验仪器】

金属线胀系数测定仪、加热器、温度计、游标卡尺、米尺等。

实验仪器结构如图 2-3-1 所示，温度控制器如图 2-3-2 所示。

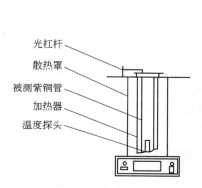

图 2-3-1　仪器结构示意

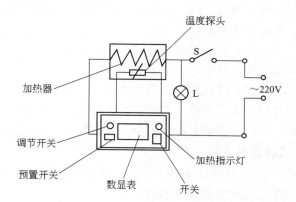

图 2-3-2　温度控制器示意

【实验原理】

设温度为 t_0（℃）时，物体的长度为 L_0，则该物体在 t（℃）时的长度为

$$L_t = L_0[1 + \alpha(t - t_0)] \tag{2-3-1}$$

式中，α 即为该物体的线胀系数。

当温度变化不大时，α 是一个常量，其量值与物体的材料有关。式（2-3-1）可变形为

$$\alpha = \frac{L_t - L_0}{L_0(t - t_0)} = \frac{\Delta L / L_0}{\Delta t} \tag{2-3-2}$$

从式（2-3-2）可以看出物体线胀系数 α 的物理意义是：温度每升高 1℃ 时，物体的伸长量 $\Delta L(L_t - L_0)$ 与该物体在 t_0（℃）时长度 L_0 之比。

实验过程中，只要测得 ΔL、L_0 和 Δt 的值，就可以求得线胀系数 α 的值。其中，长度变化量 ΔL 的数值很小，本实验采用光杠杆法进行测量。引用实验 2-2 的式（2-2-3）

$$\Delta L = \frac{b \Delta n}{2x}$$

当满足 $\Delta n \ll x$，$\Delta L \ll b$ 时，不难看出小位移 ΔL 被放大成能观测的大位移 Δn，其作用像杠杆作用一样，所以光杠杆的方法是一种放大的方法。

将式(2-2-3) 代入式(2-3-2)，则有固体线胀系数

$$\alpha = \frac{b\Delta n}{2xL_0\Delta t} \qquad (2\text{-}3\text{-}3)$$

【实验内容与步骤】

(1) 在室温下，用米尺测量铜棒的长度 L_0 多次，取平均值。然后将其插入仪器的大圆柱形筒中。注意，棒的下端要跟基座紧密接触。

(2) 将光杠杆放置到仪器平台上，其后尖足踏到金属棒顶端，两前尖足入凹槽内。平面镜要调到铅直方向。望远镜和标尺组要置于光杠杆前 1～2m 距离处，标尺调到垂直方向。调节望远镜的目镜，使标尺的像最清晰，并且与十字横线间无视差。记下标尺的读数 n_0。

(3) 打开固体线胀系数测定仪的电源，将转换开关置于"显示"功能上，通过数显窗口，记下初始温度 t_0。

(4) 将转换开关置于"预置"功能上，通过调节开关将预置温度调到比初始温度 t_0 高 5℃的 t_1 上，仪器自动会给待测金属棒加热，再将转换开关置于"显示"功能上，通过数显窗口，待温度的读数稳定在预置温度 t_1 后（实验中，显示的温度值会一直上升到高出 t_1 若干度，而后下降；若温度在 t_1 处能够停留 3min 不跳变，即可认为已经稳定），记下望远镜中标尺的相应读数 n_{t1}。

(5) 以后温度每升高 5℃，记录温度 t_2、t_3…，以及标尺的相应读数 n_{t2}、n_{t3}…，共测量 8 个实验点。

(6) 停止加热。测出距离 x。取下光杠杆放在白纸上轻轻压出三个足尖痕迹，用铅笔通过前两足迹连成一直线，再由后足迹引到此直线的垂线，用标尺测出垂线的距离 b。

(7) 用逐差法求出 Δn，并将 L_0、b、x、Δt 的数据代入式(2-3-3)，计算出 α 值。

【注意事项】

① 因伸长量极小，故仪器不应有振动；若测量过程中外力使固定端移动会带来较大误差，应避免此类情况的发生。

② 若测量部件安装不当，如固定端固定不佳，滑动端样品与样品封头之间连接松动等，均会引起较大误差。

思考题

1. 试分析哪一个量是影响实验结果精度的主要因素，在操作时应注意什么。
2. 若实验中加热时间过长，仪器支架受热膨胀，对实验结果有何影响？
3. 试分析两根材料相同，粗细、长度不同的金属棒，在同样的温度变化范围内，它们的线胀系数是否相同，膨胀量是否相同，为什么。
4. 调节光杠杆的方法是什么？在调节中要特别注意哪些问题？
5. 根据实验室条件你还能设计另一种测量 Δn 的方案吗？

实验 2-4　金属线胀系数的测量

绝大多数物质都具有热胀冷缩的特性，这是由于物体内部分子热运动加剧或减弱造成的。这个性质在设计工程结构、制造机械和仪器、加工（如焊接）材料等工程中，都应考虑到。否则，将影响结构的稳定性和仪表的精度；考虑失当，甚至会造成工程的毁损、仪表的失灵，以及加工焊接中的缺陷和失败等。

【实验目的】

① 学习并掌握测量金属线胀系数的一种方法。

② 学会用千分表测量长度的微小增量。

【实验仪器】

FB712 型金属线胀系数测量仪、千分表。

（1）FB712 型金属线胀系数测定仪

通过加热温度控制仪（见图 2-4-1），精确地控制实验样品在一定的温度下，由千分表直接读出实验样品的微小伸长量，实现对金属线胀系数测定。该仪器的恒温控制由高精度数字温度传感器与 PID 智能温度控制仪组成，可根据实验需要把加热温度控制在室温～80℃之间。并以稳定的加热电压维持实测温度的稳定度，由四位数码管显示设定温度和实验样品实测温度，读数精度为±0.1℃，调节设定方便，控温稳定、精确。金属线胀系数测定仪的 PID 智能温度控制部分面板如图 2-4-2 所示。

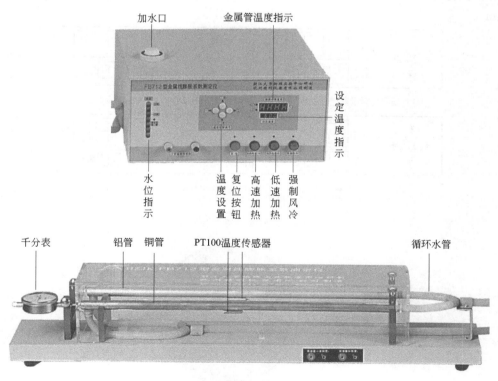

图 2-4-1　FB712 型金属线胀系数测定仪

具体的温度设置步骤如下（如出厂设置温度为 82℃，可改设置温度为 40℃）：

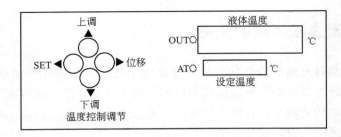

图 2-4-2　PID 智能温度控制部分面板

① 先按一下"设定键 SET（◀）"约 0.5s。

② 按"位移键（▶）"，选择需要调整的"位数"，数字闪烁的位数即是当前可以进行调整操作的"位数"。

③ 按"上调（▲）"或"下调（▼）"确定当前"位数值"，接着按此办法调整，直到各位数值都满足温度设定要求。

④ 再按一次"设定键 SET"，退出设定工作程序。

当实验中需改变温度设定，重复以上步骤即可。操作过程可按图 2-4-3 进行。

（2）千分表构造和参数

构造见图 2-4-4。

① 有效量程：0～1mm；② 主指针：每圈 200 格，每格 0.001mm；③ 副指针：每格 0.2mm，共分 5 格，总计 1mm；④ 主尺刻度调节圈用于主尺调零；⑤ 极限量程可达 0～1.4mm。

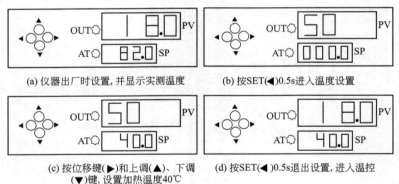

(a) 仪器出厂时设置,并显示实测温度　　(b) 按SET(◀)0.5s进入温度设置

(c) 按位移键(▶)和上调(▲)、下调　　(d) 按SET(◀)0.5s退出设置,进入温控
(▼)键,设置加热温度40℃

图 2-4-3　温度设置过程图示

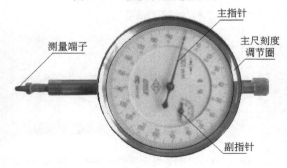

图 2-4-4　千分表构造

【实验原理】

材料的线胀是材料受热膨胀时，在一维方向上的伸长。线胀系数是选用材料的一项重要指标，特别是研制新材料，少不了要对材料线胀系数作测定。

固体受热后其长度的增加称为线胀。经验表明，在一定的温度范围内，原长为 L 的物体，受热后其伸长量 ΔL 与其温度的增加量 Δt 近似成正比，与原长 L 亦成正比，即

$$\Delta L = \alpha L \Delta t \tag{2-4-1}$$

式中的比例系数 α 为固体的线胀系数。

大量实验表明，不同材料的线胀系数不同，塑料的线胀系数最大，金属次之，殷钢、熔凝石英的线胀系数很小。殷钢和石英的这一特性在精密测量仪器中有较多的应用。

实验还发现，同一材料在不同温度区域，其线胀系数不一定相同。某些合金，在金相组织发生变化的温度附近，同时会出现线胀量的突变。因此，测定线胀系数也是了解材料特性的一种手段。但是，在温度变化不大的范围内，线胀系数仍可认为是一常量。

为测量线胀系数，将材料做成条状或杆状。由式(2-4-1)可知，测量出 t_1 时杆长 L、受热后温度达 t_2 时的伸长量 ΔL 和受热前后的温度 t_1 及 t_2，则该材料在 (t_1, t_2) 温区的线胀系数 α 为

$$\alpha = \frac{\Delta L}{L(t_2 - t_1)} \tag{2-4-2}$$

其物理意义是固体材料在 (t_1, t_2) 温区内，温度每升高 1℃ 时，材料的相对伸长量，其单位为 /℃。多数金属的线胀系数在 $(0.8 \sim 2.5) \times 10^{-5}/℃$ 之间。

测线胀系数的主要问题是如何测伸长量 ΔL，先粗估算出 ΔL 的大小，若 $L \approx 250 \mathrm{mm}$，温度变化 $t_2 - t_1 \approx 100℃$，金属的线胀系数 α 数量级为 $10^{-5}/℃$，则可估算出 $\Delta L \approx 0.25 \mathrm{mm}$。对于这么微小的伸长量，用普通量具如钢尺或游标卡尺是测不准的，可采用千分表（分度值为 0.001mm）、读数显微镜、光杠杆放大法、光学干涉法。本实验中采用千分表测微小的线胀量。

【实验内容与步骤】

(1) 把样品空心铜棒、铝棒安装在测试架上。在室温下用米尺重复测量金属杆的原有长度 5 次，求出 L 的有效长度，数据记录到表 2-4-1 中。

(2) 将铜管（或铝管）对应的测温传感器信号输出插座与测试仪的介质温度传感器插座相连接。将千分表装在被测介质铜管（或铝管）的自由伸缩端固定位置上，使千分表测试端与被测介质接触，为了保证接触良好，一般可使千分表初读数为 0.2mm 左右，只要把该数值作为初读数对待，不必调零。

(3) 打开电源开关，从仪器面板水位显示器上观察水位情况；设置好温度控制器加热温度，金属管加热温度设定值可根据金属管所需的实际温度值设置。

(4) 正常测量时，按下加热按钮（高速或低速均可，但低速挡由于功率小，一般最多只能加热到 50℃ 左右），观察被测金属管温度的变化，直至金属管温度等于所需观察温度值。当被测介质温度为 35℃，40℃，45℃，50℃，55℃，60℃，65℃，70℃ 时，记录对应的千分表读数 L_{35}，L_{40}，L_{45}，L_{50}，L_{55}，L_{60}，L_{65}，L_{70}，记入表 2-4-2 中。

(5) 用逐差法求出温度每升高 5℃ 金属棒的平均伸长量，由式(2-4-2)即可求出金属棒在 (35℃，75℃) 温度区间的线胀系数。

【数据处理】

表 2-4-1　金属杆有效长度测量数据

测量次数	1	2	3	4	5	平均值
铜棒有效长度 $L_{铜i}$ /mm						
铝棒有效长度 $L_{铝i}$ /mm						

注：有效长度应等于总长度减去固定螺钉外的一小段（约 5mm）。

表 2-4-2　线胀系数实验数据

测量次数	1	2	3	4	5	6	7	8	平均值
样品温度/℃									
测铜棒千分表读数 $L_i / \times 10^{-6}$ m									
测铝棒千分表读数 $L_i / \times 10^{-6}$ m									

$$\Delta L = \frac{\sum (L_{i+4} - L_i)}{4 \times 4} = \underline{\qquad\qquad} ; \quad \alpha = \frac{\Delta L}{L(t_2 - t_1)} = \underline{\qquad\qquad}$$

【注意事项】

该实验仪专用加热部件的加热电压低速挡为：AC110V，高速挡为：AC140V。

水位由 7 只双色发光管指示，无水时，所有发光管发红光，随着水位逐步升高，对应的发光管由红色转变为绿色。

为了避免在系统缺水的情况下加热器"干烧"，仪器设置了完善的缺水报警和保护系统，循环水一旦缺少，系统报警灯点亮且自动停机。只有水量足够时才能恢复正常。加热按钮按下时，强制冷却被锁住，只有按下复位按钮，先停止加热，强制风冷降温才能启动。在加热或降温工作状态，热水泵总是处于工作状态。只有按复位按钮热水泵才停止工作（注意：长期不用，应从主机底部放水阀门把水放掉）。

思考题

1. 该实验的误差来源主要有哪些？哪一个对实验误差影响较大？

2. 如何利用逐差法来处理数据？

3. 利用千分表读数时应注意哪些问题，如何消除误差？

4. 根据实验室条件你还能设计一种测量 ΔL 的方案吗？

5. 试举出日常生活和工程技术中应用线胀系数的实例。

6. 若实验中加热时间过长，仪器支架受热膨胀，对实验结果有何影响？

实验 2-5　刚体转动实验

刚体转动的一个重要物理量是转动惯量（moment of inertia），它表征物体转动惯性的大小。在许多研究领域和工业设计中都要考虑物体转动惯量的大小，因此，测定物体的转动惯量具有重要的实际意义。

对于形状比较规则的物体，可用数学方法计算出它的转动惯量。但对于形状比较复杂的物体，一般需用实验的方法进行测定。测定刚体转动惯量的方法很多，本实验是利用刚体转动实验仪测定给定物体的转动惯量，并由此验证转动定律和平行轴定理。

【实验目的】

① 测定给定系统的转动惯量，验证转动定律。

② 研究刚体绕定轴转动时，转动惯量随质量及质量分布而改变的规律。

③ 熟悉用作图法处理数据。

【实验仪器】

刚体转动实验仪、砝码、秒表、米尺等。

本实验中所用的刚体转动实验仪如图 2-5-1 所示。A 是一个由不同半径圆盘组合而成的塔轮，塔轮半径共分为 5 个尺寸：1.00cm，1.50cm，2.00cm，2.50cm 和 3.00cm。塔轮两边对称伸出两根有等分刻度的均匀圆柱连杆 B 和 B′。连杆两端各有一个可移动的圆柱形重锤 m_0。它们一起组成一个可绕 OO′ 轴转动的刚体系。塔轮上绕一细线跨过滑轮 C，线的另一端挂有砝码 m。当 m 下落时，通过细线对系统施以力矩。滑轮 C 的高低可由固定螺钉 D 调整，使细线与转动轴保持垂直。滑轮架 E 上的标记 F 是用来判断砝码位置的。H 是固定滑轮架的螺旋扳手。轴 OO′ 的铅直可通过三个底脚螺钉调节。轴的松紧程度可通过螺钉 G 进行调节。

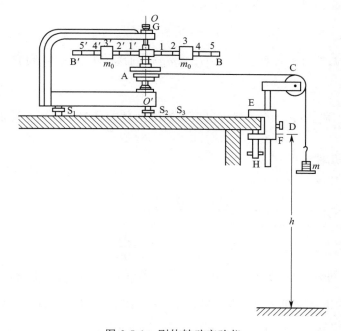

图 2-5-1　刚体转动实验仪

【实验原理】

根据转动定律，当刚体绕固定轴转动时，有

$$M = I\beta \tag{2-5-1}$$

所以，如果能测出系统的合外力矩 M 和转动时的角加速度 β，则转动惯量 I 可由式(2-5-1)求出。

系统的合外力矩由两部分组成：细线施于塔轮上的力矩 $rT\sin\theta$（r 为塔轮半径，T 为细线的张力）和轴处的摩擦力矩 M_μ，如果选前者的方向为正，则 M 的大小为

$$M = rT\sin\theta - M_\mu \tag{2-5-2}$$

式中，θ 为 r 与 T 之间的夹角。当调节细线的方向使它与塔轮的半径相垂直时，$\sin\theta = 1$，因此有

$$M = rT - M_\mu \tag{2-5-3}$$

细线上的张力可用下述方法求得：若略去滑轮及细线的质量，并认为细线的长度保持不变，砝码 m 将以匀加速度 a 下落。根据牛顿第二定律可得

$$T = m(g-a) \tag{2-5-4}$$

式中，g 为重力加速度；m 为砝码的质量。若砝码 m 在高度 h 的地方从静止开始下落，到达地面所用的时间为 t，则有

$$h = \frac{1}{2}at^2 \tag{2-5-5}$$

由于塔轮转动时边缘的切向加速度和砝码 m 下落时的加速度 a 相等，即

$$a = r\beta \tag{2-5-6}$$

所以由以上关系式可得到刚体合外力矩为

$$M = m(g-a)r - M_\mu = \frac{2hI}{rt^2} \tag{2-5-7}$$

实验中，若保持 $a \ll g$，则式(2-5-7) 简化为

$$mgr = \frac{2hI}{rt^2} + M_\mu \tag{2-5-8}$$

如果轴的运转调整合适，可以认为 $M_\mu \ll mgr$，而将 M_μ 略去，则有

$$mgr = \frac{2hI}{rt^2} \tag{2-5-9}$$

利用式(2-5-8) 或式(2-5-9)，就可以求得系统的转动惯量 I，并能验证转动定律及平行轴定理。

下面分别讨论几种情况。

① 将式(2-5-8) 改写成如下形式

$$m = \frac{2hI}{gr^2t^2} + \frac{M_\mu}{gr} = K_1\frac{1}{t^2} + C_1 \tag{2-5-10}$$

式中，

$$K_1 = \frac{2hI}{gr^2}; \quad C_1 = \frac{M_\mu}{gr}$$

由式(2-5-10) 可知，m 与 t^2 成反比。实验中若保持 r、h 及 I 不变，并设 M_μ 亦不变，改变 m 测出相应的下落时间 t。在坐标纸上作 m-$\frac{1}{t^2}$ 图。如得到一直线，则由实验结果证明转动定律成立。由斜率 K_1 可求得 I，由截距 C_1 可求得 M_μ。

② 实验中，若保持 r、h 及 m 不变，对称地改变 m_0 的质心对轴 OO' 的距离 x，由刚体转动的平行轴定理可知，整个系统对 OO' 轴的转动惯量为

$$I = I_0 + I'_0 + 2m_0 x^2 \qquad (2\text{-}5\text{-}11)$$

式中，I_0 为连杆 BB' 和塔轮 A 绕 OO' 轴的转动惯量，I'_0 为两个圆柱体绕过其质心且平行于 OO' 轴的转动惯量。将式(2-5-11)代入式(2-5-9)中可得到

$$t^2 = \frac{4m_0 h}{mgr^2}x^2 + \frac{2h(I_0 + I'_0)}{mgr^2} = K_2 x^2 + C_2 \qquad (2\text{-}5\text{-}12)$$

式中，
$$K_2 = \frac{4m_0 h}{mgr^2}; \quad C_2 = \frac{2h(I_0 + I'_0)}{mgr^2}$$

若考虑 M_μ 并设其不变，可将式(2-5-11)代入式(2-5-8)，则有

$$t^2 = K'_2 x^2 + C'_2 \qquad (2\text{-}5\text{-}13)$$

式中，
$$K'_2 = \frac{4m_0 h}{r(mgr - M_\mu)}; \quad C'_2 = \frac{2h(I_0 + I'_0)}{r(mgr - M_\mu)}$$

在坐标纸上作 $t^2\text{-}x^2$ 图可证明平行轴定理。

【实验内容与步骤】

(1) 安装和调节实验装置。调整座架水平，适当调节螺钉 G，以使转动系统灵活，固定好 m，调节滑轮的高度使细线与轴 OO' 相垂直。

(2) 选取塔轮半径 $r = 2.50\text{cm}$，m_0 置于（5，5′）位置，依次取砝码的质量为 10g、20g、30g、40g、50g（砝码托质量 5.00g，每个砝码质量 5.00g），用秒表测从 F 处开始下落到地面所需时间 t，对每个 m 测量 3 次求平均值。将数据填入表 2-5-1。注意：当 m 较小时，由于摩擦力矩变化的影响较大，测出的时间 t 的重复性较差。随着 m 等量增加，t 应是逐渐减小的。

由实验结果作 $m\text{-}\frac{1}{t^2}$ 图，求出转动惯量 I 及摩擦力矩 M_μ，验证转动定律。

(3) 选取塔轮半径为 $r = 2.50\text{cm}$，砝码质量 m 为 20g，对称地改变 m_0 位置，使其分别位于（1，1′）、（2，2′）、（3，3′）、（4，4′）、（5，5′）处，测出相应的 m 的下落时间 t。将数据填入表 2-5-2。观察转动惯量与质量分布的关系。

【数据处理】

表 2-5-1　验证转动定律数据表

时间/s ＼ m/g	10.00	20.00	30.00	40.00	50.00
t_1					
t_2					
t_3					
$\bar{t}$					
$\frac{1}{t^2}(\text{s}^{-2})$					

$r = $ _____ cm，m_0 位于 _____，$h = $ _____ cm

作 $m\text{-}\frac{1}{t^2}$ 图，验证转动定律。

实验结果：斜率 $K = $ _____ ；转动惯量 $I = $ _____ 。

表 2-5-2　验证平行轴定理数据表

m_0位置	1,1′	2,2′	3,3′	4,4′	5,5′
x					
t					
x^2					
t^2					

$m = $ _____ g，$h = $ _____ cm

作 $t^2 - x^2$ 图，验证平行轴定理。

【注意事项】

① 实验前检查 OO' 轴线是否垂直时，可先取下待测刚体部分，换上校准重锤，旋转底脚螺钉使锤尖对准轴碗即可。

② 作图时应注意按测量数据选择合适的坐标纸，数据的最末一位准确数字应与图上最小刻度线相对应。以自变量、因变量画出横、纵坐标轴，并标明方向及所代表的物理量。

■□ 思考题

1. 实验中如何保证 $g \gg a$ 的条件？这一近似对结果将产生什么影响？

2. 如果保持 h、m 及 m_0 的位置不变，改变 r 则如何求得此转动系统的转动惯量 I？

3. 实验中如果用铝制（或胶木）圆柱体代替钢制圆柱体，所得数据会如何变化？

实验 2-6 三线摆测刚体转动惯量

测量刚体转动惯量（moment of inertia）的方法有多种，用三线摆（three wire pendulum）测量是具有较好物理思想的实验方法。三线摆测量法具有设备简单、操作方便、测试直观等优点，并可以对形状复杂的刚体进行测量。

【实验目的】

① 掌握三线摆测定物体的转动惯量的原理和方法。

② 掌握正确地测量长度、质量的方法；学会用累积放大法测量周期运动的周期。

③ 验证转动惯量的平行轴定理。

【实验仪器】

三线摆、水准仪、秒表、米尺、游标卡尺、物理天平以及待测圆环、圆柱体等物体。

【实验原理】

图 2-6-1 是三线摆实验装置的示意图。上、下两个匀质圆盘均处于水平，悬挂在横梁上。三个对称分布的等长悬线将两圆盘相连，3 个悬挂点分别构成内接圆周的等边三角形。上圆盘固定（松开紧固螺钉也可绕支架上的转轴转动），下圆盘可绕中心轴 OO' 作扭摆运动。当下盘转动角度很小，且略去空气阻力时，扭摆的运动可近似看作简谐运动。根据能量守恒定律和刚体转动定律均可以导出物体绕中心轴 OO' 的转动惯量（推导过程见本实验附录）。

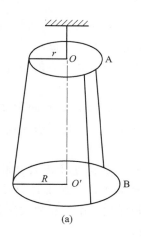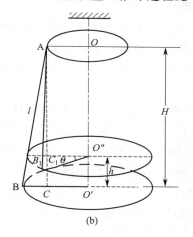

图 2-6-1 三线摆

$$I_0 = \frac{m_0 g R r}{4\pi^2 H_0} T_0^2 \tag{2-6-1}$$

式中，m_0 为下盘的质量；r、R 分别为上下悬点离各自圆盘中心的距离；H_0 为平衡时上下盘间的垂直距离；T_0 为下盘做简谐运动的周期；g 为重力加速度。

将质量为 m 的待测物体放在下盘上，并使待测刚体的转轴与 OO' 轴重合。测出此时摆运动周期 T_1 和上下圆盘间的垂直距离 H。同理可求得待测刚体和下圆盘对中心转轴 OO' 轴的总转动惯量为：

$$I_1 = \frac{(m_0 + m) g R r}{4\pi^2 H} T_1^2 \tag{2-6-2}$$

如不计因重量变化而引起悬线伸长，则有 $H \approx H_0$。那么，待测物体绕中心轴的转动惯量为：

$$I = I_1 - I_0 = \frac{gRr}{4\pi^2 H_0}\left[(m+m_0)T_1^2 - m_0 T_0^2\right] \tag{2-6-3}$$

因此，通过长度、质量和时间的测量，便可求出刚体绕某轴的转动惯量。

用三线摆法还可以验证平行轴定理。若质量为 m 的物体绕通过其质心轴的转动惯量为 I_c，当转轴平行移动距离 x 时，则此物体对新轴的转动惯量为 $I_x = I_c + mx^2$。这一结论称为转动惯量的平行轴定理。

实验时将质量均为 m'，形状和质量分布完全相同的两个圆柱体对称地放置在下圆盘上（下盘有对称的两个小孔）。按同样的方法，测出两小圆柱体和下盘绕中心轴 OO' 的转动周期 T_x，则可求出每个柱体对中心转轴 OO' 的转动惯量：

$$I_x = \left[\frac{(m_0+2m')gRr}{4\pi^2 H}T_x^2 - I_0\right]\times\frac{1}{2} \tag{2-6-4}$$

小圆柱中心与下圆盘中心之间的距离 x 以及小圆柱体的半径 R_x，则由平行轴定理可求得

$$I'_x = m'x^2 + \frac{1}{2}m'R_x^2 \tag{2-6-5}$$

比较 I_x 与 I'_x 的大小，可验证平行轴定理。

【实验内容与步骤】

（1）调整三线摆水平：通过调节底座调高螺丝，使得上盘水平；再将水准仪置于下盘任意两悬线之间，调整上盘的三个旋钮来改变三悬线的长度，直至下盘水平。

① 测出上下圆盘三悬点之间的距离 a 和 b，然后算出悬点到中心的距离 r 和 R（等边三角形外接圆半径）；

② 用米尺测出两圆盘之间的垂直距离 H_0 和放置两小圆柱体小孔间距 $2x$；用游标卡尺测出待测圆环的内、外直径 $2R_1$、$2R_2$ 和小圆柱体的直径 $2R_x$。记录各刚体的质量。

③ 测量空盘绕中心轴 OO' 转动的运动周期 T_0。

注意：为了避免三线摆在做扭摆运动时的晃动，一般是通过轻转上盘来带动下盘转动；扭摆的转角控制在 5° 以内。测量时间时，先让下盘摆动起来，再按下计时器的"执行"键，即在下盘挡光杆通过平衡位置（光电门所在处）时开始计数。用累积放大法测出下盘转动周期（测量累积 30～50 个周期值，然后计算单个周期值）。

（2）将圆环放置在三线摆的下盘，注意圆环的中心轴与下盘的中心轴 OO' 重合；测定对通过其质心且垂直于环面的转轴的转动惯量。测出待测圆环与下盘共同运动的周期 T_1。

（3）用三线摆验证平行轴定理：将两个小圆柱体对称放置在下盘的对称位置孔内。

测出两个小圆柱体（对称放置）与下盘共同运动的周期 T_x。

实验数据记入表 2-6-1、表 2-6-2。

【数据处理】

① 初始测量数据

$$r = \frac{a}{\sqrt{3}} = \underline{\qquad}; \qquad R = \frac{b}{\sqrt{3}} = \underline{\qquad}; \qquad H_0 = \underline{\qquad};$$

下盘质量 $m_0 = \underline{\qquad}$；　待测圆环质量 $m = \underline{\qquad}$；圆柱体质量 $m' = \underline{\qquad}$。

② 待测圆环测量结果的计算，并与理论计算值比较，求相对误差并进行讨论。已知理

想圆环绕中心轴转动惯量的计算公式为 $I_{理论}=\dfrac{m}{2}(R_1^2+R_2^2)$。

③ 求出圆柱体绕 OO' 轴的转动惯量，验证平行轴定理。

表 2-6-1　累积法测摆动周期

	下盘		下盘加圆环		下盘加两圆柱	
摆动 50 次所需时间（各测 5 次）/s	1		1		1	
	2		2		2	
	3		3		3	
	4		4		4	
	5		5		5	
	平均		平均		平均	
周期	$T_0=$ _____ s		$T_1=$ _____ s		$T_x=$ _____ s	

表 2-6-2　有关长度的多次测量数据

项目　　次数	上盘悬孔间距 a	下盘悬孔间距 b	待测圆环		小圆柱体直径 $2R_x$	放置小圆柱体两小孔间距 2x
			外直径 $2R_1$	内直径 $2R_2$		
1						
2						
3						
4						
5						
平均						

思考题

1. 用三线摆测刚体转动惯量时，为什么必须要保持下盘水平？

2. 在测量过程中，如下盘出现晃动，对周期测量有影响吗？如有影响，应如何避免？

3. 三线摆放上待测物后，其摆动周期是否一定比空盘的转动周期大？为什么？

4. 测量圆环的转动惯量时，若圆环的转轴与下盘转轴不重合，对实验结果有何影响？

5. 如何利用三线摆测定任意形状的物体绕某轴的转动惯量？

6. 三线摆在摆动中受空气阻尼，振幅越来越小，它的周期是否会变化？对测量结果影响大吗？为什么？

7. 本实验中引起系统误差和随机误差的原因有哪些？如何避免？

8. 累积放大法测周期值的优点是什么？为什么不直接测量一个周期值？

【附录 1】转动惯量测量式的推导

当下盘扭转振动时转角 θ 很小，其扭动是一个简谐振动，运动方程为：

$$\theta = \theta_0 \sin \frac{2\pi}{T_0} t \tag{2-6-6}$$

当下盘摆离开平衡位置最远时，其重心升高 h，根据机械能守恒定律有：

$$\frac{1}{2} I_0 \omega_0^2 = m_0 g h \tag{2-6-7}$$

即

$$I_0 = \frac{2 m_0 g h}{\omega_0^2} \tag{2-6-8}$$

而

$$\omega = \frac{\mathrm{d}\theta}{\mathrm{d}t} = \frac{2\pi\theta_0}{T_0} \cos \frac{2\pi}{T_0} t \tag{2-6-9}$$

$$\omega_0 = \frac{2\pi\theta_0}{T_0} \tag{2-6-10}$$

将式（2-6-10）代入式（2-6-8）得

$$I_0 = \frac{m_0 g h T_0^2}{2\pi^2 \theta_0^2} \tag{2-6-11}$$

从图 2-6-1 中的几何关系中可得

$$(H_0 - h)^2 + R^2 - 2Rr\cos\theta_0 = l^2 = H_0^2 + (R - r)^2$$

简化得 $H_0 h - \dfrac{h^2}{2} = Rr(1 - \cos\theta_0)$；略去 $\dfrac{h^2}{2}$，且取 $1 - \cos\theta_0 \approx \dfrac{\theta_0^2}{2}$，则有 $h = \dfrac{Rr\theta_0^2}{2H_0}$ 代入式
（2-6-11）得

$$I_0 = \frac{m_0 g R r}{4\pi^2 H_0} T_0^2 \tag{2-6-12}$$

即得式（2-6-1）。

【附录 2】 数显计时计数毫秒仪使用方法

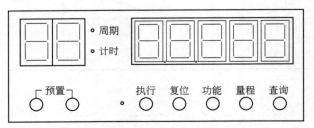

图 2-6-2　数显计时计数毫秒仪面板示意

数显计时计数毫秒仪面板如图 2-6-2 所示。

1. "执行"键开始周期测量或者时间测量；

2. "复位"键清除测量结果；

3. "功能"键用来设定本仪器是处于"周期"或者"计时"的工作模式；

4. "预置"键用来设定"周期"工作模式时的周期个数"0～99"；

5. "查询"键可查询到设定周期的总时间值和每个周期的时间值；

6. "量程"键是工作于"计时"模式，可设定计量时间量程"0～9.9999"秒，或者
"0～99.999"秒。

实验 2-7 扭摆法测刚体转动惯量

转动惯量（moment of inertia）是刚体转动时惯性大小的量度，是表明刚体特性的一个物理量。刚体转动惯量除了与物体质量有关外，还与转轴的位置和质量分布（即形状、大小和密度分布）有关。如果刚体形状简单，且质量分布均匀，可以直接计算出它绕特定转轴的转动惯量。对于形状复杂、质量分布不均匀的刚体，计算将极为复杂，通常采用实验方法来测定，例如机械部件、电动机转子和枪炮的弹丸等。

转动惯量的测量，一般都是使刚体以一定形式运动，通过表征这种运动特征的物理量与转动惯量的关系，进行转换测量。本实验使物体做扭转摆动，由摆动周期及其他参数的测定计算出物体的转动惯量。

【实验目的】

① 测定扭摆弹簧的扭转常数。

② 用扭摆测定几种不同形状物体的转动惯量，并与理论值进行比较。

③ 验证转动惯量平行轴定理。

【实验仪器】

（1）扭摆及几种待测转动惯量的物体

空心金属圆柱体、实心塑料圆柱体、木球、验证转动惯量平行轴定理用的细金属杆，杆上有两块可以自由移动的金属滑块。

（2）转动惯量测试仪

转动惯量测试仪由主机和光电传感器两部分组成。

主机采用单片机做控制系统，用于测量物体转动和摆动的周期，以及旋转体的转速，能自动记录、存储多组实验数据，并能够精确地计算多组实验数据的平均值。

光电传感器主要由红外发射管和红外接收管组成，可将光信号转换为脉冲电信号，送入主机工作。

（3）仪器使用方法

① 调节光电传感器在固定支架上的高度，使被测物体上的挡光杆能自由地往返通过光电门，再将光电传感器的信号传输线插入主机输入端（位于测试仪背面）。

② 开启主机电源，摆动指示灯亮，参量指示为"P1、数据显示为'----'"。

③ 本机默认扭摆的周期数为10，如要更改，可按键设定。更改后的周期数不具有记忆功能，一旦切断电源或按"复位"键，便恢复原来的默认周期数。

④ 按"执行"键，数据显示为"000.0"，表示仪器已处在等待测量状态，此时，当被测的往复摆动物体上的挡光杆第一次通过光电门时，由"数据显示"给出累计的时间，同时仪器自行计算周期 C1 予以存储，以供查询和做多次测量求平均值，至此，P1（第一次测量）测量完毕。

⑤ 按"执行"键，"P1"变为"P2"，数据显示又回到"000.0"，仪器处在第二次待测状态，本机设定重复测量的最多次数为5次，即（P1，P2，…，P5）。通过"查询"键可知各次测量的周期值 CI（I＝1，2，…，5）以及它们的平均值 CA。

【实验原理】

扭摆的构造如图 2-7-1 所示，在载物转轴上装有一根薄片状的螺旋弹簧，用以产生恢复力矩。在轴的上方可以装上各种待测物体。载物转轴与支座间装有轴承，以降低摩擦力矩。水平仪用来调整系统平衡。将物体在水平面内转过一角度 θ 后，在弹簧的恢复力矩作用下，物体就开始绕垂直轴做往返扭转运动。

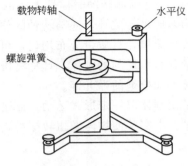

图 2-7-1   扭摆的构造

根据胡克定律，弹簧扭转而产生的恢复力矩 M 与所转过的角度 θ 成正比，即

$$M = -K\theta \tag{2-7-1}$$

式中，K 为弹簧的扭转常数。根据转动定律

$$M = I\beta$$

式中，I 为物体绕转轴的转动惯量，β 为角加速度。由式（2-7-1）得

$$\beta = \frac{M}{I} \tag{2-7-2}$$

令 $\omega^2 = \dfrac{K}{I}$，忽略轴承的摩擦阻力矩，由式（2-7-1）和式（2-7-2）得

$$\beta = \frac{M}{I} = \frac{\mathrm{d}^2\theta}{\mathrm{d}t^2} = -\frac{K}{I}\theta = -\omega^2\theta$$

上述方程表示扭摆运动具有角简谐振动的特性，角加速度与角位移成正比，且方向相反，此方程的解为

$$\theta = A\cos(\omega t + \varphi)$$

式中，A 为简谐振动的角振幅；φ 为初相角；ω 为角频率。此简谐振动的周期为

$$T = \frac{2\pi}{\omega} = 2\pi\sqrt{\frac{I}{K}} \tag{2-7-3}$$

由式（2-7-3）可知，只要实验测得物体扭摆的摆动周期，并在 I 和 K 中任何一个量已知时即可计算出另一个量。

本实验用一个几何形状规则的物体，它的转动惯量可以根据它的质量和几何尺寸用理论公式直接计算得到，再算出本仪器弹簧的 K 值。若要测出其他形状物体的转动惯量，只需将待测物体安放在本仪器顶部的各种夹具上，测定其摆动周期，由式（2-7-3）即可算出该物体绕转动轴的转动惯量。

理论分析证明，若质量为 m 的物体绕通过质心轴的转动惯量为 I_0 时，当转轴平行移动距离 x 时，则此物体对新轴线的转动惯量变为 $I_0 + mx^2$。这就是转动惯量平行轴定理。

【实验内容与步骤】

（1）测出塑料圆柱体的外径，金属圆筒的内、外径，木球直径，金属细杆长度及各物体质量。

（2）调整扭摆基座底脚螺栓，使水平仪的气泡位于中心。

（3）调整光电探头的位置，使载物盘上的挡光杆处于其缺口中央且能遮住发射、接收红外光线的小孔。设定测量周期数为 10，测定金属载物盘摆动周期 T_0，多次测量求平均值 $\overline{T}_0$。

设载物盘的转动惯量为 I_0，由式（2-7-3）可得

$$\overline{T}_0 = 2\pi \sqrt{\frac{I_0}{K}} \tag{2-7-4}$$

（4）根据塑料圆柱体的质量和外径的平均值 $\overline{D}_1$，计算其转动惯量的理论值

$$I_1' = \frac{1}{8} m \overline{D}_1^2 \tag{2-7-5}$$

再将其垂直放在载物盘上，测定摆动周期 T_1 的平均值 $\overline{T}_1$，可得

$$\overline{T}_1 = 2\pi \sqrt{\frac{I_0 + I_1'}{K}} \tag{2-7-6}$$

由式（2-7-4）～式（2-7-6）可得到弹簧的扭转常数

$$K = 4\pi^2 \frac{I_1'}{\overline{T}_1^2 - \overline{T}_0^2} \tag{2-7-7}$$

将 K 值再代入式（2-7-4）得到金属载物盘的转动惯量实验值 I_0：

$$I_0 = I_1' \frac{\overline{T}_0^2}{\overline{T}_1^2 - \overline{T}_0^2} \tag{2-7-8}$$

塑料圆柱体的转动惯量实验值 I_1：

$$I_1 = \frac{K}{4\pi^2} \overline{T}_1^2 - I_0 \tag{2-7-9}$$

（5）用金属圆筒代替塑料圆柱体，测定摆动周期 T_2 的平均值。

（6）取下载物金属盘，装上木球（选做），测定摆动周期 T_3（在计算木球的转动惯量时，应扣除支架的转动惯量）。

（7）取下木球，装上金属细杆（金属细杆中心必须与转轴重合）。测定摆动周期 T_4（在计算金属细杆的转动惯量时，应扣除支架的转动惯量）。

（8）将滑块对称放置在细杆两边的凹槽内（见图 2-7-2），此时滑块质心离转轴的距离分别为 5.00cm、10.00cm、15.00cm、20.00cm、25.00cm，测定摆动周期 T。验证转动惯量平行轴定理（在计算转动惯量时，应扣除支架的转动惯量）。

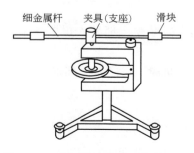

细金属杆　　夹具（支座）　　滑块

图 2-7-2　验证转动惯量平行轴定理

（9）改变测量周期数，重复上述测量。数据记入表 2-7-1。

【数据处理】

表 2-7-1　实验数据记录表

物体名称	几何尺寸/m		质量/kg	周期/s				I(实验值)/kg·m²	I'(理论值)/kg·m²
				C1	C2	C3	$\overline{T}$		
金属载物盘								$I_0 = I_1' \dfrac{\overline{T_0^2}}{\overline{T_1^2} - \overline{T_0^2}} =$	
塑料圆柱								$I_1 = \dfrac{K}{4\pi^2}\overline{T_1^2} - I_0 =$	$I_1' = \dfrac{1}{8}m\overline{D_1^2} =$
金属圆筒	D_w 外							$I_2 = \dfrac{K}{4\pi^2}\overline{T_2^2} - I_0 =$	$I_2' = \dfrac{1}{8}m(\overline{D_\text{w}^2} + \overline{D_\text{n}^2}) =$
	D_n 内								
木球(选做)								$I_3 = \dfrac{K}{4\pi^2}\overline{T_3^2} - I_0 =$	$I_3' = \dfrac{1}{10}m\overline{D_3^2} =$
金属细杆								$I_4 = \dfrac{K}{4\pi^2}\overline{T_4^2} - I_0 =$	$I_4' = \dfrac{1}{12}mL^2 =$

滑块位置/m	周期/s				I(实验值)/kg·m²	I'(理论值)/kg·m²	$\Delta = \lvert I - I' \rvert$/kg·m²	$I = I \pm \Delta$/kg·m²
	C1	C2	C3	$\overline{T}$				
0.05								
0.10								
0.15								
0.20								
0.25								
$I = \dfrac{K}{4\pi^2}\overline{T^2} - I_\text{B}$　　　$I' = I_4' + 2I_\text{滑}' + 2mx^2$								

【注意事项】

①　由于弹簧的扭转常数 K 值不是固定常数，它与摆动角度略有关系，摆角在 90°左右基本相同，在小角度时变小。

②　为了降低实验时由于摆动角度变化过大带来的系统误差，在测定物体的摆动周期时，摆角不宜过小，摆幅也不宜变化过大。

③　光电探头宜放置在挡光杆平衡位置处，挡光杆不能和它相接触，以免增大摩擦力矩。

④　机座应保持水平状态。

⑤　在安装待测物体时，其支架必须全部套入扭摆主轴，并将止动螺钉旋紧，否则扭摆不能正常工作。

⑥　在称金属细杆与木球的质量时，必须将支架取下，否则会带来极大误差。

思考题

1. 实验中是如何测得弹簧的扭转常数的？

2. 支架的转动惯量应如何测得？

3. 分析轴承的摩擦阻力矩对实验结果的影响。

4. 分析产生误差的主要因素。

【附录】 实验参考值

木球转动惯量实验值（仅供参考）：$I_A = 0.179 \times 10^{-4} \text{kg} \cdot \text{m}^2$；

金属细杆转动惯量实验值（仅供参考）：$I_B = 0.232 \times 10^{-4} \text{kg} \cdot \text{m}^2$；

两滑块通过滑块质心转轴的转动惯量理论值：$I_5' = 0.814 \times 10^{-4} \text{kg} \cdot \text{m}^2$。

实验 2-8　空气比热容比的测定

物质的比热容比（specific heat ratio）定义为质量定压热容 C_p 与质量定容热容 C_V 之比，即 $\gamma = \dfrac{C_p}{C_V}$。理想气体可逆绝热过程的指数称为绝热指数，用 κ 表示；实际气体的绝热指数与气体的种类、所受压力、温度有关。理想气体的摩尔热容比定义为摩尔定压热容 $C_{p,\mathrm{m}}$ 和摩尔定容热容 $C_{V,\mathrm{m}}$ 之比，即 $\gamma = \dfrac{C_{p,\mathrm{m}}}{C_{V,\mathrm{m}}}$；其数值与理想气体的绝热指数相等，也就是理想气体的比热容比。比热容比作为一个常用的物理量，在热力学理论及工程技术的应用中起着重要作用，如热机的效率及声波在气体中的传播特性都与空气的比热容比 γ 有关。测量空气比热容比的方法有很多，本实验采用的是简谐振动方法。

【实验目的】

① 掌握理想气体状态变化的热力学过程及其规律。

② 理解理想气体摩尔热容比的物理意义。

③ 用简谐振动法测量空气的热容比。

【实验仪器】

FB212 型气体比热容比测定仪的结构和连接方式见图 2-8-1。

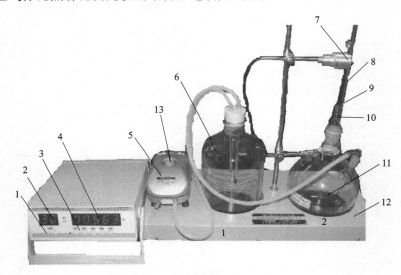

图 2-8-1　气体比热容比测定仪

1—周期数设置；2—周期数显示；3—复位及执行键；4—计时显示；5—空压机；6—储气瓶 1；
7—光电门；8—钢球简谐振动腔；9—小钢球；10—小弹簧；11—储气瓶 2；12—仪器底座；13—气压调节器

实验中为了使气体保持稳定，采用了两个储气瓶，电动气泵将空气先注入储气瓶 1 后，再通过橡皮管注入储气瓶 2，使得储气瓶 2 内部气压逐渐增大，推动小钢球向上运动，当小钢球越过放气孔时，储气瓶 2 中的气体通过放气孔快速放气（可视为绝热过程），使得小钢球的上下气压相等，小钢球在惯性作用下继续运动到某顶点位置；然后在重力作用下向下做加速运动，一旦下降到放气孔下方，在对储气瓶连续充气以及小钢球压缩气体的共同作用下，小钢球的运动为变减速运动；当向下运动的速度为零后，再在内部气压的作用下向上做加速运动；重复上述过程，小钢球的运动呈现为在某平衡位置附近做往复运动的规律，可视为简谐振动，如图 2-8-2。

实验中需要适当控制注入气流，小钢球才能在玻璃管中的放气孔上下做简谐振动，振动周期可利用光电计时装置来测得。本实验装置主要由玻璃制成，且对玻璃管的要求特别高，振动小钢球的直径仅比玻璃管内径小 0.01mm 左右，因此小钢球的表面不允许擦伤。平时小钢球停留在玻璃管的下端（有弹簧托住）即可。

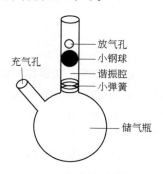

图 2-8-2　小钢球简谐振动

【实验原理】

（1）摩尔热容比

1mol 理想气体在体积保持不变的过程中，温度升高（或降低）1K，气体所需要吸收（或放出）的热量称为定容摩尔热容，用 $C_{V,\mathrm{m}}$ 表示，根据理想气体的内能公式可得

$$C_{V,\mathrm{m}} = \frac{i}{2}R \tag{2-8-1}$$

式中，i 为气体分子的自由度，对于单原子分子气体（如氦气）$i=3$，刚性双原子分子气体（如氢气）$i=5$，刚性多原子分子气体（如水蒸气）$i=6$。R（8.31J·mol^{-1}·K^{-1}）为摩尔气体常数。

1mol 理想气体在压强保持不变的过程中，温度升高（或降低）1K，气体所需要吸收（或放出）的热量定义为定压摩尔热容，用 $C_{p,\mathrm{m}}$ 表示，根据热力学第一定律可得

$$C_{p,\mathrm{m}} = C_{V,\mathrm{m}} + R = \frac{i+2}{2}R \tag{2-8-2}$$

实验表明，$C_{V,\mathrm{m}}$ 和 $C_{p,\mathrm{m}}$ 的理论值与实验值的符合度较高。

绝热过程是一个十分重要的热力学过程。在气体的状态发生变化的过程中，它与外界之间没有热量的传递，或传递的热量很小，以至于可以忽略不计，这种过程可以认为是绝热过程。在工程上，蒸汽机气缸中蒸汽的膨胀，柴油机中受热气体的膨胀，压缩机中空气的压缩等，常常可近似地看作是绝热过程。在绝热过程中，气体的压强 p 和体积 V 之间的关系式为

$$pV^{\gamma} = 常量 \tag{2-8-3}$$

式（2-8-3）称为绝热过程方程，式中

$$\gamma = \frac{C_{p,\mathrm{m}}}{C_{V,\mathrm{m}}} = \frac{i+2}{i} \tag{2-8-4}$$

式中，γ 称为摩尔热容比，又称绝热指数，亦即比热容比；它与绝热过程是分不开的。由式（2-8-4）得到，单原子分子气体 $\gamma=1.67$，刚性双原子分子气体 $\gamma=1.40$，刚性多原子分子气体 $\gamma=1.33$。

（2）振动法测量比热容比

如图 2-8-2 所示，小钢球的直径比玻璃谐振腔直径仅小 $0.01\sim0.02\mathrm{mm}$。小钢球能在光滑玻璃管中上下运动，在储气瓶的壁上有一充气孔，连接一根细管，通过细管把气体连续注入到储气瓶中。

设小钢球的质量为 m，半径为 r（直径为 d），当瓶子内的气体压强 p 满足式（2-8-5）时，小钢球处于平衡状态，

$$p = p_0 + \frac{mg}{\pi r^2} \qquad (2\text{-}8\text{-}5)$$

式中，p_0 为大气压强。

若小钢球偏离平衡位置向上一个较小距离，则容器内的气体膨胀压强减小，小钢球必定要回到平衡位置；由于惯性的缘故，小钢球在运动到平衡位置时并不停止，而是继续向下运动，使气体压缩体积变小，从而引起气体压强增大，这样小钢球又要向上运动，于是物体在它的平衡位置附近做起了往复运动。

设小钢球偏离平衡位置的位移为 x，气体体积的改变量为 $\mathrm{d}V = \pi r^2 x$，气体压强的改变量为 $\mathrm{d}p$，根据牛顿第二定律得小钢球的运动方程

$$m \frac{\mathrm{d}^2 x}{\mathrm{d}t^2} = \pi r^2 \mathrm{d}p \qquad (2\text{-}8\text{-}6)$$

因为小钢球的振动过程比较快，储气瓶中的气体通过放气孔快速放气过程可视为绝热过程，对式（2-8-3）求导数

$$\mathrm{d}p = -\gamma \frac{p_0 \mathrm{d}V}{V} = -\gamma \frac{p_0}{V} \pi r^2 x \qquad (2\text{-}8\text{-}7)$$

将式（2-8-7）代入式（2-8-6）得

$$\frac{\mathrm{d}^2 x}{\mathrm{d}t^2} + \frac{\gamma p_0 \pi^2 r^4}{mV} x = 0 \qquad (2\text{-}8\text{-}8)$$

式（2-8-8）即为简谐振动的微分方程，表明小钢球做的是简谐振动。并可得其角频率

$$\omega = \sqrt{\frac{\gamma p_0 \pi^2 r^4}{mV}} \qquad (2\text{-}8\text{-}9)$$

简谐振动的周期

$$T = \frac{2\pi}{\omega} = 2\pi \sqrt{\frac{mV}{\gamma p_0 \pi^2 r^4}} \qquad (2\text{-}8\text{-}10)$$

则

$$\gamma = \frac{4mV}{T^2 p_0 r^4} = \frac{64mV}{T^2 p_0 d^4} \qquad (2\text{-}8\text{-}11)$$

实验中只要测量出小钢球的振动周期 T、质量 m、直径 d，以及大气压强 p_0 和储气瓶内的气体体积 V，即可计算出空气的比热容比 γ 值。

【实验内容与步骤】

（1）实验仪器的调整

① 将气泵、储气瓶用橡皮管连接好，装有钢球的玻璃管插入球形储气瓶。将光电接收装置利用方形连接块固定在立杆上，固定位置于空心玻璃管的放气孔附近。

② 调节底板上三个水平调节螺钉，使底板处于水平状态。

③ 接通气泵电源，由小缓慢增大打气泵上的气量调节旋钮，待储气瓶内注入一定压力的空气后，玻璃管中的小钢球离开弹簧向管子上方移动，此时应调节好进气的大小，使小钢球在玻璃管中心以放气孔为中心上下振动。

（2）振动周期的测量

打开计时仪器（使用方法详见实验 2-6），预置测量次数均为 50 次，如需设置其他次数，可按"置数"键后，再按"上调"或"下调"键，调至所需次数，再按"置数"键确定。然后按"执行"键，即开始计数（状态显示灯闪烁）。待状态显示灯停止闪烁，显示屏显示的数字为小钢球振动 50 次所需的时间。重复测量 5 次，记录在表 2-8-1 中。

表 2-8-1 振动周期测量实验数据

测量次数	1	2	3	4	5	平均值
50 个周期的时间 t/s						
振动周期 T/s						

（3）其他测量

用螺旋测微计和物理天平分别测出钢球的直径 d 和质量 m，用气压计读出大气压强 p_0，或取值 $1.013 \times 10^5 N/m^2$。容器体积标注在仪器上（由生产商提供）。

【数据处理】

将上述实验数据代入式(2-8-11)，计算出空气比热容比的算术平均值 $\overline{\gamma}$。将实验测得的值与空气热容比的公认值 $\gamma_s = 1.412$ 相比较，求出百分比偏差 $B = \dfrac{|\overline{\gamma} - \gamma_s|}{\gamma_s} \times 100\%$；并讨论产生误差的因素。

思考题

1. 什么是绝热过程？绝热过程的特征是什么？
2. 摩尔热容比的定义是什么？
3. 小钢球为什么会做简谐振动？
4. 小钢球做简谐振动时气体的压强是多少？
5. 注入气体量的多少对小球的运动情况有没有影响？
6. 在实际问题中，物体振动过程并不是理想的绝热过程，这时测得的值比实际值大还是小？为什么？

实验 2-9　液体表面张力系数的测定

液体表面（其厚度等于分子作用的有效距离，约为 10^{-8} m）是处于液体内部与空气之间的界面，好像一张绷紧的橡胶膜一样，存在一种宏观张力使得液面尽可能收缩成最小的趋势，这种沿着表面的，使液面收缩的力称为表面张力。表面张力的大小与液体种类、接触面大小、环境温度等因素均有关系。利用它能说明液态物质所特有的许多现象，如泡沫的形成、毛细现象、浸润现象等。在工业应用中很多时候都要研究液体的表面张力，如矿物的浮选技术、液体输送技术等。

测定液体表面张力的方法有：毛细管法、拉脱法、滴体积法、悬滴法、最大气泡压力法等。本实验主要介绍拉脱法测定液体的表面张力系数（surface tension coefficient）。

【实验目的】

① 了解液体表面张力系数测定仪的基本结构，掌握测量微小力的原理和方法。

② 观察拉脱法测液体表面张力的物理过程和物理现象，并进行分析和研究。

③ 掌握用拉脱法测定纯水的表面张力系数及用逐差法处理数据。

【实验仪器】

FB326 型液体表面张力系数测定仪主要组成：底座；立柱；传感器固定支架；压阻力敏传感器；数字式毫伏表；有机玻璃液体容器（连通器）；标准砝码（砝码盘）；圆筒形吊环等（见图 2-9-1）。

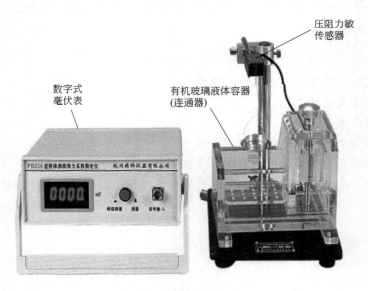

图 2-9-1　FB326 型液体的表面张力系数测定仪

【实验原理】

液体内部每一分子被周围其他分子所包围，分子所受的作用力合力为零。而液体表面层内的分子所处条件与液体内部的分子不同，由于液体表面上方接触的气体分子，其密度远小于液体分子密度，因此液面每一分子受到向外的引力比向内的引力要小得多，也就是说所受的合力不为零，力的方向是垂直于液面并指向液体内部，即液体表面处于张力状态。表面分子有从液面挤入液体内部的倾向，使液面自然收缩，直到处于动态平衡，即在同一时间内脱离液面挤入液体内部的分子和因热运动而到达液面的分子数相等为止。因而，在没有外力作用时液滴成球形，致使其表面积缩到最小。

液体表面张力类似于固体内部的拉伸应力，只不过这种应力存在于极薄的表面层内，而不是由于弹性形变所引起的，是液体表面层内分子力作用的结果。

设想在液面上做一长为 L 的线段，则张力的作用使线段两边液面以一定的拉力 f 相互作用，且力的方向恒垂直于线段，大小与线段的长度 L 成正比，即

$$f = \gamma L \qquad (2\text{-}9\text{-}1)$$

式中，比例系数 γ 为液体表面张力系数，即为作用在单位长度上的表面张力，单位为 N/m。

（1）用拉脱法实验时，将一弯成"⌐"形的金属丝框浸入液体中，然后将其慢慢地拉出水面，此时，在金属丝框附近的液面会产生一个沿着液面的切线方向的表面张力，由于表面张力的作用，金属丝框四周将带起一个水膜，水膜呈弯曲形状，如图2-9-2所示。液体表面的切线与金属丝表面的切线之间的夹角 φ 称为接触角。当将金属丝框缓缓拉出水面时，表面张力 f 的方向将随着液面方向的改变而改变，接触角逐渐减小而趋近于零，因此 f 的方向趋向于垂直向下。

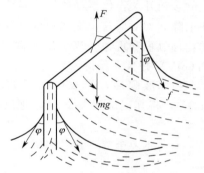

图 2-9-2　"⌐"形金属丝框从液面缓慢拉起受力图

在液膜将要破裂前，诸力的平衡条件为

$$F = mg + 2f \qquad (2\text{-}9\text{-}2)$$

式中，F 为将金属丝框拉出液面时所加的外力；mg 为金属丝与附着在上面的液体的总质量。金属丝框与液面接触部分的周长为

$$L = 2(l + d) \qquad (2\text{-}9\text{-}3)$$

式中，l 为金属丝框的宽度；d 为金属丝的直径，又因 $l \gg d$，故

$$L \approx 2l \qquad (2\text{-}9\text{-}4)$$

由式（2-9-2）和式（2-9-4）可得表面张力系数

$$\gamma = \frac{F - mg}{2l} \qquad (2\text{-}9\text{-}5)$$

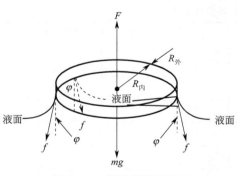

图 2-9-3　圆形吊环从液面缓慢拉起受力

（2）如果将"⌐"形的金属丝框换成圆筒形吊环做实验，如图2-9-3所示，由上述推理可得此情形下表面张力系数

$$\gamma = \frac{F - mg}{\pi(D_内 + D_外)} \qquad (2\text{-}9\text{-}6)$$

式中，$\pi(D_内 + D_外)$ 为圆筒形吊环内、外圆环的周长之和。

实验证明，表面张力系数 γ 的大小与液体的种类、纯度、温度和它上方的气体成分有关，温度越高，液体中所含杂质越多，则表面张力系数越小。

【实验内容与步骤】

（1）清洗有机玻璃容器和"⌐"形的金属丝框（或吊环），在有机玻璃容器内放入被测

液体；将砝码盘挂在力敏传感器的钩上。

（2）整机预热 5min 后，可对力敏传感器定标，在加砝码前应首先读取毫伏表的初读数 V_0（该读数包括砝码盘的重量），注：对于加有调零装置的仪器，可以通过调节机箱后面的调零旋钮，使初读数为零。然后每加一个 500.0mg 砝码，读取一个对应数据 V_i（mV），记录到表 2-9-1 中，用逐差法求力敏传感器的转换系数 $K=$ ＿＿＿＿＿＿＿＿（N/mV）。

（3）换"冖"形的金属丝框（或吊环）前，应先测定金属丝框的长度（吊环的内外直径），见表 2-9-2；然后挂上金属丝框（或吊环），读取一个对应数据 V_{10}（mV）；在测定液体表面张力系数过程中，可观察到液体产生的浮力与张力的情况与现象，逆时针转动活塞调节旋钮，使液体液面上升，当环下沿接近液面时，仔细调节金属丝框（或吊环）的悬挂线，使金属丝框（或吊环）水平，然后把金属丝框（或吊环）部分浸入液体中，这时候，按下面板上的按钮开关，仪器功能转为峰值测量，接着缓慢地顺时针转动活塞调节旋钮，使液面逐渐往下降［相对而言，金属丝框（或吊环）往上拉起］，观察环浸入液体中及从液体中拉起时的物理过程和现象。当金属丝框（或吊环）拉断液膜的一瞬间，数字毫伏表显示拉力峰值 V_1（mV）并自动保持该数据。

拉断液膜后，释放按钮开关，数字毫伏表恢复瞬时测量功能，稳定后其读数为 V_2（mV），将其记录到表 2-9-3。连续做 5 次，求平均值。那么液体的表面张力值：

$$2f=F-mg=(\overline{V_1}-\overline{V_2})\overline{K}$$

表面张力系数（金属丝框）：

$$\gamma=\frac{F-mg}{2l}=\frac{(\overline{V}_1-\overline{V}_2)\overline{K}}{2l} \tag{2-9-7}$$

表面张力系数（吊环）：

$$\gamma=\frac{F-mg}{2l}=\frac{(\overline{V}_1-\overline{V}_2)\overline{K}}{\pi(\overline{D}_内+\overline{D}_外)} \tag{2-9-8}$$

【数据处理】

表 2-9-1　用逐差法求力敏传感器的转换系数 K

砝码质量 $/10^{-6}\mathrm{kg}$	增重读数 V_i'/mV	减重读数 V_i''/mV	$V_i=\dfrac{V_i'+V_i''}{2}/\mathrm{mV}$	等间距逐差/mV $\Delta V_i=V_{i+4}-V_i$
0.00				
500.00				$\Delta V_1=V_4-V_0$
1000.00				
1500.00				$\Delta V_2=V_5-V_1$
2000.00				
2500.00				$\Delta V_3=V_6-V_2$
3000.00				
3500.00				$\Delta V_4=V_7-V_3$

$$\overline{\Delta V}=\frac{(\Delta V_1+\Delta V_2+\Delta V_3+\Delta V_4)}{4}$$

$$\overline{K}=\frac{mg}{\overline{\Delta V}}=\underline{\hspace{3cm}}（\mathrm{N/mV}）$$

表 2-9-2　测量金属丝框的长度（或吊环的内、外直径）

测量次数	金属丝框 /mm	吊环	
		外径 $D_外$/mm	内径 $D_内$/mm
1			
2			
3			
4			
5			
平均值			

表 2-9-3　用拉脱法求拉力对应的毫伏表读数

水温（室温）＿＿＿＿＿＿℃

测量次数	拉脱时最大读数 V_1/mV	金属丝框（或吊环）读数 V_2/mV	表面张力对应读数/mV $V=V_1-V_2$
1			
2			
3			
4			
5			
平均值			$\overline{V}=$

思考题

1. 什么叫表面张力？表面张力系数 γ 与哪些因素有关？

2. 拉脱法的物理本质是什么？

3. 若考虑拉起液膜的重量，实验结果应如何修正？

4. 分析引起测量表面张力系数 γ 值误差的主要原因。

5. 表面张力系数 γ 与温度有关，设计一个测量 γ 与温度关系的实验方案。

6. 试用作图法得出力敏传感器的转换系数 K，将结果与逐差法的结果进行比较。

7. 金属丝框（或吊环）表面有汗渍或油污，对表面张力系数的大小有什么影响？如金属丝框（或吊环）不在同一平面内或与水面不平行，对表面张力系数的大小又有什么影响？

实验 2-10　液体黏滞系数的测定

在稳定流动的液体中，由于各层液体的流速不同，互相接触的两层液体之间有力的作用。流速较慢与流速较快的两相邻液层间的作用力，既能使流速较快的液层减速，又能使流速较慢的液层加速，两相邻液层间的这一作用力称为内摩擦力或黏滞力，液体的这一性质称为黏滞性。

液体的黏滞性用黏滞系数（viscosity coefficient）来表示。在工业生产和科学研究中，例如机器的润滑、液压传动以及对液体性质的研究，常常需要知道黏滞系数。测定液体黏滞系数的方法有落球法、转筒法、毛细管法等，其中落球法是最基本的方法，它可用于测量黏度较大的透明或半透明液体，如蓖麻油、变压器油、甘油等。

【实验目的】

① 观察液体的内摩擦现象，学会用落球法测量液体的黏滞系数。

② 掌握基本测量仪器（如游标卡尺、螺旋测微计、停表等）的用法。

【实验仪器】

圆筒形玻璃管、玻璃导管、小钢珠、蓖麻油、秒表、游标卡尺、螺旋测微计等。

【实验原理】

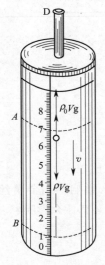

图 2-10-1　用落球法测液体黏滞系数的装置

小球在液体中运动时，将受到与运动方向相反的摩擦阻力的作用，这种阻力即为黏滞力。它是由于沾附在小球表面液层与邻近液层的摩擦而产生的，它不是小球与液体之间的摩擦阻力。如果液体是无限广延的，液体的黏滞性大，小球的半径很小，且在运动过程中不产生旋转，则根据斯托克斯定律，小球受到的黏滞力为

$$f = 6\pi\eta r v \tag{2-10-1}$$

式中，η 为液体的黏滞系数；r 为小球的半径；v 为小球的运动速度。

如图 2-10-1 所示，在装有液体的圆筒形玻璃管的导管 D 处让小球自由下落，小球落入液体后，受到 3 个力的作用，即重力 $\rho V g$、浮力 $\rho_0 V g$ 和黏滞力 f，其中 V 是小球的体积，ρ 和 ρ_0 分别为小球和液体的密度。在小球刚落入液体时，垂直向下的重力大于垂直向上的浮力与黏滞力之和，于是小球做加速运动。随着小球运动速度的增加，黏滞力也增加，当速度增加到某一值 v_0 时，小球所受的合力为零，此后小球就以该速度匀速下落。v_0 是小球在圆筒内的收尾速度。

由于小球以 v_0 匀速下降，根据力的平衡方程得

$$\rho V g - \rho_0 V g - 6\pi\eta r v_0 = 0 \tag{2-10-2}$$

故液体的黏滞系数为

$$\eta = \frac{2(\rho-\rho_0)g r^2}{9 v_0} = \frac{(\rho-\rho_0)g d^2}{18 v_0} \tag{2-10-3}$$

式中，d 为小球的直径。

由于式(2-10-3) 只适应于小球在无限广延的液体内运动的情形，在本实验中，小球是在直径为 D 的圆柱形玻璃管中的液体内运动的，考虑管壁对小球运动的影响，则式（2-10-

3）应修正为

$$\eta = \frac{(\rho - \rho_0)\,gd^2}{18v_0\left(1 + K\dfrac{d}{D}\right)} \tag{2-10-4}$$

式中，K 为修正系数，一般取 2.4，也可由实验确定。

在小球的密度 ρ、液体的密度 ρ_0 和重力加速度 g 已知的情形下，只要测出小球的直径 d，圆筒的直径 D 和小球的速度 v_0 就可以算出液体的黏滞系数 η。

式中各量的单位为：g 用 $N\cdot kg^{-1}$，d、D 用 m，ρ、ρ_0 用 $kg\cdot m^{-3}$，v_0 用 $m\cdot s^{-1}$，则 η 的单位为 $N\cdot m^{-2}\cdot s$（即 $Pa\cdot s$）。

【实验内容与步骤】

用落球法测定油的黏滞系数。

（1）将玻璃圆筒盛以润滑油、甘油或者蓖麻油，调节圆筒，使其中心轴处于铅直位置。用游标卡尺测量圆筒的内直径 D，用米尺测量圆筒上标记线 A、B 之间的距离 s。

（2）用螺旋测微计（或读数显微镜）测小钢球的直径 d，在 3 个不同方向上测量，取其平均值。共测 5 个小球，记录测量的结果，编号待用。

（3）用镊子夹起小钢球，为使其完全被所测的油浸润，先将小球在油中浸一下，然后放入导管中，用停表测出小球匀速下降通过路程 AB 所需的时间 t，则 $v_0 = s/t$（用 5 个小球，分别测量）。

（4）小球的密度 ρ 由实验室给出，液体的密度 ρ_0 可测定或给定，记下油的温度。

（5）根据每个小球的数据，自制表格记录，按照式（2-10-4）计算 η，然后求 η 的平均值及其误差。

【注意事项】

① 实验时，油中应无气泡，小球应彻底清除油污，且在使用前要保持干燥。

② 选定标记线 A 的位置时，应保证小球在通过 A 之前已达到它的收尾速度。

③ 油的黏滞系数随温度的改变发生显著的变化。因此，在实验中不要用手摸圆筒。每次实验结束后，应记录油的温度。

思考题

1. 在特定的液体中，当小球的半径减小时，它下降的收尾速度如何变化？当小球的密度增大时，又将如何？

2. 试分析选用不同密度和不同半径的小球做此实验时，讨论对实验结果 η 的误差的影响。

3. 在温度不同的两种润滑油中，同一小球下降的收尾速度是否不同？为什么？

4. 探究液体的黏滞系数与温度的变化规律。

实验 2-11　物质热导率的测定

热导率（thermal conductivity）又称导热系数，是表征材料传热性能的一个重要参数，在涉及物体散热和保温的事件中如锅炉制造、房屋设计、冰箱生产等都要涉及这一参数。由于材料结构的变化对热导率有明显的影响，热导率的测量不仅在工程实践中有重要的实际意义，而且对新材料的研制和开发也具有重要意义。

测量热导率的实验方法一般分为稳态法和动态法两类。测量良导体和不良导体热导率的方法各有不同。对于良导体，常用流体换热法测量所传递的热量，计算热导率；对于不良导体，通过测量传热速率，间接测量所传递的热量，计算热导率。这里主要研究不良导体热导率的测量方法，而稳态平板法是测量不良导体热导率的一种常用方法。

【实验目的】

① 掌握不良导体热导率的测定方法——稳态平板法。

② 利用物体的散热速率求传热速率。

③ 了解测量物质热导率的相关仪器。

④ 理解热电偶测量温度的原理。

【实验仪器】

不良导体热导率测定仪、调压器、杜瓦瓶、热电偶等。

【实验原理】

根据傅立叶导热方程式，在物体内部，取两个垂直于热传导方向、彼此间相距为 h、温度分别为 θ_1、θ_2 的平行平面（设 $\theta_1 > \theta_2$），若平面面积均为 S，在 Δt 时间内通过面积 S 的热量 ΔQ 满足下述表达式：

$$\frac{\Delta Q}{\Delta t} = \lambda S \frac{\theta_1 - \theta_2}{h} \tag{2-11-1}$$

式中，$\dfrac{\Delta Q}{\Delta t}$ 为传热速率，即热流量；λ 定义为该物质的热导率，亦称导热系数。由此可知，热导率是表征物质热传导性能的一个物理量。

即在稳定传热条件下，热导率的数值等于单位时间内通过物体内部两平行平面（垂直于传热方向的间距为单位长度、温度相差 1 开尔文）单位面积内的热量，其单位为瓦/（米·开）（$W \cdot m^{-1} \cdot K^{-1}$）。

如图 2-11-1 所示，在支架 D 上先后放上圆铜盘 C、待测样品 B 和厚底紫铜圆筒 A。在 A 的上方用红外灯 L 加热，使待测样品 B 的上、下表面各维持稳定的温度 θ_1、θ_2，它们的数值分别用各自的热电偶 E 来测量，E 的冷端浸入盛于杜瓦瓶 H 内的冰水混合物中。G 为双刀双向开关，用以变换上、下热电偶的测量回路，电压表 F 用以测量温差电势。

设待测样品圆板的半径为 R_B，厚度为 h_B，θ_1 为样品圆板上表面的温度，θ_2 为其下表面的温度，则式（2-11-1）为

$$\frac{\Delta Q}{\Delta t} = \lambda \frac{\theta_1 - \theta_2}{h_B} \pi R_B^2 \tag{2-11-2}$$

式中，λ 即为样品 B 的热导率。

当传热达到稳定状态时，θ_1 和 θ_2 温度值稳定不变，通过 B 板的传热速率与黄铜盘 C 向

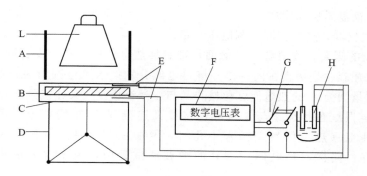

图 2-11-1　不良导体热导率测定仪示意

A—传热筒；B—待测样品；C—黄铜盘；D—支架；E—热电偶；

F—数字电压表；G—开关；H—杜瓦瓶；L—红外灯

周围环境的散热速率完全相等。

即

$$\frac{\Delta Q}{\Delta t}\bigg|_{\theta_1}=\frac{\Delta q}{\Delta t}\bigg|_{\theta_2} \tag{2-11-3}$$

因而可通过黄铜盘 C 在稳定温度 θ_2 时的散热率 $\dfrac{\Delta q}{\Delta t}\bigg|_{\theta_2}$ 来求出样品圆板 B 在稳定温度 θ_1 时的散热率 $\dfrac{\Delta Q}{\Delta t}\bigg|_{\theta_1}$。实验时，当读得稳态时的 θ_1、θ_2 后，即可将样品 B 板取走，让圆筒的底盘与黄铜盘 C 接触，使黄铜盘 C 的温度上升到高于 θ_2 若干度后，再将圆筒 A 移去，让黄铜盘 C 作自然冷却，求出黄铜盘在 θ_2 附近时的冷却速率 $\dfrac{\Delta \theta'}{\Delta t}\bigg|_{\theta_2}$。那么，根据物体放热与比热容的关系可知，在温度为 θ_2 时散热速率与其冷却速率的关系为

$$\frac{\Delta q}{\Delta t}\bigg|_{\theta_2}=mc\frac{\Delta \theta'}{\Delta t}\bigg|_{\theta_2} \tag{2-11-4}$$

式中，m 为黄铜盘的质量；c 为黄铜盘的比热容（$c=0.39\times10^3 \text{J}\cdot\text{kg}^{-1}\cdot\text{K}^{-1}$）。但由此求出的 $\dfrac{\Delta \theta'}{\Delta t}$ 是黄铜盘 C 的全部表面暴露于空气中的冷却速率，即散热表面积为 $2\pi R_\text{C}^2+2\pi R c h_\text{C}$，而实验中达到稳态传热时，黄铜盘 C 上表面的面积 πR_C^2，是被测样品所覆盖着的，考虑到物体的冷却速率与它的表面积成正比，校正后，黄铜盘 C 在温度为 θ_2 时的散热速率与其冷却速率的关系应该变为

$$\frac{\Delta q}{\Delta t}\bigg|_{\theta_2}=mc\frac{\Delta \theta'}{\Delta t}\times\frac{\pi R_\text{C}^2+2\pi R c h_\text{C}}{2\pi R_\text{C}^2+2\pi R c h_\text{C}} \tag{2-11-5}$$

所以，结合式(2-11-3)、式(2-11-5) 知，本仪器在稳态时的传热速率为

$$\frac{\Delta Q}{\Delta t}=mc\frac{\Delta \theta'}{\Delta t}\times\frac{\pi R_\text{C}^2+2\pi R c h_\text{C}}{2\pi R_\text{C}^2+2\pi R c h_\text{C}} \tag{2-11-6}$$

式中，R_C、h_C 分别为黄铜盘 C 的半径与厚度。将式(2-11-6) 代入式(2-11-2) 中得

$$\lambda=mc\frac{\Delta \theta'}{\Delta t}\times\frac{R_\text{C}+2h_\text{C}}{2R_\text{C}+2h_\text{C}}\times\frac{h_\text{B}}{\theta_1-\theta_2}\times\frac{1}{\pi R_\text{B}^2} \tag{2-11-7}$$

式中，R_B、h_B 分别为待测样品（如橡皮圆盘）的半径与厚度。

【实验内容与步骤】

① 测量并记录待测样品圆板 B 和黄铜盘 C 的几何尺寸 R_B、R_C、h_B、h_C（多次测量取

平均值）以及黄铜盘质量 m。

② 安装调整仪器，连接测温、测电压线路。

圆筒 A 底盘的侧面和黄铜盘 C 的侧面，都有插热电偶的小孔。安置圆筒、圆盘时要注意使小孔皆与杜瓦瓶、毫伏表在同一侧。将热电偶分别插入测量圆筒 A、黄铜盘 C 及加冰的杜瓦瓶中，测量圆筒 A 的热电偶红色接线叉与 1 号红色接线叉连接到 θ_1 接线柱上，测量黄铜盘 C 的热电偶红色接线叉与 2 号红色接线叉连接到 θ_2 接线柱上，黑色接线叉分别连接到黑接线柱上（热电偶热端插入小孔时，要蘸上些硅油，并插到底部，使热电偶与铜盘接触良好。同样，热电偶冷端处的细玻璃试管内，也要灌入适当的硅油，再浸入冰水中）。

③ 接通仪器电源，先将加热红外灯的电源电压升高到 180～200V，约 20min 后再降至 130～150V。此时仪器的显示器上交替显示样品上表面和下表面的温度（分别为 A 和 B）。这时可输入参数。

　　a. 按一次 "Rb" 键，等 Rb 显示消失后输入样品的半径，然后再按下 "OK" 键。

　　b. 按一次 "Hb" 键，等 Hb 显示消失后输入样品的厚度，然后再按下 "OK" 键。如果输入有误，只需等显示器恢复交替显示样品上、下表面的温度时，重新输入即可。仪器默认最后一次输入的数值（注：输入样品单位均为 mm，由内部的单片机转换为国际单位）。

④ 整个升温过程中，注意观察显示的温度示数，若 10min 内，样品圆盘上下表面温度 θ_1、θ_2 示数基本不变时，即可认为达到稳定状态，记录 θ_1、θ_2 后，并按下 "OK" 键，输入数字 "1"，表示第一步升温到稳定状态已完成，θ_1、θ_2 数值得到确认。

⑤ 抽去待测样品圆盘，使圆筒 A 与黄铜盘 C 接触加热，当黄铜盘 C 温度上升 10℃ 左右后，再移去圆筒 A（让黄铜盘 C 作自然冷却），并按 "OK" 键，输入数字 "2"，表示第二步黄铜盘 C 作自然冷却时的温度、计时点已得到确认。仪器就显示黄铜盘 C 的温度 b，当温度临近 θ_2 的温度值时，按下 "λ" 键，仪器就会自动计算并显示出测量样品的热导率 λ 值。

⑥ 换上另一种样品，重复上面步骤，测量其热导率 λ。

【注意事项】

① 红外灯电源电压不得超过 210V。

② 取出样品盘时，注意其温度，避免烫伤。

③ 在操作过程中，如果出现按一次键响二声或多声的现象表示测试仪出现了错误，只要连击次数是双数，仪器可自动恢复常态。使用该仪器时，在参数输入过程中若输入的数据有错，需要按 "Del" 修改该数据。待测样品圆盘的半径 R_B 和厚度 H_B 可多次输入；测量过程中，温度临近 θ_2 时，可多次按下 "λ" 键，仪器内部会自动计算并显示待测样品的热导率 λ。但若温度偏离 θ_2 较大时不可按下 "λ" 键。

【数据处理】

① 测量相关数据，并记录数据于表 2-11-1、表 2-11-2。

样品编号_____；　　　　　　室温：_____℃；

散热黄铜盘 C 的比热容：$C =$ _____ J·kg^{-1}·K^{-1}；散热圆铜盘 C 的质量：$m =$ _____ g。

② 计算待测样品热导率 $\lambda =$ _____ W·m^{-1}·K^{-1}。

③ 本实验是仪器自动进行数据处理，最后直接给出实验结果，但依然需要清楚其计算原理，请列出获得待测样品热导率 λ 的计算过程。

表 2-11-1　实验数据记录表

测试项目	测试顺序	1	2	3	4	5	平均值
黄铜盘 C	厚度/mm						
	直径/mm						
橡胶样品 1	厚度/mm						
	直径/mm						
绝缘样品 2	厚度/mm						
	直径/mm						

表 2-11-2　稳态时待测样品上下表面的温度

待测样品两表面温度状态	上表面温度 θ_1	下表面温度 θ_2
温度/℃		

🔲 思考题

1. 使用稳态法测不良导体热导率的基本思想方法？

2. 待测圆板是厚一点好，还是薄一点好？为什么？

3. 实验过程中，环境温度的变化对实验有无影响？为什么？如何测同一试样在不同温度下的热导率？

4. 应用稳态法是否可以测量良导体的热导率？如可以，对实验样品有什么要求？实验方法与测不良导体会有什么区别？

5. 样品盘（橡皮）与散热铜盘的散热速率一样吗？在测试样品盘（橡皮）的热导率时，为何只需测散热铜盘的散热速率？

【附录】　智能热导率测定仪使用说明

1. 功能及其操作

（1）测量功能

测量步骤略，详见实验内容。

（2）标定功能

① 在非测量状态下，同时按下"0"和"λ"两键，进入系统标定功能。

② 进入后首先验证系统密码，系统默认密码为"1234"，输入完后按"OK"键。若密码正确，则无报警。若输入的密码不对，则仪器有长鸣声。若三次输入均错，则自动退出系统标定状态。密码输入正确后，进入通道标定状态。

③ 接着输入标定通道号，取值为 1，2。其中，"1"表示热电偶Ⅰ通道："2"表示热电偶Ⅱ通道：通道选中后将在显示器上显示该通道信号的 A/D 转换值，取值在 −19999～19999 之间。

④ 每标定一个通道，先把对应于该通道的热电偶的热端放到冰水混合物中（冷端一直放在插到冰水混合物的玻璃管中）进行 0℃ 标定，待显示的数值稳定后按下一次"OK"键，然后再把对应于该通道的热电偶的热端放到加热的水中，水沸腾时显示的数值稳定后，再按下一次"OK"键，完成一个通道参数的标定。

⑤ 重复③和④操作，完成对另一个通道的标定。

⑥ 完成标定后，再按下一次"OK"键，然后按下"RST"键，仪器复位，复位后仪器

以新的标定参数工作。

(3) 仪器零点及放大倍数的调节

① 对每一通道，零点调节前，先将该通道的输入信号线与地短接，进入该通道的标定状态，看显示器的显示数值，调节电位器（通道 1 对应 W19，通道 2 对应 W30），使其为 0。

② 对每一通道零点调好后，再调节放大倍数，给该通道输入一个很小的输入电压（在 1~3mV 之间），在该通道的标定状态下，观察显示器的显示数值，调节电位器（通道 1 对应 W17，通道 2 对应 W28），使其为输入信号 2500。

2. 仪器提示信息

(1) Err1：A/D 转换溢出错误。在标定时，二进制数＞+19999 或＜-19999 时显示，即经传感器板调制后的信号大于+2V 或小于-2V。出现 Err1 错误后，适当调整仪器的零点及放大倍数，可恢复正常状态。

(2) Err2：仪器硬件出错即存储器出现故障。故障处理方法是：切断电源，换上新的芯片，重新上电即可。

(3) Err3：输入的数据有错，重新输入数据即可。

(4) Err4：输入的参数中有零值，重新输入数据即可。

(5) Err5：未根据操作规程执行，操作过程中输入参数有误，需重新输入。

在操作过程中，如果出现按一次键响二声或多声的现象，表示测试仪出现了错误，此时只要连击次数是双数，仪器即可自动恢复常态。

3. 量程范围

输入信号：0~8mV。

实验 2-12　声速测定

声波是一种在弹性媒介中传播的机械波，它是纵波，即媒介质点的振动方向与波的传播方向相一致。频率低于 20Hz 的声波称为次声波；频率在 20Hz～20kHz 的声波可以被人听到，称为可闻声波；频率在 20kHz 以上的声波称为超声波。

超声波在弹性媒介中的传播速度与弹性媒介的特性及状态等因素有关。因而通过对弹性媒介中声速的测定，可以了解弹性媒介的物理特性或状态变化。例如，测量氯气、蔗糖等气体或溶液的浓度、氯丁橡胶乳液的密度以及输油管中不同油品的分界面等，这些问题都可以通过测定这些物质中的声速来解决。可见，声速测定在工业生产上具有一定的实用意义。

本实验用压电陶瓷超声换能器来测定超声波在空气中的传播速度，它是非电量电测方法应用的一个例子。

声波的传播速度称为声速（velocity of sound）。在标准状态下，空气中声速的理论值为

$$v = v_0 \sqrt{\frac{T}{T_0}} = 331.450 \sqrt{1 + \frac{t}{273.13}} \ \text{m/s}$$

式中，v_0 为 $t = 0℃$（即 273.13K）时的声速，$v_0 = 331.450 \text{m/s}$。

【实验目的】

① 了解压电换能器的功能，加深对驻波及振动合成等理论知识的理解。

② 学习用共振干涉法、相位比较法和时差法测定超声波的传播速度。

③ 培养综合使用仪器的能力。

【实验仪器】

声速测试组合仪、通用示波器。

（1）声速测试组合仪

如图 2-12-1 所示，声速测试组合仪主要由储液槽、传动机构、数显标尺、压电换能器、信号源等组成。压电换能器用于测量气体和液体内的声速用。作为发射超声波用的换能器 S_1 固定在储液槽的左边，另一只接收超声波用的接收换能器 S_2 装在可移动滑块上，通过传动机构进行移动，位移的距离可由数显标尺显示。换能器 S_1 发射超声波的正弦电压信号由声速测试仪信号源供给，换能器 S_2 把接收到的超声波声压转换成电压信号，用示波器观察；时差法测量时，则还要接到声速测试仪信号源进行时间测量，测得的时间值具有保持功能。

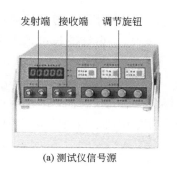

图 2-12-1　声速测定组合仪

（2）超声波的发射与接收——压电换能器

本实验采用压电陶瓷超声换能器来实现声能和电能之间的转换。压电换能器做波源，具有平面性、单色性好以及方向性强的特点。同时，由于频率在超声范围内，一般的环境噪声对它无干扰；超声的频率较高，波长 λ 较短，在不长的距离中即可测到多个 λ，取其平均值，使得 λ 的测定较准确；这些都可使实验的精度大大提高。

如图 2-12-2 所示，压电陶瓷超声换能器由压电陶瓷片和轻、重两种金属组成。压电陶瓷片（如钛酸钡、锆钛酸铅等）是由一种多晶结构的压电材料制成，在一定的温度下经极化处理后，具有压电效应。当压电材料受到与极化方向一致的应力 T 时，在极化方向上产生一定的电场强度 E，它们之间有简单的线性关系 $E=gT$；反之，当与极化方向一致的外加电压 U 加在压电材料上时，材料的伸缩形变 S 与电压 U 之间也有线性关系 $S=dU$。比例常数 g、d 称为压电常数，与材料性质有关。由于 E、T、S、U 之间具有简单的线性关系。因此，就可以将正弦交流电信号转变成压电材料纵向长度的伸缩，成为声波的波源；同样也可以使声压变化转变为电压的变化，用来接收声信号。

在压电陶瓷片的头尾两端胶粘两块金属，组成夹心型振子。头部用轻金属做成喇叭形，尾部用重金属做成锥形或柱形，中部为压电陶瓷圆环，紧固螺钉穿过环中心。这种结构增大了辐射面积，增强了振子与介质的耦合作用，由于振子是以纵向长度的伸缩直接影响头部轻金属作同样的纵向长度伸缩（对尾部重金属作用小），这样所发射的波方向性强，平面性好。

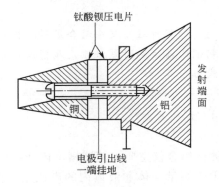

图 2-12-2　压电换能器结构示意

【实验原理】

在波动过程中波速 v，波长 λ 和频率 f 之间存在着下列关系

$$v=f\lambda \tag{2-12-1}$$

实验中可通过测定声波的波长 λ 和频率 f 来求得声速 v；声波频率可通过测定声源的振动频率得出（本实验所用仪器可以直接显示超声信号源的频率值），声波波长可采用共振干涉法和相位比较法测得。

（1）驻波共振干涉法

波动理论指出，声源发出的声波（频率为 f）经弹性媒介传播到反射面，若反射面与发射面平行，入射波在反射面上就被垂直反射，于是声场中同时存在频率相同的两列声波。

设沿 x 轴正方向的入射波方程为

$$y_1=A_1\cos\left(\omega t-\frac{2\pi}{\lambda}x\right) \tag{2-12-2}$$

反射波即沿着 x 轴的反方向，方程为

$$y_2 = A_2\cos\left(\omega t + \frac{2\pi}{\lambda}x\right) \tag{2-12-3}$$

式中，A 为声源振幅，若 $A_1 = A_2 = A$ 时，则当它们相交会时，叠加后形成的驻波方程为

$$y = y_1 + y_2 = \left(2A\cos\frac{2\pi}{\lambda}x\right)\cos\omega t \tag{2-12-4}$$

式中，ω 为声波角频率，t 为经过的时间，x 为经过的距离。由此可见，叠加后的声波振幅幅度随着距离存在周期性变化。

当 $\left|\cos\dfrac{2\pi}{\lambda}x\right| = 1$，即 $\dfrac{2\pi}{\lambda}x = K\pi$ 时，在 $x = K\dfrac{\lambda}{2}(K = 0,1,2,3\cdots)$ 的位置上，弹性媒介质元的振幅最大。如图 2-12-3 所示，N 点对应的弹性媒介质元其振幅最大，称为波腹。
当 $\cos\dfrac{2\pi}{\lambda}x = 0$，即 $\dfrac{2\pi}{\lambda}x = (2K+1)\dfrac{\pi}{2}$ 时，在 $x = (2K+1)\dfrac{\lambda}{4}$ $(K = 0,1,2,3\cdots)$ 的位置上，弹性媒介质元的振幅最小。如图 2-12-3 所示，L 点对应的弹性媒介质元其振幅最小，称为波节。

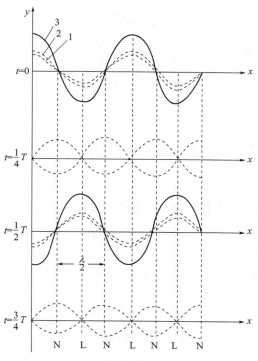

图 2-12-3　入射波和反射波叠加形成驻波情况
1—入射波；2—反射波；3—叠加结果

　　若能通过实验测得声场中波腹（波节）各点的位置，就可算出波长 λ，从而可计算声波的波速 v。从上述讨论可知，相邻波腹（波节）的距离为 $\dfrac{\lambda}{2}$，该距离可由实验装置测出。上述测量声速的方法称为驻波共振干涉法（为获得良好的测量效果，可使声源在振动最强的情况下进行测量）。

　　（2）相位比较法
　　若将上述入射波和反射波做相互垂直的振动合成，从声场中某一位置的合成图形的相位

差也可测出声波波长，从而由式(2-12-1)算出声速。合成的图形，如图 2-12-4 所示。

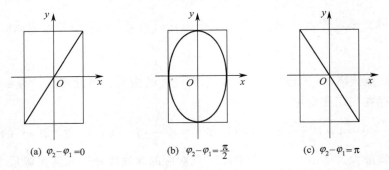

(a) $\varphi_2-\varphi_1=0$ (b) $\varphi_2-\varphi_1=\dfrac{\pi}{2}$ (c) $\varphi_2-\varphi_1=\pi$

图 2-12-4　两个互相垂直的振动合成——李萨如图形

设入射波的振动方程（引入示波器的 x 输入端）为

$$x=y_1=A_1\cos\left(\omega t-\frac{2\pi}{\lambda}x\right)=A_1\cos(\omega t-\varphi_1)$$

$$\varphi_1=\frac{2\pi}{\lambda}x$$

反射波的振动方程（引入示波器的 y 输入端）为

$$y=y_2=A_2\cos\left(\omega t+\frac{2\pi}{\lambda}x\right)=A_2\cos(\omega t+\varphi_2)$$

$$\varphi_2=\frac{2\pi}{\lambda}x$$

则，弹性媒介中某一位置处质元的合振动方程为

$$\frac{x^2}{A_1^2}+\frac{y^2}{A_2^2}-\frac{2xy}{A_1^2 A_2^2}\cos(\varphi_2-\varphi_1)=\sin^2(\varphi_2-\varphi_1)$$

上述方程轨迹为椭圆，椭圆长短轴和方位由相位差 $(\varphi_2-\varphi_1)$ 决定：

若 $(\varphi_2-\varphi_1)=0$，则有 $y=\dfrac{A_2}{A_1}x$；其轨迹为一条直线，在一、三象限，如图 2-12-4(a) 所示。

若 $(\varphi_2-\varphi_1)=\dfrac{\pi}{2}$，则有 $\dfrac{x^2}{A_1^2}+\dfrac{y^2}{A_2^2}=1$；其轨迹是以坐标轴为主轴的椭圆，如图 2-12-4(b)
所示。

若 $(\varphi_2-\varphi_1)=\pi$，则有 $y=-\dfrac{A_2}{A_1}x$；其轨迹也是一直线，但在二、四象限，如图 2-12-4(c)
所示。

若能利用李萨如图形测得两列波在声场中某点的相位差 $(\varphi_2-\varphi_1)$，则也可算出波长 λ，
从而计算出声速。

由波动理论可知，每改变半个波长的距离，即 $(x_2-x_1)=\dfrac{\lambda}{2}$，相位差 $(\varphi_2-\varphi_1)=\pi$。
随着各点振动的相位从 $0\sim\pi$ 的变化，李萨如图形的变化如图 2-12-4 所示，每改变半个波长
就会出现图 2-12-4(a)～(c) 的重复图像。

（3）时差法

将脉冲电信号加到发射换能器上，声波在介质中传播，经过 t 时间（声速测量信号源可

显示）后，到达 L 距离处（可由测试仪的数显标尺读出）的接收换能器，连续移动接收换能器的位置（尽可能的等间距），利用逐差法求出接收换能器位置变化 ΔL 及接收时间差 Δt，则可用式(2-12-5)求出声波在介质中传播的速度。

$$v = \frac{\Delta L}{\Delta t} \tag{2-12-5}$$

【实验内容与步骤】

（1）驻波共振干涉法测波长

① 按图 2-12-5 接好线路，打开电源开关预热 15min。测试仪自动工作在"连续波"方式；选择的介质为"空气"的初始状态。根据测量要求初步调节好示波器（参照示波器的使用来调节）。

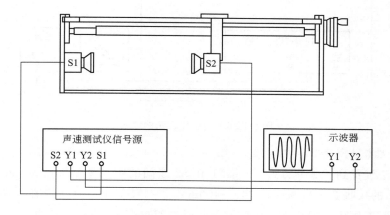

图 2-12-5　驻波共振干涉法测波长

② 谐振频率的调节（超声波频率 f 的确定）。将信号源输出的正弦波信号频率调节到换能器的谐振频率，以使换能器发射出较强的超声波。方法如下：

在两换能器 S1 和 S2 的发射面保持平行的前提下，调节 S1 和 S2 的距离为 1~2cm。先调节声速测试仪信号源板面上"发射强度"旋钮，然后细调"信号频率"旋钮，同时观测示波器上显示的接收波的电压幅度变化。在信号源频率接近实验室提供的换能器谐振频率处（34.5~37.5kHz 之间），电压幅度最大，此时频率即为与压电换能器 S1 和 S2 相匹配的谐振频率，记录该频率；转动摇手鼓轮，改变 S1 和 S2 间的距离，适当选择位置，重新用上述方法调整频率，再次测定谐振频率，测量 5 次，取其平均值 f 为超声波的频率。

③ 波长 λ 的测量。转动摇手鼓轮，由近及远地改变换能器 S2 到 S1 的距离，同时观测示波器的接收信号，记录第 1，2，3，…，10 个出现正弦波电压幅度最大的特定位置 L_1，L_2，L_3，…，L_{10}。注意利用游标尺的刻度（或数显标尺读数）准确地确定这些 L 值。转动摇手鼓轮时注意连续向一个方向转动。测试过程中注意保持换能器 S1 和 S2 表面的相互平行。用逐差法计算出 λ 值。数据记录与计算用列表法进行（表 2-12-1）。

（2）相位比较法测波长（利用李萨如图形找出同相点求波长）

① 在"驻波共振干涉法测波长"中测定换能器谐振频率 f 的基础之上，将示波器的扫描时间开关置于"X-Y"位置。实现两相互垂直的振动叠加，如图 2-12-6 所示。

② 调节 S1 和 S2 的距离为 1~2cm，缓慢转动摇手鼓轮调节 S2 的位置，观测示波器上显示的李萨如图形为一斜线时，如图 2-12-4(a) 所示，记录此时 S2 的位置坐标 L_1（仍由游

标尺的刻度读出）；继续向同一方向移动换能器 S2，使示波器上的波形出现相反斜率直线时，如图 2-12-4(c) 所示，记录此时 S2 的位置 L_2；依上方法，连续向同一方向转动摇手鼓轮，当示波器的屏幕上呈现斜线时，分别记录相应的位置 L_3，L_4，…，L_{10}，即 10 个同相点的位置。

用逐差法求出波长的平均值 λ。数据记录与计算用列表法进行（表 2-12-2）。

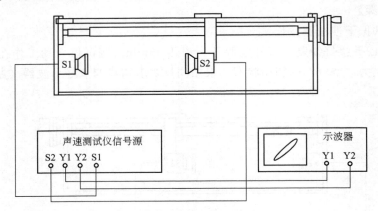

图 2-12-6　相位比较法测波长

（3）时差法测量声速

将测试方法设置到"脉冲方式"。将 S1 和 S2 之间的距离调≥50mm；再调节接收增益（示波器上显示的接收波信号幅度在 $300\sim400\text{mV}_{\text{p-p}}$），使显示的时间差值读数稳定，此时仪器内置的定时器工作在最佳状态；然后记录此时的距离值 l_1 和显示的时间值 t_1（由声速测试仪信号源时间显示窗口直接读出）；继续移动 S2，同时调节接收增益使接收信号幅度始终保持一致，记录这时的距离值和显示的时间值 l_i、t_i，则声速 $v_i=(l_i-l_{i-1})/(t_i-t_{i-1})$。测量 6 次计算出 v_i 值，取其平均值为测量结果（表 2-12-3）。

（4）测量液体介质中的声速（选做）

当使用液体为介质测试声速时，先在测试槽中注入液体，直至把换能器完全浸没，但不能超过液面线。然后将信号源面板上的介质选择键切换至"液体"，采用前述方法，即可进行测试，步骤相同。

【数据处理】

表 2-12-1　驻波共振干涉法实验数据

频率 $f=$_____（kHz）　　　　室温 $t=$_____（℃）

序号	1	2	3	4	5	6	7	8	9	10
L_i										
$\Delta L_i=L_{i+5}-L_i$										
$\overline{L}=\dfrac{\sum\Delta L_i}{5}$										
$\Delta L_i-\overline{L}$										

$\lambda=\dfrac{2}{5}\overline{L}=$_____　；$v=f\lambda=$_____；

$$v = \overline{v} \pm \Delta v = \underline{\qquad} \pm \underline{\qquad} \; ; \; v = v_0 \sqrt{\dfrac{T}{T_0}} = 331.450 \sqrt{1 + \dfrac{t}{273.13}} = \underline{\qquad}。$$

表 2-12-2 相位比较法实验数据

频率 $f = \underline{\qquad}$（kHz）　　　　室温 $t = \underline{\qquad}$（℃）

序号	1	2	3	4	5	6	7	8	9	10
L_i										
$\Delta L_i = L_{i+5} - L_i$										
$\overline{L} = \dfrac{\sum \Delta L_i}{5}$										
$\Delta L_i - \overline{L}$										

$$\lambda = \dfrac{2}{5}\overline{L} = \underline{\qquad} \; ; \; v = f\lambda = \underline{\qquad} \; ;$$

$$v = \overline{v} \pm \Delta v = \underline{\qquad} \pm \underline{\qquad} \; ; \; v = v_0 \sqrt{\dfrac{T}{T_0}} = 331.450 \sqrt{1 + \dfrac{t}{273.13}} = \underline{\qquad}。$$

表 2-12-3 时差法实验数据

序号	1	2	3	4	5	6
l_i						
t_i						
$l_i - l_{i-1}$						
$t_i - t_{i-1}$						
$v_i = \dfrac{l_i - l_{i-1}}{t_i - t_{i-1}}$						
$\overline{v} = \dfrac{\sum v_i}{5}$						

$$v = \overline{v} \pm \Delta v = \underline{\qquad} \pm \underline{\qquad}。$$

思考题

1. 如何理解驻波共振状态？
2. 用相位比较法测量波长时，为什么用直线而不用各种椭圆作为 S2 移动了 $\lambda/2$ 距离的判断依据？
3. 是否有其他方法测量声波的波长？如果有的话，不妨试试看。
4. 本实验中的超声波是如何获得的？
5. 发射信号接 CH1 通道、接收信号接 CH2 通道，用驻波共振法时示波器各主要旋钮该如何调节？用相位法时又该如何调节？
6. 固定距离、改变频率，以求声速，是否可行？
7. 用驻波共振干涉法测声速时，波节处的幅值并不为零，为什么？用理论解释。
8. 相位比较法和驻波共振干涉法测声速中作一个周期变化，接收器移动距离是否相等？
9. 用驻波共振干涉法测声速时，当示波器显示的幅值最大时，接收器位于驻波场中的什么位置？
10. 相位比较法测声速中，当示波器显示直线时的位置是否对应驻波场中能量的极大或极小位置？

实验 2-13　电表的改装和校准

电表在电测量中得到广泛的应用，因此了解电表和使用电表就显得十分重要。检流计用来测量微小电流，它是非数字式测量仪器的一个基本组成部分，可以用它来改装成不同量程的电流表和电压表。

【实验目的】

① 按照实验原理设计测量线路。

② 了解检流计的量程 I_g 和内阻 R_g 在实验中所起的作用，掌握测量它们的方法。

③ 掌握电表的改装、校准和使用方法，了解电表面板上符号的含义。

【实验仪器】

电表改装与校准实验仪的面板结构如图 2-13-1 所示，它主要由用作校准的三位半数字式电压表、三位半数字式电流表、用作被改装的指针式大面板模拟表头（检流计）、可调电阻与可变电阻箱以及可调直流稳压电源等组成。

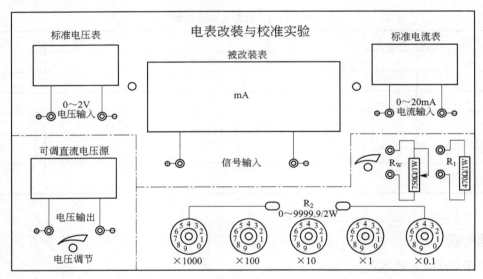

图 2-13-1　电表改装与校准实验仪面板结构

可调直流稳压源，0～2V 输出可调，三位半数字显示；指针表表头，量程 1mA（或表头指示），内阻 R_g；470Ω 可调电阻，与表头串联，用于改变表头的内阻；可变电阻箱，量程 0～9999.9Ω；数字式电压表，量程 0～2V；数字式电流表，量程 0～20mA。实验仪提供的数字式电流表和数字式电压表仅用作校准时的标准，即校准表。

【实验原理】

常见的磁电式检流计的构造如图 2-13-2 所示，它的主要部分包括：放在永磁场中的由细漆包线绕制成的可以转动的线圈、用来产生机械反力矩的游丝、指示用的指针和永磁铁。当电流通过线圈时，磁场即对线圈产生一磁力矩 M，使其转动，从而扭转与线圈转轴连接的上下游丝，使游丝发生形变而产生机械反力矩 M_f。线圈满刻度偏转过程中的磁力矩 M 只与电流强度有关，与偏转角度无关；而游丝因形变产生机械反力矩 M_f 与偏转角度成正比。因此当接通电流后，线圈在 M 作用下的偏转角度逐渐增大，同时反力矩 M_f 也逐渐增大，

直到 $M=M_f$ 时，线圈就会停下来。线圈偏转角度的大小与通过的电流大小成正比（也与加在检流计两端的电势差成正比），由于线圈偏转的角度可以通过指针的偏转直接指示出来，所以上述电流或电势差的大小均可由指针的偏转指示出来。

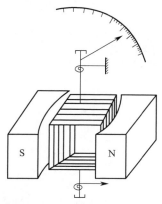

图 2-13-2　检流计的结构示意

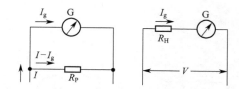

图 2-13-3　检流计量程改装原理

检流计允许通过的最大电流值，称为检流计的量程，用 I_g 表示；检流计的线圈导线有一定的电阻值，称为检流计的内阻，用 R_g 表示。I_g 与 R_g 是检流计重要的特性参数。

检流计可以改装成电流表（安培表或毫安表）。由于检流计 G 允许直接通过的电流很小，为此要扩大检流计的量程，可以选择一个合适的分流电阻 R_P 与检流计并联，组成一只电流表（安培表或毫安表），这时检流计指针的示值就会扩大，具体示值要按电流表（安培表或毫安表）的满量程设计来读取数据。

若测出检流计 G 的 I_g 与 R_g，则由图 2-13-3 可以计算将此检流计改装成量程为 I 的电流表（安培表或毫安表）所需的分流电阻 R_P：

$$I_g R_g = (I - I_g) R_P \tag{2-13-1}$$

$$R_P = \frac{I_g}{I - I_g} R_g \tag{2-13-2}$$

检流计也可以改装成电压表：由于检流计 I_g 很小，R_g 也不大，所以只允许加很小的电位差。为了扩大其测量电位差的量程，可一高电阻 R_H 与之串联，这时两端的电位差 V 大部分分配在 R_H 上，而加在检流计上的小部分电压与所加电位差 V 成正比。可以看出，选择合适的高电阻 R_H 与检流计串联后作为分压电阻，显著扩大了检流计指针的示值，这就组成为一只电压表（伏特表），这时检流计指针的示值就要按电压表（伏特表）的满量程设计来读取数据。

如果计划将改装后的电压表（伏特表）量程变成为 V，则由图 2-13-3 可以计算所需的分压电阻 R_H：

$$V = I_g(R_g + R_H) \tag{2-13-3}$$

$$R_H = \frac{V}{I_g} - R_g \tag{2-13-4}$$

【实验内容与步骤】

（1）熟悉电表改装与校准实验仪的面板结构，图 2-13-4～图 2-13-6 中，虚线框内部分是仪器内部结构，不要同学们连接，就是图 2-13-1 面板上的电压输出的红黑端子，滑线电阻器就是上面的电压调节钮。

（2）用替换法测量指针式表头（检流计）的内阻 R_g，按图 2-13-4 接线，开关 S 与检流计 G 相连，缓慢增加电源电压和降低 R_W，使检流计 G 接近满刻度，记录此时校准表 A 的读数；再将开关 S 与电阻箱 R_2 相连，在电源电压和 R_W 不变的情况下，只调电阻箱 R_2，使流过校准表 A 的读数与之前相等，此时 R_2 的阻值即为检流计的内阻 R_g。重复测量 6 次，数据记录在表 2-13-1 中。

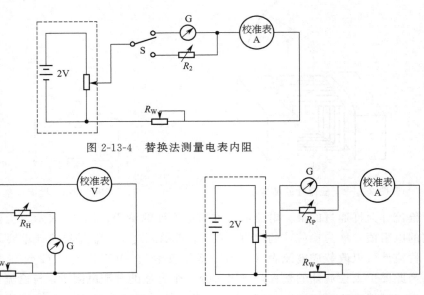

图 2-13-4　替换法测量电表内阻

图 2-13-5　改装伏特表的校准　　　　　　图 2-13-6　改装毫安表的校准

（3）改装检流计为 1V 量程的电压表。需要先根据式（2-13-4）计算出分压电阻 R_H，按图 2-13-5 接线，用 0.5 级的三位半数字电压表来校准被改装成 1V 量程的电压表。

（4）电表校准，就是将改装后的电表与标准表，同时对同一个对象（如电流或电压）测量，进行比较。校正电表时，应做到"三校"：首先校零点，在电路没接通之前，检查被校表的表头指针和校准表是否指零，否则要机械调零；然后校量程，接通电路，用标准表校准改装表的量程。校准时若稍有差异，可稍调 R_H 和 R_W（或调 R_P 和 R_W），使之符合量程要求。最后校其他刻度值，缓慢增加电源电压和降低 R_W，使被改装电压表从 0 向满量程方向变化，每隔 10 等分作为一个校准点，即当被改装电压表指针指在其 10、20、…、90、100 等份刻线上时，依次读取并记录数字表的读数，接着再缓慢降低电压和增加 R_W 使被改装电压表从满量程向 0 方向变化，在 90、80、…、10、0 等份刻线上时依次读取并记录数字表的读数到表 2-13-2 中，从而得到各刻度的修正值 $\Delta V_i = \overline{V}_i - V_X$，并用坐标纸绘出电表的 ΔV_i-V_X 校正曲线图（图 2-13-7）。

（5）改装检流计为 5mA 或 10mA 量程的毫安表。计算出分流电阻 R_P，按图 2-13-6 接线，用 0.5 级三位半数字毫安表来校准改装成的毫安表。

（6）校准方法同上，从 0 到满量程，每隔 10 等分作为一个校准点，即随着电流增加或降低，被改装电流表指针在 10、20，…，90、100 等份刻线上时，依次读取并记录数字表的读数到表 2-13-3 中，从而得到各刻度的修正值 $\Delta I_i = \overline{I}_i - I_X$，并用坐标纸绘出电表的 ΔI_i-I_X 校正曲线图（图 2-13-8）。

（7）实验过程可以通过电压调节钮和电阻 R_W 分别进行的粗调和细调。根据实际测量与计算的结果来确定改装后的毫安表和电压表的级别。

【数据处理】

表 2-13-1 R_g 数据记录表

序号	1	2	3	4	5	6	平均
R_g							

$$R_g = \frac{R_1 + R_2 + R_3 + R_4 + R_5 + R_6}{6} = \underline{\hspace{4cm}} ;$$

$$R_H = \frac{V}{I_g} - R_g = \underline{\hspace{3cm}} ; \qquad R_P = \frac{I_g}{I - I_g} R_g = \underline{\hspace{3cm}} 。$$

表 2-13-2 改装电压表的校准实验数据

被改电压表指针等分 V_x/V	0.0 (0.0)	10.0 (0.1)	20.0 (0.2)	30.0 (0.3)	40.0 (0.4)	50.0 (0.5)	60.0 (0.6)	70.0 (0.7)	80.0 (0.8)	90.0 (0.9)	100.0 (1.0)
校准数字表(电压增加)V_S											
校准数字表(电压下降)V'_S											
平均 $\overline{V}_i$											
修正值 ΔV_i											

$$\overline{V}_i = \frac{V_S + V'_S}{2} = \underline{\hspace{3cm}} ; \quad \Delta V_i = \overline{V}_i - V_X = \underline{\hspace{3cm}} ;$$

$$改装电压表的等级 = \frac{最大的绝对误差}{量程} \times 100\% = \underline{\hspace{2.5cm}} 。$$

表 2-13-3 改装电流表的校准实验数据

被改电流表指针等分 I_x/mA	0.0 (0.0)	10.0 (0.5)	20.0 (1.0)	30.0 (1.5)	40.0 (2.0)	50.0 (2.5)	60.0 (3.0)	70.0 (3.5)	80.0 (4.0)	90.0 (4.5)	100.0 (5.0)
校准数字表(电流增加)I_S											
校准数字表(电流下降)I'_S											
平均 $\overline{I}_i$											
修正值 ΔI_i											

$$\overline{I}_i = \frac{I_S + I'_S}{2} = \underline{\hspace{3cm}} ; \quad \Delta I_i = \overline{I}_i - I_X = \underline{\hspace{3cm}} ;$$

$$改装电流表的等级 = \frac{最大的绝对误差}{量程} \times 100\% = \underline{\hspace{2cm}} 。$$

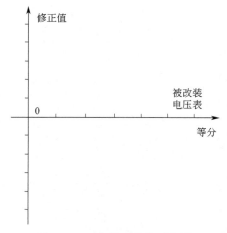

图 2-13-7 电压表的校正曲线

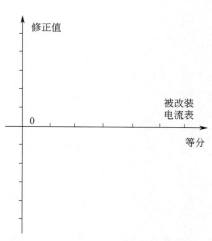

图 2-13-8 电流表的校正曲线

思考题

1. 什么是微安表头（检流计）的电流量程和电压量程？电表扩程后是否改变了表头的电流量程和电压量程？

2. 校准电流表时发现改装表的读数相对于校准表的读数偏高，试问要达到校准表的数值，改装表的分流电阻应调大还是调小？

3. 校准电压表时发现改装表的读数相对于校准表的读数偏低，试问要达到校准表的数值，改装表的分压电阻应调大还是调小？

4. 为什么校准电表需要把电流（或电压）从小到大做一遍又从大到小做一遍？

5. 若将 1mA、100Ω 的表头改成 150V 和 300V 双量程电压表，其分压电阻是多少？试画出改装线路。

6. 若将 1mA、100Ω 的表头改成 50mA 和 100mA 双量程电流表，其分流电阻是多少？试画出改装线路。

7. 是否还有别的方法来测量表头内阻？能否用欧姆定律来进行测定？能否用电桥来进行测定而又保证通过表头的电流不超过 I_g？

8. 在 20℃ 时校准的电表，在 30℃ 的环境中使用，校准是否仍有效？为什么？

实验 2-14　非线性电阻的伏安特性曲线

伏安特性（voltage-current characteristic）曲线，是指某元器件内通过的电流变化与该器件两端外加电压的变化之间的关系曲线。金属导体制作的电阻一般是线性电阻，其伏安特性曲线为一条直线，其斜率为电阻的倒数 $1/R$。常用的晶体二极管是非线性电阻，其电阻值不仅与外加电压的大小有关，而且还与外加电压的方向有关。

【实验目的】

① 了解晶体二极管的正反向导电特性。

② 了解晶体二极管的一些应用。

【实验仪器】

可调直流稳压电源、滑线变阻器、电阻箱、毫安表、微安表、伏特表、晶体二极管（硅材料和锗材料各一个）。

【实验原理】

晶体二极管又叫半导体二极管。半导体的导电性能介于导体和绝缘体之间。如果在纯净半导体中掺入微量的其他元素，其导电性能会有成千上万倍的增长。半导体可分为两种类型，一种是杂质掺到半导体中会产生许多带负电的电子，这种半导体叫 N 型半导体；另一种是杂质加到半导体中会产生许多缺少电子的空穴，这种半导体叫 P 型半导体。

晶体二极管是由两种不同导电性能的 P 型和 N 型半导体结合形成 PN 结所构成的，正极由 P 型半导体引出，负极由 N 型半导体引出，其结构和表示方法如图 2-14-1 所示。

(a) 二极管的PN结　　　　　　(b) 二极管表示符号　　　　　(c) 常见的二极管外形

图 2-14-1　二极管的结构和表示方法

关于 PN 结的形成和导电性能可做如下解释。

由于 P 区中空穴浓度大，空穴由 P 区向 N 区扩散；而 N 区中自由电子浓度大，自由电子就由 N 区向 P 区扩散。在 P 区和 N 区交界面上形成一个带正负电荷的薄层，称为 PN 结，如图 2-14-2(a) 所示。这个薄层内正负电荷形成一个内建电场，其方向恰好与载流子扩散方向相反。当扩散作用和内建电场作用平衡时，P 区中空穴和 N 区中自由电子不再减少，带电薄层不再增加，达到动态平衡，此带电薄层称为耗尽层，厚度约为几十微米。

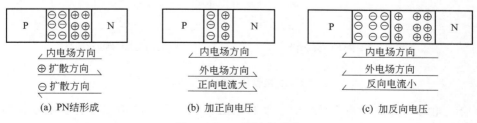

(a) PN结形成　　　　　　(b) 加正向电压　　　　　(c) 加反向电压

图 2-14-2　PN 结的形成

当 PN 结外加一个正向电压时（P 接电源正，N 接电源负），外加电场与内建电场方向相反，耗尽层变薄，载流子的扩散作用占优势，顺利通过 PN 结，形成从 P 区到 N 区的较大电流，故 PN 结正向导电时，正向电阻很小，如图 2-14-2（b）所示。

当 PN 结外加反向电压时，外加电场与内建电场的方向相同，耗尽层变厚，载流子的扩散作用不占优势，很难通过耗尽层，而少数载流子在电场作用下的漂移运动所形成的反向电流很小，反向电阻很大，如图 2-14-2（c）所示。

晶体二极管的正反向伏安特性如图 2-14-3 所示，电流、电压具有非线性关系，各点电阻均不相同，具有这种性质的电阻是非线性电阻。从图 2-14-3 中可以看出，当二极管正向导通时，电压增加很小的数值，电流急剧增大，该点称为正向导通点，因此正向导通时，二极管电阻很小。对于二极管的反向伏安特性，当电压增加时，电流几乎不变，其数值很小，因此电阻非常大，可以认为反向是截止的。二极管的这种"正向导通，反向截止"的特性，结合一定的工艺可制成整流二极管，用于整流电路。在反向伏安特性中，当反向电压增加到某一特定数值时，二极管的反向电流突然增大，该点称为二极管的反向击穿电压。由于在反向击穿点，电压几乎不变化，利用这一特性，结合一定制作工艺，可以制成晶体稳压管。

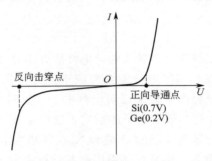

图 2-14-3　二极管的伏安特性曲线

【实验内容与步骤】

按照以下步骤分别测量硅材料和锗材料晶体二极管的伏安特性曲线。

（1）测定晶体管正向伏安特性曲线

① 按照如图 2-14-4（a）所示线路正确连接电路，电阻箱取 100Ω，滑线变阻器的滑线置于最下端，并将可调直流稳压电源调于 3V。

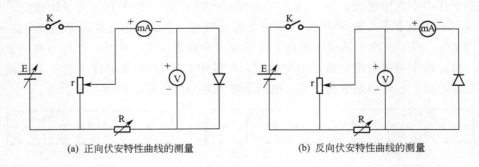

(a) 正向伏安特性曲线的测量　　　　　(b) 反向伏安特性曲线的测量

图 2-14-4　二极管伏安特性曲线测试电路

② 合上电源开关 K，调节滑线变阻器和电阻箱，对于硅和锗二极管分别根据表 2-14-1 和表 2-14-3 进行测量，即当电压表增加到表中读数时，记录此时电流表读数。

③ 按照所测数据，在坐标纸上绘制正向伏安特性曲线。

（2）测定晶体管的反向伏安特性曲线

　　① 按照如图 2-14-4(b) 所示线路正确连接电路，电阻箱取 100Ω，滑线变阻器的滑线置于最下端，并将可调直流稳压电源调于 10V。

　　② 合上电源开关 K，调节滑线变阻器，对于硅和锗二极管分别根据表 2-14-2 和表 2-14-4 进行测量，即当电压表增加到表中读数时，记录此时电流表读数。

　　③ 按照所测数据在坐标纸上绘制反向伏安特性曲线（由于实验中所用二极管的反向击穿电压很高，因此实验中一般测量不到反向击穿电压）。

【数据处理】

表 2-14-1　测硅晶体二极管伏安特性数据表（正向）

电压表/mV	400	450	500	520	540	560	580	600	610	620	630	640	650	660
电流表/mA														

表 2-14-2　测硅晶体二极管伏安特性数据表（反向）

电压表/V	1.0	2.0	3.0	4.0	5.0	6.0	7.0	8.0	9.0	10.0	11.0	12.0	13.0	14.0
电流表/mA														

表 2-14-3　测锗晶体二极管伏安特性数据表（正向）

电压表/mV	170	180	190	200	210	220	230	240	250	260	270	280	290	300
电流表/mA														

表 2-14-4　测锗晶体二极管伏安特性数据表（反向）

电压表/V	1.0	2.0	3.0	4.0	5.0	6.0	7.0	8.0	9.0	10.0	11.0	12.0	13.0	14.0
电流表/mA														

【注意事项】

　　① 注意区分二极管的极性，以免接错极性。

　　② 当达到正向导通点时，可稍微增大二极管两端电压，以免损坏二极管。

■　**思考题**

1. 简述 PN 结的形成过程。

2. 简述 PN 结的"正向导通、反向截止"原理。

3. 如何通过实验区别晶体二极管是硅材料二极管还是锗材料二极管？

4. 查阅关于晶体二极管类型及其应用（提示：类型大体分为整流二极管、开关二极管、稳压二极管、检波二极管、变容二极管和发光二极管）。

实验 2-15 惠斯登电桥测量金属热电阻的温度系数

电桥在电磁测量中有着极其广泛的应用。利用桥式电路制成的电桥是一种用比较法测量电量的仪器。电桥可以测量电阻、电容、电感、频率、温度、压力等许多物理量，也广泛地应用于近代工业生产的自动控制当中。根据用途不同，电桥有多种类型，其性能和结构也各有特点，但它们的共同点和基本原理相同。

惠斯登电桥由英国发明家克里斯蒂在 1833 年发明，又叫单臂电桥，可以测量的电阻值范围为 $1 \times 10^{-3} \sim 9.999 \times 10^{6} \Omega$。其基本工作原理是将待测电阻同标准电阻相比较，以确定待测电阻值。由于标准电阻的误差很小，惠斯登电桥法测电阻可达到很高的准确度。

金属热电阻（如铂 Pt100）的阻值随温度的上升而上升，本实验需要测量其温度系数（temperature coefficient）。

【实验目的】

① 掌握用惠斯登电桥测电阻的原理和方法。

② 了解惠斯登电桥在工业测量中的应用。

③ 掌握金属热电阻的阻值随温度变化的规律。

【实验仪器】

本实验采用的仪器是 QJ23 型直流电阻电桥，其面板如图 2-15-1 所示。

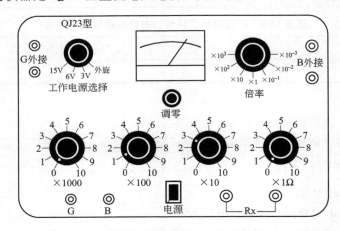

图 2-15-1　QJ23 型直流电阻电桥的面板

图 2-15-1 中右上角旋钮来调节比例臂系数 K_r，即倍率。下半部分的 4 个旋钮用来调节比较臂的标准电阻 R_s 大小（对于 Pt100，可将 R_s 置于 1300Ω 附近）。左下角的 B 按钮是电源的开关，按下时接通电源，释放时断开电源。G 按钮是检流计的开关，按下时接通检流计，释放时断开检流计。测量未知电阻 R_X 时，先按下 B 按钮，然后再按下 G 按钮，如果此时检流计指针偏转（确认左偏或右偏对应的 R_s 数值大了还是小了），说明惠斯登电桥不平衡。释放 G 按钮后，调节比较臂的标准电阻 R_s 大小（调节顺序是先大电阻、再小电阻），再按下 G 按钮观察检流计指针偏转情况；重复上述过程，直到检流计指针不偏转（指在零位置），则马上释放 G 按钮（否则，容易烧坏检流计），此时 R_s 的示数与比例臂的乘积即为被测电阻的阻值。

待测电阻接在 R_X 的两个接线柱上。测量中比例臂系数 K_r 选取由式（2-15-1）确定

$$K_r = \frac{\text{待测电阻数量级}}{10^3} \tag{2-15-1}$$

【实验原理】

如图 2-15-2 所示，设待测电阻为 R_X，标准电阻用 R_s 表示。当流过检流计 G 的电流 $I_g = 0$ 时，B、D 两点电位相同。这时有 $I_1 R_1 = I_2 R_2$，即

$$\frac{R_1}{R_2} = \frac{I_2}{I_1} \tag{2-15-2}$$

同时有 $I_x R_X = I_s R_s$，即

$$\frac{R_X}{R_s} = \frac{I_s}{I_x} \tag{2-15-3}$$

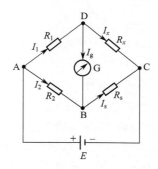

图 2-15-2　惠斯登电桥原理

将 B、D 两点电位相同的状态称为电桥平衡状态。一旦电桥平衡（$I_g = 0$），有 $I_1 = I_x$，$I_2 = I_s$；

比较式（2-15-2）和式（2-15-3），得到

$$\frac{R_X}{R_s} = \frac{R_1}{R_2}$$

即 $R_X = \dfrac{R_1}{R_2} R_s$

设 $K_r = \dfrac{R_1}{R_2}$，代入上式有

$$R_X = K_r R_s \tag{2-15-4}$$

式中，K_r 为比例臂系数。若 K_r 和 R_s 已知，R_X 就可由式（2-15-4）求出。

金属热电阻是基于电阻的热效应进行温度测量的，即电阻体的阻值具有随温度的变化而变化的特性。因此，只要测量出热电阻的阻值变化，就可以得到温度。应用最广泛的金属热电阻材料是金属铂和铜。铂电阻精度高，适用于中性和氧化性介质，稳定性好。

金属热电阻的电阻值和温度一般可以用近似关系式（2-15-5）表示，即

$$R_t = R_0(1 + \alpha t) \tag{2-15-5}$$

式中，R_t 为温度在 t 时的阻值；R_0 为温度在 0℃时对应的电阻值；α 为热电阻温度系数。

铂电阻有 R_0 为 10Ω、100Ω、500Ω，800Ω、1000Ω　等多种，它们的分度号分别为 Pt10，Pt100，Pt500，Pt800，Pt1000；测温范围为 $-200 \sim 850$℃，其中 Pt100 应用最为广泛。

【实验内容与步骤】

（1）按图 2-15-3 摆放仪器，连接线路。

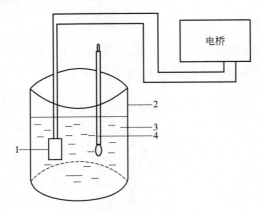

图 2-15-3　实验接线示意

1—Pt100 铂电阻；2—烧杯；3—热水；4—水银温度计

（2）将烧好的热水（＞90℃）倒入烧杯中。

（3）在本实验中，随着水的自然降温，Pt100 铂电阻的阻值在 140～110Ω 之间逐渐降低，所以比例臂系数 K_r 选 0.1，比较臂 R_s 开始放在约 1300Ω。

（4）先按下 B 按钮，后点按 G 按钮（点按是指按下 G 按钮，并观察指针偏转情况，然后释放该按钮）。若指针往"一"标记偏转，应该减小比较臂 R_s 的阻值；若指针往"＋"标记偏转，应该增加比较臂 R_s 的阻值。

（5）每次减小或增加比较臂 R_s 的阻值后，都要点按一下 G 按钮，直到检流计指针指在零位置，同时读出水银温度计温度 T，将 R_s 的值与比例臂的示值相乘得铂电阻当前阻值 R_t，记录在表 2-15-1 中。

（6）每隔 2～5℃重复步骤④，⑤，实验数据从 80℃一直测到 45℃为止。

（7）以 R_t 为纵坐标，T 为横坐标，作图求出热电阻温度系数 α。

（8）再用最小二乘法处理本实验数据，并依据 $R_t = a + bT$ 作图，计算温度系数 α，比较两种方法得到的结果。

【数据处理】

表 2-15-1　数据记录表

i	$T/℃$	T^2	R_t	R_t^2	TR_t
1	80.0				
2	75.0				
3	70.0				
4	65.0				
5	60.0				
6	55.0				
7	50.0				
8	45.0				
平均					

$\overline{T}=$ _____ ; $\qquad$ $\overline{T^2}=$ _____ ; $\overline{R_t}=$ _____ ;

$\overline{R_t^2}=$ _____ ; $\qquad$ $\overline{TR_t}=$ _____ ;

$b=\dfrac{\overline{T}\,\overline{R_t}-\overline{TR_t}}{\overline{T}^2-\overline{T^2}}=$ _____ ; $a=\overline{R_t}-b\,\overline{T}=$ _____ ;

$R_t=a+bT=$ _____ ; $\qquad$ $\alpha=$ _____ 。

■ 思考题

1. 能否用惠斯登电桥测毫安表或伏特表的内阻？测量时要特别注意什么问题？

2. 电桥测电阻时，若比例臂的选择不好，对测量结果有何影响？

3. 本实验中采用平衡电桥的方式进行测量。在实际应用中，为实现测量的自动化，应该如何改进本实验？

实验 2-16　双臂电桥测低电阻

电阻按阻值大小大致可分为三类：阻值在 1Ω 以下的为低电阻、在 $1\Omega\sim100\text{k}\Omega$ 之间的为中电阻、在 $100\text{k}\Omega$ 以上的为高电阻。不同阻值的电阻，测量方法不尽相同。它们都有本身的特殊问题。例如，用惠斯登电桥测中电阻时，可以忽略导线本身的电阻和导线连接处的接触电阻（总称附加电阻）的影响；但用它测低电阻时，就不能忽略了。一般来说，附加电阻约为 0.001Ω，若所测低电阻为 0.01Ω，则附加电阻的影响可达 10%；如所测低电阻在 0.001Ω 以下，就无法得出测量结果了。

对惠斯登电桥加以改进而形成的双臂电桥（又称开尔文电桥）消除了附加电阻的影响，它适用于 $10^{-6}\sim10^{2}\,\Omega$ 电阻的测量。本实验利用双臂电桥测量金属棒的电阻值，并计算出该种金属电阻率（resistivity）。

【实验目的】

① 了解双臂电桥测量低电阻的原理和方法。

② 掌握用双臂电桥测量导体的电阻率的基本方法。

【实验仪器】

QJ42 型直流双臂电桥、SR-1 型直流电桥四端低阻测试夹具、被测金属棒。

【实验原理】

（1）双臂电桥测量低电阻的基本原理

图 2-16-1 的线路只是将实验 2-15 中（图 2-15-1）的 R_x 和 R_2 互换位置，它仍是惠斯登电桥电路。在电桥平衡时，同样有

$$R_x = \frac{R_1}{R_2} R_s$$

由图 2-16-1 可见，桥式电路有 12 根导线和 A、B、C、D 4 个接点。其中，由 A、C 点到电源和由 B、D 点到检流计的导线电阻可并入电源和检流计的"内阻"里，对测量结果没有影响。但桥臂的 8 根导线和 4 个接点的电阻会影响测量结果。

在电桥中，由于比例臂 R_1 和 R_2 可用阻值较高的电阻，因此和这两个电阻相连的 4 根导线（即由 A 到 R_1、C 到 R_2 和由 D 到 R_1、D 到 R_2 的导线）的电阻不会给测量结果带来多大误差，可以略去不计。由于待测电阻 R_x 是一个低电阻，比较臂电阻 R_s 也应该用低电阻，于是和 R_x、R_s 相连的导线及接点电阻就会影响测量结果了。

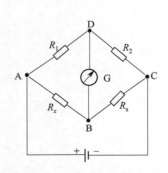

图 2-16-1　惠斯登电桥原理

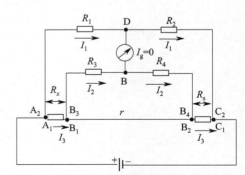

图 2-16-2　双臂电桥原理

为了消除上述电阻的影响，采用图 2-16-2 的线路。与图 2-16-1 比较可以看出，为避免图 2-16-1 中由 A 到 R_x 和由 C 到 R_s 的导线电阻，可将 A 到 R_x 和 C 到 R_s 的导线尽量缩

短，最好缩短为零，使 A 点直接与 R_x 相接，C 点直接与 R_s 相接。要消去 A、C 点的接触电阻，进一步又将 A 点分成 A_1、A_2 两点，C 点分成 C_1、C_2 两点，使 A_1、C_1 点的接触电阻并入电源的内阻，A_2、C_2 点的接触电阻并入 R_1、R_2 的电阻中。

但图 2-16-1 中 B 点的接触电阻和由 B 到 R_x 及由 B 到 R_s 的导线电阻就不能并入低电阻 R_x、R_s 中，因而需对惠斯登电桥进行改良。在线路中增加 R_3 和 R_4 两个电阻，让 B 点移至跟 R_3、R_4 及检流计相连，这样就只剩下 R_x 和 R_s 相连的附加电阻了。同样，把 R_x 和 R_s 相连的两个接点各自分开，分成 B_1、B_3 和 B_2、B_4，这时 B_3、B_4 的接触电阻并入到附加的两个较高电阻 R_3、R_4 中。将 B_1、B_2 用粗导线相连，并设 B_3、B_4 间连线电阻与接触电阻的总和为 r。后面将要证明，适当调节 R_1、R_2、R_3 和 R_4 的阻值，就可以消去附加电阻 r 对测量结果的影响。

调节电桥平衡的过程，就是调整电阻 R_1、R_2、R_3、R_4 和 R_s，使检流计中的电流 I_g 等于零的过程。

当电桥达到平衡，即检流计中的电流 I_g 等于零时，通过 R_1 和 R_2 的电流相等，图 2-16-2 中以 I_1 表示；通过 R_3 和 R_4 的电流相等，以 I_2 表示；通过 R_x 和 R_s 的电流也相等，以 I_3 表示。因为 B、D 两点的电位相等，故有

$$I_1 R_1 = I_3 R_x + I_2 R_3$$
$$I_1 R_2 = I_3 R_s + I_2 R_4$$
$$I_2 (R_3 + R_4) = (I_3 - I_2) r$$

联立求解，得到

$$R_x = \frac{R_1}{R_2} R_s + \frac{r R_4}{R_3 + R_4 + r} \left(\frac{R_1}{R_2} - \frac{R_3}{R_4} \right) \tag{2-16-1}$$

现在来讨论式(2-16-1) 右边第二项。如果 $R_1 = R_3$，$R_2 = R_4$，或者 $R_1/R_2 = R_3/R_4$，则式(2-16-1) 右边的第二项为零，即

$$\frac{r R_4}{R_3 + R_4 + r} \left(\frac{R_1}{R_2} - \frac{R_3}{R_4} \right) = 0$$

这时式(2-16-1) 可得

$$R_x = \frac{R_1}{R_2} R_s \tag{2-16-2}$$

可见，当电桥平衡时，式(2-16-2) 成立的前提是 $R_1/R_2 = R_3/R_4$。为了保证等式 $R_1/R_2 = R_3/R_4$ 在电桥使用过程中始终成立，通常将电桥做成一种特殊的结构，即将两对比率臂 (R_1/R_2 和 R_3/R_4) 采用所谓双十进位电阻箱。在这种电阻箱里，两个相同十进位电阻的转臂连接在同一转轴上，因此在转臂的任一位置上都保持 R_1 和 R_3 相等，R_2 和 R_4 相等。

在惠斯登电桥的基础上，增加两个电阻臂 R_3、R_4，并使 R_3、R_4 分别随原有臂 R_1、R_2 做相同的变化（增加或减小），当电桥平衡时就可以消除附加电阻 r 的影响。

上述这种电路装置称为双臂电桥。因此双臂电桥平衡时，式(2-16-2) 成立。根据式(2-16-2) 可以算出低电阻 R_x。

还应指出，在双臂电桥中电阻 R_x（或 R_s）有 4 个接线端。这类接线方式的电阻称为四端电阻。由于流经 A_1、R_x、B_1 的电流比较大，通常称接点 A_1 和 B_1 为"电流端"，在双臂电桥上用符号 C_1 和 C_2 表示。而接点 A_2 和 B_3 则称为"电压端"，在双臂电桥上用符号 P_1 和 P_2 表示；采用四端电阻可以大大减小测电阻时导线电阻和接触电阻（总称附加电阻）对

测量结果的影响。

（2）导体的电阻率

一段导体的电阻与该导体材料的物理性质、几何形状有关。实验指出，导体的电阻与其长度 l 成正比，与其横截面面积 A 成反比，即

$$R = \rho \frac{l}{A}$$

式中，比例系数 ρ 称为导体的电阻率。表示导电材料的基本导电性质，可按式（2-16-3）计算

$$\rho = R\frac{A}{l} = R\frac{\pi d^2}{4l} \tag{2-16-3}$$

式中，d 为圆形导体的直径。

【实验内容与步骤】

（1）先将金属棒套入四端低阻测试夹具的固定柱和滑动柱内，并拧紧固定柱上的紧定螺钉。然后用导线将测试夹具上 C_1 和 C_2、P_1 和 P_2 接线端钮与电桥相对应的端钮连接（C_1 和 C_2 为电流端，P_1 和 P_2 为电压端），如图 2-16-3 所示。再将滑动柱滑动至测量所要求的位置固定，开始测量。

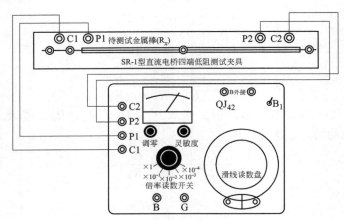

图 2-16-3　双臂电桥测试低电阻示意

（2）接通 QJ42 的交流电源，"B1" 指向 "通"，旋转 "调零" 钮，把检流计指针调到 "0" 位。调 "灵敏度" 钮，使检流计灵敏度开始测量时在最低位置。将倍率开关旋到适当的位置上（$\times 10^{-2}$ 或 $\times 10^{-3}$），按下按钮 "B" 和 "G"（接通内测电路），检流计指针偏转，松开 "G" 按钮，调节读数盘到合适位置，使检流计指针重新回到零位（即电桥平衡）；再提高灵敏度到合适位置（不要到最大位置，在 1/3～2/3 区域即可），重新调节读数盘，使检流计指零，则被测电阻的阻值可表示为：$R_x =$ 倍率读数值×滑线读数盘示值。按表 2-16-1 测量不同位置的阻值（测量过程中，同时按下按钮 "B" 和 "G" 的时间尽量要短，避免通电时间过长而损坏检流计）。

（3）用游标卡尺或千分尺测出待测金属棒不同部位的直径，重复 10 次取平均值，填入数据记录表 2-16-2 中。

（4）由式（2-16-3）算出 ρ 值，计算 ρ 的相对误差 E_r 和绝对误差 $\Delta\rho = \rho E_r$。

【数据处理】

表 2-16-1 不同位置的金属棒阻值测量数据

位置/cm	10	15	20	25	30	35	40
金属棒 R_x							

表 2-16-2 金属棒直径测量数据

序号	1	2	3	4	5	6	7	8	9	10	平均
d/mm											

思考题

1. 双臂电桥与惠斯登电桥有哪些异同?

2. 在双臂电桥电路中,怎样消除导线本身的电阻和接触电阻的影响?试简要说明。

3. 为了减小电阻率 ρ 的测量误差,在被测量 R_x、d 和 l 三个直接测量的量中,应特别注意哪个物理量的测量?为什么?

4. 如果四端电阻的电流接头和电压接头互相接错,这样做会有什么影响?

实验 2-17　灵敏检流计的特性研究

灵敏检流计是一种灵敏度很高的磁电系仪表，在电磁测量中用作指零器，也可用于测量微弱电流和电压，如测量光电流、生物电流、温差电势等。

【实验目的】

① 了解灵敏检流计的工作原理。

② 掌握灵敏检流计内阻和灵敏度的测定方法。

③ 观察灵敏检流计的三种运动状态。

【实验仪器】

电源，灵敏检流计，电压表，电阻箱，标准电阻，滑线变阻器，电子秒表。

【实验原理】

（1）灵敏检流计的结构

灵敏检流计的内部结构如图 2-17-1 所示。它与磁电系电流表相同，不同的是转动线圈轻而狭长，以减小其转动惯量，图 2-17-1 所示为直流复射检流计，它是用经过几次反射后形成的光斑代替了指针，相当于指针式电表的指针大大加长了。指针越长，分辨本领越高，加之扭转系数很小的张丝，消除了摩擦。因此直流复射式检流计具有更高的灵敏度，一般能达到 $10^8 \sim 10^{10}\,\mathrm{div \cdot A^{-1}}$（分度·安$^{-1}$）。灵敏度是灵敏检流计的一个重要参数，它的定义式为

$$S = \frac{n}{I_g} \tag{2-17-1}$$

式中，n 为通过灵敏检流计的电流为 I_g 时光标偏转的分格数（或 θ 角）。

电流灵敏度可用 S 的倒数 $C = 1/S$ 来表示，叫做电流常数。一般 $C = 10^{-8} \sim 10^{-10}$（A·div^{-1}）。据此，就可以从光标偏转的格数读出通过灵敏检流计的电流大小，但是仪器经过长期使用、维修，这些常数是有变化的，使用前必须重新测量。

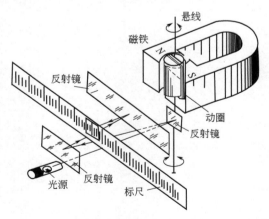

图 2-17-1　灵敏检流计结构

（2）灵敏检流计的运动特性

当通过灵敏检流计的电流发生变化后，光标会来回摆动很久才逐渐停在新的平衡位置，如在这种状态下进行测量，就很费时间，这是因为灵敏检流计动圈电阻与外电路构成一个回

路，线圈在磁场中运动产生的动生电流与磁场相互作用，产生了阻止动圈运动的电磁阻尼力矩 M_P，可证明 M_P 满足以下关系

$$M_P \propto \frac{1}{R_g + R_{out}} \tag{2-17-2}$$

式中，R_g 为灵敏检流计内阻，其值很小；R_{out} 为外电路的电阻。若 R_{out} 较大，从而阻尼力矩 M_P 很小，导致光点来回振荡。

根据电磁学理论，全面分析通电线圈的运动状态为一个二阶线性常系数微分方程

$$J\frac{d^2\theta}{dt^2} + M_P\frac{d\theta}{dt} + D\theta = NIBS \tag{2-17-3}$$

式中，J 为线圈的转动惯量；$M_P \propto \dfrac{(NIBS)^2}{R_g + R_{out}}$ 为电磁阻尼力矩；D 为悬丝的扭转系数，N、S、B、I 分别为线圈的匝数、面积和线圈所处的磁感应强度以及通过动圈的电流强度。

引入阻尼度

$$\lambda = \frac{M_P}{2\sqrt{JD}} \tag{2-17-4}$$

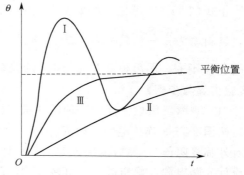

图 2-17-2　θ 与 t 关系曲线

按阻尼度 $\lambda < 1$，$\lambda > 1$，$\lambda = 1$，动圈有三种运动状态：即欠阻尼、过阻尼和临界阻尼运动状态，这三种运动状态下线圈的偏转角 θ 随时间 t 变化的规律如图 2-17-2 所示。

① 当 R_{out}（取等于仪器铭牌所标 $R_{外临}$ 值的 4 倍）较大时，M_P 则较小，线圈做振幅逐渐衰减的振动，光标需经较长时间才能停在平衡位置；R_{out} 越大，M_P 越小，振动时间越长，这种状态叫欠阻尼状态，如图 2-17-2 中曲线 Ⅰ。

② 当 R_{out} 较小时（取 $R_{out} = 1/R_{外临}$），M_P 则较大，线圈缓慢地趋向平衡位置，且不会越过平衡位置；R_{out} 越小，M_P 则越大，达到平衡位置的时间也越长，这种状态叫做过阻尼状态，如图 2-17-2 中曲线 Ⅱ。

③ 当 R_{out} 适当时（取 $R_{out} = R_{外临}$），线圈能很快达到平衡位置，且不振荡，这是前两种状态的中间状态，叫作临界状态，如图 2-17-2 中曲线 Ⅲ，这时外电路的电阻值 R_{out}，叫作外临界电阻，理论和实际测量都证明，使灵敏电流计工作在略微欠阻尼状态，线圈趋于平衡位置所需时间最短，于是，在实际工作中，往往使外电路的电阻 R_{out} 略大于 $R_{外临}$。

（3）灵敏检流计的电流灵敏度 S 与内阻 R_g 的测量

测量电路如图 2-17-3 所示，其中 $R_2 \gg R_1$，根据电路有方程

$$U_{CB} = I_1 R_1 = I_g(R_3 + R_g) \tag{2-17-5}$$

$$U_{AB} = I_1 R_1 + I_2 R_2 \tag{2-17-6}$$

$$I_2 = I_1 + I_g \tag{2-17-7}$$

将式（2-17-1）、式（2-17-5）、式（2-17-7）代入式（2-17-6）中得：

$$S = \frac{R_2}{R_1}(R_1 + R_3 + R_g)\frac{n}{U_{AB}} \tag{2-17-8}$$

为了便于实验的方法解出 S 和 R_g，将式（2-17-8）变为：

$$R_3 = \frac{R_1 S}{R_2 n} U_{AB} - (R_1 + R_g) \qquad (2\text{-}17\text{-}9)$$

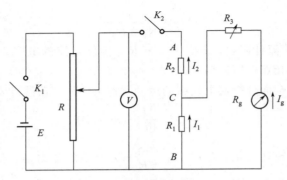

图 2-17-3　实验测量电路

由式(2-17-9)可见，如果在实验中保持 R_1、R_2 和 n 不变，则 R_3 与电压 U_{AB} 成线性关系，其斜率为 $\frac{R_1 S}{R_2 n}$，截距为 $-(R_1 + R_g)$，因此在实验中不断地改变 U_{AB}，并相应调节 R_3，使 n 保持不变，然后根据 U_{AB} 与 R_3 的关系，求出 S 和 R_g 的值。

【实验内容与步骤】

（1）观察灵敏检流计的三种运动状态与 R_3 的关系，并确定外临界电阻值

按图 2-17-3 连接电路，取 $R_1 : R_2 = 1\Omega : 3000\Omega$，$R_3$ 预置等于 4 倍 $R_{外临}$（仪器铭牌上注有外临界阻值），然后依次置 R_3 等于 $R_{外临}/4$ 和 $R_{外临}$。滑线变阻器置于零输出处，接通检流计光路电源，旋钮拨至"直接"档，调零，接通稳压电源，调至 6V，推动滑线变阻器使复射式检流计在三种 R_3 值下分别使光标满偏（$n = 50$ 格），断开 K_2，同时用秒表记录三种运动状态达到平衡位置不再移动的时间，确定 R_3（=外临界电阻之值），并画出三种运动状态曲线。

（2）检流灵敏度 S 与内阻 R_g 以及电流常数 C 的测量

仍按图 2-17-3 连接电路，取 $R_1 : R_2 = 1\Omega : 20k\Omega$，滑线变阻器置于零输出处，调节电源为 4V，将 U_{AB} 分别调为 0.50V、1.0V、1.50V、2.0V、2.50V 并对应调节 R_3，使光标每次偏 n 格（50 格），反向 2.50V 依次调至 0.50V，再得与之对应的 R_3' 值，取二次平均值，作为 R_3，作 U_{AB} 与 R_3 图线，用图解出 S 与 R_g 之值，并计算出 C。

实验结束后置灵敏检流计旋钮于短路处。

思考题

1. 灵敏检流计为什么灵敏？

2. 灵敏检流计动圈在磁场中运动时，受哪几种力作用？力矩产生的原因是什么？

3. 使用灵敏检流计，为什么要使外电路电阻值接近于外临界电阻值？

4. 在使用灵敏检流计时，若发现其工作状态处于欠阻尼振荡状态、过阻尼运动状态，采取何种措施使其工作在临界阻尼状态？灵敏度发生变化否？并解释之。

5. 试用最小二乘法求解 S 与 R_g。

实验 2-18　用模拟法测绘静电场

电场强度和电势是描述静电场（electrostatic field）的两个主要的物理量，为了形象地描述电场中场强和电势的分布情况，人们用电场线和等势面来进行描述。但任一带电体在空间形成的静电场的分布，即电场强度和电势的分布情况，除了一些简单的特殊的带电体外，一般很难写出在空间的数学表达式，因此，通常采用实验方法来研究。如果用静电仪表对静电场中的电场强度和电势进行测量，会因测量仪器的介入导致原静电场发生变化。如果采用模拟法，即用稳恒电流场模拟静电场进行测量，就会得到满意的结果。

【实验目的】

① 学习用稳恒电流场模拟法测绘静电场的原理和方法。

② 加深对电场强度和电势概念的理解。

③ 测绘点状电极、同心圆电极、聚焦电极的电场分布情况。

【实验仪器】

GVZ-3 静电场描绘实验仪。

【实验原理】

由于带电体的形状比较复杂，其周围静电场的分布情况很难用理论方法进行计算。同时仪表（或其探测头）放入静电场，总要使被测场原有分布状态发生畸变，不可能用实验手段直接测绘真实的静电场。

本实验采用模拟法，通过点状电极、同心圆电极、聚焦电极产生的稳恒电流场分别模拟两点电荷、同轴柱面带电体、聚焦电极形状的带电体产生的静电场。

（1）模拟的理论依据

为了克服直接测量静电场的困难，可以仿造一个与待测静电场分布完全一样的电流场，用容易直接测量的电流场去模拟静电场。静电场与稳恒电流场本是两种不同的场，但是两者之间在一定条件下具有相似的空间分布，即两种场遵守的规律在数学形式上相似。

对于静电场，电场强度 E 在无源区域内满足以下积分关系

$$\oint_s E \cdot ds = 0 \qquad\qquad \oint_l E \cdot dl = 0$$

对于稳恒电流场，电流密度矢量 J 在无源区域内也满足类似的积分关系

$$\oint_s J \cdot ds = 0 \qquad\qquad \oint_l J \cdot dl = 0$$

由此可见，E 和 J 在各自区域中所遵从的物理规律有同样的数学表达形式。若稳恒电流场空间均匀充满了电导率为 σ 的不良导体，不良导体内的电场强度 E' 与电流密度矢量 J 之间遵循欧姆定律：

$$J = \sigma E'$$

因而，E 和 E' 在各自的区域中也满足同样的数学规律。在相同边界条件下，由电动力学的理论可以严格证明：具有相同边界条件的相同方程，解的形式也相同。因此，可以用稳恒电流场来模拟静电场。

（2）模拟长同轴圆柱形电缆的静电场

利用稳恒电流场与相应的静电场在空间形式上的一致性，只要保证电极形状一定，电极

电势不变，空间介质均匀，则在任何一个考察点，均应有"$U_{稳恒}＝U_{静电}$"或"$E_{稳恒}＝E_{静电}$"。下面以同轴圆柱形电缆的静电场和相应的模拟场——稳恒电流场来讨论这种等效性。

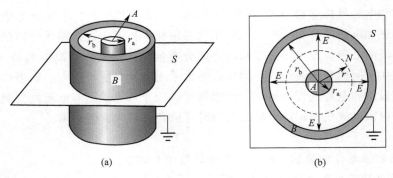

图 2-18-1   同轴圆柱静电场及其分布

如图 2-18-1(a) 所示，在真空中有一半径为 r_a 的长圆柱形导体 A 和一个内径为 r_b 的长圆筒形导体 B，它们同轴放置，分别带等量异号电荷。由对称性可知，在垂直于轴线的任一个截面 S 内，都有均匀分布的辐射状电场线，这是一个与轴向坐标无关而与径向坐标有关的二维场。取二维场中电场强度 E 平行于场平面，则其等势面为一簇同轴圆柱面。因此，只需研究任一垂直横截面上的电场分布即可。

距轴心 O 半径为 r 处 ［见图 2-18-1(b) ］ 的各点电场强度大小为

$$E=\frac{\lambda}{2\pi\varepsilon_0 r}\boldsymbol{r}_0$$

式中，λ 为 A（或 B）的电荷线密度。其电势为

$$U_r=U_a-\int_{r_a}^r \boldsymbol{E}\cdot \mathrm{d}\boldsymbol{r}=U_a-\frac{\lambda}{2\pi\varepsilon_0}\ln\frac{r}{r_a} \tag{2-18-1}$$

若 $r=r_b$ 时 $U_r=U_b=0$，则

$$\frac{\lambda}{2\pi\varepsilon_0}=\frac{U_a}{\ln(r_b/r_a)}$$

代入式(2-18-1) 得

$$U_r=U_a\frac{\ln(r_b/r)}{\ln(r_b/r_a)} \tag{2-18-2}$$

距中心 r 处电场强度的大小为

$$E_r=-\frac{\mathrm{d}U_r}{\mathrm{d}r}=\frac{U_a}{\ln\dfrac{r_b}{r_a}}\times\frac{1}{r} \tag{2-18-3}$$

若上述圆柱形导体 A 与圆筒形导体 B 之间不是真空，而是均匀地充满了一种电导率为 σ 的不良导体，且 A 和 B 分别与直流电源的正负极相连，则在 A、B 间将形成径向电流，建立起一个稳恒电流场 $\boldsymbol{E}'_r$。可以证明不良导体中的稳恒电流场 $\boldsymbol{E}'_r$ 与原真空中的静电场 E_r 是相同的。

取高度为 h 的圆柱形同轴不良导体片来研究。设材料的电阻率为 ρ（$\rho=1/\sigma$），则从半径为 r 的圆周到半径为 $r+\mathrm{d}r$ 的圆周之间的不良导体薄块的电阻为

$$\mathrm{d}R=\frac{\rho}{2\pi h}\frac{\mathrm{d}r}{r}$$

半径 r 到 r_b 之间的圆柱片电阻为

$$R_{rr_b} = \frac{\rho}{2\pi h} \int_r^{r_b} \frac{dr}{r} = \frac{\rho}{2\pi h} \ln \frac{r_b}{r}$$

由此可知，半径 r_a 到 r_b 之间圆柱片的电阻为

$$R_{r_a r_b} = \frac{\rho}{2\pi h} \ln \frac{r_b}{r_a}$$

因 $U_b = 0$，则径向电流为

$$I = \frac{U_a}{R_{r_a r_b}} = \frac{2\pi h U_a}{\rho \ln \dfrac{r_b}{r_a}}$$

距中心 r 处的电势为

$$U_r = IR_{rr_b} = U_a \frac{\ln(r_b/r)}{\ln(r_b/r_a)} \tag{2-18-4}$$

则稳恒电流场 E_r' 大小为

$$E_r' = -\frac{dU_r'}{dr} = \frac{U_a}{\ln \dfrac{r_b}{r_a}} \times \frac{1}{r} \tag{2-18-5}$$

可见式（2-18-4）与式（2-18-2）具有相同形式，说明稳恒电流场与静电场的电势分布函数完全相同，即柱面之间的电势 U_r 与 $\ln r$ 均为直线关系，并且相对电势 U_r/U_a 仅是坐标的函数，与电场电势的绝对值无关。显而易见，稳恒电流场 E' 与静电场 E 的分布也是相同的。

（3）模拟条件

用稳恒电流场模拟静电场的条件可以归纳为下列三点。

① 稳恒电流场中的电极几何形状应与被模拟的静电场中的带电体几何形状相同。

② 稳恒电流场中的电介质应是不良导体且电导率分布均匀，并满足 $\sigma_{电极} \gg \sigma_{电介质}$ 才能保证电流场中的电极（良导体）的表面也近似是一个等势面。

③ 模拟所用电极系统与被模拟静电场的边界条件相同。

（4）静电场的测绘方法

由式（2-18-3）可知，场强 E 在数值上等于电势梯度，方向指向电势降落的方向。考虑到 E 是矢量，而电势 U 是标量，从实验测量来讲，测定电势比测定场强容易实现，所以可先测绘等势线，然后根据电场线与等势线正交的原理，画出电场线。

【实验内容与步骤】

本实验采用静电场描绘仪。

（1）选择同心圆柱电极，接好电源与电极、电源与探针之间的连线。

（2）打开电源开关，将电表转换开关拨至"校正"位置，调节"电压调节"旋钮，使电压表读数显示 12V。

（3）将电表转换开关拨向"测量"，在电极架的上层压入坐标纸，将下探针置于电极板上，此时电压表示数应该不为零，其示数即为探测点的电势值。

（4）测等电势时，先设定一个电势值（如 2V、4V……），右手握同步探针座在电极架下层作平稳移动，当下探针移至某位置时，电表示数等于所设定电势值，用左手轻轻按压上探针，在坐标纸上打印出一个点；如此继续移动探针座，便可找出该设定电势值下的若干等势点。取不同设定电势值，则可得到不同电势值的等势点。连接相应的等势点就形成不同电

势值的等势线。每个设定电势值的等势点至少取 10 个点，将电势相等的点连成光滑曲线，即是等势线。

（5）换上其他电极板，换另一张坐标纸。重复②、③步骤，画出等势线。

（6）标出每条等势线代表的电势值。根据电场线与等势线正交的关系，画出电场线。

【数据处理】

从电场线图上量出不同电势对应的半径，并计算电场 E_r 的大小填入表 2-18-1。在坐标纸上作出相对电势 U_r 和 r 的关系曲线，电场 E_r 和 r 的关系曲线。

表 2-18-1　电场线测量数据

$r_a =$ _____ mm；$r_b =$ _____ mm；$U_0 =$ _____ V。

U_r/V	2V	4V	6V	8V	10V
$E_r/(V/m)$					
r/mm					

思考题

1. 电流场模拟静电场的条件是什么？

2. 分析电场线畸变的原因。

3. 电场强度 E_r 与半径 r 的关系是什么？你测量的结果符合理论推算吗？若不符合，分析其原因？

实验 2-19　电位差计测量热电偶的温差电动势

用电位差计测量电动势，就是将未知电压与电位差计上的已知标准电压比较，这时被测的未知电压回路无电流，测量的结果仅依赖于准确度极高的标准电池、标准电阻及高灵敏度的检流计。由于这些优点，电位差计广泛应用于电量测量当中，而且在非电量（如温度、压力、位移、速度等）的测量中也占有重要地位。

热电偶是一种应用十分广泛的温度传感器，其冷端和热端的温度差能转变为温差电动势（thermoelectromotive force）输出，常用于非电量的电测方法中。

【实验目的】

① 了解电位差计的工作原理和结构特点。

② 了解热电偶的测温原理。

③ 会用电位差计测量温差电动势。

【实验仪器】

UJ36 型直流电位差计、热电偶。

图 2-19-1 为 UJ36 型电位差计的面板。其使用方法如下：

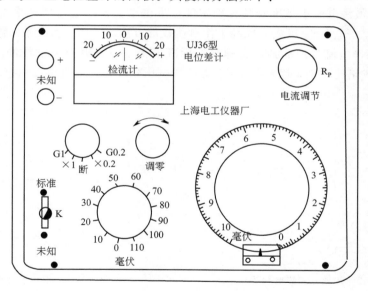

图 2-19-1　UJ36 型电位差计的面板

（1）测量前的调节

① 将"倍率"旋钮调至"×0.2"或"×1"位置。此时接通了检流计及电位差计工作电源，调节"调零"旋钮使检流计指零，也称为"电器调零"。

② 将 K 扳至"标准"，调节"电流调节"旋钮，使检流计指零，也称为"标准调零"。

（2）待测电动势的测量

① 将待测电动势接于"未知"接线柱，将 K 扳至"未知"，调节两个毫伏测量盘，使检流计指零，也称为"测量调零"。

② 从测量盘上读出测量值与"倍率"旋钮指向的位置上的数值相乘，即待测电动势。

（3）使用时应注意的问题

① 调节"电流调节"旋钮时，不宜用力过大，以免损坏该多圈电位器。

② 若检流计灵敏度低，应更换两节 9V 电池。若调节"电流调节"旋钮时，检流计不指零，应更换 4 节 1.5V 电池。

③ 测量完毕后，应将 K 扳至中间位置，"倍率"旋至"断"，以避免不必要的电池损耗。

④ 第（1）步测量前的调节只需在测量之前做一次即可。

【实验原理】

（1）电位差计工作原理

一般测量电池的电动势 E_x 时，常常采用图 2-19-2 所示的方法。设电池内阻为 r，则电压表两端电压为 $U = E_x - Ir$，因此电压表指示的是电池端电压，而非电池电动势。显然，理想状态是当 $I = 0$ 时（即电压表的内阻无穷大），电池两端的电压 U 才等于电池电动势 E_x。

图 2-19-3 是电位差计工作原理图，为测量待测电动势 E_x，通过滑动滑线变阻器 R_x 的滑动触头，总能找到一点使得当开关 S_2 接通 2 时，检流计指针指零。因此待测电动势为 $E_x = IR_x$。

由于电位差计在测量未知电动势时，总是使电流 I 为某一确定的标准值。因此在测量电动势 E_x 前，必须将电流 I 校准到预先确定的标准值上。校准电路由标准电阻 R_s、检流计 G、标准电池 E_s、开关 S_2 组成。标准工作电流校准方法为：闭合 S_2 到 1 端，调节 R_p 使检流计指零，则工作电流被校准到预先确定的标准值上。一旦电流 I 被校准后，待测电动势 E_x 与电阻 R_x 成正比关系，因此，R_x 上方放置电压刻度盘，可直接读出电动势大小。

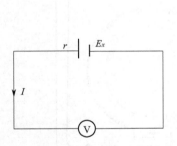

图 2-19-2　常规方法测电动势

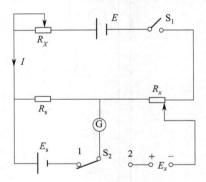

图 2-19-3　电位差计原理图

（2）热电偶测温原理

热电偶是由两根不同的导体或半导体材料焊接而成。焊接的一端称为热端或工作端，和导线连接的一端称为冷端。当热端和冷端温度不同时，在热电偶上便会产生温差电动势。在使用时，可将热端放于待测温的溶液中，而冷端置于冰水混合物中，使冷端温度保持在 0℃。这样，温差电动势 E_T 是待测温度 T 的单值函数。

在实验室常将冷端暴露于空气中，因此冷端温度高于 0℃，需要有温度补偿，补偿式为

$$E(T,0) = E(T,t_0) + E(t_0,0) \tag{2-19-1}$$

式中，t_0 为室温，可在水银温度计上直接读出，从实验室提供的表格中查得 $E(t_0,0)$，将该值与电位差计上的读数相加，便可得到 $E(T,0)$。

【实验内容与步骤】

（1）按图 2-19-4 连接仪器线路。

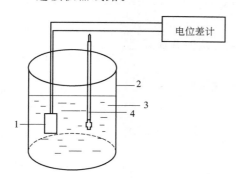

图 2-19-4　实验仪器连接
1—热电偶；2—烧杯；3—开水；4—水银温度计

（2）将烧开的水倒入烧杯中，根据上述介绍方法，对实验测量仪器 UJ36 型电位差计分别进行"电器调零"和"标准调零"，最后通过"测量调零"确定对应温度下的温差电动势值。

（3）随着温度的降低，每隔 5℃ 测量一次温差电动势 $E(T, t_0)$ 至 40℃ 时停止实验。数据记入表 2-19-1。

（4）从室温计上读出室温 t_0，对所测数据进行温度补偿。即查表获得补偿电动势 $E(t_0, 0)$，根据式（2-19-1）求得 $E(T, 0)$。

（5）以 T 为横坐标，$E(T, 0)$ 为纵坐标画图。

（6）再用最小二乘法处理数据，并依据 $E(T, 0) = a + bT$ 作图，比较二者结果。

【数据处理】

表 2-19-1　实验数据记录

测点 i	T_i	T_i^2	$E(T, t_0)_i$	$E(T, 0)_i$	$E(T, 0)_i^2$	$T_i E(T, 0)_i$
1	80.0					
2	75.0					
3	70.0					
4	65.0					
5	60.0					
6	55.0					
7	50.0					
8	45.0					
平均						

$$\overline{T} = \underline{\qquad}; \quad \overline{T^2} = \underline{\qquad}; \quad \overline{E(T, 0)} = \underline{\qquad};$$

$$\overline{E^2(T, 0)} = \underline{\qquad}; \quad \overline{TE(T, 0)} = \underline{\qquad};$$

$$b = \frac{\overline{T}\,\overline{E(T, 0)} - \overline{TE(T, 0)}}{\overline{T}^2 - \overline{T^2}} = \underline{\qquad}; \quad a = \overline{E(T, 0)} - b\overline{T} = \underline{\qquad};$$

$E(T,0)=a+bT=$ _____ 。

■ 思考题

1. 电位差计的工作原理是什么？
2. 热电偶在冷端非零度时有哪几种补偿方法？并简述之。
3. 如何快速调节电位差计的检流计指零？
4. 热电偶的热电动势与温度是否是线性关系？

实验 2-20　模拟式示波器的原理及使用

模拟示波器（analog oscilloscope）主要由示波管和复杂的电子线路组成，用示波器可以直接观察电压波形，并测定电压的大小。因此，一切可转化为电压的电学量（如电流、电功率、阻抗等）、非电学量（如温度、位移、速度、压力、光强、磁场、频率等）以及它们随时间的变化过程都可用示波器来观测。用双踪示波器还可以测量两个信号之间的时间差或相位差。由于电子射线的惯性小，又能在荧光屏上显示出可见的图像，所以示波器特别适用于观测瞬时变化过程，是一种用途广泛的测量工具。

【实验目的】

① 了解模拟示波器的组成和工作原理。

② 熟悉模拟示波器的使用。

③ 学习利用模拟示波器显示信号的波形，测量信号的幅度、频率等。

④ 了解函数信号发生器的使用方法。

【实验仪器】

双踪模拟示波器，低频信号发生器，专用信号线等。

【实验原理】

模拟示波器是由四部分组成：①电子示波管；②扫描、同步电路；③放大电路（X 轴放大和 Y 轴放大）；④电源电路，提供①～③三部分工作所需的各组电压。图 2-20-1 是它的原理框图。为了适应各种测量的要求，示波器的电路组成是多样而复杂的，这里仅就主要部分加以简单介绍。

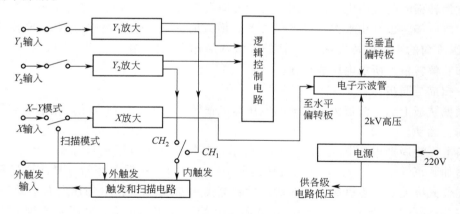

图 2-20-1　示波器原理

（1）电子示波管

示波管是示波器的核心部件，是一种特殊的电子管，管内装有电子枪、垂直（y 轴）和水平（x 轴）两对偏转板及显示部分（荧光屏）。受控的电子束轰击荧光屏，使输入到示波器上的信号显示在荧光屏上，实现电信号到光信号的转换，以供观察和测量。其结构如图 2-20-2所示。

电子枪的作用是发射电子并形成很细的高速电子束。电子枪由灯丝（F）、阴极（K）、栅极（G_1）、前加速极（G_2）、第一阳极（A_1）和第二阳极（A_2）组成。灯丝用于加热阴

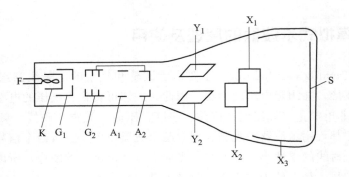

图 20-20-2　普通示波管的结构

极。阴极是一个表面涂有氧化物的金属圆筒，在灯丝加热下发射电子。栅极是一个顶端有小孔的圆筒，套在阴极外边，其电位比阴极低，对阴极发射出来的电子起控制作用，只有初速度较大的电子才能穿过栅极顶端小孔奔向荧光屏，初速度较小的电子则折返回阴极。如果栅极电位足够低，就会使电子全部返回阴极。因此调节栅极电位可以控制射向荧光屏的电子流密度，从而改变亮点的辉度（即示波器面板上"辉度"旋钮的作用）。第一阳极 A_1 的电位远高于阴极。第二阳极 A_2 的电位高于 A_1。前加速极 G_2 位于 G_1 与 A_1 之间，与 A_2 相连，对电子束有加速作用。

由 G_1、G_2、A_1 及 A_2 构成一个对电子束的控制系统，它对电子束有聚焦作用，改变第一阳极 A_1（即面板上的"聚焦"旋钮）及第二阳极 A_2 的电位（即面板或仪器后板上的"辅助聚焦"旋钮），使电子束在荧光屏上会聚成细小的亮点，以保证显示波形的清晰度。

在电子枪和荧光屏间装有两对相互垂直的平行板，称为偏转板。如果板上加有电压，电子束通过偏转板时受板内电场的作用，运动方向发生改变，从而使荧光屏上亮点的位置也跟着改变。所以偏转板是用来控制亮点位置的。横方向的一对偏转板称为 X 轴偏转板（简称横偏）。纵方向的一对偏转板称为 Y 轴偏转板（简称纵偏）。在一定范围内，亮点在荧光屏上的位移和偏转板上所加电压成正比。

（2）扫描与同步

在横偏转板上加上波形为锯齿形的电压而纵偏转板上不加任何电压，则电子束的亮点只在横方向上运动。

锯齿电压是周期电压如图 2-20-3（a）所示，其特点是：电压从负开始（$t=t_0$），随时间线性的增加到正（$t_0 < t < t_1$），接着突然返回负（$t=t_1$），然后又开始重复前述过程。这时电子束在荧光屏上的亮点就会做相应的运动：亮点由左端（$t=t_0$）匀速向右运动（$t_0 < t < t_1$），到右端后马上回到左端（$t=t_0$），然后又开始重复前述过程。由于荧光屏的余辉作用和人眼的视觉暂留现象，如果周期 T 足够短，便感觉不到亮点的运动过程，在荧光屏上看到的便是一条水平亮线，见图 2-20-3（b）。

如果在纵偏转板上加上波形如图 2-20-4（a）的正弦电压而横偏转板不加任何电压，则电子束的亮点在纵方向随时间做正弦式运动而在横向不动，看到的将是一条垂直的亮线，如图 2-20-4（b）所示。

如果在纵偏转板上加正弦电压，又在横偏转板上加锯齿电压，则屏上的亮点将同时参与方向互相垂直的两种运动，将这两种运动合成，即成正弦图形。合成原理如图 2-20-4（c）所示：对应于正弦电压的 a 点，锯齿电压是负值 a'，亮点在荧光屏 a'' 处；对应于 b 和 b'，亮

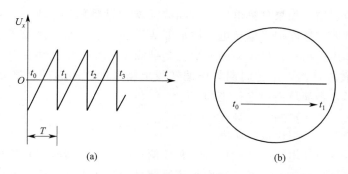

图 2-20-3 扫描电压（a）和扫描（b）

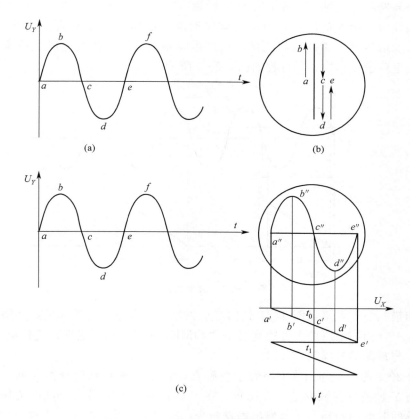

图 2-20-4 垂直偏转和亮点的合成运动

点在 b'' 处，……，故亮点由 a'' 经 b''、c''、d'' 到 e''。描出的是正弦图形。

如果正弦波和锯齿波的周期相同（即频率相同），则正弦电压到 e 时锯齿波电压也刚好到 e'，亮点刚好描完完整的一周期的波形。由于锯齿波电压这时马上变负，故亮点回到左边，重复前述过程，亮点在同一位置描出同一条曲线，这时将看见这条曲线稳定地停在荧光屏上（实际上是动态的）。这就是示波器的所谓同步（被测信号与锯齿波信号同步）。如果正弦波电压和锯齿波电压周期稍有不同，则第二次所描出的曲线将和第一次描出的曲线将稍有错开，这就是所谓的不同步。这时在荧光屏上看到的图形是不稳定的，好像在不断地移动甚至更复杂。由此可得出如下结论。

① 要想看到纵轴电压的波形，必须加上横偏转电压，把纵偏转电压产生的垂直亮线展

开。这个过程称为扫描。如果扫描电压随时间线性增加且呈周期性变化（锯齿波扫描），则称为线性扫描。线性扫描能把纵偏转电压波形如实描绘出来；如果横偏转电压随时间的变化不成线性，则为非线性扫描，描出来的波形将是被测信号经过非线性变换而得到的波形。

②　只有纵偏转板被测电压的周期与横偏转板上锯齿电压的周期严格相同，或后者是前者的整数倍，图形才会简单而稳定。也即：

$$\frac{被测电压频率}{锯齿电压频率}=\frac{f_Y}{f_X}=n, \quad n=1,2,3,\cdots\cdots$$

实际上，由于纵偏转电压（待测信号）和横偏转电压（锯齿电压）是相互独立的，它们之间频率比很难满足整数倍的关系。特别是待测信号的频率越高，这一问题就越突出。

解决这个问题的方法是：把放大后的 Y 轴输入信号也接到示波器内部的锯齿波电压发生器，用它来控制锯齿波的频率，迫使扫描周期准确地等于 Y 轴输入信号周期的整数倍。现在常用的双踪示波器，通过控制扫描电压产生时刻的方法，使荧光屏上被测波形稳定不动，这一方法也称触发扫描，其过程如图 2-20-5 所示。

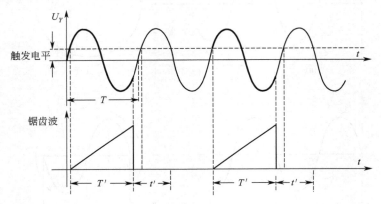

图 2-20-5　触发扫描图

在触发扫描状态下，不强调 T' 与 T 的严格相等，而是强调扫描起始点严格固定在被观测波形的某点上，扫描电压的上升速度是由"TIME/DIV"（扫描速度）旋钮给定，因而 T' 也就给定了，与被测信号周期 T 无关。

如将图 2-20-1 的触发和扫描电路置于内触发，就能选择 Y 轴信号作为触发信号。触发的原理是：将 Y 轴信号与触发电平作比较，在 Y 轴信号的上升沿（也可以选择下降沿）与触发电平相等的时刻向扫描发生器发出触发命令，令扫描开始，产生一个锯齿波，将被测信号显示出来。扫描电路一旦被触发，扫描电压发生器会自动拒绝在 $T'+t'$ 的时间内到达的触发命令，以确保一次扫描的完整，避免误触发。t' 称为释抑时间。然后，扫描电压发生器就会做好接受新的触发命令的准备，进行下一次扫描。如此周而复始，由于每次扫描都是在被测信号的上升沿达到触发电平才开始的，所以每次扫描显示的波形相同，即图 2-20-5 中加粗的那部分，这样，在荧光屏上看到的波形也是稳定不动的。

根据上面的描述，不难想象，如果 $T'<T$，在示波器荧光屏上看到的将是被测信号不足一个周期的波形，如果 $T'>T$，将可以看到超过一个（甚至多个）周期的波形。

（3）双踪示波器

所谓双踪示波器，就是可以同时显示两个输入信号波形的示波器。它有两路相同的 Y 轴信号处理电路（放大、衰减和触发），分别称为 CH1(Y_1)、CH2(Y_2)。这两路信号通过逻辑控制电路（图 2-20-1）的控制，可分别独立地加到垂直偏转板上，从而显示其中一路信号，作为单踪示波器使用；也可以以较快的转换速度轮流加到垂直偏转板上，从而"同时"（从动态的角度来看实际上是轮流）显示两路信号；甚至可以对两路信号作加、减等运算之后再加到垂直偏转板上，从而显示出两信号的和差等。这些功能都可以通过示波器的"垂直方式选择"开关切换。所谓轮流显示两路信号，还可以选择"交替"或"断续"两种方式。当功能选择置于"交替"，则一个扫描周期显示 $CH1(Y_1)$，另一个扫描周期显示 $CH2(Y_2)$，即扫描频率为"轮流"的频率；置于"断续"，则"轮流"的频率更高，在一个扫描周期内的某些点用以显示信号 $CH1(Y_1)$ 的波形，而另一些点用以显示 $CH2(Y_2)$ 的波形，如果调节得当，在荧光屏上确实可以看到电信号的波形都是由一些点构成的"虚线"，如果要比较两信号的相位，一般宜采用"断续"方式工作。

（4）李萨如图（X-Y 工作方式）

横偏转板不一定非加锯齿波扫描电压。当示波器的工作方式选择"X-Y 模式"（图 2-20-1），如果纵偏转板加正弦电压，横偏转板也加正弦电压，且两列正弦信号的频率成简单整数倍时，合成的图形将是一条如图 2-20-6 所示的闭合曲线，称为李萨如图形。李萨如图形可以用来测量未知正弦信号的频率。令 f_y 和 f_x 分别表示纵偏转板和横偏转板电压的频率，n_y 和 n_x 分别表示李萨如图形在 Y 轴方向和 X 轴方向的切点数，则有

$$\frac{f_y}{f_x}=\frac{n_x}{n_y} \quad n_x,\ n_y=1,2,3\cdots\cdots$$

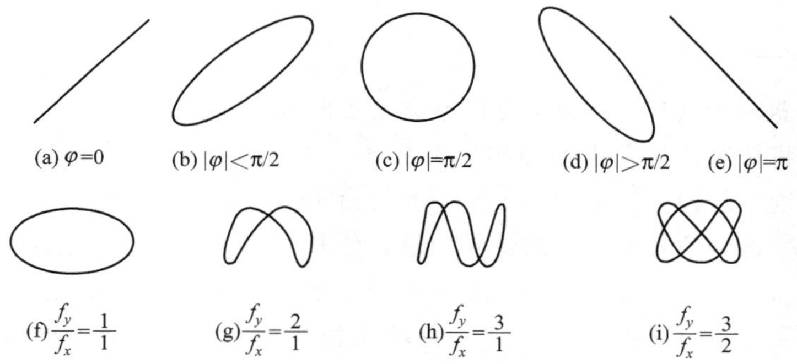

(a) $\varphi=0$ 　(b) $|\varphi|<\pi/2$ 　(c) $|\varphi|=\pi/2$ 　(d) $|\varphi|>\pi/2$ 　(e) $|\varphi|=\pi$

(f) $\frac{f_y}{f_x}=\frac{1}{1}$ 　(g) $\frac{f_y}{f_x}=\frac{2}{1}$ 　(h) $\frac{f_y}{f_x}=\frac{3}{1}$ 　(i) $\frac{f_y}{f_x}=\frac{3}{2}$

(a)～(e) $f_y=f_x$，$A_y=A_x$；(f)～(i) $A_y\neq A_x$

图 2-20-6　李萨如图形

调出稳定的李萨如图，如 f_x 已知就可求得 f_y。要使李萨如图形稳定，除必须满足 f_y/f_x 成简单整数倍外，还要满足两信号的相位差（即纵偏转板上正弦电压的初相位角和横偏转板正弦电压的初相位角之差）恒定。实际测量中上述两条件往往难以严格满足，因此常看到李萨如图在缓慢地扭动。李萨如图形在实际工作中有着非常广泛的应用。

【实验内容与步骤】

（1）观察正弦信号的波形

将低频信号发生器的输出端接到示波器的 Y 轴输入 CH1（或 CH2），示波器的垂直方式（MODE）与 Y 输入对应地选择 CH1（或 CH2），触发方式选择 CH1（或 CH2）内触发（INT），打开电源，调好示波器的亮度、聚焦、水平位移、垂直位移等各种旋钮。令信号发生器输出正弦波，适当调节时基（TIME/DIV）、Y 灵敏度（VOLTS/DIV）和触发电平（LEVEL），使荧光屏上出现稳定的、大小合适的正弦波形。固定信号发生器输出幅度，改

变示波器的 "VOLTS/DIV"，观察波形幅度变化；固定示波器的 "VOLTS/DIV"，改变信号发生器输出幅度，观察波形幅度变化；固定信号发生器输出频率，改变示波器的 "TIME/DIV"，观察波形拉宽和压缩；固定示波器的 "TIME/DIV"，改变信号发生器输出频率，观察波形变化。

（2）交流电压 $U_{p\text{-}p}$ 测量

① 在使用示波器测量电压和时间之前，都必须对示波器进行校正，即把示波器的 Y 灵敏度和时基微调旋钮（VARIABLE）顺时针旋到头，到达 CAL 位置，此时 Y 灵敏度和时基开关所指示的读数才是准确的。

② 令低频信号发生器输出电压 $U_{p\text{-}p}$ 分别为 1V，2V，3V，4V，5V，6V，$f = 1\text{kHz}$，测量其相应的电压峰-峰值 $U_{p\text{-}p}$，并填入表 2-20-1。

表 2-20-1　电压峰-峰值 $U_{p\text{-}p}$ 数据

信号发生器输出电压/V	1	2	3	4	5	6
荧光屏上格数/DIV						
Y 轴灵敏度/(VOLTS/DIV)						
$U_{p\text{-}p}$						
有效值 U_e						

$U_{p\text{-}p}$＝荧光屏上格数(DIV)×Y 轴灵敏度(VOLTS/DIV)＝_____

$U_e = \dfrac{U_{p\text{-}p}}{2\sqrt{2}} = $_____

（3）用示波器测量低频信号发生器的幅频特性曲线

测量时，先将低频信号发生器输出衰减置于 0dB 挡，在输出信号频率为 1kHz 的情况下，调节输出幅度电位器，使低频信号发生器的指示电压表为某一定值，然后保持输出幅度电位器不变。改变低频信号发生器的输出频率，使其分别为 20Hz，50Hz，100Hz，500Hz，1kHz，1.5kHz，2.5kHz，5kHz，10kHz，……用示波器测出相应的电压 $U_{p\text{-}p}$，同时记下相应的低频信号发生器电表指示值 U_e，一并填入表 2-20-2 中，从而绘出幅频特性曲线（图 2-20-7）：$U_{p\text{-}p}\text{-}\log f$ 及 $U_e\text{-}\log f$。

表 2-20-2　幅频特性数据

信号发生器输出频率 f	20 Hz	50 Hz	100 Hz	500 Hz	1 kHz	1.5 kHz	2.5 kHz	5 kHz	10 kHz	……
$\log f$										
$U_{p\text{-}p}$/V										
U_e/V										

（4）时间（频率）测量

① 用 X 轴时基（TIME/DIV）测量　将被测信号送入 Y 轴，调节有关旋钮，使其在荧光屏上呈现稳定波形，测量波形在屏幕上 X 轴的读数，再由时基开关（TIME/DIV）所指示刻度，可以计算某两点之间表示的时间大小。频率的测量过程是：先按时间测量方法，测出周期 T，再利用 $f = 1/T$ 关系求出频率 f。根据表 2-20-3 所给数据，改变低频信号发生器的输出频率分别为 50Hz、100Hz、200Hz、……，在屏幕上分别测量波形中相邻峰-峰（或

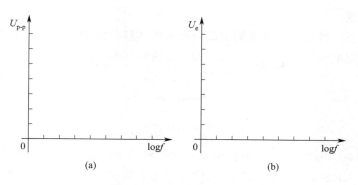

图 2-20-7 幅频特性曲线

谷-谷）之间的距离，填入表 2-20-3 中。

表 2-20-3 *X* 轴时基法的时间（频率）测量数据

信号发生器输出频率 *f*	50Hz	100Hz	200Hz	300Hz	500Hz	1kHz	5kHz	10kHz	15kHz	20kHz
一个完整波形的间距/DIV										
时基/(TIME/DIV)										
周期 T/s										
$f=(1/T)/Hz$										

$T=$一个完整波形的间距(DIV)×时基(TIME/DIV) $=$_____。

② 用李萨如法测量　示波器采用"*X-Y* 工作方式"，两台低频信号发生器输出的正弦电压分别加到示波器的 CH1（Y_1）和 CH2（Y_2），如图 2-20-8 所示。其中一台信号发生器的输出频率固定在 50Hz，另一台信号发生器的频率依次调整为 25Hz、50Hz、100Hz、150Hz、200Hz、250Hz、300Hz，并在每个测试点微调输出频率，当荧光屏上对应出现变化缓慢、趋于稳定的图形时，记录此时的李萨如图形，并根据图形求出频率 f，与信号发生器实际输出频率相比较，数据记入表 2-20-4。

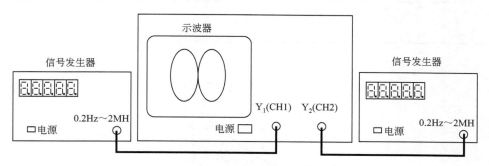

图 2-20-8 测量频率接线示意图

表 2-20-4 李萨如图形法的时间（频率）测量数据

信号发生器输出频率 *f*	25Hz	50Hz	100Hz	150Hz	200Hz	250Hz	300Hz
荧光屏上显示图形							
f_y/f_x							
$f_{实际}$							

（5）相位测量

在许多场合下，可利用示波器测量某一电路的相移。例如一正弦波电流通过一个 RC 电路，测量其电压与电流之间的相位关系。假设交流电压和电流分别为

$$U = U_{\mathrm{m}} \sin \omega t$$

$$i = I_{\mathrm{m}} \sin(\omega t + \theta)$$

则相移

$$\theta = \arctan \frac{1}{RC\omega}$$

① 直接比较法　按图 2-20-9 连接电路。同时将 A 端、B 端电压分别送入双踪示波器之 CH1（Y_1）轴和 CH2（Y_2）轴，若 A 端信号电压在屏幕上显示的周期宽度在 X 轴上刻度为 X div 值。测出 A 信号电压与 B 信号电压两个相应特定点 Q、P 的间距 D div（表 2-20-5），则两信号电压之间的相移为：$\theta = \dfrac{D}{X} \times 360°$

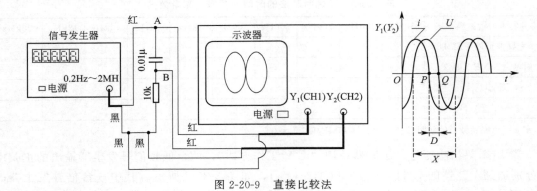

图 2-20-9　直接比较法

表 2-20-5　直接比较法测量相移

信号发生器 输出频率 f	波形一周的间距 （DIV）X	特定点 QP 间距 D	测量相位差 $\theta = \dfrac{D}{X} \times 360°$	理论相位差 $\theta = \tan^{-1} \dfrac{1}{RC\omega}$

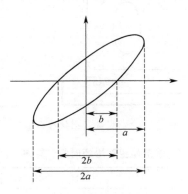

图 2-20-10　李萨如图形法

② 李萨如图形法　在上述实验的基础上，只要将时基开关"TIME/DIV"置于"X-Y"挡，分别控制输入信号幅度及示波器灵敏度"VOLTS/DIV"的挡级，使图形约占示波器屏

幕有效面积的 1/3。若李萨如图形（见图 2-20-10）在 X 轴上的截距为 b，在 X 轴上的最大偏移为 a。则两信号电压之间的相移为

$$\theta = \arcsin\left(\frac{b}{a}\right)$$

为了减少测量误差，可用 $2a$、$2b$ 值计算。

思考题

1. 在示波器上观察到的信号波形不断向右或向左移动，这是什么原因？调节什么旋钮才能使波形稳定？

2. "触发电平"旋钮的作用是什么？采用示波器的 X-Y 工作方式时"触发电平"旋钮还有作用吗？为什么？

3. 测量信号的最大值和频率时应注意什么问题？

4. 调节示波器的电平（LEVEL）旋钮，是为了得到_____波形。

5. 当示波器已经正常显示波形时，将扫描速度开关 TIME/DIV 位置从 0.5ms 位置转到 0.1ms 位置，屏上显示波形是增多还是减少？

6. 用示波器定量测量波形幅度和周期时，要获得精确的读数应注意把_____和_____旋钮调到测量（CAL）位置。

7. 用连续扫描示波器时为什么不能观察到不足一个周期的稳定信号（信号是连续的）？

8. 用触发扫描示波器如何观察不足一个周期的信号（信号是连续的）？

9. 如何用示波器测量信号的电压峰值？如何用示波器测量直流电平？

10. 若示波器一切正常，但开机后看不见光迹和光点，可能的原因有哪些？

11. 为什么示波器的扫描信号必须是锯齿波？

12. 如何使用示波器测量两个频率相同的正弦信号的相位差？

13. 若发现示波器上的图形向右运动，扫描信号的频率与待测电信号的频率有什么关系？

【附录】

（1）本实验室常用的两种模拟示波器 COS-640（图 2-20-11）和 CA8020 控件面板图（图 2-20-12）

图 2-20-11 中主要旋钮的功能如下。

① 辉度（INTEN） 左右旋转用来控制显示波形亮度，顺时针方向旋转为增亮，光点停留在屏幕上不动时，应将其减弱或熄灭，以延长示波管寿命。

② 聚焦（FOCUS） 控制示波管聚焦极电压，使电子束正好落在屏幕上，成为清晰的圆点。

③ 标准信号输出端 输出频率为 1kHz，幅度 1V 的校准信号。

④ 辅助聚焦 聚焦辅助控制器，控制示波管的第三个阳极电压，使光迹更加清晰。

⑤ "←→" X 位移旋钮，在水平方向上移动显示的波形。

⑥ VOLTS/DIV Y 垂直灵敏度，可改变 Y 输入灵敏度从 0.01～5V/div，按"1—2—5"进位共 9 个挡级。

⑦ 微调 Y 微调电位器，微调显示波形的垂直幅度，顺时针方向为增大，顺时针旋足为校准位置。

⑧ "↑↓" Y 移位旋钮，在垂直方向上移动显示的波形。

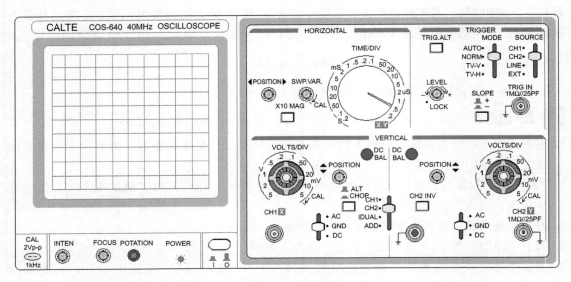

图 2-20-11　COS-640 通用示波器

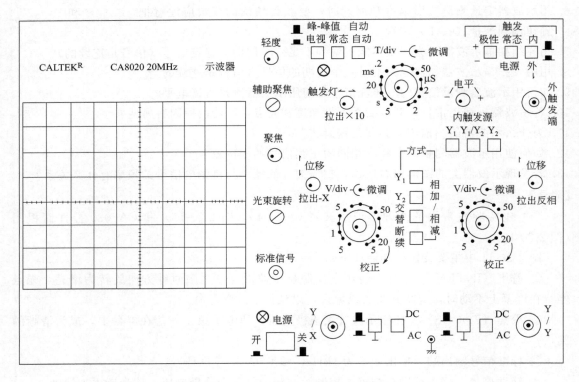

图 2-20-12　CA8020 通用示波器

⑨ AC/DC　Y 输入耦合方式，可选择 Y 输入端为交流或直流耦合。

⑩ GND　Y 接地开关，可使 Y 放大器输入端接地。从而可确定 Y 的零位输入时光迹的位置。

⑪ TIME/DIV　扫描速度开关从 0.2～100 分 9 挡，其单位则由扫速开关所置位置决定。

⑫ 微调　扫描速度微调电位器。顺时针旋足为校准位置。

⑬ 电平　调节和确定扫描触发点在信号上的位置。当电平旋钮拉出时扫描处于自激状态。

⑭ 内/外　触发源选择开关，当开关置于"内"时，触发信号取自垂直放大器中的被测信号，当开关置于"外"时，触发信号将来自"外触发"插座。

⑮ 触发极性"±"　选择使用触发电路的上升部分还是下降部分来触发启动扫描电路。

（2）示波器基本操作步骤

① 接通电源，调节辉度旋钮使亮度合适，左右或上下旋转水平和垂直位移使亮点居中。

② 把想要观测的信号连接到 Y_1（CH1）或 Y_2（CH2）输入端，选择 Y 输入耦合方式，AC 为交流、DC 为直流（一般情况下优先考虑 AC 交流耦合）。

③ 如果是单独观测 Y_1（CH1）或 Y_2（CH2）输入的信号波形，那么想看 Y_1（CH1）上的信号波形，只要把中间竖直一排方式按钮中的" Y_1 "钮按下［单独看 Y_2（CH2）的波形同法］；如果想同时显示 Y_1（CH1）和 Y_2（CH2）的输入信号，只要把方式按钮中的"交替"或"断续"钮按下，"交替"方式适合观察频率较高的信号，"断续"方式适合观察频率较低的信号。

④ 单独观察 Y_1（CH1）波形时，按下中间"内触发源"一排三个按钮中的 Y_1（单独看 Y_2 的波形同法）。Y_1、Y_2 两个波形同时观测时，按下中间" Y_1/Y_2 "钮。考虑到初次使用示波器，可以不必按下中间上方一排的三个按钮和右上方一排的三个按钮，此时 CA8020 示波器处在所谓"内触发""峰值同步"测量状态。只要 Y_1（CH1）或 Y_2（CH2）接上信号，示波器就稳定显示 Y_1 或 Y_2 的信号波形。

⑤ "V/div"钮改变信号波形在垂直方向的幅度，顺时针方向旋转，屏上波形幅度愈大，并指示垂直方向一大格代表的电压数；"T/div"钮可改变屏上所显示波形的完整个数（以显示 3～5 个完整波为最佳），并指示水平方向一大格代表的时间。

（3）函数发生器基本操作步骤

① CA1640-02 型如图 2-20-13 所示。

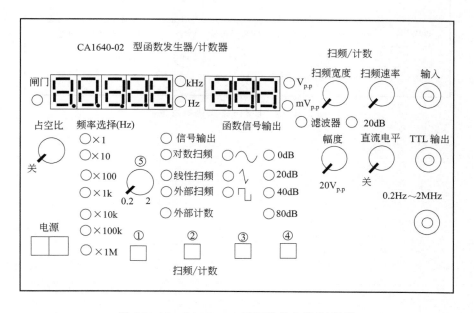

图 2-20-13　CA1640-02 型函数发生器/计数器

　　a. 按下电源钮接通电源，上方两显示窗口点亮，左侧显示信号频率值，右侧显示信号电压值。

　　b. 信号频率可以通过按钮①实现粗调，依次点亮的小灯表示当前所处的频段，旋钮⑤可用来实现某频段附近的细调；信号电压的大小通过按钮④成倍地改变，幅度旋钮可连续改变信号电压。

　　c. 按钮②是选择仪器的工作方式，按钮③确定输出信号波形的种类，对应的小灯点亮表示所处的状态。按钮①的信号从"0.2Hz～2MHz"端口输出。

　　② EM1642 型如图 2-20-14 所示。

　　a. 按下"POWER"钮，接通电源，显示窗口点亮，显示为输出信号的频率。

　　b. 通过"RANGE-Hz"一排六个按钮实现信号频率的粗调，按下某钮处在指示的频段，旋钮"FREQVAR"实现某一频段附近的频段细调。

　　c. "FUNCTOIN"部分的按钮选择输出信号的波形，"ATT"部分的按钮用来粗调信号幅度，"AMPLITUDE"的调节钮实现信号电压的连续可调。

　　d. 信号从"OUTPUT"端口输出，通常情况下，按钮①②③⑤都不用按下。

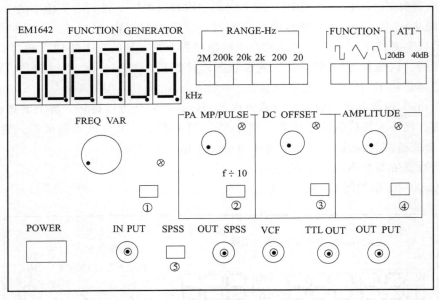

图 2-20-14　EM1642 型函数发生器

实验 2-21　RLC 串联交流电路的研究

电阻、电感和电容串联组成的电路，称为 RLC 串联电路。是电学中较为基础的电路组成。当电路内通以正弦交流信号时，若容抗、感抗互相抵消，则电路内的电流值最大，称为谐振现象；此频率值称为谐振频率。本项目利用示波器研究了 RLC 串联电路的基本电学特性参量：谐振频率、品质因数、通频带等。

【实验目的】

① 研究 RLC 串联交流谐振现象。

② 测量 RLC 串联谐振电路的幅频特性曲线。

③ 掌握电路品质因数 Q 的测量方法及其物理意义。

【实验仪器】

THMJ-1 型交流电路物理实验仪、双踪示波器。

【实验原理】

在 RLC 串联电路中，若接入一个电压幅度一定，频率 f 连续可调的正弦交流信号源（图 2-21-1），则电路参数都将随着信号源频率的变化而变化。电路总阻抗

$$Z = \sqrt{R^2 + (X_L - X_C)^2} = \sqrt{R^2 + \left(\omega L - \frac{1}{\omega C}\right)^2} \qquad (2\text{-}21\text{-}1)$$

$$I = \frac{E(t)}{Z} = \frac{E(t)}{\sqrt{R^2 + \left(\omega L - \frac{1}{\omega C}\right)^2}} \qquad (2\text{-}21\text{-}2)$$

式中，信号源角频率 $\omega = 2\pi f$，容抗 $X_C = \dfrac{1}{\omega C}$，感抗 $X_L = \omega L$，各参数随 f 变化，如图 2-21-2所示。

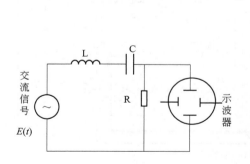

图 2-21-1　RLC 串联谐振原理

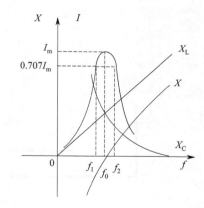

图 2-21-2　RLC 串联谐振电路 $I(X)$ 随 ω 的变化曲线

ω 很小时，电路总阻抗 $Z \to \sqrt{R^2 + \left(\dfrac{1}{\omega C}\right)^2}$；$\omega$ 很大时，电路总阻抗 $Z \to \sqrt{R^2 + (\omega L)^2}$。

当 $\omega L = \dfrac{1}{\omega C}$，容抗、感抗互相抵消，电路总阻抗 $Z = R$，为最小值，而此时回路电流则

成为最大值 $I_{\mathrm{m}} = \dfrac{E(t)}{R}$，这个现象即为谐振现象。发生谐振时的频率 f_0 称为谐振频率，此时的角频率 ω_0 称为谐振角频率，它们之间的关系为

$$\omega_0^2 = \frac{1}{LC}, \quad f_0 = \frac{\omega_0}{2\pi} = \frac{1}{2\pi\sqrt{LC}} \tag{2-21-3}$$

谐振时，通常用品质因数 Q 来反映谐振电路的固有性质：

$$Q = \frac{Z_{\mathrm{C}}}{R} = \frac{Z_{\mathrm{L}}}{R} = \frac{U_{\mathrm{C}}}{U_{\mathrm{R}}} = \frac{U_{\mathrm{L}}}{U_{\mathrm{R}}} \tag{2-21-4}$$

$$Q = \frac{1}{\omega_0 R C} = \frac{\omega_0 L}{R} = \frac{1}{R}\sqrt{\frac{L}{C}} \tag{2-21-5}$$

电路谐振时，$U_{\mathrm{R}} = U_i$，$U_{\mathrm{L}} = U_{\mathrm{C}} = Q U_i$，所以电感和电容上的电压达到信号源电压的 Q 倍，故串联谐振电路又称电压谐振电路。Q 值决定了谐振曲线的尖锐程度，也称谐振电路的通频带宽度，见图 2-21-2，当电流 I 从最大值 I_{m} 下降到 $\dfrac{1}{\sqrt{2}} I_{\mathrm{m}}$ 时，在谐振曲线上对应有两个频率 f_1 和 f_2，$BW = f_2 - f_1$，即为通频带宽度。显然，BW 越小，曲线的峰就越尖锐，电路的选频性能就越好。

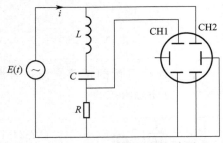

图 2-21-3　RLC 串联谐振电路原理

【实验内容与步骤】

按照图 2-21-3，图 2-21-4 所示连接线路，将实验仪信号发生器的输出信号作为 RLC 串联电路的输入交流信号源，注意保持信号源电压 $E(t)$ 的峰值不变［例如 $E(t) = 2\mathrm{V}$］。将 U_{R} 和 $E(t)$ 接入双踪示波器的 CH1 和 CH2 输入端。电路和各元件的参考值为 $R = 50\,\Omega$，$L = 10\,\mathrm{mH}$，$C = 0.47\,\mu\mathrm{F}$。

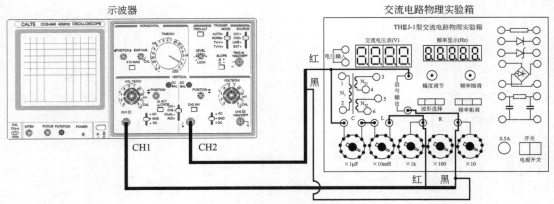

图 2-21-4　RLC 串联谐振电路连接

（1）电路谐振频率的测定

在示波器上观测 U_{R} 和 $E(t)$ 二波形，调节实验仪信号发生器的频率，由低逐渐变高（注意要维持信号发生器的输出幅度不变），U_{R} 的波形随频率 f 变化（小↗大↘小）。当 U_{R} 的波形达到最大时，读取信号发生器上显示的频率，即为电路的谐振频率 f_0，将 f_0 记入表 2-21-1～表 2-21-3 中。

表 2-21-1 谐振频率测定的 U_R 数据

$$R=\underline{\hspace{2cm}}, \quad L=\underline{\hspace{2cm}}, \quad C=\underline{\hspace{2cm}}。$$

f 频率/Hz						f_0				
$U_{R(峰-峰)}$ 屏上格数										
VOLTS/DIV 读数										
$U_{R(峰-峰)}$ 峰峰值										
$\dfrac{U_{R(峰-峰)}}{2\sqrt{2}}$ 有效值										

$$U_{R(峰-峰)} 峰峰值 = U_{R(峰-峰)} 屏上格数 \times \text{VOLTS/DIV 读数}$$

表 2-21-2 谐振频率测定的 U_L 数据

$$R=\underline{\hspace{2cm}}, \quad L=\underline{\hspace{2cm}}, \quad C=\underline{\hspace{2cm}}。$$

f 频率/Hz						f_0				
$U_{L(峰-峰)}$ 屏上格数										
VOLTS/DIV 读数										
$U_{L(峰-峰)}$ 峰峰值										
$\dfrac{U_{L(峰-峰)}}{2\sqrt{2}}$ 有效值										

$$U_{L(峰-峰)} 峰峰值 = U_{L(峰-峰)} 屏上格数 \times \text{VOLTS/DIV 读数}$$

表 2-21-3 谐振频率测定的 U_C 数据

$$R=\underline{\hspace{2cm}}, \quad L=\underline{\hspace{2cm}}, \quad C=\underline{\hspace{2cm}}。$$

f 频率/Hz						f_0				
$U_{L(峰-峰)}$ 屏上格数										
VOLTS/DIV 读数										
$U_{L(峰-峰)}$ 峰峰值										
$\dfrac{U_{C(峰-峰)}}{2\sqrt{2}}$ 有效值										

$$U_{C(峰-峰)} 峰峰值 = U_{C(峰-峰)} 屏上格数 \times \text{VOLTS/DIV 读数}$$

（2）测试电路的幅频特性

在谐振点两侧，将信号发生器的输出频率逐渐递增和递减 200Hz（或 500Hz），依次各取 6 个频率点，用示波器逐点测出 U_R（或 U_L 和 U_C）电压波峰在屏幕上的格数值，将数据记入表 2-21-1～表 2-21-3 中。要注意的是：在结束 U_R 随 f 的逐点测量，改测 U_L 随 f（或 U_C 随 f）逐点测量时，应该把图 2-21-3、图 2-21-4 中，示波器 CH1 通道的信号线由电阻 R 上改接到电感 L（或电容 C）两端上，并且及时调整示波器 CH1 通道的垂直灵敏度（VO-LTS/DIV）旋钮，因为在电路谐振时，U_L（或 U_C）的大小是信号源 $E（t）$ 的许多倍。在坐标纸上画出幅频特性，并计算电路的 Q 值。

（3）Q 值改变时幅频特性的测定

图 2-21-3、图 2-21-4 电路中，把电阻 R 改为 200Ω，电感、电容参数不变。重复上面 (1)（2）的步骤测试过程，记录数据。在坐标纸上画出幅频特性，计算电路的 Q 值，并与上述画出的幅频特性比较。

（4）测试电路的相频特性

保持图 2-21-4 电路中的参数。以 f_0 为中心，调整实验仪信号发生器的频率分别为 $5\mathrm{kHz}$ 和 $15\mathrm{kHz}$。从示波器上显示的电压、电流波形测出每个频率点上电压与电流的相位差 $\varphi = \varphi_U - \varphi_I$，并将波形描绘在坐标纸上。

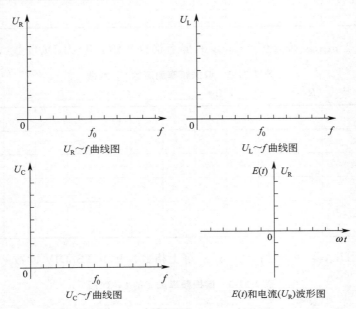

$U_R \sim f$ 曲线图　　　　　　$U_L \sim f$ 曲线图

$U_C \sim f$ 曲线图　　　　　$E(t)$ 和电流 (U_R) 波形图

■ 思考题

1. 实验中，当 RLC 串联电路发生谐振时，是否有 $U_R = U_i$ 和 $U_L = U_C$？若关系式不成立，试分析其原因。

2. 可以用哪些实验方法判断电路处于谐振状态？

3. 电路发生串联谐振时，为什么输入电压不能太大？如果信号源电压 1V，电路谐振时，用数字万用表测 U_L 和 U_C，应该选择多大的量程？

4. 根据实验电路给出的元件参数值，估算电路的谐振频率。

5. 改变电路的哪些参数可以使电路发生谐振，电路中 R 的数值是否影响谐振频率？

6. 要提高 RLC 串联电路的品质因数，电路参数应如何改变？

【附录】

THMJ-1 型交流电路物理实验箱的面板见图 2-21-5，由信号发生器、可调电阻箱、可调电容器、可调电感器、阻容元件、变压器等组成。

信号发生器可以输出三种波形：正弦波、方波、三角波，频率从 $20\mathrm{Hz} \sim 20\mathrm{kHz}$ 连续可调，正弦信号的输出幅度可调并由面板交流电压表显示其电压的有效值。

电阻箱可调范围是 $0 \sim 9990\Omega$，电容器可以选择 $0.001\mu F$、$0.0047\mu F$、$0.01\mu F$、$0.022\mu F$、$0.047\mu F$、$0.101\mu F$、$0.22\mu F$、$0.47\mu F$、$1\mu F$、$2\mu F$；电感器 $1 \sim 10\mathrm{mH}$，每隔

1mH 可调。

实验仪面板上还提供有负载电阻 360Ω、整流二极管、稳压二极管、桥式整流电路、Π型滤波器、带双绕组的输出变压器等。

本实验仪可以完成多项实验内容：交流物理示波器使用、半波、全波整流、滤波、变压器、RLC 暂态过程、RLC 稳态过程、RLC 串联谐振等。

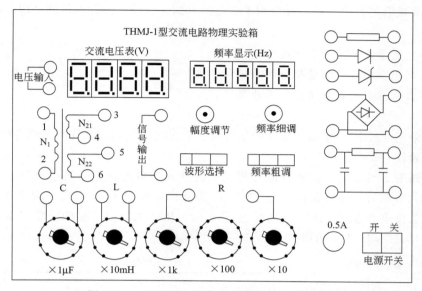

图 2-21-5　THMJ-1 型交流电路物理实验箱面板

实验 2-22　霍尔效应测磁场

霍尔效应（Hall effect）是霍尔（A. H. Hall）于 1879 年发现的。随着电子技术的发展，利用霍尔效应制成的电子元件（霍尔元件）有结构简单、频率响应宽（高达 10GHz）、寿命长、可靠性高等优点，已广泛应用于非电量电测、自动化控制和信息处理等领域。

【实验目的】

① 了解产生霍尔效应的物理过程。

② 掌握利用霍尔效应测量磁场的原理和方法。

③ 了解当前常用的霍尔元件的工作原理。

【实验仪器】

本实验采用 TH-H 型霍尔效应实验组合仪，它由实验仪和测试仪两大部分组成。

（1）实验仪

实验仪如图 2-22-1 所示，实验前先将霍尔元件调至电磁铁的磁场中央位置。这里，规定将"I_S 输入"双刀双掷开关扳至上方时，I_S 取正向，反之 I_S 取负向；规定将"I_M 输入"双刀双掷开关扳至上方时，磁感应强度 B 取正向，反之取负向。要测量霍尔电动势 V_H 的大小，需将开关指向"V_H 输出"。

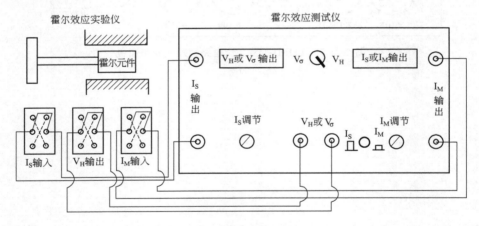

图 2-22-1　霍尔效应实验接线

（2）测试仪

测试仪由两组恒流源和一组数字直流毫伏表组成，其面板如图 2-22-1 所示。两组恒流源是"I_S 输出"（其工作电流为 0～10mA）和"I_M 输出"（其工作电流为 0～1A）。其电流大小可通过"I_S 调节"和"I_M 调节"连续调节。

【实验原理】

如图 2-22-2 所示，长 a 宽 b 厚 d 的半导体（P 型半导体中的载流子是带正电荷的空穴）薄片放于均匀磁场中，磁场方向与顶面垂直且向上，在前后两个面和左右两个面上分别引出一对电极。左右两个面上的一对电极称为电流极，前后两个面上的电极称为电压极。

若在电流极上通以如图 2-22-2 所示电流 I_S，则运动电荷在磁场中受到洛伦兹力的大小

$$f_B = qvB \tag{2-22-1}$$

洛伦兹力作用的结果，是在 B 面上积累了电子，相反在 A 面上则出现等量正电荷，形成内建电场 E。因此，电荷的移动又受到电场力的作用，其大小为

$$f_E = qE = q\frac{V_H}{b} \qquad (2-22-2)$$

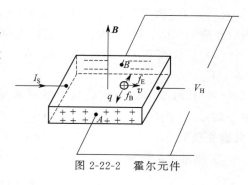

图 2-22-2　霍尔元件

f_E 和 f_B 的方向恰好相反。随着电荷积累的增多，f_E 逐渐增大，当 f_E 和 f_B 大小相等时，达到动态平衡，于是 A、B 两面上就形成一个稳定的霍尔电动势 V_H。我们把这一现象叫作霍尔效应。

假定霍尔元件内载流子的浓度为 n，运动速度为 v。根据电流的定义：单位时间内通过某截面积的载流子数量与电荷量的乘积，有

$$I_S = qnvbd$$

即

$$v = \frac{I_S}{qnbd} \qquad (2-22-3)$$

将式（2-22-3）代入式（2-22-1）中得

$$f_B = \frac{I_S B}{nbd} \qquad (2-22-4)$$

当电子积累达到动态平衡后，f_E 和 f_B 大小相等，由式（2-22-2）和式（2-22-4）得

所以

$$\frac{I_S B}{nbd} = q\frac{V_H}{b}$$

$$V_H = \frac{I_S B}{nqd}$$

令 $K_H = \dfrac{1}{nqd}$，通常称 K_H 为霍尔系数，该参数仅与霍尔元件的材料有关，一旦霍尔元件制成，该参数就是一个常数，则

$$V_H = K_H I_S B \qquad (2-22-5)$$

实验中，用线圈产生磁场，调节线圈中的电流（励磁电流）I_M，得到不同的磁感强度 B。

设定霍尔元件中的工作电流 I_S，并保持其大小不变，则对于不同的 B，测出霍尔电压 V_H，可计算出霍尔系数 K_H。

由于霍尔效应建立时间极短（约在 $10^{-12} \sim 10^{-14}$ s 内），因此使用霍尔元件时可用直流电或交流电。若控制电流用交流电 $I = I_S \sin\omega t$，则

$$V_H = K_H I_S B \sin\omega t \qquad (2-22-6)$$

所得的霍尔电压也是交变的，在使用交流电的情况下，式（2-22-5）仍然可以使用，只是式中的 I_S 与 V_H 应理解为有效值。

【实验内容与步骤】

（1）检查霍尔效应实验仪与霍尔效应测试仪是否正确连接，测试仪在通电前，应将"I_S 调节"和"I_M 调节"两个旋钮置于零位（即逆时针旋到底）。调节实验仪上 X 方向旋钮和 Y 方向旋钮，使得霍尔元件置于磁场中央位置。此时，V_H 显示数值应该是 0。

（2）通电后，"I_S 调节"旋钮调节 I_S 为 3mA，实验中保持不变。

（3）"I_M 调节"旋钮使 I_M 为 0.1A，分别切换"I_S 输入"和"I_M 输入"换向开关，测出相应的 V_{H1}、V_{H2}、V_{H3}、V_{H4}，实验结果记入表 2-22-1。

（4）依次调节 I_M 为 0.2A、0.3A、…、0.9A，重复上述过程，测出相应的 V_{H1}、V_{H2}、V_{H3}、V_{H4}。

（5）读取霍尔效应实验仪上的磁通量参数（或由实验室给出的数据计算），数据记入表 2-22-2。

【数据处理】

① 测量 V_H 数据。

表 2-22-1　V_H 测量数据

I_M/A	V_{H1} $(+B, +I_S)$	V_{H2} $(+B, -I_S)$	V_{H3} $(-B, +I_S)$	V_{H4} $(-B, -I_S)$	$\overline{V_H} = \dfrac{\lvert V_{H1}\rvert + \lvert V_{H2}\rvert + \lvert V_{H3}\rvert + \lvert V_{H4}\rvert}{4}$
0.1					
0.2					
0.3					
0.4					
0.5					
0.6					
0.7					
0.8					
0.9					

② 匀强磁场的磁感应强度：$B_i = kI_M$（即 I_M 为 0.1、0.2、…、0.8、0.9A），k 由实验仪上相关给定的数据求出。亥姆霍兹线圈（是由两个完全相同的圆形导线圈正对放置、两线圈面间距与线圈的半径相等而组成）是实验室中获得匀强磁场的一般手段：在其公共轴线中心点附近产生一个小范围的均匀磁场区，该区域磁场的磁感应强度大小为

$$B = \frac{8}{5\sqrt{5}} \frac{\mu_0 N}{R} I_M \tag{2-22-7}$$

式中，亥姆霍兹线圈的匝数 $N = 1500$ 匝；平均半径 $R = 38\text{mm}$；真空磁导率 $\mu_0 = 4\pi \times 10^{-7}\text{N/A}^2$；$I_M$ 为线圈流过的励磁电流，单位为 A；B 为磁感应强度，单位为 T。

表 2-22-2　实验数据记录表

i	B_i	B_i^2	V_{Hi}	V_{Hi}^2	$B_i V_{Hi}$
1					
2					
3					
4					
5					
6					
7					
8					
9					
平均值					

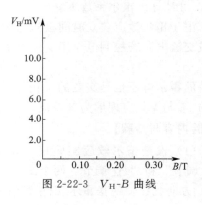

图 2-22-3　V_H-B 曲线

③ 由公式 $V_H=K_H I_S B$，根据测量结果，绘制 $V_H\text{-}B$ 曲线（其中，V_H 为纵轴，B 为横轴），由拟合直线求出 K_H（图2-22-3）；计算载流子浓度 n，因 $K_H=\dfrac{1}{nqd}$，所以 $n=\dfrac{1}{K_H qd}$（霍尔元件尺寸：厚度 $d=0.50\text{mm}$，宽度 $b=40\text{mm}$）。

④ 由公式 $V_H=K_H I_S B$，利用最小二乘法求得 K_H、n 的值，并与作图法求出的 K_H、n 比较。

$$\overline{B}=\frac{B_1+B_2+\cdots+B_8+B_9}{9}=\underline{\qquad} \qquad \overline{B^2}=\underline{\qquad}$$

$$\overline{V_H}=\frac{V_{H1}+V_{H2}+\cdots+V_{H8}+V_{H9}}{9}=\underline{\qquad}; \qquad \overline{V_H^2}=\underline{\qquad};$$

$$\overline{BV_H}=\underline{\qquad}; \qquad b=\frac{\overline{B}\,\overline{V_H}-\overline{BV_H}}{\overline{B}^2-\overline{B^2}}=\underline{\qquad};$$

$$a=\overline{V_H}-b\,\overline{B}=\underline{\qquad};$$

$$\overline{V_H}=a+b\,\overline{B}=\underline{\qquad}; \qquad K_H=\frac{b}{I_S}=\underline{\qquad};$$

$$n=\frac{1}{K_H qd}=\underline{\qquad}。$$

思考题

1. 本实验中，导致实验误差的因素有哪些？怎样减小实验误差？
2. 如何从霍尔电压的正负，判断载流子带的正电还是负电，霍尔元件是 P 型或 N 型半导体？
3. 实验中是否可以设定 I_M 不变，改变 I_S，从而得到霍尔系数 K_H？
4. 实验中，将工作电流与励磁电流分别正、反向，测得四组霍尔电压，为什么？
5. 金属材料能否成为制作霍尔元件的材料？
6. 霍尔元件还能测量其他物理量吗？

实验 2-23　螺线管轴向磁感应强度分布的测定

霍尔效应不但是测定半导体材料电学参数的主要手段，而且随着电子技术的发展，利用该效应制成的霍尔器件，由于结构简单、频率响应宽（高达 10GHz）、寿命长、可靠性高等优点，已广泛用于非电量测量、自动控制和信息处理等方面。当今在工业生产中自动检测和自动控制的要求越来越高，霍尔元件作为敏感元件之一将会有更广阔的应用前景。了解这一富有实用性的实验，对将来的工作大有裨益。

【实验目的】

① 掌握测试霍尔元件工作特性的方法。

② 学习用霍尔效应测量磁场的原理和方法。

③ 学习用霍尔元件测绘长直螺线管的轴向磁场分布。

【实验仪器】

TH-S 型螺线管磁场测定实验组合仪由实验仪和测试仪两部分组成。

实验仪的长直螺线管长度为 28cm，单位长度的线圈匝数 n（匝/m）。霍尔器件在 15℃ 时的 K_H 值均标注在实验仪上。

实验仪所用探杆固定在调节支架上。通过旋钮 Y 调节探杆中心轴线与螺线管内孔轴线相重合。通过旋钮 X_1、X_2 调节探杆的轴向位置。调节支架上设有测距尺，用来指示探杆的轴向及径向位置。实现从螺线管一端到另一端的整个轴向磁场分布曲线的测试。

测试仪由两组恒流源和一组数字直流毫伏表组成，其面板如图 2-23-1。

两组恒流源是"I_S 输出"（其工作电流为 0～30mA）和"I_M 输出"（其工作电流为 0～1A）；其电流值可通过"I_S 调节"旋钮和"I_M 调节"旋钮连续调节。

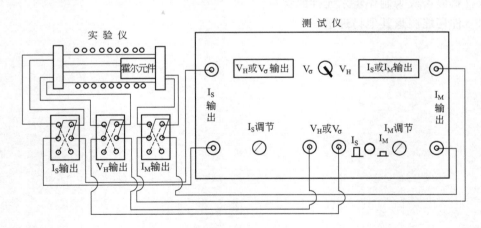

图 2-23-1　螺线管磁场测定实验接线示意

【实验原理】

（1）霍尔效应法测量磁场原理

如图 2-23-2，霍尔元件是均匀的 N 型半导体材料制成的矩形薄片：长 L、宽 b、厚 d。当在 1、2 两端通以恒稳电流 I_S，同时有一个磁场 B 垂直穿过霍尔元件的宽面时，在 3、4 两端产生电位差 V_H，这种现象为霍尔效应。

霍尔片内定向运动的载流子受到的洛伦兹力 f_B 和静电作用力 f_E 大小相等时，3、4 两面将建立起一稳定的电位差，即霍尔电压

$$V_H = K_H I_S B$$

式中，K_H 为霍尔元件的灵敏度。

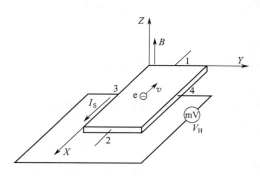

图 2-23-2 霍尔效应原理

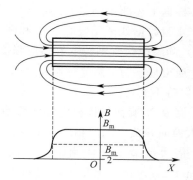

图 2-23-3 磁场线分布

（2）载流长直螺线管内的磁感应强度

螺线管是由绕在圆柱面上的导线圈构成。对于密绕的螺线管，可以看成是一列有共同轴线、直径相等的圆形线圈的并排组合。因此一个载流长直螺线管轴线上某点的磁感应强度，可看成是对各圆形电流在轴线上该点处产生的磁感应强度的积分求和。对于一个有限长的螺线管，在管内轴线中心点位置处的磁感应强度最大，其大小为

$$B_0 = \mu_0 n I_M$$

式中，μ_0 为真空磁导率；n 为螺线管轴线方向单位长度的线圈匝数；I_M 为线圈的励磁电流。

由图 2-23-3 所示的长直螺线管的磁场线分布可知，其管内中部磁力线是平行于轴线的直线系；渐近两端口时，这些直线变为从两端口离散的曲线，说明其内部的磁场是均匀的，仅在靠近两端口处，才呈现明显的不均匀性。根据理论计算，长直螺线管一端的磁感应强度大小为管内中部磁感应强度大小的 1/2。

【实验内容与步骤】

（1）测绘 V_H-I_S 曲线

① 检查霍尔效应实验仪与霍尔效应测试仪是否正确连接好，测试仪在通电前，应将"I_S 调节"和"I_M 调节"两个旋钮置于零位（即逆时针旋到底）。调节霍尔效应实验仪上 X 旋钮和 Y 旋钮使霍尔元件置于管内磁场的中央。

② 通电后，"I_M 调节"旋钮调节 I_M 为 0.800A，实验中保持不变。

③ "I_S 调节"旋钮使 I_S 为 4.0mA，分别切换 I_S 输入和 I_M 输入换向开关，测出相应的 V_{H1}、V_{H2}、V_{H3}、V_{H4}。

④ 依次调节 I_S 为 5.0mA、6.0mA、…、9.0mA、10.0mA，重复上述过程，测出相应的 V_{H1}、V_{H2}、V_{H3}、V_{H4}。

⑤ 根据上述测量结果，绘制 V_H-I_S 曲线（其中，V_H 为纵轴，I_S 为横轴）。

⑥ 实验数据处理见表 2-23-1 和图 2-23-4。

（2）测绘 V_H-I_M 曲线

① 通电后，"I_S 调节"旋钮调节 I_S 为 8.00mA，实验中保持不变。

② "I_M 调节" 旋钮使 I_M 为 0.3A，分别切换 I_S 输入和 I_M 输入换向开关，测出相应的 V_{H1}、V_{H2}、V_{H3}、V_{H4}。

③ 依次调节 I_M 为 0.4A、0.5A、…、0.9A、1.0A，重复上述过程，测出相应的 V_{H1}、V_{H2}、V_{H3}、V_{H4}。

④ 根据上述测量结果，绘制 V_H-I_M 曲线（其中，V_H 为纵轴，I_M 为横轴）。

⑤ 实验数据处理见表 2-23-2 和图 2-23-5。

（3）测绘螺线管轴线上磁感应强度的分布 B-X 曲线

① 通电后，"I_S 调节" 旋钮调节 I_S 为 8.00mA，"I_M 调节" 旋钮调节 I_M 为 0.800A，实验中保持不变。

② 调节 X 旋钮使探杆沿轴向移动，当测距尺的读数为 0.0cm 时，分别切换 I_S 输入和 I_M 输入换向开关，测出相应的 V_{H1}、V_{H2}、V_{H3}、V_{H4}。

③ 依次调节 X，使测距尺的读数为 0.5cm、1.0cm、1.5cm、2.0cm、5.0cm、8.0cm、11.0cm、14.0cm，重复上述过程，测出相应的 V_{H1}、V_{H2}、V_{H3}、V_{H4}，并计算相应的 B 值。

④ 根据上述测量结果，绘制螺线管轴线上磁感应强度的分布 B-X 曲线。

⑤ 实验数据处理见表 2-23-3 和图 2-23-6。

【数据处理】

表 2-23-1　V_H-I_S 关系测量数据（$I_M=0.800$A）

I_S/mA	V_{H1}/mV ($+I_S$,$+B$)	V_{H2}/mV ($+I_S$,$-B$)	V_{H3}/mV ($-I_S$,$-B$)	V_{H4}/mV ($-I_S$,$+B$)	$V_H=\dfrac{\|V_{H1}\|+\|V_{H2}\|+\|V_{H3}\|+\|V_{H4}\|}{4}$/mV
4.00					
5.00					
6.00					
7.00					
8.00					
9.00					
10.00					

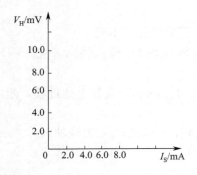

图 2-23-4　$I_M=0.800$A 时的 V_H-I_S 曲线

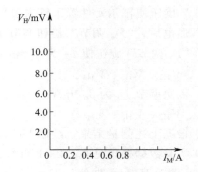

图 2-23-5　$I_S=8.0$mA 时的 V_H-I_M 曲线

表 2-23-2　V_H-I_M 关系测量数据（$I_S=8.00\text{mA}$）

I_M/A	V_{H1}/mV $(+I_S,+B)$	V_{H2}/mV $(+I_S,-B)$	V_{H3}/mV $(-I_S,-B)$	V_{H4}/mV $(-I_S,+B)$	$V_H=\dfrac{\lvert V_{H1}\rvert+\lvert V_{H2}\rvert+\lvert V_{H3}\rvert+\lvert V_{H4}\rvert}{4}/mV$
0.300					
0.400					
0.500					
0.600					
0.700					
0.800					
0.900					
1.000					

表 2-23-3　螺线管轴线上磁感应强度的分布测量数据

（$I_S=8.00\text{mA}$，$I_M=0.800\text{A}$ 时）

X_1/cm	X_2/cm	X/cm	V_{H1}/mV $(+I_S,+B)$	V_{H2}/mV $(+I_S,-B)$	V_{H3}/mV $(-I_S,-B)$	V_{H4}/mV $(-I_S,+B)$	V_H/mV	B/T
0.0	0.0							
0.5	0.0							
1.0	0.0							
1.5	0.0							
2.0	0.0							
5.0	0.0							
8.0	0.0							
11.0	0.0							
14.0	0.0							
14.0	3.0							
14.0	6.0							
14.0	9.0							
14.0	12.0							
14.0	12.5							
14.0	13.0							
14.0	13.5							
14.0	14.0							

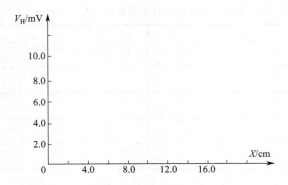

图 2-23-6　螺线管轴线上磁感应强度分布曲线 （$I_S=8.00\text{mA}$，$I_M=0.800\text{A}$）

思考题

1. 用霍尔元件测磁场时，如果磁场方向与霍尔元件片的法线不一致，对测量结果有什么影响？如何用实验方法判断 B 与元件法线是否一致？

2. 在什么样的条件下会产生霍尔电压，它的方向与哪些因素有关？

3. 如果螺线管在绕制中，两边单位长度的匝数不相同或绕制不均匀，这时将出现什么情况？在绘制 B-X 分布图时，如果出现此情况，怎样求螺线管的"边界点"（即电磁学上的端面位置是否与螺线管几何端面重合）？

4. 实验中在产生霍尔效应的同时，还会产生哪些副效应，它们与磁感应强度 B 和电流 I_S 有什么关系，如何消除副效应的影响？

5. 采用霍尔元件来测量磁场时具体要测量哪些物理量？

6. 能否用霍尔元件测量交变磁场？

7. 举例说明一种获得匀强磁场的方法？

8. 如何用霍尔器件测地磁场？

9. 尝试利用霍尔器件设计汽车里程计。

10. 如何测量半导体的载流子浓度、电导率、迁移率？如何判断半导体材料的导电类型？

实验 2-24 铁磁材料的磁滞回线和基本磁化曲线

铁磁材料（ferromagnetic material）分硬磁、软磁两大类。硬磁材料（如铸钢）的磁滞回线（hysteresis loop）较宽，剩磁和矫顽力较大（一般认为＞100A·m⁻¹，目前的合金新材料甚至超过 20000A·m⁻¹），因而磁化后的磁感应强度能长久保持，适宜做永久磁铁；软磁材料（如硅钢片）的磁滞回线窄，矫顽力一般＜100A·m⁻¹，但它的磁导率和饱和磁感强度大，容易磁化和去磁，故常用于制造电机、变压器和电磁铁。铁磁材料的磁化曲线和磁滞回线是重要的物理特性，也是设计电磁结构或仪表的依据之一。

用示波器法测量铁磁材料的动态磁特性，具有直观、方便和迅速等优点，能在交变磁场下观察、拍摄和定量测绘铁磁材料的基本磁化曲线和磁滞回线，现已广泛应用于快速检测矿石和成品分类等方面。另外，还可用冲击电流计法测量铁磁材料，它的准确度较高，但操作复杂、费时。

磁学物理量的测量一般比较困难，所以，通常通过一定的物理规律，把磁学量转换为易于测量的电学量。这种转换测量法是物理实验中的基本方法之一。

【实验目的】

① 认识铁磁物质的磁化规律，比较两种典型的铁磁物质的动态磁化特性。

② 测绘样品的基本磁化曲线，作 μ-H 曲线。

③ 测定样品的 H_D、B_r、B_S 等参数。

④ 测绘样品的磁滞回线，估算其磁滞损耗。

【实验仪器】

TH-MHC 型智能磁滞回线实验组合仪、模拟示波器等。

磁滞回线实验组合仪如图 2-24-1 所示。

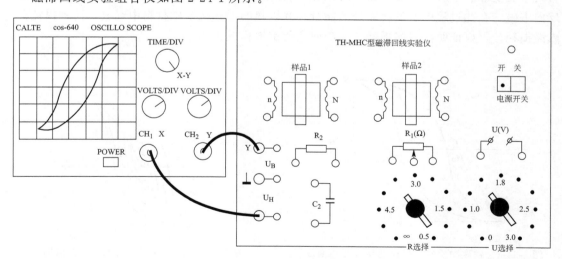

图 2-24-1　实验仪面板接线

实验元器件的参数如下：

① 待测样品平均磁路长度，$L=60\text{mm}$。

② 待测样品横截面积，$S=80\text{mm}^2$。

③ 待测样品励磁绕组匝数，$N = 50$。

④ 待测样品磁感应强度 B 的测量绕组匝数，$n = 150$。

⑤ 励磁电流 i_H 取样电阻，$R_1 = 0.5 \sim 5\Omega$ 多挡可调。

⑥ 积分电阻，$R_2 = 10\text{k}\Omega$。

⑦ 积分电容，$C_2 = 20\mu\text{F}$。

【实验原理】

铁磁物质是一种性能特异、用途广泛的材料。铁、钴、镍及其合金以及含铁的氧化物（铁氧体）均属铁磁物质。其特征是在外磁场作用下能被强烈磁化，故磁导率 μ 很高；另一特征是磁滞现象，即磁化场作用停止后，铁磁质仍保留磁化状态。图 2-24-2 所示为铁磁物质的磁感应强度 B 与磁场强度 H 之间的关系曲线。

图中的原点 O 表示磁化之前铁磁物质处于磁中性状态，即 $B = H = 0$；当磁场强度 H 从 0 开始增加时，磁感应强度 B 随之缓慢上升，如线段 Oa 所示；继之 B 随 H 的增加迅速增长，如 ab 所示；其后 B 的增长又趋缓慢，并当 H 增至 H_S 时，B 达到饱和值 B_S，$OabS$ 称为起始磁化曲线。图 2-24-2 表明，磁场从 H_S 逐渐减小至零，磁感应强度 B 并不沿起始磁化曲线恢复到 O 点，而是沿另一条新的曲线 SR 下降。比较线段 OS 和 SR 可知，H 减小 B 也相应减小，但 B 的变化滞后于 H 的变化，这现象称为磁滞，磁滞的明显特征是当 $H = 0$ 时，B 不为零，而保留剩磁 B_r。

当磁场反向从 0 逐渐变至 $-H_D$ 时，磁感应强度 B 消失，说明要消除剩磁，必须施加反向磁场。H_D 称为矫顽力，它的大小反映铁磁材料保持剩磁状态的能力。线段 RD 称为退磁曲线。

图 2-24-2 还表明，当磁场按 $H_S \to 0 \to H_D \to -H_S \to 0 \to H_{D'} \to H_S$ 次序变化时，相应的磁感应强度 B 沿闭合曲线 $SRDS'R'D'S$ 变化，这闭合曲线称为磁滞回线。所以，当铁磁材料处于交变磁场中时（如变压器中的铁芯），将沿磁滞回线反复被磁化→去磁→反向磁化→反向去磁。在此过程中要消耗额外的能量，并以热的形式从铁磁材料中释放，这种损耗称为磁滞损耗。可以证明，磁滞损耗与磁滞回线所围面积成正比。

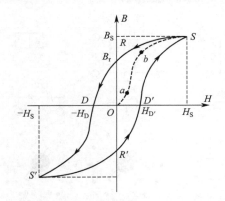

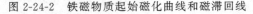

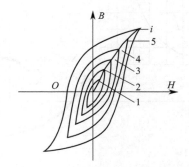

图 2-24-2　铁磁物质起始磁化曲线和磁滞回线　　　　　图 2-24-3　同一铁磁材料的一簇磁滞回线

应该说明，当初始状态为 $H = B = 0$ 的铁磁材料，在交变磁场强度由弱到强依次进行磁化，可以得到面积由小到大向外扩张的一簇磁滞回线，如图 2-24-3 所示。这些磁滞回线顶点的连线称为铁磁材料的基本磁化曲线，由此可近似确定其磁导率 $\mu = \dfrac{B}{H}$，因 B 与 H 非线性，故铁磁材料的 μ 不是常数而是随 H 变化的，如图 2-24-4 所示。铁磁材料的相对磁导率可高达数千乃至数万，这一特点是它用途广泛的主要原因之一。

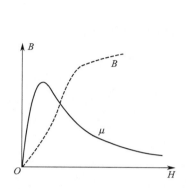

图 2-24-4　铁磁材料 μ-H 关系曲线

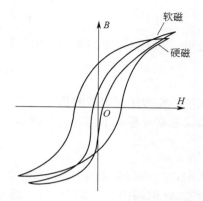

图 2-24-5　不同铁磁材料的磁滞回线

可以说，磁化曲线和磁滞回线是铁磁材料分类和选用的主要依据。图 2-24-5 为常见的两种典型的磁滞回线，其中软磁材料的磁滞回线狭长、矫顽力、剩磁和磁滞损耗均较小，是制造变压器、电机和交流磁铁的主要材料；而硬磁材料磁滞回线较宽、矫顽力大、剩磁强，可用来制造永磁体。

观察、测量铁磁材料的磁滞回线和基本磁化曲线的电子线路，如图 2-24-6 所示。

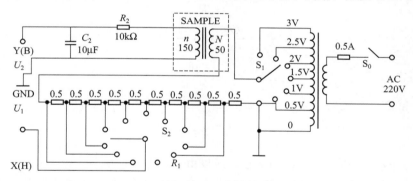

图 2-24-6　实验线路

待测样品（SAMPLE）为 EI 型硅钢片；N 为励磁绕组，n 为用来测量磁感应强度 B 而设置的绕组，R_1 为励磁电流取样电阻，设通过 N 的交流励磁电流为 i。

根据安培环路定律，样品的磁场强度为

$$H = \frac{Ni}{L} \quad （L \text{ 为样品的平均磁路}）$$

因为 $i = \dfrac{U_1}{R_1}$，所以有

$$H = \frac{N}{LR_1}U_1 \tag{2-24-1}$$

式（2-24-1）中的 N、L、R_1 均为已知常数，所以由 U_1 可确定 H。

在交变磁场下，根据法拉第电磁感应定律，由于样品中磁通 Φ 的变化，在测量线圈中产生的感生电动势的大小为

$$\varepsilon_2 = n\,\frac{\mathrm{d}\Phi}{\mathrm{d}t}$$

则

$$\Phi = \frac{1}{n}\int \varepsilon_2\,\mathrm{d}t$$

由于绕组 n 和 R_2C_2 电路是给定的，则样品的磁感应瞬时值 B 的大小为

$$B = \frac{\Phi}{S} = \frac{1}{nS}\int \varepsilon_2\,\mathrm{d}t \qquad (2\text{-}24\text{-}2)$$

式中，S 为样品的截面积。

如果忽略自感电动势和电路损耗，则回路方程为

$$\varepsilon_2 = i_2 R_2 + U_2$$

式中，i_2 为感生电流；U_2 为积分电容 C_2 两端电压。

设在 Δt 时间内，i_2 向电容 C_2 的充电电量为 Q，则

$$U_2 = \frac{Q}{C_2}$$

所以

$$\varepsilon_2 = i_2 R_2 + \frac{Q}{C_2}$$

如果选取足够大的 R_2 和 C_2，使 $i_2 R_2 \gg \dfrac{Q}{C_2}$，则

$$\varepsilon_2 = i_2 R_2$$

因为

$$i_2 = \frac{\mathrm{d}Q_2}{\mathrm{d}t} = C_2\,\frac{\mathrm{d}U_2}{\mathrm{d}t}$$

所以

$$\varepsilon_2 = C_2 R_2\,\frac{\mathrm{d}U_2}{\mathrm{d}t} \qquad (2\text{-}24\text{-}3)$$

由式(2-24-2) 和式(2-24-3) 可得

$$B = \frac{C_2 R_2}{nS}U_2 \qquad (2\text{-}24\text{-}4)$$

式中，C_2、R_2、n 和 S 均为已知常数，所以由 U_2 可确定 B。

综上所述，将图 2-24-6 中的 U_1 和 U_2 分别加到示波器的 "CH1 输入" 和 "CH2 输入" 便可观察样品的 B-H 曲线。如将 U_1 和 U_2 加到测试仪的信号输入端，则可测定样品的饱和磁感应强度 B_S、剩磁 B_r、矫顽力 H_D、磁滞损耗以及磁导率 μ 等参数。

【实验内容与步骤】

（1）电路连接

选样品 1，按实验仪上所给的电路图连接线路，并令 $R_1 = 2.5$，"U 选择" 旋钮置 0。U_H 和 U_B（即上述公式中的 U_1 和 U_2）分别接示波器的 "CH1 输入端" 和 "CH2 输入端"，"⊥" 插孔为公共接地端，示波器的时间扫描旋钮 "TIME/DIV" 一定要旋转到有蓝色标记的 "X-Y" 位置。

（2）样品退磁

开启实验仪电源，对样品 1 进行退磁，即顺时针方向转动实验仪上的 "U 选择" 旋钮，令 U 从 0 增至 3V；然后逆时针方向转动旋钮，将 U 从 3V 降为 0。其目的是消除剩磁，确保样品处于磁中性状态，$B = H = 0$，如图 2-24-7 所示。

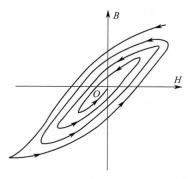

图 2-24-7 退磁曲线

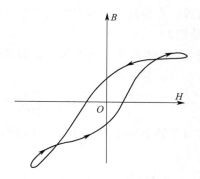

图 2-24-8 磁滞回线的编织状小环

（3）观察磁滞回线

开启示波器电源，调节"X 位移"和"Y 位移"旋钮，使荧光屏上的光点位于屏幕坐标网格的中心，调节"U 选择"旋钮令 $U=2.2\text{V}$，并分别调节示波器"CH1"和"CH2"轴的灵敏度（即调节示波器面板上的"VOLTS/DIV"旋钮——确定示波器屏幕坐标的一大格表示多少电压），使得屏幕上出现大小合适的磁滞回线（若图形顶部出现编织状的小环，如图 2-24-8 所示，这时可降低励磁电压 U 予以消除）。

（4）观察基本磁化曲线

按步骤②对样品进行退磁后。从 $U=0$ 开始，当实验仪上的"U 选择"旋钮分别在 0.5、1.0、1.2、1.5、1.8、2.0、2.2、2.5、2.8、3.0 挡位时，示波器屏幕上会出现对应该励磁电压 U 的磁滞回线，记录依次出现的各个磁滞回线顶点坐标值，见表 2-24-1。这些磁滞回线顶点的连线就是该样品的基本磁化曲线，据此作出样品 1 和样品 2 的基本磁化曲线（图 2-24-9），并且通过计算相应各点的 H、B 和 μ 的值绘出 μ-H 曲线（图 2-24-10）。

表 2-24-1 各个磁滞回线顶点坐标值 样品____号

U/V 选择	CH1 路信号 U_X				CH2 路信号 U_Y				$\mu=\dfrac{B}{H}$
	格数	灵敏度	格数×灵敏度 U_1/V	$H=\dfrac{N}{LR_1}U_1$ /A·m^{-1}	格数	灵敏度	格数×灵敏度 U_2/V	$B=\dfrac{C_2R_2}{nS}U_2$ /T	
0.5									
1.0									
1.2									
1.5									
1.8									
2.0									
2.2									
2.5									
2.8									
3.0									

（5）令 $U=2.50\text{V}$，观测动态磁滞回线

从已标定好的示波器上读取 $U_X(U_1)$、$U_Y(U_2)$ 值（峰值），计算相应的 H 和 B，逐点

描绘而成。再由磁滞回线测定样品 1（或 2）的 B_S、B_r 和 H_C 等参数。

【数据处理】

① 作 B-H 基本磁化曲线与 μ-H 曲线　选择不同的 U 值，分别记录 $U_X(U_1)$、$U_Y(U_2)$ 于表 2-24-1。据公式：

$$H = \frac{N}{LR_1}U_1; \qquad B = \frac{C_2 R_2}{nS}U_2; \qquad \mu = \frac{B}{H}$$

可分别计算出 B、H 和 μ，作出 B-H 基本磁化曲线（图 2-24-9）与 μ-H 曲线（图 2-24-10）。

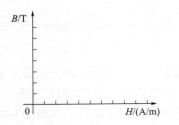
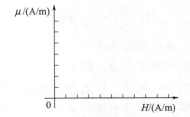

图 2-24-9　测试样品铁磁材料基本磁化曲线　　　图 2-24-10　测试样品铁磁材料 μ-H 曲线

② 动态磁滞回线的描绘　在示波器屏幕上调出美观的磁滞回线，测出磁滞回线不同点所对应的格数，然后将数据填入表 2-24-2。

表 2-24-2　动态磁滞回线的测量数据（$U=2.50\,\text{V}$）　　　　　样品＿＿号

X 轴格数	−3.6	−3.4	−3.2	−3.0	−2.8	−2.4	−2.0	−1.6	−1.2	−0.6	0
Y 轴格数											
X 轴格数	0.6	1.2	1.6	2.0	2.4	2.8	3.0	3.2	3.4	3.6	
Y 轴格数											

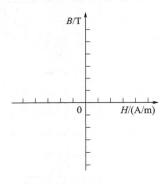

图 2-24-11　测试样品铁磁材料的磁滞回线

从图 2-24-11 中可知：Y 最大值即 U_2（峰值），据此计算出磁性材料的饱和磁感应强度 B_S。$X=0$ 时，据 Y 方向上的格数计算出对应的剩磁 B_r；$Y=0$ 时，据 X 方向上的格数计算出 U_1（峰值）计算出矫顽力 H_D。

公式如下（U_1、U_2 的数值均为有效值，即为示波器读数的 0.707 倍）：

$$B_S = \frac{C_2 R_2}{nS}U_2$$

$$B_r = \frac{C_2 R_2}{nS} U_2 \quad （此时 U_1 = 0）$$

$$H_D = \frac{N}{L R_1} U_1 \quad （此时 U_2 = 0）$$

思考题

1. 什么是软磁材料？什么是硬磁材料？举例说明软磁材料和硬磁材料的应用。

2. 观察样品 1 和样品 2 的磁滞回线的不同，说明样品 1 和样品 2 的磁性优劣？哪个样品为软磁材料，哪个样品为硬磁材料？

3. 简要说明铁磁材料基本磁化曲线和磁滞回线的主要特征。

4. 变压器铁心用矽钢片叠合制成，为什么要用磁性能好的软磁材料制作？

5. 本实验中在基本磁化曲线和动态磁滞回线的测量过程中，都是绘制 B-H 曲线，操作步骤的主要区别是什么？

6. 如果不退磁，实验结果会有什么影响？

7. 示波器显示的磁滞回线是真实 B-H 曲线？如果不是，为什么可以用它来描绘磁滞回线？

实验 2-25　铁磁材料居里温度的测量

铁磁性物质的磁性随温度的变化而改变。当温度上升到某一温度时，铁磁性材料就由铁磁状态转变为顺磁状态，即失掉铁磁性物质的特性而转变为顺磁性物质，后人为了纪念皮埃尔·居里在这方面的研究成就，将铁磁性转变为顺磁性的温度称为居里温度或居里点，以 T_C 表示。

居里温度（Curie temperature）是磁性材料的本征参数之一，它仅与材料的化学成分和晶体结构有关，几乎与晶粒的大小、取向以及应力分布等结构因素无关。因此又称它为结构不灵敏参数。

测定铁磁材料的居里温度不仅对磁材料、磁性器件的研究和研制，而且对工程技术的应用都具有十分重要的意义。

【实验目的】

① 初步了解铁磁物质由铁磁性转变为顺磁性的微观机理。

② 掌握使用居里温度测试仪测定居里温度的原理和方法。

③ 测定铁磁样品的居里温度。

【实验仪器】

JLD-Ⅱ型居里温度测试仪、示波器、加热炉、铁磁样品。

【实验原理】

按照物质在外磁场中表现出来的磁性强弱，一般可分为抗磁性、顺磁性和铁磁性三种。在铁磁体中，相邻原子间存在着非常强的交换耦合作用，这种相互作用促使相邻原子的磁矩平行排列起来，形成一个自发磁化达到饱和状态的区域。自发磁化只发生在微小的区域（体积约为 10^{-8} m^3，其中含有 $10^{17} \sim 10^{21}$ 个原子），这些区域称为磁畴。在没有外磁场作用时，在每个磁畴中原子的分子磁矩均取向同一方位，但对不同的磁畴，其分子磁矩的取向各不相同，见图 2-25-1。磁畴的这种排列方式，使磁体能量处于最小的稳定状态。因此，对整个铁磁体来说，任何宏观区域的平均磁矩为零，物体不显示磁性。

在外磁场作用下，磁矩与外磁场同方向排列时的磁能低于磁矩与外磁场反向排列时的磁能。结果是自发磁化磁矩与磁场成小角度的磁畴处于有利地位，磁畴体积逐渐扩大；而自发磁化磁矩与外磁场成较大角度的磁畴体积逐渐缩小。随着外磁场的不断增强，取向与外磁场成较大角度的磁畴全部消失，留存的磁畴将向外磁场的方向旋转，以后再继续增加磁场，使所有磁畴沿外磁场方向整齐排列，磁化达到饱和状态，见图 2-25-2。

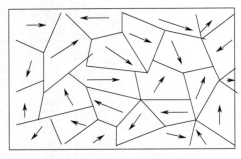

图 2-25-1　无外磁场作用的磁畴

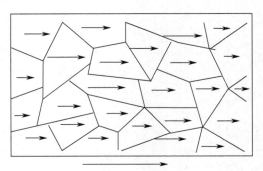

图 2-25-2　在外磁场作用下的磁畴

铁磁性物质的磁化与温度有关，存在一临界温度 T_C 称为居里温度（也称居里点）（如图 2-25-3）。当温度增加时，由于热扰动影响磁畴内磁矩的有序排列，但在未达到居里温度 T_C 时，铁磁体中的分子热运动不足以破坏磁畴内磁矩基本的平行排列，此时物质仍具有铁磁性，仅其自发磁化强度随温度升高而降低。如果温度继续升高达居里点时，物质的磁性发生突变，磁化强度 M（实为自发磁化强度）剧烈下降。因为这时分子热运动足以使相邻原子（或分子）之间的交换耦合作用突然消失，从而瓦解了磁畴内磁矩有规律的排列。此时磁畴消失，铁磁性变为顺磁性。

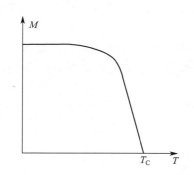

图 2-25-3　铁磁性物质的磁化与温度的关系

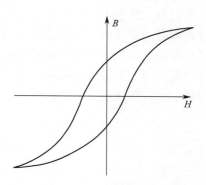

图 2-25-4　磁滞回线

待测样品为一环形铁磁材料，其上绕有两个线圈 L_1 和 L_2，L_1 为励磁线圈，其内通以交变电流，以提供外磁场来磁化环形样品。将绕有线圈的环形样品置于温度可控的加热炉中，改变样品的温度。将集成温度传感器置于样品旁边，以测定样品的温度。图 2-25-5 所示的居里点温度测试系统，可通过两种途径来判断样品的铁磁性是否消失。

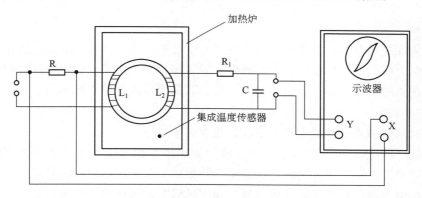

图 2-25-5　居里点温度测试仪测试原理图

（1）方法一：由示波法观察样品的磁滞回线是否消失来判断

铁磁物质最大的特点是当它被外磁场磁化时，其磁感应强度 B 和磁场强度 H 的关系不是线性的，也不是单值的，而且磁化的情况还与它以前的磁化历史有关，即其 B-H 曲线为一闭合曲线，称为磁滞回线，如图 2-25-4 所示。当铁磁性消失时，相应的磁滞回线也就消失了。因此，测出对应于磁滞回线消失时的温度，就测得了居里点温度。

为了获得样品的磁滞回线，可在励磁线圈回路中串联一个采样电阻 R。由于样品中的磁场强度 H 正比于励磁线圈中通过的电流 I，而电阻 R 两端的电压 U 也正比于电流 I，因此可用 U 代表磁场强度 H，将其放大后送入示波器的 CH1。样品上的线圈 L_2 中会产生感应

电动势，由法拉第电磁感应定律可知，感应电动势 ε 的大小为

$$\varepsilon = -\frac{\mathrm{d}\varphi}{\mathrm{d}t} = -k\frac{\mathrm{d}B}{\mathrm{d}t} \tag{2-25-1}$$

式中，k 为比例系数，与线圈的匝数和截面积有关。将式（2-25-1）积分得

$$B = -\frac{1}{k}\int \varepsilon\,\mathrm{d}t \tag{2-25-2}$$

可见，样品的磁感应强度 B 与 L_2 上的感应电动势的积分成正比。因此，将 L_2 上感应电动势经过 RC 积分电路积分并加以放大后送入示波器的 CH2。这样在示波器的荧光屏上即可观察到样品的磁滞回线（示波器用 X-Y 工作方式）。

（2）方法二：用感应法测定磁性材料的 ε-T 曲线，切线截距法求出其居里温度

可用测出的 ε-T 曲线来确定温度 T_C，即在 ε-T 曲线斜率最大处作其切线，并与横坐标轴相交的一点即为温度 T_C。如图 2-25-6 所示。

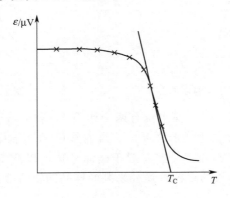

图 2-25-6　ε-T 曲线

这是因为在居里点时，铁磁材料的磁性才发生突变，所以要在斜率最大处作切线。又因为在居里点以上时，铁磁性已转化为顺磁性。因本实验交变磁场较弱，所以对顺磁性物质引起的磁化是很弱的，但是有一个很小的值，故 ε-T 曲线不能与横坐标相交。

【实验内容与步骤】

（1）通过测定磁滞回线消失时的温度，测定居里温度

① 用连线将加热炉与电源箱前面板上的"加热炉"相连接；将铁磁材料样品与电源箱前面板上的"样品"插孔用专用线连接起来，并把样品放入加热炉；将温度传感器、降温风扇的接插件与电源箱前面板上的"传感器"和"风扇"接插件对应相接；将电源箱前面板上的"B 输出""H 输出"分别与示波器上的 CH1、CH2 相连接。

② 将"升温-降温"开关打向"降温"。接通电源箱前面板上的电源开关，将电源箱前面板上的"H 调节"旋钮调到最大，适当调节示波器，在屏幕上显示出磁滞回线。

③ 关闭加热炉上的两风门（旋钮方向和加热炉的轴线方向垂直），将"测量-设置"开关打向"设置"，设定适当的炉内温度。

④ 将"测量-设置"开关打向"测量"，将"升温-降温"开关打向"升温"，这时炉子内温度开始上升，在此过程中注意观察示波器上的磁滞回线，记下磁滞回线消失时的温度值，即为居里点温度。

⑤ 将"升温-降温"开关打向"降温"，并打开加热炉上的两风门，使加热炉降温。

⑥ 换样品重复测量，数据记入表 2-25-1。

表 2-25-1　磁滞回线消失时的温度值

样品编号						
T_C/℃						

表 2-25-2　感应电动势 ε 及其对应的温度值

ε/μV						
T/℃						

注意：测量样品的居里温度时，一定要让炉内温度从低温开始升高，即每次要让加热炉降温后再放入样品（以避免由于样品和温度传感器响应时间的不同而引起的居里点测量值的差异）。在测 80℃ 以上的样品时，炉内及样品温度很高，小心取放、避免烫伤。

（2）测量感应电动势 ε 随温度 T 变化的关系

① 根据（1）所测得的居里温度值来设置炉温，其设定值应比（1）所测得的 T_C 值低 10℃ 左右。

② 将"测量-设置"开关打向"测量"，"升温-降温"开关打向"升温"，这时炉内温度开始上升，同时将数据记录到表 2-25-2 中。

用坐标纸画出 ε-T 曲线，并在其斜率最大处作切线，切线与横坐标（温度）的交点即为样品的居里温度 T_C。

■ 思考题

1. 铁磁物质的三个特性是什么？
2. 本实验中居里温度的测量依据什么原理。
3. 用磁畴理论解释：样品的磁化强度在温度达到居里点时发生突变的微观机理是什么？
4. 为什么要用升温和降温曲线的 T_{c1} 和 T_{c2} 的平均值作为居里温度 T_c。
5. 升温时未关闭风门，会导致测量数据有什么变化？
6. 测出的 ε-T 曲线，为什么与横坐标没有交点？

实验 2-26　薄透镜焦距的测量

构成光学系统的基本仪器是透镜（lens），而标志透镜规格的一个重要参量就是焦距。不同的光学仪器根据不同的使用目的，需要选择不同焦距的透镜或透镜组。如，有时需要把一般光源发出的光变成平行光或变成会聚光，这个工作就可以由透镜或透镜组来完成。因此要设计一个简单的光学系统和了解它的工作原理就必须理解透镜的成像规律，掌握光路的调整技术和焦距测量方法。

【实验目的】

① 了解透镜的成像规律和一些其他光学现象。

② 理解测量薄透镜焦距的原理和几种不同的方法。

③ 掌握简单的光路分析方法和光学仪器调整的一般规律。

【实验仪器】

全套光具座、平面镜、待测薄透镜。

全套光具座主要由附有读数标尺的、加工精度极高的、具有很高平直度的轨道和马鞍形状的、附有读数窗口的支架组成。有的夹持支架还可以做横向调节。

【实验原理】

透镜是具有两个折射面的简单的球面光学系统。当透镜的两个折射面在光轴上的顶点间的距离远比它的焦距小得多的时候，可以忽略其厚度而称为薄透镜。

若一束平行于光轴的光束通过透镜后会聚于光轴上一点 F'_0，则这类透镜称为会聚透镜或凸透镜（convex len）。F'_0 称为透镜的像方焦点或后焦点，镜心 O 到 F'_0 的距离 $OF'_0 = f'_0$ 称为透镜的像方焦距。若轴上一点发出的光束经过透镜后成为与光轴平行的光束——平行光束，则该点称为透镜的物方焦点或前焦点，用 F_0 表示，镜心 O 到 F_0 之间的距离 $OF_0 = f_0$ 称为透镜的物方焦距。当透镜两边介质的折射率相等时，$f'_0 = f_0$，凸透镜的焦距为正。

当一束与主光轴平行的光束通过透镜后成为发散光束，光束的反向延长线与主光轴交于一点 F'_1，称为该透镜的像方焦点，这类透镜称为发散透镜或凹透镜（concave len），$OF'_1 = f'_1$ 称为透镜的像方焦距。如上所述，透镜的物方焦点为 F_1，物方焦距为 f_1，凹透镜的焦距为负。如图 2-26-1 所示。

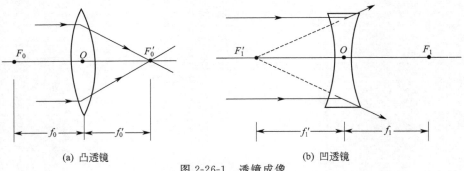

(a) 凸透镜　　　　　　　　　　　(b) 凹透镜

图 2-26-1　透镜成像

薄透镜的成像规律由式（2-26-1）决定。

$$\frac{1}{u} + \frac{1}{v} = \frac{1}{f}$$

（2-26-1）

式中，u 为物距；v 为像距；f 为焦距。u、v、f 均由透镜的光心算起。u、v 的正负由物像的虚实决定：虚为负，实为正。

由凸透镜的成像规律可知，像的大小和位置是由物体离透镜的远近决定的。极远的物体经过透镜，像缩小在像方焦点附近。物体越靠近前焦点，像越远离后焦点，且逐渐变大。物体靠近前焦点位置时，像变为无穷大，并存在于无穷远处。物体在前焦距以内，像变为正立放大的虚像，与物体位于同侧。由于虚像点是光线反向延长线的交点，所以虚像不能用像屏来接收，只能通过透镜观察。

【实验内容与步骤】

因为薄透镜成像的规律只有在近轴光线的条件下才能很好地成立，所以在做实验以前必须对光具座做同轴等高的调节。所谓同轴等高，是指各光学元件的光心位于同一光轴上，且光轴与光具座的轴向平行。

调节的步骤可以有两步：粗调和细调。

（1）粗调

将物（发光物体）、像屏、待测透镜均安放夹持支架上，适当靠近些。先用眼睛判断一下，使物、像屏、透镜等的面尽量平行，且与光具座轨道轴线垂直。上下左右调节使它们的几何中心也尽量在一条直线上，且与光具座轴线平行。

（2）细调

如图 2-26-3 所示，移动透镜 L，使其光心在 O_1 处，在固定的像屏上得到一个放大倒立的实像；然后移动 L 到 O_2 处，在同一位置的像屏上得到一个缩小倒立的实像。如果物点 A 在主光轴上，那么两次成像，其像点 A' 和 A'' 应在同点，且在主光轴上；如果 A 点不在主光轴上，A' 和 A'' 是分开的。调节物点 A 的高度，使经过透镜的两次成像的位置重合，基本上达到同轴等高。

如果固定 A 点调节透镜，也可达到上面的要求。

如果有两个或两个以上的透镜，则应先调节包含一个透镜在内的光学系统共轴，然后加入一个透镜，在不破坏原已调好的共轴的情况下，只调节加入透镜的方位，使其与原共轴系统共轴。用同样方法，可以依次使其他元件都同轴等高。

由于人的眼睛观察成像时存在一个分辨极限，因此观察透镜成像时，在一小段范围内是清晰的。为了消除系统误差，采用左右逼近的方法来确定成像的位置，即让像屏自左向右移动，当你认为像刚好清晰时读出位置坐标 x_1，然后使像屏自右向左移动，同样再次出现像清晰时读出位置坐标 x_2，则成像的位置在 $x = \dfrac{x_1 + x_2}{2}$ 处，这种读数方法称"左右逼近法"。

（3）测量凸透镜的焦距

① 平面镜法（自准直法）　当发光点（物体）处在凸透镜的焦点平面（不在主光轴）上时，它发出的光经凸透镜后会变成一束平行光，若用与主光轴垂直的平面镜将此光反射回去，反射光再次通过凸透镜，仍然会聚在凸透镜的焦平面上，其会聚点将在光点相对于光轴对称位置上，这时发光点与透镜之间的距离就近似等于该透镜的焦距，如图 2-26-2 所示。

具体操作方法是：将平面反射镜 M 与发光点 S（物屏）分别放于透镜 L 的两侧，且均与通过透镜光心的光轴垂直。透镜沿光轴方向缓慢移动，根据成像规律，当发光点位于透镜 L 的焦平面时，则在物屏上形成一个与发光点等大的倒立的实像。记录物屏和透镜之间的距离，即为待测透镜的焦距，采用左右逼近法读数，重复多次测量取平均值。

　　用这种方法测凸透镜的焦距，要求确定凸透镜的光心。一般情况下，透镜的光心和几何中心不重合，所以光心很难确定，也就是说，用平面镜法测焦距是不准确的，所以我们采用下面的方法。

　　② 共轭法（贝塞尔法）　物和像之间的距离为 l（$l>4f$）并保持不变，移动透镜 L，当它处在 O_1 位置时，像屏上将出现一个放大倒立的清晰的实像。缓缓移动透镜 L 至 O_2 位置处，移动的距离为 d，在像屏上将得到一个缩小倒立的清晰的实像，如图 2-26-3 所示。

　　根据透镜成像的规律，当透镜位于 O_1 处时，有

$$\frac{1}{u}+\frac{1}{l-u}=\frac{1}{f} \tag{2-26-2}$$

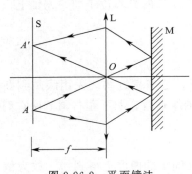

图 2-26-2　平面镜法

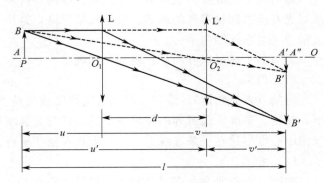

图 2-26-3　共轭法

在 O_2 处时，有

$$\frac{1}{u+d}+\frac{1}{v-d}=\frac{1}{f} \tag{2-26-3}$$

考虑到

$$v=l-u \tag{2-26-4}$$

则根据式（2-26-2）～式（2-26-4）有

$$u=\frac{l-d}{2} \tag{2-26-5}$$

将式（2-26-5）代入式（2-26-2）有

$$\frac{2}{l-d}+\frac{2}{l+d}=\frac{1}{f}$$

化简后得

$$f=\frac{l^2-d^2}{4l} \tag{2-26-6}$$

　　这种方法的优点是：避开了因透镜光心位置不确定而带来的误差，把焦距的测量依赖于精确量 l 和 d 上。

　　a. 按图 2-26-3 要求将光学元器件放在光具座上，进行同轴等高调节，并保证 $l>4f$。

　　b. 移动透镜，当屏上出现放大或缩小、清晰、倒立的实像时，记录 O_1、O_2 的位置。采用左右逼近法读出 O_1、O_2 的位置，记录屏和发光物体位置，算出 l 和 d，按式（2-26-6）算出凸透镜的焦距。

　　c. 多次改变屏的位置，测出相应的 l 和 d，对每一组 l 和 d 算出焦距 f，然后求平均值和平均误差。

（4）测量凹透镜的焦距

① 物距像距法　因为凹透镜是发散透镜，发光物体发出的光经凹透镜后被发散形成虚像，因而无法直接测量，需要用一个凸透镜做辅助透镜测其焦距。

如图 2-26-4 所示，由发光物体 A 发出的光经凸透镜 L_1 会聚成像于 B 点，假如在凸透镜和像点 B 之间加入一个焦距为 f 的凹透镜 L_2，然后调整 L_1 与 L_2 之间的距离。由于凹透镜的发散作用，光线的实际会聚点将移至 B' 点，即 B' 点为加入凹透镜后，凸透镜所形成的发光物体 A 的像。

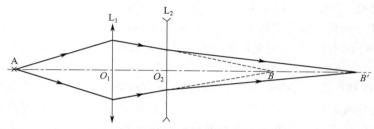

图 2-26-4　物距像距法测凹透镜的焦距

根据光路的可逆性，如果将发光物体放在 B' 点，则由发光物体发出的光经凹透镜 L_2 折射后，形成的虚像将落在 B 点。则对凹透镜来讲，O_2B' 为（实）物距 u，O_2B 为（虚）像距 v，由式（2-26-1）得

$$\frac{1}{u} - \frac{1}{v} = \frac{1}{f}$$

即

$$f = \frac{uv}{v-u} \qquad (2\text{-}26\text{-}7)$$

② 平面镜法　如图 2-26-5 所示，在上面的实验中将像屏换成平面反射镜，同时调节 L_2、L_1，使平面反射镜 M 反射回去的光线经 L_2、L_1 后，在物屏上出现与发光物体 A 大小相等的倒立实像，记下 L_2 的位置 O_2，此时从凹透镜上射向平面镜上的光将是一束平行光。再取去 L_2 和平面反射镜，代之以像屏。如果像屏在光轴 F 处形成 A 的像，记下 F 的位置。则 F 点就是由原来平面镜 M 反射回去的平行光的虚像点，也就是凹透镜的焦点，则 O_2F 就是凹透镜的焦距。

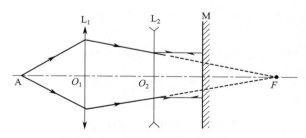

图 2-26-5　平面镜法测凹透镜的焦距

（5）观察透镜成像的像差

要求得到一个与物体相似的不失原样的像，必须满足单色近轴这个条件。但在一般光学系统中，由于光源的非纯单色性和不能满足近轴光线的条件（比方说，为了增加像的亮度不恰当地扩大透镜的通光孔径等），使得成像质量下降与理论上预期单色近轴光线所形成的像有所差异，这种现象称为像差。像差的种类很多，下面只观察常见的两种。

① 球差　如果光轴上的物点 A 发出大孔径单色光束，经过透镜不同部位，折射后成像不在同一点上，就称该透镜成的像有球差。

为观察这个现象，在透镜前分别放置不同半径的圆环状光阑，使光透过透镜不同部位测出对应的像距。如果以 B_1 表示近轴光线的像点，则其他各像点与 B_1 之间的距离表示透镜对应不同光阑的球差。

通过实验还发现，不同的光阑成像的清晰范围不同，光阑越小，成像的清晰范围越大。在照相技术中，把底片上能够获得清晰像的最远和最近的物体之间的距离称为景深，也就是说，观察到的光阑（即照相机的光圈直径）越小，景深越大。

② 色差　由于玻璃的折射率随波长不同而略有不同，所以即使入射光满足近轴光线的条件，对于同一透镜不同波长的单色光的焦距（或像点）也略有差异。如果光源不是单色光，那么经透镜折射后会在不同位置上形成若干个带色彩的、大小不同的像。也就是说，如果光源不是单色光，即使从同一点发出的光经透镜折射后也不会相交于一点，这种现象称为色差。

为了观察色差现象，可以在透镜前放一个小孔径光阑以保证近轴光线的条件，再在光源附近分别加上红色和蓝色的滤光片，测出对应的红色光和蓝色光的像点的位置，这两个位置的读数之差值就是该透镜对红光和蓝光的色差。

为了尽量减少各种像差以改善透镜的成像质量，在光学仪器中很少使用单透镜，一般采用多个透镜组成的复合透镜。

【数据处理】

将实验数据填入表 2-26-1 和表 2-26-2 中，并进行数据处理。

表 2-26-1　共轭法测量凸透镜焦距

测量次数	1	2	3	4	5	平均值
l/cm						
d/cm						
f/cm						

用不确定度评定测量结果。按第 1 章中 1.3 节介绍的简化模式来计算不确定度：

l 的 A 类不确定度分量 $u_{lA} = \sqrt{\dfrac{\sum(l_i - \bar{l})^2}{n(n-1)}}$，B 类不确定度分量 $u_{lB} = \dfrac{\Delta_S}{\sqrt{3}}$，$\Delta_S$ 为仪器的

最小分度值（1mm），则 l 的总不确定度 $\sigma_l = \sqrt{u_{lA}^2 + u_{lB}^2}$。同理计算 d 的总不确定度 $\sigma_d = \sqrt{u_{dA}^2 + u_{dB}^2}$。根据式（2-26-6）计算出 $\dfrac{\partial f}{\partial l}$ 和 $\dfrac{\partial f}{\partial d}$，则测量结果的总不确定度 $\sigma_f = \sqrt{\left(\dfrac{\partial f}{\partial l}\right)^2 \sigma_l^2 + \left(\dfrac{\partial f}{\partial d}\right)^2 \sigma_d^2}$。凸透镜焦距的测量结果表示为：$f = \bar{f} \pm \sigma_f$。

表 2-26-2　物距像距法测量凹透镜焦距

测量次数	1	2	3	4	5	平均值
u/cm						
v/cm						
f/cm						

同样，凹透镜焦距的测量结果表示为：$f = \bar{f} \pm \sigma_f$。

思考题

1. 测透镜焦距有几种方法？各有什么优缺点？还有别的方法吗？
2. 根据成像规律，如何简单判断凹凸透镜？
3. 在用共轭法测凸透镜焦距时，为什么要使物和像之间的距离 l 大于 4 倍焦距（$l > 4f$）？
4. 在什么条件下，物点发出的光线通过会聚透镜和发散透镜组成的光学系统将得到一个实像？
5. 本实验产生误差的原因在哪里？明确实验中应特别注意的地方。
6. 做本实验时，为什么要对光具座做同轴等高的调节？

实验 2-27 分光计的结构和仪器的调整

分光计（spectrometer）在光学实验中占有重要地位，不但可以测定角度，还可以用来将复合光分解成光谱。可以用分光计精确测量光线的散射角、衍射角和布儒斯特角等。而光学中很多物理量都和光线的偏转角度有关，所以通过对角度的测量可以间接测量光学中的其他物理量，诸如固体、液体的折射率，光波的波长以及光栅常数等。在分光计中配有专门的光学元件，可以组成专用的光学仪器；如果在载物台上放上棱镜或光栅就可以组成光谱仪，可进行光谱分析；在平行光管和望远镜上装上偏振片便可以研究光的偏振现象等。

分光计不仅用途广泛，而且结构精密、调整难度大、操作烦琐，所以了解分光计的构造，学会调整和使用分光计是极为重要的实验训练，要求极为严格。本次实验只是一个初步的练习，可以通过以后的诸多实验逐步达到熟练应用、操作自如的程度。

【实验目的】

① 熟悉分光计的构造及各主要部件的功能。

② 掌握分光计调整的一般步骤及常用技巧。

【实验仪器】

分光计、平行平面反射镜、钠光灯。

分光计的型号很多，这里采用的是 JJY 型分光计，其结构如图 2-27-1 所示。

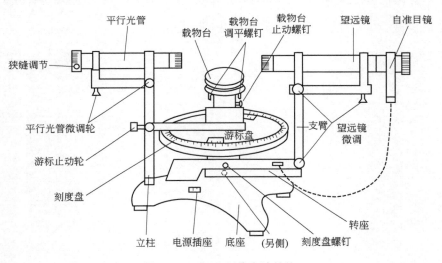

图 2-27-1 JJY 型分光计结构

JJY 型分光计主要由 4 部分组成：平行光管、载物台、望远镜和读数系统。这 4 部分固定在底座上，底座中心有沿铅直方向的转轴，称为仪器的中心转轴。

（1）平行光管

平行光管固定在底座的立柱上，它是由可调狭缝和一组消色差透镜组成的。平行光管光轴的位置可以通过安装在立柱上的两个可调螺钉进行上下左右调节，使其光轴与望远镜的光轴重合。狭缝可沿平行光管光轴方向进动，调节狭缝和透镜之间的距离，使狭缝位于透镜的焦平面上，此时狭缝即可以射出平行光。狭缝的宽度可以在 0.02～2mm 之间调节。狭缝亦可绕光轴转动，改变狭缝在与平行光管轴线垂直的平面内的方位（即狭缝是沿着水平方向的、还是沿着垂直方向的）。

（2）载物台

载物台套在游标盘上，松开止动螺钉，它既可以上下移动，又可以绕中心轴水平转动。载物台上可以放平行平面镜、三棱镜、光栅等光学元件。圆台下边等边分布有3个可调螺钉，用来调节载物台与转轴的垂直和与水平面的平行程度。

（3）望远镜

望远镜称阿贝式自准直望远镜，安装在支臂上。它是分光计构造最复杂的一部分，主要由物镜、镜筒、目镜、阿贝棱镜、光源、分划板等组成，分划板上刻有双十字叉丝。

支臂和转座固定在一起，并套在刻度盘上。当松开望远镜的止动螺钉时，望远镜可以绕中心转轴旋转。当松开刻度盘的止动螺钉时，望远镜和刻度盘可相对转动；旋紧此止动螺钉可使望远镜和刻度盘一起转动（实验中此螺钉一般是固紧的）。望远镜及支臂上的3个螺钉可以调节望远镜的水平、高低和微小转向。

阿贝式自准直目镜是把一小块全反射棱镜胶合在分划板的下方，胶合面上镀有银层，银层上刻有透明的"十"字。当接通专用电源后，光会从全反射小棱镜下方进入望远镜中，从望远镜的目镜中可以看到分划板下方有一个小方块，方块中有一个绿色的小"十"字。当望远镜调焦到无穷远处时，物镜的像方焦平面与目镜的物方焦平面重合，分划板所处的位置正好在目镜和物镜的焦平面上；当分划板上透明的"十"字发出的绿色光由物镜平行射出，此时如果平行平面镜放在载物台上且镜面与望远镜的轴线相垂直，那么由物镜射出的绿"十"光经平面镜反射后，再经物镜聚焦到分划板上，从目镜中能看到在分划板上方的亮"十"字的反射像——自准像。因为透明的"十"字（全反射棱镜的银层）与分划板内双十字叉丝刻线中的上方十字叉丝对称于中心位置，所以将反射像（亮"十"字的像）调到与分划板上方十字叉丝重合，则望远镜的轴线就与载物台上小平面镜的镜面垂直，如图2-27-2所示。

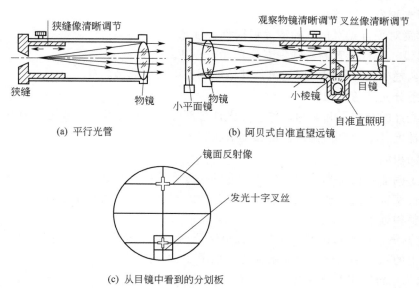

(a) 平行光管

(b) 阿贝式自准直望远镜

(c) 从目镜中看到的分划板

图 2-27-2 平行光管、阿贝式自准直望远镜调节光路

（4）读数系统

读数系统由刻度盘（外盘）、游标盘（内盘）组成，它们都套在中心转轴上，各有止动螺丝可固定，松开止动螺丝后都可以绕中心轴转动。

刻度盘外盘分为 360°，最小刻度为半度（30′），小于半度则利用游标读数。每个游标上都刻有 30 个分格，每格的读数为 1′。其原理与直游标相同，其读数方法与游标卡尺一样，读出的数据为"角度"。如图 2-27-3 所示的位置应读为 116°12′。

图 2-27-3　分光计的读数装置示意

为消除偏心差，分光计设置了左右两个游标，也称双游标。在使用时，游标固定而主尺转动，两个游标都要读。如果在某一位置，从左游标上读出 α_1，从右游标上读出 β_1；当望远镜转过一角度时，从左游标上读出 α_2，从右游标上读出 β_2，所测的角度对左、右游标分别是

$$\alpha_2 - \alpha_1 = \Delta\alpha$$
$$\beta_2 - \beta_1 = \Delta\beta$$

望远镜转过的角度 φ 为

$$\varphi = \frac{1}{2}(\Delta\alpha + \Delta\beta) = \frac{1}{2}(|\alpha_2 - \alpha_1| + |\beta_2 - \beta_1|)$$

读数时应注意：转动望远镜时，刻度盘是否越过 0°（或 360°），如越过 0°，在计算转过的角度时，就不那么简单了。

【实验内容与步骤】

要使分光计能正常工作，并能测出较准确的数，分光计必须满足下列要求：

① 平行光管发出平行光；

② 望远镜对平行光聚焦（即望远镜接收平行光）；

③ 望远镜、平行光管的光轴垂直分光计中心轴。

分光计调整的关键是调好望远镜，其他的调整可以望远镜为准。

（1）熟悉分光计的结构

对照分光计的结构图和实物，熟悉分光计各部分的具体结构及其调整、使用方法。要注意区别分光计上各个螺钉的具体作用和调节状态。

（2）目测粗调

为了便于调节望远镜光轴和平行光管光轴与分光计中心转轴严格垂直，可先用目视的方法进行粗调：使望远镜、平行光管和载物台台面大致垂直于分光计中心轴。

（3）调整望远镜

① 目镜调焦　点亮目镜照明小灯，把目镜调焦手轮轻轻旋出，或旋进，从目镜中观看，直到分划板上的双十字叉丝刻线清晰为止（如图 2-27-4 所示）。

② 调整望远镜对平行光聚焦　将平行平面镜放在载物台上。为了便于调节，平行平面镜的镜面通过载物台上的一个螺钉并与另外两个螺钉的连线垂直（如图 2-27-5 所示）。调整望远镜的轴线和载物台平面大致水平，使平行平面镜的镜面与望远镜大致垂直。放松载物台

上的止动螺钉，轻缓地转动载物台，先从侧面观察平面镜，在与望远镜光轴等高的位置观察到望远镜射出的亮"十"字像；再继续转到载物台，亮"十"的光被反射回望远镜中，此时能在望远镜的目镜中看到亮"十"字像（注意：分光计的调节是否顺利，这一步很重要，切记转动载物台时动作幅度要小！只要这一步做好，就可以大大减少后面工作的盲目性）。

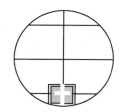

图 2-27-4　目镜分划板

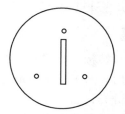

图 2-27-5　平面反射镜在载物台上的位置

为方便在望远镜的目镜中找到亮"十"字像，可先从外侧沿着望远镜的光轴方向观察平行平面镜的反射面，看能否找到该"十"字像；如果找不到，再重新估计调节望远镜轴线与载物台之间的关系，使它们既平行又水平（当然只是近似），直到从望远镜外侧看到亮"十"字像。如果目镜中看不到清晰的像，或只是一团模糊的亮斑，说明望远镜聚焦没有调整到无穷远处，这时可以调节望远镜的目镜镜筒，改变目镜分划板与物镜之间的距离，即对望远镜调焦，使反射回来的亮"十"字像清晰。并与目镜分划板内双十字叉丝的上方十字叉丝重合。这样就是望远镜对平行光聚焦，可以接受平行光。在后面的调节步骤中，望远镜调节好了，望远镜目镜分划板与物镜之间的距离就不能再动了。

（4）调整望远镜光轴与分光计中心轴相垂直

转动载物台 180°，如果望远镜的光轴与仪器的中心转轴垂直，从望远镜中将两次观察到亮"十"字像（平行平面镜两个面的反射像）与分划板内双十字叉丝的上方十字叉丝重合。

但一般情况下，从望远镜中两次观察到的亮"十"字像（平行平面镜两个面的反射像）与分划板内双十字叉丝的上方十字叉丝不一定重合，而是一个偏低、一个偏高，甚至只能看到一个，说明望远镜的光轴与仪器的中心转轴不垂直。这时需要认真分析，确定调节方向，切不可盲目乱调。

首先，要调到从望远镜中出现两次亮"十"字像（平行平面镜两个面的反射像）；然后再采用"二分之一法"来调节。具体做法是：假设从望远镜中看到亮"十"字像与分划板内双十字叉丝的上方十字叉丝不重合，它们的交点在高低方面相差一段距离，则调节望远镜的倾斜度，使差距减小一半；再调节载物台螺丝，消除另一半差距，使亮"十"字像与分划板内双十字叉丝的上方十字叉丝重合（至于左右方向，亮"十"字像与双十字叉丝上方十字叉丝的中心重合，可通过转动载物台来实现）。转动载物台 180°，使望远镜对准平行平面镜的另一面，用上述同样的方法调节。如此重复调整数次，直到转动载物台时，从望远镜中两次观察到的亮"十"字像（平行平面镜两个面的反射像）与分划板内双十字叉丝的上方十字叉丝均重合为止。说明望远镜光轴与仪器的中心转轴垂直。

（5）调整平行光管

这时望远镜和载物台已调好，我们以望远镜为标准来调节平行光管。

① 取下平行平面镜，先目测一下，使平行光管的轴线和望远镜的轴线基本在一条直线上。点燃光源照亮狭缝，打开狭缝，从望远镜中观察狭缝的像，调节狭缝与透镜之间的距

离，使从望远镜中能清晰看到狭缝的像。

　　② 调节狭缝的宽度和垂直度，使狭缝的宽度适中，转动狭缝（倾斜度），使狭缝的像与分划板内双十字叉丝的垂直线中心对称重合且无视差。上下调节平行光管，使狭缝像的上端与分划板内双十字叉丝的上方水平线等高，从望远镜的目镜中看到一竖直明亮的细平行光束。

　　至此，分光计已调好，一切都清晰无视差。

■ 思考题

1. 熟悉分光计结构，弄清每一器件的作用。
2. 调节仪器时，对平行平面镜有什么要求？为什么？
3. 如何判断分光计已调好？
4. 精密调节时采用什么方法？为什么？
5. 仪器调整好后，如果需要更换载物台上的光学元件，应如何处理？
6. 要尽快调好分光计，关键在何处？

实验 2-28　玻璃折射率的测量

光在传播过程中，遇到不同介质的界面时，就要发生反射和折射，光线将改变传播方向，结果在入射光和反射光或折射光之间就有了夹角。反射定律和折射定律等正是这些角度之间关系的定量表述。一些光学量如折射率就可以通过测量有关角度来确定，因而精确测量角度，在光学实验中就显得尤为重要。三棱镜是分光仪器中的色散元件，其主截面是等腰三角形，两折射面（相当于等腰三角形的两腰）的夹角称为顶角或棱镜角。顶角和棱镜材料的色散率越大，该棱镜的角色散也越大。另外棱镜的偏向角也和顶角有关。

本实验就是通过对三棱镜顶角及最小偏向角的测量从而计算该三棱镜玻璃的折射率（refractive index）。

分光计是一种测量角度的精密的光学仪器，通过对三棱镜有关角度的测量，可以加深对分光计结构和使用的认识和熟悉。

【实验目的】

① 加深了解分光计的构造、基本原理和调整方法。
② 掌握分光计测量三棱镜的顶角和偏向角的方法。
③ 掌握玻璃的折射率的计算方法。
④ 观察三棱镜的色散现象。

【实验仪器】

分光计、三棱镜、光源。

【实验原理】

白光经折射后分解成各种颜色的光谱，这种现象称为光的色散现象。发生色散现象的原因是因为不同颜色即不同频率的光在同一介质中传播的速度不相同。于是同一介质对不同颜色的光就有不同的折射率。这样不同颜色的光经同一介质折射后，因传播方向不同彼此分开，所以在实验中通常用真空的波长而不用频率来标志不同颜色的光，它们的关系是：

$$\lambda = \frac{c}{\nu}$$

式中，c 为真空中的光速；ν 为光的频率。

如图 2-28-1 所示，设三棱镜的顶角为 A，单色平行光入射到 AB 面上，发生折射，设入射角为 i，折射角为 r，折射光线又入射到 AC 面上，其入射角为 r'，折射角为 i'，δ_1、δ_2 分别是第一次和第二次折射的偏向角，出射光线与入射光线之间的夹角 $\delta = \delta_1 + \delta_2$，称为三棱镜的偏向角。转动三棱镜，改变入射角，使第一次折射的入射角 i 由 90°向 0°变化，此时 δ_1 由大到小到零，而 δ_2 由小到大，它们的变化规律是单调的；而偏向角的变化则一开始由大到小，接着由小到大，中间经过一个极小值，此值称为最小偏向角，用 δ_m 表示。这种现象称为最小偏向角现象。

由图 2-28-1 中的几何关系可得

$$\delta = i + i' - A \tag{2-28-1}$$

$$A = r + r' \tag{2-28-2}$$

由光的折射定律又可得

$$\sin i = n \sin r \tag{2-28-3}$$

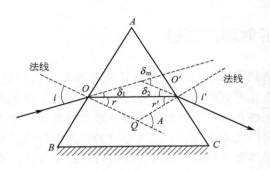

图 2-28-1   最小偏向角

$$\sin i' = n \sin r' \tag{2-28-4}$$

从式(2-28-1)～式(2-28-4)中消去 r、r'、i'，即可得三棱镜的偏向角 δ 与入射角 i 的一般表达式

$$\delta = \arcsin(\sqrt{n^2 - \sin^2 i}\,\sin A - \cos A \sin i) + i - A \tag{2-28-5}$$

容易证明偏向角 δ 有最小值 δ_m。

由式(2-28-1)得

$$\frac{\mathrm{d}\delta}{\mathrm{d}i} = 1 + \frac{\mathrm{d}i'}{\mathrm{d}i} \tag{2-28-6}$$

对式(2-28-2)～式(2-28-4)微分得到

$$\mathrm{d}r = -\mathrm{d}r'$$
$$\cos i\,\mathrm{d}i = n \cos r\,\mathrm{d}r$$
$$\cos i'\,\mathrm{d}i' = n \cos r'\,\mathrm{d}r'$$

由此可得

$$\frac{\mathrm{d}i'}{\mathrm{d}i} = -\frac{\cos i \cos r'}{\cos i' \cos r} \tag{2-28-7}$$

将式(2-28-7)代入式(2-28-6)，并令 $\frac{\mathrm{d}\delta}{\mathrm{d}i} = 0$

$$\frac{\mathrm{d}\delta}{\mathrm{d}i} = 1 - \frac{\cos i \cos r'}{\cos i' \cos r} = 0$$

得

$$\cos i \cos r' = \cos i' \cos r \tag{2-28-8}$$

又根据式(2-28-3)、式(2-28-4)得

$$\sin i \sin r' = \sin i' \sin r \tag{2-28-9}$$

联立式(2-28-8)、式(2-28-9)，并注意到 i，r，i'，r' 均为锐角，因此要使 $\frac{\mathrm{d}\delta}{\mathrm{d}i} = 0$，可得

$$i = i' \text{ 和 } r = r'$$

第一次折射光与底面平行，此时

$$r = r' = \frac{A}{2}$$

$$i_0 = i = i' = \arcsin\left(n \sin\frac{A}{2}\right) \tag{2-28-10}$$

偏向角有极值，可以证明为极小值。

$$\delta_m = 2\arcsin\left(n \sin\frac{A}{2}\right) - A \tag{2-28-11}$$

根据式（2-28-11），在最小偏向角现象条件下，最小偏向角 δ_m 和三棱镜玻璃对入射单色光的折射率 n 之间有确定的关系：

$$n=\frac{\sin\left(\dfrac{A}{2}+\dfrac{\delta_\mathrm{m}}{2}\right)}{\sin\dfrac{A}{2}} \tag{2-28-12}$$

从式（2-28-12）可以看出，只要测出三棱镜的顶角 A 和最小偏向角 δ_m 就可以算出折射率 n。

取 $A=60°$，$n=1.60$，用 MATLAB 绘出偏向角 δ 与入射角 i 的关系曲线，如图 2-28-2 所示。

由图 2-28-2 可以看出，当入射光线的入射角 $i=i_0$ 时，偏向角 δ 有最小值即 δ_m。

由图 2-28-2 还可以看出，当入射光线的入射角 i 小于 i_m 时，偏向角不存在，即没有出射光线。

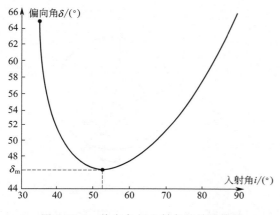

图 2-28-2　偏向角与入射角的关系曲线

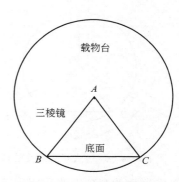

图 2-28-3　三棱镜的放法

这是因为如图 2-28-1 所示，当入射角 i 减小时，折射角 r 也随之减小，由 $r'=A-r$，则 r' 增大，如果 r' 大于棱镜玻璃的全反射角时，即有

$$n\sin r'=\sin i'=1$$

光线就在 AC 面上发生全反射，因此没有出射光线，此时的入射角称为最小入射角 i_m。

【实验内容与步骤】

（1）分光计的调节

① 按实验 2-27 的方法和步骤调整好分光计。即载物台水平，望远镜的光轴和平行光管的光轴在一条直线上，且与分光计中心轴垂直，从望远镜中观察到一竖直明亮的细平行光束。

② 将三棱镜放在载物台上，如图 2-28-3 所示，顶角 A 位于载物台中心位置。

（2）测量棱镜的顶角

图 2-28-4 所示，是用反射法测三棱镜的顶角示意图，将三棱镜放在载物台上，使其顶角对准平行光管的光轴，顶角放在载物台中心位置。将望远镜转到 AB 面，找 AB 面反射回来的狭缝的像，并将狭缝的像与分划板内双十字叉丝的竖直刻线重合。从两个游标上分别读出 α_1 和 β_1，转到 AC 面，用同样的方法读出 α_2 和 β_2，求出望远镜转过的角度 φ。

根据简单的几何关系，可以证明，三棱镜顶角 A 等于上面望远镜转过的角度的一半。

改变三棱镜在载物台上的位置，重复多次测量，记录测量值，求出顶角的平均值。

（3）测量三棱镜最小偏向角

① 先观察三棱镜的色散现象。将三棱镜如图 2-28-5 所示放置在载物台上，使三棱镜的折射面的法线与平行光管光轴的夹角大约为 60°。用光源照亮狭缝，根据折射定律，判断折射光线的出射方向，用眼睛在这个方向观察，应看到彩色谱线，然后轻轻转动载物台，注意谱线的移动情况。如果始终朝一个方向转动载物台，即改变入射角，注意谱线的移动情况。观察偏向角的移动规律，选择偏向角减小的方向，按这个方向慢慢转动载物台，就会看到载物台转到某一位置时，某一波长的光的谱线不再移动。以后继续按原方向转动载物台，该谱线反而折回，向偏向角增大的方向移动，说明偏向角有一极小值。这一折回的极限位置就是该谱线处在最小偏向角 δ_m 的位置。

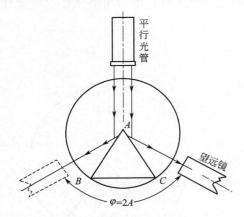

图 2-28-4　反射法测三棱镜的顶角

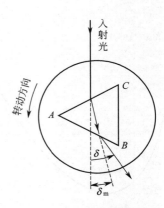

图 2-28-5　最小偏向角

② 在上面的基础上改用望远镜观察谱线的移动情况，使望远镜一直跟踪折射光谱中某一种颜色的光，最后停在谱线折回的位置，反复仔细调整它的位置，确定后锁住载物台，将望远镜分划板内双十字叉丝的竖直刻线对准谱线，从两个游标盘上读出 α_1、β_1 值。取下三棱镜，将望远镜对准平行光管，使狭缝的像与分划板内双十字叉丝的竖直刻线重合，从两个游标上读出 α_2、β_2，则三棱镜对该波长的光的最小偏向角为

$$\delta_m = \frac{1}{2}(\,|\,\alpha_2 - \alpha_1\,| + |\,\beta_2 - \beta_1\,|\,)$$

多次测量求出 δ_m 的平均值。

（4）将测出的顶角 A 及最小偏向角 δ_m 代入公式（2-28-12），计算棱镜在该波长下的折射率。

（5）光源是复合光，可以换一条谱线重复上面的实验。

【数据处理】

将实验数据填入表 2-28-1，并进行数据处理。

表 2-28-1　测玻璃折射率实验数据

测量次数	1	2	3	4	5	平均值
顶角 A						
最小偏向角 δ_m						
折射率 n						

按 1.3 节中介绍的简化模式来计算不确定度，用不确定度评定测量结果。

顶角 A 的 A 类不确定度分量 $u_{AA} = \sqrt{\dfrac{\sum (A_i - \overline{A})^2}{n(n-1)}}$，取分光计的最小分度值为仪器的

允许误差，即 $\Delta_S = 1'$，则 B 类不确定度分量 $u_{AB} = \dfrac{\Delta_S}{\sqrt{3}}$，顶角 A 的总不确定度 $\sigma_A =$

$\sqrt{u_{AA}^2 + u_{AB}^2}$，同理可得最小偏向角 δ_m 的总不确定度 $\sigma_{\delta_m} = \sqrt{u_{\delta_m A}^2 + u_{\delta_m B}^2}$。根据式(2-28-12) 可

得，$\dfrac{\partial n}{\partial \delta_m} = \dfrac{\cos \dfrac{A + \delta_m}{2}}{2 \sin \dfrac{A}{2}}$，$\dfrac{\partial n}{\partial A} = -\dfrac{\sin \dfrac{\delta_m}{2}}{2 \sin^2 \dfrac{A}{2}}$，则折射率的总不确定度 $\sigma_n = \sqrt{\left(\dfrac{\partial n}{\partial A}\right)^2 \sigma_A^2 + \left(\dfrac{\partial n}{\partial \delta_m}\right)^2 \sigma_{\delta_m}^2}$。

测量结果表示为：$n = \overline{n} \pm \sigma_n$。

思考题

1. 测三棱镜顶角 A 时，三棱镜应怎样放（用反射法）？为什么？

2. 试证明双游标可以消除偏心差。

3. 什么是最小偏向角？如何在实验中确定最小偏向角。

实验 2-29　光栅的特性及光栅常数的测定

光的干涉证明了光具有波动性，而光的衍射现象是光的波动性的又一重要依据。

所谓衍射光，说得通俗点就是光波经过障碍物而弯曲改变了传播方向的一种现象，所以有时也把衍射叫绕射。衍射是一切波的共同现象，所以通过对衍射现象的研究可以使我们进一步认识光的波动性。

光的波长很短，一般的障碍物构成的孔缝都比它大得多，所以光在一般情况下看作直线传播；只有在一定情况下，光遇到障碍物时才能偏离直线传播，在其波面受到限制而发生衍射现象。

光栅（optical grating）和棱镜一样，也是一种重要的分光元件，它是根据多缝衍射的原理制成的，它能产生谱线间距离较宽的均匀排列的光谱，所得光谱线的亮度比用棱镜分光时要小，但其分辨本领却比棱镜大得多，光栅不仅适用于可见光还可以用于红外光和紫外光。

光栅在结构上分平面光栅、阶梯光栅和凹面光栅 3 种，同时又可分为透射光栅和反射光栅两类。我们使用的是平面刻痕透射式光栅，这种光栅是通过在光学玻璃上刻画大量相互平行、等宽度、等间距的刻痕而制成的。还有一种透射式平面全息光栅是用全息照相的方法，先在玻璃平板上制成许多相互平行、宽度和间距相等的黑白条图像，再经漂白液洗去平板上黑色银粒制成的。漂白后的平板仅在玻璃上留下与原图像相同的乳胶线，光线只能从乳胶线之间通过，这就成了多缝光学元件，即光栅。当光照在光栅上时，光线只能从刻痕间通过，所以光栅实际上是一排密集的均匀的狭缝。

当用单色光垂直照射在光栅上时，按光栅的衍射理论，透过光栅各狭缝的光如同以狭缝为光源的许多平行线状光源向各个方向散射的光波一样，在某些给定的方向上，各缝发出的光，经凸透镜会聚后产生一条明亮的条纹，这些亮条纹被相当宽的暗区隔开，而且间距不相等。

【实验目的】

① 观察光通过光栅的衍射情况，了解干涉条纹的特点。

② 了解光栅的分辨本领及角色散率。

③ 进一步熟悉分光计的调整和使用。

④ 用已知波长的光的衍射校正光栅常数，或者反之。

【实验仪器】

分光计、光栅、水银灯或钠灯。

【实验原理】

如图 2-29-1 所示，a 为光栅刻痕的宽度，b 为缝宽，$d=a+b$ 为光栅常数。

根据夫琅和费衍射现象，光波波长为 λ 的平行光束垂直照射到光栅平面上，光波将在各狭缝处发生衍射，所有狭缝的衍射光又彼此发生干涉，干涉条纹定域于无穷远处，在光栅后面加一会聚透镜，则射向它的各方向的衍射光都将会聚在它的焦平面上，从而得到衍射光的干涉条纹。在实验时不用透镜，而是用望远镜。

分析图 2-29-1，知道相邻的两缝上的对应点出射的光束的光程差为

$$\Delta=(a+b)\sin\varphi=d\sin\varphi \tag{2-29-1}$$

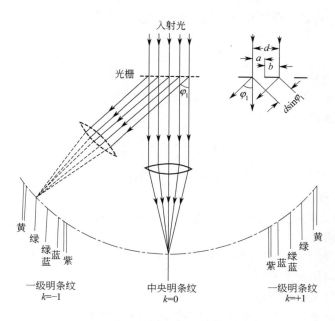

图 2-29-1　光栅衍射光谱示意图

式中，φ 为衍射角。当光程差满足下面的条件时

$$\Delta = d\sin\varphi = k\lambda \qquad (k=0,\pm1,\pm2,\pm3,\cdots\cdots) \qquad (2\text{-}29\text{-}2)$$

则该衍射方向的光将得到加强，叫做主极大，其他方向上的衍射光或者被完全抵消，或者强度很弱，几乎成为一个暗背景。把 $k=0$，±1，±2，±3，…代入式(2-29-2)，将依次得到各级主极大，分别称为中央主极大（零级谱线），正负第一级主极大，正负第二级主极大……

如果入射光是复合光，则由式(2-29-2) 可以看出具有相同的 k 级。光波波长不同时，其衍射角不同，但也能产生明条纹，于是复合光就被分解为按波长顺序排列的一簇亮条纹，形成彩色光谱，光谱中每一条亮条纹被称为谱线。这种光栅的衍射就把复合光分解为单色光。当 $k=0$ 时，衍射角 $\varphi=0$，不同波长的光经过光栅衍射后均发生偏转，各条谱线在中央位置上重叠，其结果还是复合光，组成中央明纹；当 $k=\pm1$，±2，±3，…时，因光波不同，衍射角 φ 也不同，复合光经光栅衍射被分解而成为光谱，$k=1$ 称为一级衍射光谱，$k=2$ 称为二级衍射光谱等。

从图 2-29-1 中还可以看出，各级谱线的密集程度随 k 值的增大而逐渐变得稀疏，同时在高级光谱区两级光谱有重叠部分出现。这是由于不同波长的光经光栅后，低一级光谱中长波谱的衍射角大于高一级的光谱中波长较短的光波谱级的衍射角所致。

另外，若复合光中最大波长为 $\lambda_{\max}$ 时，则复合光经光栅分解后所能看到此光谱最多级数是

$$k_{\mathrm{m}} = \frac{a+b}{\lambda_{\max}}$$

从上面分析中，可以得出：衍射光栅的基本特性可用角色散率和分辨本领来表征。

（1）角色散率

角色散率是用来表征光栅能将不同波长的光分散开多大的角距离。定义为：同一级两条

谱线的衍射角差 $\Delta\varphi$ 与它们的波长之差 $\Delta\lambda$ 之比，即

$$D = \frac{\Delta\varphi}{\Delta\lambda} \qquad (2\text{-}29\text{-}3)$$

对式（2-29-2）两边微分得

$$d\cos\varphi\mathrm{d}\varphi = k\,\mathrm{d}\lambda \qquad (2\text{-}29\text{-}4)$$

将式（2-29-4）代入式（2-29-3）得

$$D = \frac{\Delta\varphi}{\Delta\lambda} = \frac{k}{d\cos\varphi} \qquad (2\text{-}29\text{-}5)$$

从式（2-29-5）可以看出，光栅光谱有以下特点：

① 光栅常数 d 越小，角色散率越大。

② 高级次光谱比低级次光谱具有较大的角色散，不过 k 级越大，光谱的强度就显得越弱，这与实际相矛盾。

③ 在衍射角 φ 很小的时候，角色散率可以看成是一个常数，此时 φ 与光波波长成正比，说明光栅光谱是均匀排列的光谱。

（2）分辨本领（又叫分辨率）

光栅产生的光谱单用角色散率表征是不够的。这是因为根据夫琅和费衍射理论，在有些条件下，有些谱线可能拉得很宽，这时尽管角色散率很大，能够将谱线色散开来，但也不一定能将两条谱线分开，为此引进了分辨率这个概念。

根据实验和经验，当一条谱线的极大处刚好落在另一条谱线的极小处时，合成光线的能

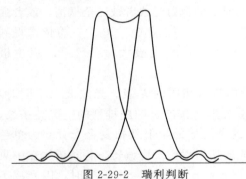

图 2-29-2　瑞利判断

量最小处约为最大处的 80%，刚好能分辨出两条谱线的存在，称为瑞利判断，如图 2-29-2 所示，可以看出谱线的水平宽度越窄，则能分辨的两谱线的波长差越小，也就是光栅的分辨本领越大，于是可以这样定义分辨本领 R，即两条刚被分开的谱线波长差去除它们的平均波长。

$$R = \frac{\bar{\lambda}}{\Delta\lambda} \qquad (2\text{-}29\text{-}6)$$

在学习光的干涉时知道，当狭缝的数目越多，干涉条纹的主极大就越细窄，当然干涉条纹的水平宽度就越窄。上面讨论角色散率时知道，当谱线的级数 k 越大，角色散率越大，两条谱线就越容易分辨，所以可以用光栅的总刻痕数 N 和谱线级数 k 的乘积来表示光栅分辨本领，即

$$R = kN \qquad (2\text{-}29\text{-}7)$$

式（2-29-7）还可以根据瑞利条件："两条刚可以被分开的谱线规定为其中第一条谱线的主极大正好落在另一条谱线的主极小处"来证明。

因为光栅能出现的最高级次一般都不会很高，所以光栅的分辨本领主要取决于总缝数 N，所以增大光栅使用面积，减小光栅的光栅常数 d 都可以提高分辨本领。

【实验内容与步骤】

（1）按实验要求调整好分光计：从望远镜的目镜中能看到，分划板的双十字叉丝的上方十字叉丝的中点与平行平面镜反射回来的绿色亮"十"字像重合；使狭缝的像与双十字叉丝

的竖直线对称重合。所有像均清晰无视差。

然后取下平行平面镜，将光栅放在平行平面镜的位置上，如图 2-29-3 所示。因为更换了载物台上的光学元件，所以还要对分光计进行调整。不过这时只能调节载物台光栅面前后的两个螺钉，使由光栅面反射回来的两绿色亮"十"字像都与望远镜分划板的双十字叉丝的上方十字叉丝重合。

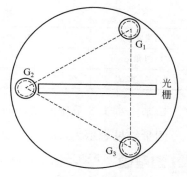

图 2-29-3 光栅在载物台上安放的位置

按照图 2-29-3 的要求将光栅放在载物台上，把光栅的两个表面当作小平行平面镜的两个反射对待，按照实验 2-27 的内容调整分光计（不过这时应特别爱护光栅表面，要求严格保证表面清洁无损伤，绝对不允许用手或其他物品触及表面，更不能哈气擦拭，否则会污染或损坏其表面而使之报废）。

（2）观察光栅衍射光谱

① 望远镜对准光栅表面时，看到的是中央明条纹，转动望远镜可以观察到分布在中央明纹两侧的谱线分布情况。如果两侧谱线不等高或与分划板的双十字叉丝竖直线不平行，可以调节载物台的螺钉 G_2，同时适当减小狭缝宽度，使谱线尽可能锐细，并有足够亮度。

② 如果是复合光作为光源，转动望远镜仔细观察，可以从中央明纹的两侧看到一系列谱线簇，观察各对应谱线的对称情况，以及同一级谱线的衍射角随波长的不同有何变化，各级光谱谱线的疏密程度有何变化，记录并解释观察的现象。

（3）测量光栅常数

转动望远镜对准中央明纹，使望远镜分划板的双十字叉丝竖直线与零级明纹的中心重合，从两个游标上读出 α_0、β_0，然后选择某已知波长的谱线确定其级数。转动望远镜使双十字叉丝竖直线分别对准左右两边 $k = \pm 1$ 级某颜色的亮条纹，记下相应的 α_{L1}、β_{L1}、α_{R1}、β_{R1}。

$$\varphi_{L1} = \frac{|\alpha_{L1} - \alpha_0| + |\beta_{L1} - \beta_0|}{2}$$

$$\varphi_{R1} = \frac{|\alpha_{R1} - \alpha_0| + |\beta_{R1} - \beta_0|}{2}$$

则该选定颜色光的第一级亮条纹的衍射角 $\varphi_1 = \frac{1}{2}(\varphi_{L1} + \varphi_{R1})$，查出对应的波长 λ，将 λ、φ_1 代入式（2-29-2），求出光栅常数 d，重复多次测量，数据记入表 2-29-1。

（4）测量未知波长

这时只能用单色光作为光源，或实验时选择某一颜色的光作为测量对象，把光栅常数作为已知，采用上面类似的方法可求出光波的波长。

（5）测量光栅的角色散率

转动望远镜，使分划板双十字叉丝竖直线依次对准零级和左右 $k = \pm 1$ 的黄色线条纹，并按上述同样的方法测量其衍射角 φ_1、φ_2，然后代入式（2-29-2）求出它们的波长 λ_1、λ_2，最后依据角色散率定义和式（2-29-5）分别求出角色散率。

【数据处理】

表 2-29-1　测量光栅常数实验数据表　　　　　　　　$\lambda =$ _____ nm

测量次数	1	2	3	4	5	平均值
衍射角 φ						
光栅常数 d						

按第 1 章 1.3 节中介绍的简化模式来计算不确定度，用不确定度评定测量结果。

测量结果表示为：$d = \bar{d} \pm \sigma_d$。

思考题

1. 光栅衍射光谱与棱镜色散光谱有何不同？
2. 如何将光栅衍射与傅里叶变换联系起来？
3. 用白光做光源，为什么中央是白色的明条纹？两边是彩色光谱？
4. 用钠光灯做光源，照在每厘米 500 条缝的光栅上，能观察到第几级谱线？为什么？
5. 光线斜入射到光栅上，谱线的位置会发生怎样的变化？

实验 2-30　双棱镜干涉

在光学发展的历史上，从惠更斯关于光的波动说的初步尝试，到光的波动理论的确立，历时一百多年。在光的波动说和粒子说的长期论战中，从 1801 年英国科学家杨（T. Young）用双缝做了光的干涉实验后，光的波动说开始为许多学者接受，但仍有不少反对意见。有人认为杨氏条纹不是干涉所致，而是双缝的边缘效应。二十多年后，法国科学家菲涅耳（Augustin J. fresnel，1788—1827）做了几个新实验，令人信服地证明了光的干涉现象的存在，以无可辩驳的实验证据再次验证了光的波动性质，为波动光学奠定了坚实的基础。其中之一就是菲涅耳双棱镜（Fresnel biprism）实验。菲涅耳巧妙地设计出菲涅耳双棱镜，用毫米级的测量得到纳米级的精度。实验装置虽然比较简单，其物理思想、实验方法与测量技巧至今仍然值得我们学习。

为满足光的干涉条件，通常把由同一光源发出的光分成两束或多束相干光，使它们经过不同路径后相遇而产生干涉。产生相干光的方式有两种，即分波阵面法和分振幅法。双棱镜干涉实验就是用分波阵面法产生双束干涉光。

【实验目的】

① 观察、描述双棱镜干涉现象及特点。

② 用双棱镜测定光的波长。

【实验仪器】

菲涅耳双棱镜、测微目镜、光学导轨、光具座、钠光灯等。

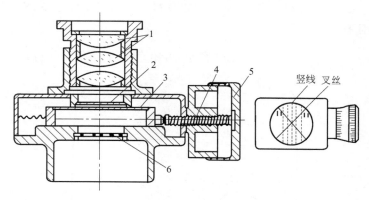

图 2-30-1　测微目镜结构图

1—复合目镜；2—有毫米刻度的固定玻璃片；3—附有竖线（叉丝）
的可动玻璃片；4—测微丝杆；5—鼓轮；6—防尘玻璃

测微目镜如图 2-30-1 所示，是用来测量微小距离的仪器。旋转传动丝杆，可以推动分划板左右移动。活动分划板上刻有竖线（叉丝），其移动方向垂直于目镜的光轴；固定分划板上刻有短的毫米标度线；鼓轮上有 100 个分格，因此，鼓轮转动一小格代表 0.01mm。

测微目镜的使用方法与螺旋测微计相似。竖线（叉线）交点的位置为毫米数，由固定分划板上读出，毫米以下的读数由鼓轮上确定。它的测量准确度为 0.01mm，可以估读到 0.001mm。

使用时应先调节目镜，看清楚竖线（叉丝）；转动鼓轮推动分划板，使竖线（叉丝）与被测物的像重合，便可得到一个读数；再转动鼓轮，使竖线（叉丝）移动到另一被测物的像上，又得到一个读数；两读数之差即为两个像间的距离。

【实验原理】

菲涅耳双棱镜可以看成是由两个顶角很小（0.5°～1°）的直角棱镜底边相接而成的，故名双棱镜。如图 2-30-2 所示，利用单色光源发出的光，照明一个取向和狭缝宽度均可调节的狭缝 S，使 S 成为一个线光源，经双棱镜折射后成为两束光束，它们好像是由与狭缝处于同一平面上的两个虚光源 S_1 和 S_2 发出的一样，相当于杨氏双缝。在两束光的交叠空间的任何位置上将产生干涉现象。把观察屏放在两光束的交叠区，就可看到明暗相间的干涉条纹（实验中的观察屏是指测微目镜中的玻璃片；因干涉条纹很弱，用普通屏看不到）。

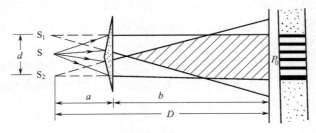

图 2-30-2　双棱镜干涉条纹

设 S_1 和 S_2 的间距为 d（如图 2-30-3 所示），由 S_1 和 S_2 到观察屏的距离为 D。若观察屏中央 O 点与 S_1 和 S_2 距离相等，则由 S_1 和 S_2 出射的两束光的光程差等于零，在 O 点处两光波互相加强，形成中央明条纹；其余的明条纹分别排列在 O 点的两旁。假定 P 是观察屏上任意一点，它离中央点 O 的距离为 x。在 D 较 d 大很多时，$\triangle S_1S_2S_1'$ 和 $\triangle SPO$ 可看作相似三角形，且有

$$\frac{\delta}{d} \approx \frac{x}{D}$$　（因 $\angle PSO$ 很小，可用直角边 D 代替斜边）

当
$$\delta = \frac{xd}{D} = k\lambda \qquad (k=0,\pm1,\pm2,\cdots) \tag{2-30-1}$$

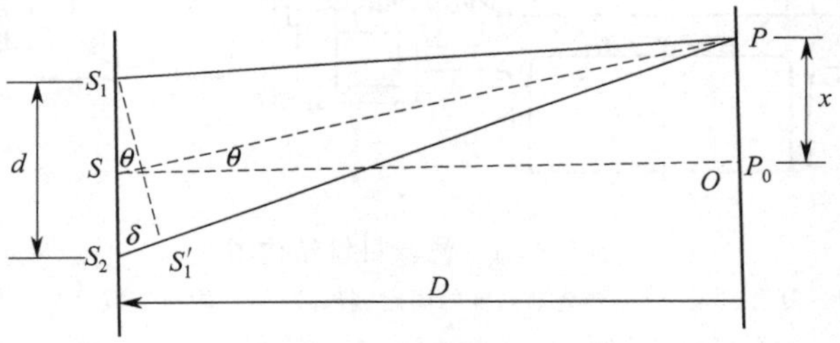

图 2-30-3　双棱镜干涉原理

或
$$\delta = \frac{D}{d} = k\lambda \qquad (k=0,\pm1,\pm2,\cdots)$$

则两光束在 P 点相互加强，形成明条纹。

当
$$\delta = \frac{xd}{D} = (2k-1)\frac{\lambda}{2} \qquad (k=\pm1,\pm2,\cdots) \tag{2-30-2}$$

或
$$\delta = \frac{D}{d}(2k-1)\frac{\lambda}{2} \qquad (k=\pm1,\pm2,\cdots)$$

则两光束在 P 点相互削弱，形成暗条纹。

　　两相邻明（或暗）条纹间的距离为

$$\Delta x = x_{k+1} - x_k = \frac{D}{d}\lambda \tag{2-30-3}$$

测出 D、d 和相邻两条纹的间距 Δx 后，由式(2-30-3) 即可求得光波波长。

　　实验中，狭缝与双棱镜的距离 a 决定了两虚光源 S_1 和 S_2 的距离 d，而 d 的大小又会影响到虚光源的成像和干涉条纹数目等问题；双棱镜到观察屏的距离 b 决定了其干涉区域、干涉条纹的间距、干涉条纹的清晰程度等问题。因此，根据具体的实验条件，找出适当的距离参数 a 和 b，快速调出清晰的干涉条纹是实验中的重要环节。

【实验内容】

　　（1）观察双棱镜干涉现象及其特点

　　实验光路装置如图 2-30-4 所示（观察干涉条纹时先不放透镜 L），用单色光均匀地照亮单缝。利用单缝后衍射光（柱面波）照射双棱镜，均匀照亮棱脊部位，然后依次做如下的调整。

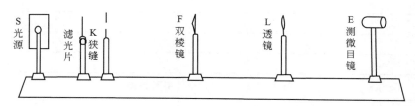

图 2-30-4　双棱镜干涉的实验光路装置

　　① 按照同轴等高的要求，调整光源、单缝、双棱镜、测微目镜。

　　② 使单缝的取向与棱脊平行，并同时垂直于光具座。

　　③ 逐渐减小单缝的宽度，使能看清干涉条纹（单缝不能太窄，否则视场太暗会看不清干涉条纹）。反复调整单缝的取向和宽度直到干涉条纹清晰为止。

　　④ 缓慢调整单缝与双棱镜间的距离，观察干涉条纹疏密程度的变化，找出这种变化的规律，并做出解释。再次调整间距（应使此间距小于透镜 L 的焦距），直到干涉条纹较多，且便于测读为止。

　　⑤ 改变单缝与测微目镜间距离，则干涉条纹的疏密程度也将有变化，试找出变化的规律，并加以解释。选择适当的位置，使干涉条纹疏密适中，便于测读（一般在视场中干涉条纹数至少有 15 条以上）。

　　完成上述调整步骤后，观察干涉条纹并总结双棱镜干涉条纹的形状、取向、间距等特点，归纳一下干涉条纹与哪些因素有关。

　　（2）用双棱镜测光波的波长

　　① 测量干涉条纹间距 Δx　旋转测微目镜鼓轮，使测微目镜活动分划的竖线（叉丝）从干涉区域一端逐步移向另一端，并使其移动方向和干涉条纹垂直，记录各级条纹所对应的读数 x_1，x_2，x_3，$\cdots$，x_{10}。用逐差法处理数据，求出 Δx 的平均值。

　　② 测量狭缝到测微目镜可动玻璃片的距离 D。注意，D 的测量必须在这一步进行。

　　③ 测量两虚光源 S_1、S_2 的间距 d。

　　保持狭缝、棱镜的状态不变，将测微目镜后移，在棱镜与测微目镜之间放一个凸透镜

（凸透镜与单缝的距离要大于凸透镜的焦距），前后移动凸透镜或测微目镜，使测微目镜中可清晰地看到单缝经双棱镜折射而成的虚光源 S_1 和 S_2 的像（如果在测微目镜中看不到像，可以先借助白板在凸透镜可能成像的方向和位置寻找一下，然后再用测微目镜细调）。测量单缝到凸透镜的距离和凸透镜到测微目镜分划板的距离，即物距 u 和像距 v，再测量显微镜中两个虚光源的像的间距 d'，则按透镜成像公式可算出

$$d = \frac{u}{v} d' \tag{2-30-4}$$

【数据处理】

实验数据填入表 2-30-1，表 2-30-2。

表 2-30-1　双棱镜干涉条纹间距

干涉条纹序号	1	2	3	4	5
干涉条纹位置/mm					
干涉条纹序号	6	7	8	9	10
干涉条纹位置/mm					
$5\Delta x$/mm					
Δx/mm					
单缝到目镜距离　D/mm					

表 2-30-2　双棱镜干涉实验数据

测量次数		1	2	3
狭缝像位置	d_1/mm			
	d_2/mm			
狭缝像间距 $d'=|d_1-d_2|$/mm				
物距 u/cm				
像距 v/cm				
虚光源间距 d/mm				

计算波长并给出结果：　　　　$\lambda = \bar{\lambda} \pm \sigma_{\bar{\lambda}}$

并讨论与标准波长的误差。

思考题

1. 当波长改变时，双棱镜的干涉条纹如何变化？
2. 狭缝的宽度和取向是否影响干涉条纹的观察，为什么？
3. 在测量两虚光源的间距 d 时，为什么要保持狭缝与双棱镜位置不变。
4. 为什么说狭缝与双棱镜的距离 a 决定了两虚光源的距离 d，而 d 的大小又会影响到虚光源的成像和干涉条纹的数目。
5. 为什么说双棱镜到观察屏的距离 b 决定了其干涉区域、干涉条纹的间距、干涉条纹的清晰程度？
6. 从理论上讨论适当的距离参数 a 和 b，与实验是否相符合？

实验 2-31　牛顿环实验

牛顿环（Newton ring）是物理光学中研究等厚干涉现象的典型实验之一。该实验通常可用于测量透镜的曲率半径，检验待测物体平面或球面的质量和其表面的粗糙度。牛顿环和劈尖干涉都是利用分振幅法获得干涉光束。

【实验目的】

① 熟悉读数显微镜的使用方法。

② 观察等厚干涉现象，认识其特点。

③ 掌握干涉法测量透镜曲率半径的方法。

【实验仪器】

读数显微镜、牛顿环仪、钠光灯等。

读数显微镜的结构如图 2-31-1 所示，它由两个主要部件构成：一个是显微镜，目镜有十字叉丝，用来观察被测物体放大的像；另一个是用来读数的螺旋测微计装置。螺旋测微计由主尺和测微鼓轮组成。主尺是毫米刻度尺，螺旋测微计的丝杆螺距为 1mm，测微鼓轮的周界上等分为 100 个分格，每转一个分格，显微镜移动 0.01mm。转动测微鼓轮使显微镜移动的距离，是主尺（即标尺）上的指示值加上测微鼓轮的读数（注意：读数精确到 0.01mm，估读到 0.001mm）。

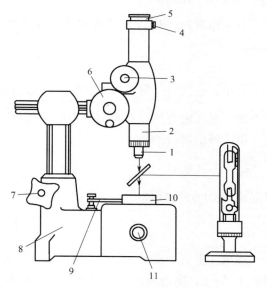

图 2-31-1　读数显微镜

1—物镜；2—镜筒；3—镜筒高度微调鼓轮，又称调焦手轮；4—目镜锁紧螺钉；5—目镜；6—测微鼓轮；7—镜筒高度精调鼓轮；8—底座；9—弹簧压片；10—牛顿环仪；11—反光镜调节轮

【实验原理】

一个曲率半径很大的平凸透镜 A，其凸面朝下放在光学平面玻璃板 B 上（图 2-31-2），二者之间形成一同心环带状空气膜。若在垂直于光学平面玻璃板 B 的方向上，对透镜投射单色光，则空气膜下缘面与上缘面的两束反射光到达空气膜的上缘面处时，就会因存在一定的光程差而互相干涉形成明暗相间的条纹。从透镜方向俯视，干涉条纹是以两玻璃面接触点为圆心的一系列明暗相间的同心圆环，中央为暗点，称为第零级暗纹，这就是牛顿环仪。牛顿环是等厚干涉条纹，即与接触点等半径的各点处空气膜厚度相同，干涉条纹级次相同，形成一簇同心圆环，如图 2-31-3 所示。

根据图 2-31-1，设透镜的曲率半径为 R，第 m 级条纹距接触点 O 的半径为 r_m，其相应空气膜厚度为 d_m，则它们的几何关系为

$$R^2 = (R - d_m)^2 + r_m^2 = R^2 - 2Rd_m + d_m^2 + r_m^2$$

化简后得

$$r_m^2 = 2Rd_m - d_m^2$$

式中，$R \gg d_m$，故可略去二级无穷小量 d_m^2，则有

$$d_m = \frac{r_m^2}{2R} \tag{2-31-1}$$

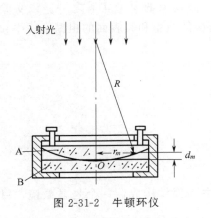

图 2-31-2　牛顿环仪

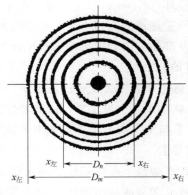

图 2-31-3　牛顿环干涉条纹

由光路可知，与 m 级干涉圆环对应的两束相干光的光程差为

$$\delta_m = 2d_m + \frac{\lambda}{2} \tag{2-31-2}$$

式中，$\frac{\lambda}{2}$ 为空气膜下缘面反射光的附加光程差，称为半波损失或称为 π 相位跃变（由光疏介质入射光密介质，在界面处再反射回光疏介质时，反射光存在相位变化 π 的物理现象）。

由干涉的暗纹条件

$$\delta_m = (2m+1)\frac{\lambda}{2} \qquad m = 0,1,2,3,\cdots\cdots \tag{2-31-3}$$

联立式(2-31-1)～式(2-31-3) 解得

$$R = \frac{r_m^2}{m\lambda} \tag{2-31-4}$$

如果入射光的波长 λ 已知（钠光 $\lambda = 589.3$nm），只要确定暗环的级数 m，测定 m 级暗环的半径 r_m，则透镜的曲率半径 R 即可求得。但是两镜面的接触点之间难免存在细微的尘埃，使光程差难以准确确定，中央暗点有可能变为亮点或若明若暗。再者，接触压力引起的玻璃形变会使接触点扩大成一个接触面，以致接近圆心处的干涉条纹也是宽而模糊的。这就给确定级数 m 带来不确定性。为了获得比较准确的测量结果，可以用两个暗环半径 r_m 和 r_n 的平方差来计算曲率半径 R。

$$r_m^2 = mR\lambda, \quad r_n^2 = nR\lambda$$

得

$$r_m^2 - r_n^2 = (m-n)R\lambda$$

故

$$R = \frac{r_m^2 - r_n^2}{(m-n)\lambda} \tag{2-31-5}$$

因 m 和 n 有相同的不确定性，利用 $(m-n)$ 这一相对级次恰好消除由绝对级次的不确定性带来的实验误差。

为了测量的便捷，不妨用第 m 级暗纹的直径 D_m（见图 2-31-2）替换 r_m，用第 n 级暗纹直径 D_n 替换 r_n，并代入式(2-31-5)得

$$R = \frac{D_m^2 - D_n^2}{4(m-n)\lambda} \tag{2-31-6}$$

但是，在测量的过程中要准确地测定直径并非易事，故可用第 m 级及第 n 级暗环的弦长 L_m 及 L_n 取代 D_m 和 D_n，其结果为

$$R = \frac{L_m^2 - L_n^2}{4(m-n)\lambda} \tag{2-31-7}$$

此结果请自行证明。

【实验内容与步骤】

（1）把牛顿环仪放在读数显微镜镜筒下的载物台上，调节支持镜筒的立柱，使镜筒有适当高度。调节镜筒分光玻璃片（半反半透镜）的倾斜度，并使其与光源方向成 45°角，钠光经分光玻璃片（半反半透镜）反射后垂直入射牛顿环仪。显微镜视场应均匀充满钠黄光，如图 2-31-1 所示。

（2）先转动目镜对十字叉丝聚焦，看清楚十字叉丝像；再转动目镜筒，使其中一根叉丝与镜筒移动的方向平行。

（3）使显微镜镜筒在载物台上方左右居中，再摆正牛顿环仪。转动调焦手轮向上微调镜筒，使其对牛顿环图像聚焦，并且消除视差（使十字叉丝像与图像处于同一平面内）。

（4）调整光路完毕后，若视场左右均能见到 40 环以上的干涉条纹，即可开始测量，否则可调节钠光灯的位置再观察。转动测微鼓轮，使镜筒从中心向任一侧移动（例如向右），同时数出十字叉丝扫过的环数，直到 35 环后，再转向另一侧移动，当十字叉丝分别到达 30，29，28，27，26，20，19，18，17，16 级环的位置时，记录标尺及测微鼓轮的读数，继续移动镜筒到另一侧的 16，17，18，19，20，26，27，28，29，30 各级环的位置。注意在测量过程中，绝对禁止中途逆向旋转测微鼓轮，否则应从头开始测量。实验数据填入表 2-31-1。

【数据处理】

实验数据填入表 2-31-1。

表 2-31-1 实验数据记录表

环的级数	m	30	29	28	27	26
环的位置/mm	右					
	左					
环的直径	D_m					
D_m^2/mm^2						
环的级数	n	20	19	18	17	16
环的位置/mm	右					
	左					
环的直径	D_n					
D_n^2/mm^2						
$(D_m^2 - D_n^2)/\text{mm}^2$						

根据表中测得的数据，用逐差法，选 $m-n=10$，得出 5 组 $D_m^2-D_n^2$ 的数值，然后求其平均值

$$\overline{D_m^2-D_n^2}=\frac{(D_{30}^2-D_{20}^2)+(D_{29}^2-D_{19}^2)+(D_{28}^2-D_{18}^2)+(D_{27}^2-D_{17}^2)+(D_{26}^2-D_{16}^2)}{5}$$

由式(2-31-6) 求得曲率半径的平均值

$$\overline{R}=\frac{\overline{D_m^2-D_n^2}}{40\lambda}=\underline{\qquad}\text{mm}$$

$\overline{R}$ 的标准差

$$\sigma_R=\sqrt{\frac{\sum_{i=1}^{s}(R_i-\overline{R})^2}{5\times 4}}=\underline{\qquad}\text{mm}$$

式中

$$R_i=\frac{D_m^2-D_n^2}{40\lambda}$$

$$R=\overline{R}\pm\sigma_R=\underline{\qquad}\text{mm}$$

思考题

1. 牛顿环干涉条纹的中心，在什么情况下是暗的？在什么情况下是亮的？中心干涉条纹是高级次，还是低级次？为什么？

2. 在实验中测 D 时，十字叉丝交点不通过圆环的中心，对实验结果有什么影响？

3. 读数显微镜测量的是牛顿环的直径，还是显微镜内牛顿环的放大像的直径？改变显微镜放大倍数，是否会影响测量的结果？

4. 透射光的牛顿环是如何形成的？如何观察？它与反射光的牛顿环在明暗上有何关系？为什么？

实验 2-32 劈尖干涉

劈尖干涉（wedge interference）现象在科学研究与计量技术中有着广泛的应用，如测量光波波长；检验表面的平面度、球面度、粗糙度；精确测量长度、角度、微小形变，以及研究工件内的应力分布等。

【实验目的】

① 熟悉读数显微镜的使用方法。

② 观察等厚干涉现象，掌握等厚干涉条纹的特点。

③ 掌握干涉法测量细丝的直径的方法。

【实验仪器】

读数显微镜、劈尖、游标卡尺、钠光灯等。

【实验原理】

如图 2-32-1 所示，光线经透明薄膜上下表面依次被反射而形成两束具有一定光程差的相干光 a、b 经透镜会聚而相遇。由薄膜干涉光程差公式可知，反射后的两束光的光程差

$$\delta = 2d\sqrt{n_2^2 - n_1^2 \sin i} + \frac{\lambda}{2} \quad (n_2 > n_1) \tag{2-32-1}$$

式中，d 为薄膜厚度；n_2 为薄膜介质的折射率；n_1 为薄膜上下表面外介质的折射率；i 为光线入射至薄膜表面的入射角；λ 为入射光的波长。

若将两块光学平面玻璃叠在一起，在一端插入细丝或薄片，则在两玻璃片间形成一个空气劈尖（如图 2-32-2 所示）。空气劈尖可视为空气薄膜，当以单色光垂直入射（$i=0$）时，如前所述，在反射光中应有干涉现象发生。

定义空气折射率 $n_2=1$，故式（2-32-1）化为

$$\delta = 2d + \frac{\lambda}{2} \tag{2-32-2}$$

式中，d 为干涉条纹对应的空气层厚度。

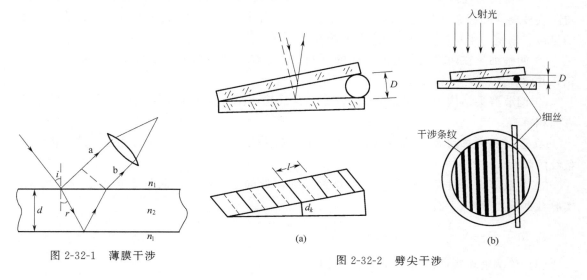

图 2-32-1 薄膜干涉

图 2-32-2 劈尖干涉

当光程差满足条件

$$\delta = 2d + \frac{\lambda}{2} = (2k+1)\frac{\lambda}{2} \qquad k = 0,1,2,3,\cdots\cdots \tag{2-32-3}$$

即得到第 k 级暗条纹，则其对应的空气层厚度为

$$d = k\frac{\lambda}{2} \tag{2-32-4}$$

由此可知，$k=0$ 时，$d=0$ 即在两玻璃片接触线处为零级暗条纹。

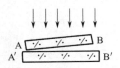

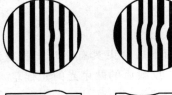

(a) 有凸起时   (b) 有凹陷时

图 2-32-3 检查表面的平整度

如果细丝处呈现 $k=N$ 级暗条纹，如图 2-32-2 所示，则待测细丝的直径为

$$D = N\frac{\lambda}{2} \tag{2-32-5}$$

由式(2-32-2) 和式(2-32-3) 不难看出，对应同一级干涉条纹的薄膜厚度相等，故此类干涉称为等厚干涉。

利用干涉原理可检查某玻璃片的平整度。若将图 2-32-2中的下面一块光平玻璃片更换为一表面平整度待测的玻璃片（待检玻璃片）A′B′，如图 2-32-3 所示；上面一块使用标准的光平玻璃片（检测玻璃片）AB，与下面待测的玻璃片（待检玻璃片）一端接触另一端用细丝支起，组成一个空气劈尖。若被检平面呈理想平面，则可见干涉条纹彼此平行。若被检平面凹凸不平，将引起干涉条纹的变曲，则由条纹的弯曲方向、程度和位置可判断被检平面在条纹弯曲处的不平整程度。图 2-32-3(a)、（b）所示分别为被检表面有凸起或凹陷时干涉图样形状的示意图。

【实验内容与步骤】

（1）调整读数显微镜

调整方法详见实验 2-31。

（2）测量细丝的直径 D

① 用待测直径的细丝和两块光平玻璃片搭成一个劈尖结构（细丝要拉直，且细丝方向与两块玻璃片的接触端平行，保证干涉条纹与细丝平行），放于读数显微镜下，调节显微镜的目镜、物镜、半反半透镜的角度及光源高度，使干涉条纹清晰且无视差。

② 调整细丝在两块光平玻璃片间的不同位置，在读数显微镜下观察干涉条纹间距的变化，并解释。

③ 调节劈尖结构的方位，旋转读数显微镜鼓轮，使目镜中十字叉丝的走向与干涉条纹方向相垂直。

④ 逐一测出每间隔 10 条条纹的条纹位置坐标并记录于表 2-32-1 中，用逐差法求出干涉条纹的间距 l。

⑤ 测量劈尖两块光平玻璃片接触位置到细丝处的总长度 L，测量 5 次以上取平均值，实验数据记入表 2-32-2。

⑥ 由于 $D = N\frac{\lambda}{2} = \frac{L}{l}\frac{\lambda}{2}$，计算细丝直径。

（3）检测玻璃表面质量，并做定性分析

【数据处理】

表 2-32-1　测量干涉条纹的间距 l

条纹序号 N_1	0	10	20
条纹位置 d_1/mm			
条纹序号 N_2	30	40	50
条纹位置 d_2			
$\Delta N = N_2 - N_1$			
$\Delta d (= \mid d_2 - d_1 \mid)$/mm			
$l(=\Delta d/\Delta N)$/mm			
$\Delta l(= \mid l - \bar{l} \mid)$/mm			

$\bar{l} =$ _____ mm，$\sigma_L =$ _____ mm，$l = \bar{l} \pm \sigma_L =$ _____ mm

表 2-32-2　测量劈尖长度 L

测 量 次 数	劈尖(接触端)位置 L_1/mm	细丝位置 L_2 /mm	劈尖长度 $L = L_2 - L_1$ /mm
1			
2			

$\bar{L} =$ _____ mm，$\sigma_L =$ _____ mm，$L = \bar{L} \pm \sigma_L =$ _____ mm

计算细丝直径 D （$\lambda = 589.3$nm）

$$\bar{D} = \frac{\bar{L}}{\bar{l}} \cdot \frac{\lambda}{2} = \underline{\qquad} \text{ mm}$$

$$\sigma_D = \underline{\qquad}$$

$$D = \bar{D} \pm \sigma_D = \underline{\qquad} \text{ mm}$$

思考题

1. 实验中无论如何调节目镜、物镜及镜筒位置，均看不见干涉条纹，可能是什么原因？
2. 劈尖干涉条纹与牛顿环相比有何异同点？
3. 用透射光观察劈尖干涉和用反射光观察有什么区别？
4. 用白光照射时能否看到牛顿环和劈尖干涉条纹？此时条纹有什么特征？

实验 2-33　偏振光的观测与应用

按照光的电磁理论，光波就是电磁波；电磁波是横波，所以光波也是横波。因为在大多数情况下，电磁辐射同物质相互作用时，起主要作用的是电场，所以常以电矢量作为光波的振动矢量。电矢量的振动方向相对于传播方向具有某一特定空间取向，称为偏振；光的这种偏振现象是横波的特征。根据偏振的概念，如果电矢量的振动只限于某一确定方向的光，称为线偏振光，亦称平面偏振光；如果电矢量随时间做有规律的变化，其末端的轨迹在垂直于传播方向的平面上呈椭圆（或圆），这样的光称为椭圆偏振光（或圆偏振光）；若电矢量在某一确定的方向上最强，且各方向的电振动无固定相位关系，则称为部分偏振光。若电矢量的取向与大小都随时间做无规则变化，各方向的取向概率均相同，即是自然光。

偏振光（polarized light）的应用遍及于工农业、医学、国防等部门。利用偏振光装置的各种精密仪器，已为科研、工程设计、生产技术的检验等提供了极有价值的方法。

【实验目的】

① 观察光的偏振现象，加深对偏振的基本概念的理解。

② 了解偏振光的产生和检验方法。

③ 观测布儒斯特角，掌握测定玻璃折射率的方法。

④ 观测椭圆偏振光和圆偏振光。

【实验仪器】

多功能激光椭圆偏振仪，如图 2-33-1 所示。

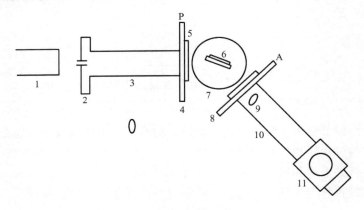

图 2-33-1　椭圆偏振仪

1—激光器；2—小孔光阑；3—平行光管；4—起偏器读数头；5—$\frac{1}{4}$ 波片读数头；6—被测样品；

7—载物台；8—检偏器读数头；9—望远镜物镜；10—望远镜；11—消光屏目镜

【实验原理】

（1）获得偏振光的方法

① 非金属镜面的反射：当自然光从空气照射到折射率为 n 的非金属镜面（如玻璃、水等）上，反射光与折射光都将成为部分偏振光。当入射角增大到某一特定值时，镜面反射光成为完全偏振光，其振动面垂直于入射面，这时入射角 i_p 称为布儒斯特角，也称起偏角，由布儒斯特定律得

$$\tan i_{\mathrm{p}} = n \qquad\qquad (2\text{-}33\text{-}1)$$

式中，n 为折射率

② 多层玻璃片的折射：当自然光以布儒斯特角入射到叠放在一起的多层平行玻璃片上时，经过多次反射后透过的光就近似于线偏振光，其振动在入射面内。

③ 晶体双折射：产生的寻常光（o 光）和非常光（e 光），均为线偏振光。

④ 用偏振片起偏：可以得到一定程度的线偏振光。

（2）偏振片及波片

① 偏振片　是利用某些有机化合物晶体的二向色性，将其渗入透明塑料薄膜中，经定向拉制而成。

偏振光能吸收某一方向振动的光，而透过与此垂直方向振动的光。由于在应用时起的作用不同而叫法不同，用来产生偏振光的偏振片称为起偏器，用来检验偏振光的偏振片称为检偏器。

按照马吕斯定律，强度为 I_0 的线偏振光通过检偏器后，透射光的强度为

$$I = I_0 \cos^2\theta \qquad\qquad (2\text{-}33\text{-}2)$$

式中，θ 为入射偏振光的偏振化方向与检偏器的偏振化方向之间的夹角。

显然当以光线传播方向为轴转动检偏器时，透射光强度 I 发生周期性变化。当 $\theta=0°$ 时，透射光强度最大；当 $\theta=90°$ 时，透射光强为极小值（消光状态）；当 $0°<\theta<90°$ 时，透射光强介于最大和最小值之间。图 2-33-2 表示自然光通过起偏器与检偏器的变化。

② 波片　通常由单轴晶体制作而成，光轴是晶体中的一个特殊方向，当光线沿光轴方向传播时，o 光和 e 光传播方向相同，传播速度相同，不产生双折射现象；光轴与晶面法线组成的方向为主截面，当光线沿主截面入射时，o 光和 e 光都在该主截面内。

制作波片时，光轴平行于波片表面，这样入射光沿波片表面法线入射，入射面和主截面重合，o 光和 e 光都在该主截面内。

如图 2-33-3 所示，当线偏振光垂直入射到厚度为 L 的单轴晶片时，则 o 光和 e 光沿同一方向前进，但传播的速度不同。这两种偏振光通过晶片后，它们的相位差 ϕ 为：

$$\phi = \frac{2\pi}{\lambda}(n_{\mathrm{o}} - n_{\mathrm{e}})L \qquad\qquad (2\text{-}33\text{-}3)$$

式中，λ 为入射偏振光在真空中的波长；n_{o} 和 n_{e} 分别为晶对 o 光 e 光的折射率；L 为波片的厚度。

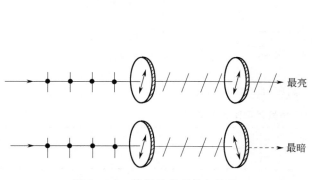

图 2-33-2　偏振片的起偏与检偏

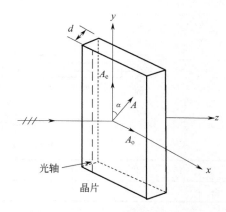

图 2-33-3　偏振光通过晶片的情形

两个互相垂直的、同频率且有固定相位差的简谐振动，可用下列方程表示（如通过晶片后 o 光和 e 光的振动）：

$$\begin{cases} E_x = A_o \cos\omega t \\ E_y = A_e \cos(\omega t + \varphi) \end{cases} \tag{2-33-4}$$

式中，$A_o = A\sin\alpha$，$A_e = A\cos\alpha$，消掉参变量 t，得到合振动方程为

$$\frac{E_x^2}{A_o^2} + \frac{E_y^2}{A_e^2} - \frac{2E_x E_y}{A_o A_e}\cos\phi = \sin^2\phi \tag{2-33-5}$$

当 o 光 e 光通过波片，产生的相位差为 $\phi = (2k+1)\dfrac{\pi}{2}$，$k = 0, \pm 1, \pm 2, \cdots\cdots$ 时，即

光程差为 $(2k+1)\dfrac{\lambda}{4}$，这种波片叫做 1/4 波片，式（2-33-5）变为

$$\frac{E_x^2}{A_o^2} + \frac{E_y^2}{A_e^2} = 1 \tag{2-33-6}$$

出射光为椭圆偏振光。这里 1/4 波片是对 632.8nm（H_e-N_e 激光）而言的。

由于 o 光和 e 光的振幅分别为 $A_o = A\sin\alpha$ 和 $A_e = A\cos\alpha$，所以通过 1/4 波片后合成的偏振状态也随角度 α 的变化而不同。

当 $\alpha = 0$ 时，获得振动方向平行于光轴的线偏振光。

当 $\alpha = \dfrac{\pi}{2}$ 时，获得振动方向垂直于光轴的线偏振光。

当 $\alpha = \dfrac{\pi}{4}$ 时，$A_o = A_e$，获得圆偏振光。

当 α 为其他值时，经过波片后为椭圆偏振光。

【实验内容与步骤】

（1）验证马吕斯定律

以钠光灯做光源，如图 2-33-4 所示，光电池连接到检流计，当光电池没有被照射时，调节检流计"零点调节"，使检流计指零。光电池置于望远镜目镜上，调节检偏器 P_2 角度，使检流计示数最大，记为 I_0，该位置作为 0°角，旋转 P_2 半周，读取检流计示数记入表 2-33-1。根据数据做出 θ 正弦值的平方和光强 I（用光电流代替）的关系图，并验证马吕斯定律。

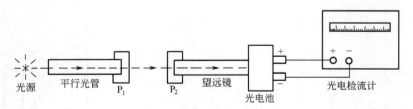

图 2-33-4　验证马吕斯定律光路

表 2-33-1　验证马吕斯定律实验数据　　　　$I_0 = \underline{\hspace{2cm}}$（格）

$\theta/(°)$	15	30	45	60	75	90	105	120	135	150	165	180
I/格												

（2）测定布儒斯特角

以钠光灯做光源，如图 2-33-5 所示，将玻璃放于载物台中央，使 φ 大约在 57°左右，转动载物台，同时望远镜中应观察到出射光，转动 P₂，若出现消光现象，说明反射光为线偏振光，记录望远镜方位角 θ_1，锁定载物台，取走玻璃，转动望远镜对准平行光管，记下该位置望远镜方位角 θ_2。则布儒斯特角的大小为：

$$i_p = \frac{180° - (\theta_2 - \theta_1)}{2}$$

（3）椭圆偏振光的观察

以钠光灯做光源，在图 2-33-5 的载物台上放入 1/4 波片，调节检偏器 P₂，找到光电流极大位置，记下检偏器的位置读数 θ_1 和光电流的大小 I_{1M}；继续找下一个极大位置，并记下检偏器的位置读数 θ_2 和光电流的大小 I_{2M}，验证 $\theta_1 - \theta_2$ 是否为 $\frac{\pi}{2}$。从 θ_1 位置开始，转动检偏器 P₂ 一周，每隔 15°读光电检流计示数，在 xoy 平面上按照角度绘出图形，并说明为什么。

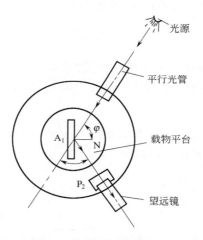

图 2-33-5　测定布儒斯特角

思考题

1. 通过起偏和检偏的观测，你应当怎样鉴别自然光和偏振光？
2. 玻璃平板在布儒斯特角的位置上入射平板玻璃时，反射光束是什么偏振光？它的振动是在平行于入射面内还是在垂直于入射面内？
3. 圆偏振光如何观察？为什么？

实验 2-34　旋光性溶液的旋光率和浓度的测定

1811 年，阿喇果（Arago）研究石英晶体的双折射时发现，当线偏振光通过某些透明物体时，线偏振光的振动面将旋转一定的角度，这种现象称为旋光现象。通过对旋光率或称比旋光度（specific rotation）的测定，可检验物质的浓度、纯度、含量等，因此广泛应用于化学、制糖、制药、香料、石油和食品等工业部门。

【实验目的】

① 观察线偏振光通过旋光物质的旋光现象。

② 了解旋光仪的结构原理与基本操作方法。

③ 学习用旋光仪测定旋光性溶液的旋光率和浓度。

【实验仪器】

旋光仪、测试管、蔗糖（葡萄糖）、纯净水等。

【实验原理】

（1）旋光性物质的旋光率

如图 2-34-1 所示，线偏振光通过旋光性物质的溶液时，偏振光的振动面转过的角度称为旋光度，它与偏振光通过的溶液长度 l 和溶液中旋光性物质的浓度 c 成正比，即

$$\varphi = \alpha c l$$

式中，α 称为该物质的旋光率，它在数值上等于偏振光通过单位长度（1dm）、单位浓度（1g/ml）的溶液后引起振动面旋转的角度。

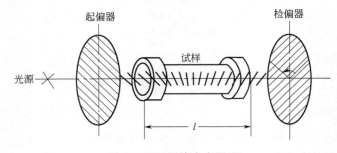

图 2-34-1　测旋光度原理

实验表明，旋光率与旋光性物质、温度和入射光波长有关。在一定温度下，旋光率与入射光波长的平方成反比，这个现象称为旋光色散，因此通常采用 $\lambda = 589.3\text{nm}$ 的钠光来测定旋光率。

维持长度 l 不变，依次改变浓度 c，测出相应的旋光度 φ，作 $\varphi\text{-}c$ 曲线，由直线的斜率可求出旋光率 α。反之，通过测量旋光性溶液的旋光度，可确定该溶液的浓度。

（2）旋光仪的使用

图 2-34-2 所示为旋光仪的外形图，其结构如图 2-34-3 所示。测量时首先调节检偏器使其偏振方向与起偏器的偏振方向正交，此时在目镜中看到最暗的视场；然后将测试管放入光路中，由于旋光现象使偏振光的振动面旋转，目镜中出现亮视场；再旋转检偏器，使视场重新达到最暗，检偏器旋转的角度就是被测溶液的旋光度。

由于人眼对黑暗程度的变化不易做出精确的判断，致使旋转角度难以测准，为此采用半

荫法，用比较视场中相邻两光束的强度是否相同来确定旋光度。其原理就是在起偏器后面加一块石英晶体片，石英片和起偏器的中部在视场中重叠，如图 2-34-4 所示，将视场分为三部分，并在石英片旁边装上一定厚度的玻璃片，以补偿由于石英片的吸收而发生的光亮度变化，石英片的光轴平行于自身表面，并与起偏器的偏振方向夹一小角 θ（称影荫角）。由于光源发出的光经过起偏器后变成偏振光，其中一部分再经过石英片，石英片是各向异性晶体，光线通过它将发生双折射。可以证明，厚度适当的石英片（半波片）会使穿过它的偏振光的振动面转过 2θ 角。所以进入测试管的光是振动面间的夹角为 2θ 的两束偏振光。

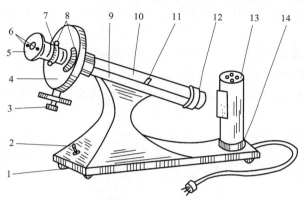

图 2-34-2　旋光仪

1—底座；2—电源开关；3—度盘转动手轮；4—度盘罩；5—目镜；6—读数放大镜；7—视场清晰度调节旋钮；
8—读数窗；9—镜筒；10—镜筒盖；11—镜筒盖手柄；12—镜筒盖连接圈；13—灯罩；14—灯座

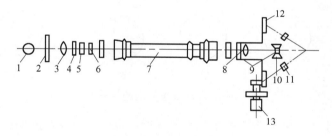

图 2-34-3　旋光仪的结构

1—光源；2—毛玻璃；3—聚光镜；4—滤色镜；5—起偏器；6—半波片；7—测试管；8—检偏器；
9—物、目镜组；10—调焦手轮；11—读数放大镜；12—度盘及游标；13—度盘转动手轮

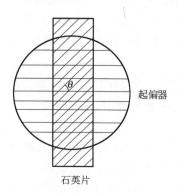

图 2-34-4　加石英片的三分视场

在图 2-34-5 中，OP 和 OA 分别表示起偏器和检偏器的偏振轴，OP' 表示透过石英片后偏振光的方向，β 表示 OP 与 OA 的夹角，β' 表示 OP' 与 OA 的夹角，A_P、$A_{P'}$ 分别表示通过起偏器和起偏器加石英片的偏振光在检偏器偏振轴方向的分量。由图 2-34-5 可知，当转动检偏器时，A_P 和 $A_{P'}$ 的大小将发生变化，反映在目镜中见到视场将出现亮暗的交替变化，有以下 4 种显著不同的情形。

① $\beta' > \beta$，$A_P > A_{P'}$，视场中与石英片相对应的部分为暗区，与起偏器对应的部分为亮区，有明显分界线，如图 2-34-5(a) 所示。

② $\beta = \beta'$，$A_P = A_{P'}$，视场中三部分界线消失，亮度相等，较暗且无分界线，如图 2-34-5(b) 所示。

③ $\beta > \beta'$，$A_{P'} > A_P$，视场中与石英片相对应的部分为亮区，与起偏器对应的部分为暗区，有明显分界线，如图 2-34-5(c) 所示。

④ $\beta = \beta'$，$A_P = A_{P'}$，视场中三部分界线消失，亮度相等，较亮且无分界线，如图 2-34-5(d) 所示。

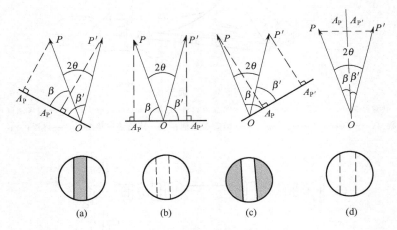

图 2-34-5　4 种显著不同的三分视场

通常取图 2-34-5(b) 所示的视场作为参考视场，将此时检偏器的偏振轴所指的位置取为刻度盘的零点。在装上测试管后，起偏器和石英片的两束偏振光通过测试管后，它们的振动面转过相同的角度 φ，并保持两振动面的夹角 2θ 不变。转动检偏器，使视场回到图 2-34-5(b) 的状态，则检偏器转动的角度就是被测溶液的旋光度。

一般迎着光线的传播方向看，若检偏器顺时针向右转动，该溶液称为右旋溶液（如葡萄糖溶液）；反之，若检偏器逆时针向左转动时，该溶液称为左旋溶液（如蔗糖溶液）。

【实验内容与步骤】

(1) 通电预热后，先调节旋光仪目镜手轮，使视场清晰。

(2) 缓慢转动度盘手轮，能明确地看到三分视场的四种显著不同的情况，如图 2-34-5(a)~(d) 四个图。

(3) 以 (b) 图作为测量基准，转动度盘手轮（内部齿轮带动检偏器一起转动），当视场出现 (b) 图所示时，记录两游标的读数 $\varphi_{0左}$、$\varphi_{0右}$，重复六次。

(4) 装上不同浓度的测试管，转动度盘手轮，当视场再次出现 (b) 图所示时，分别记录对应两游标的读数 $\varphi_{1左}$ 和 $\varphi_{1右}$，重复六次。作出 φ-c，由 φ-c 曲线求旋光率 α。

（5）测出待测溶液的旋光度，重复六次，根据 φ-c 曲线确定待测浓度 c_x。

（6）数据记入表 2-34-1。

【数据处理】

表 2-34-1　旋光度测量数据　　　　　　　　测试管长度 $l=$_____（dm）

序号	基准		10％溶液		基准		20％溶液		基准		30％溶液		基准		未知浓度溶液	
	左游标 $\varphi_左$	右游标 $\varphi_右$	左游标 $\varphi_左$	右游标 $\varphi_右$	左游标 $\varphi_左$	右游标 $\varphi_右$	左游标 $\varphi_左$	右游标 $\varphi_右$	左游标 $\varphi_左$	右游标 $\varphi_右$	左游标 $\varphi_左$	右游标 $\varphi_右$	左游标 $\varphi_左$	右游标 $\varphi_右$	左游标 $\varphi_左$	右游标 $\varphi_右$
1																
2																
3																
4																
5																
6																
$\overline{\varphi}_左(\overline{\varphi}_右)$																
$\overline{\varphi}$																
$\Delta\overline{\varphi}$																

$$\overline{\varphi}_左=\frac{\sum\varphi_{左i}}{6}=\underline{\qquad}\ ;\qquad\qquad \overline{\varphi}_右=\frac{\sum\varphi_{右i}}{6}=\underline{\qquad}\ ;$$

$$\overline{\varphi}=\frac{\overline{\varphi}_左+\overline{\varphi}_右}{2}=\underline{\qquad}\ 。$$

根据实验数据，绘出旋光度与浓度的拟合直线，如图 2-34-6 所示，从图中任取两点（A 点和 B 点）代入式（2-34-1），计算旋光率及未知浓度溶液的浓度值。

$$\alpha=\frac{k}{l}=\frac{(\varphi_A-\varphi_B)}{(c_A-c_B)l}=\underline{\qquad}\ ;\qquad\qquad c_x=\frac{\overline{\varphi}_{未知}}{\alpha l}=\underline{\qquad}\ 。$$

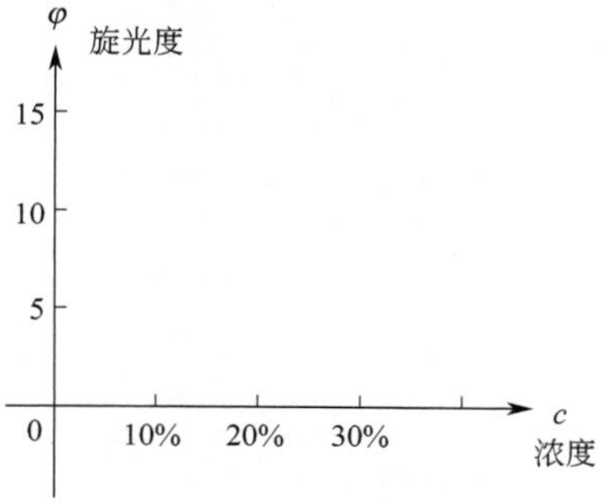

图 2-34-6　旋光度与浓度的关系曲线

■ 思考题

1. 什么是旋光率？它与哪些因素有关？

2. 盛溶液的测试管中，如果有气泡如何处理？

3. 说明用半荫法判断三分视场的原理？

4. 通过观察，实验中所使用的糖溶液是左旋物质还是右旋物质？

5. 同一介质旋光系数的大小与波长有关。在实验中如果使用白光光源、旋动检偏器，看到视场会有何变化？能不能观察到消光现象？

6. 旋光仪的精度是多少？读数时为什么采用双游标读数法？

7. 在对测试样品做测量时，度盘旋转一周可以看到两次均匀视场。请比较两次均匀视场的差异，思考在本实验中提出的读数方法有什么好处？

8. 起偏器和检偏器有何异同？

9. 如果三分视场中间部分的偏振光振动方向和两边的振动方向相互垂直，结果会怎样？应该如何避免？

10. 如果用长一些的测试管装溶液，对实验结果会有什么样的影响？

实验 2-35 迈克耳孙干涉仪的调整和使用

1881 年，美国物理学家迈克耳孙（Albert Abrahan Michelson，1852—1931 年）和莫雷（Edward Williams Morley，1838—1923 年）合作，为研究"以太"漂移假说而精心设计制造了精密的光学仪器——迈克耳孙干涉仪（Michelson interferometer），他们使用该仪器，通过多次实验，否定了"以太"的存在，铺平了相对论发展的道路，促进了相对论的建立。

迈克耳孙干涉仪用分振幅法产生双光束，从而实现了光的干涉，它的设计原理简明、构思巧妙，堪称精密仪器的典范。在近代物理和现代计量技术中，该仪器有着重要的影响，后来的一些科学工作者，根据迈克耳孙干涉仪的原理，研制了各种专用的干涉仪器，在各个领域、部门，起着重要的作用。

本实验要求非常严格，学生要真正了解迈克耳孙干涉仪的原理结构和调整方法，考察定域干涉和非定域干涉的形成条件及条纹形状的特点，初步了解干涉仪的应用。由于本实验包含极为丰富的实验思想，其实验操作技巧又无一不与实验原理紧密联系，所以实验时，必须仔细观察每一实验现象，判断每一细微调节对干涉现象带来的影响。实验前要求结合实验原理，仔细阅读研究普通物理教程中有关光学的一些内容，如等倾干涉、等厚干涉、定域干涉、非定域干涉及相干长度等概念。

【实验目的】

① 了解迈克耳孙干涉仪的结构、原理，学习和掌握它的调整和使用方法。

② 观察等厚干涉条纹、等倾干涉条纹图样，巩固和加深对光的干涉理论的理解。

③ 用迈克耳孙干涉仪测光的波长。

【实验仪器】

迈克耳孙干涉仪、激光器、扩束透镜。

【实验原理】

（1）迈克耳孙干涉仪的基本光路

图 2-35-1 为迈克耳孙干涉仪的原理图，图中 G_1、G_2 是两块厚度和折射率都相等的平行平面玻璃，它们彼此应严格平行。G_1 的一面（靠近 G_2 板的面）有镀银（或镀铝）的半透半反膜，用来分解光束，当光照射上去时，光线既能反射又能透射。M_1、M_2 为平面反射镜。

光源发出单色光（激光），用焦距很短的会聚透镜 L 扩束后射向 G_1 板，在半透层分成两束光，光束 1 被反射折向 M_1 镜，光束 2 透过半透层射向 M_2 镜。两束光仍按原路返回，射向观察者 e 或接收屏，在 e 处相遇叠加而产生干涉。

G_2 板是补偿板，光路中加入 G_2 板，目的是让光束 1 和光束 2 都经过玻璃三次，则其光程差纯粹是因为 M_1、M_2 镜与 G_1 板的距离不同而引起的。

为简单起见，图 2-35-1 简化为图 2-35-2，观察者在 e 处对着 G_1 板观察，除直接看到 M_1 镜外，还可以看到 M_2 镜在 G_1 板的反射像 M_2'。对于观察者来说，M_1、M_2 镜所引起的干涉，很明显与 M_1、M_2' 之间的空气层所引起的干涉等效。因此在考虑干涉时，M_1、M_2' 之间的空气层便成了仪器的主要部分。本仪器设计的妙处就在于 M_2' 不是实物，所以可以任意改变 M_1、G_1 之间的距离，这样就使得 M_1、M_2' 重叠或不重叠。

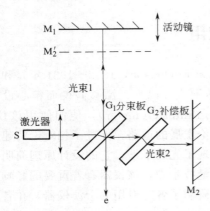

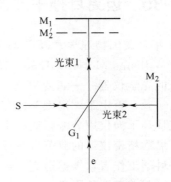

图 2-35-1　迈克耳孙干涉仪的原理

图 2-35-2　光路简化

因为，光束 1 和光束 2 实际上都是来自同一光源的，由 M_1、M_2 反射后又汇合到一起而发生干涉，所以说迈克耳孙干涉仪是用分振幅法产生双光束干涉的干涉仪器。

（2）迈克耳孙干涉仪的干涉图像

① 等倾干涉　如图 2-35-3 所示，当 M_1、M_2' 完全平行时，将获得等倾干涉。干涉条纹的形状，决定于来自光源平面上的光的入射角。在垂直于观察方向的光源平面 S 上，以 O 点为中心的圆周上各点发出的光，以相同的倾角入射到 M_1、M_2' 间的空气层，所以它的干涉条纹是同心圆环，这种圆条纹就是明暗相间的等倾干涉条纹。条纹的明暗和位置取决于这两束光的光程差，只要光程差有微小的变化，条纹的明暗和位置就会发生变化和移动。从图 2-35-3 可以看出光程差

图 2-35-3　等倾干涉光路

$$\Delta L = 2d\cos i_k \tag{2-35-1}$$

从式（2-35-1）可以看出，倾角相同的入射光，其光程差必然相同，因此产生的干涉情况也相同。当 $i_k = 0$ 时，光程差 $\Delta L = 2d$ 最大，其干涉条纹的级数也最高。不同倾角 i_k，对应不同环状的干涉条纹，其环的明暗由干涉条件决定，满足式（2-35-2）的为明条纹，满足式（2-35-3）的为暗条纹

$$\Delta L = 2d\cos i_k = k\lambda \quad (k=1,2,3,\cdots\cdots) \tag{2-35-2}$$

$$\Delta L = 2d\cos i_k = (2k+1)\frac{\lambda}{2} \quad (k=1,2,3,\cdots\cdots) \tag{2-35-3}$$

下面以明条纹为例，分析随厚度 d 变化引起干涉条纹变化的情况。

对等倾干涉条件来说，圆环中心的干涉条纹的级数最高，从中心向外，干涉条纹的级数逐渐降低。但对于同一级干涉条纹，如果增大 d，由式（2-35-2）可知，为保持 $2d\cos i_k$ 不变，就必然减小 $\cos i_k$，即增大 i_k。因此从接收屏上可以看到，随 d 增大，干涉条纹逐渐从中心涌出，并且向外扩张，条纹越向外，变得越来越细密；如果减小 d，在接收屏上则看到随 d 的减小，环状干涉条纹逐渐向里收缩，最后向里湮没在中心处。

由式（2-35-2）可知，当 $i_k = 0$ 时，圆心处为一亮点，该点的干涉条纹的级数 k 与厚度 d 由式（2-35-4）决定

$$d = k\frac{\lambda}{2} \tag{2-35-4}$$

这说明每变化一级干涉条纹，在干涉条纹中心处的变化为亮→暗→亮，d 变化半个波长的距离，所以当 M_1、M_2' 之间的距离增大（或减小）$\frac{\lambda}{2}$ 时，则干涉条纹就从中心冒出（或湮没）一圈。如果在迈克耳孙干涉仪上读出变化的条纹数（圈数）Δk 和长度的微小变化 Δd，便可以算出入射光的波长 λ。

等倾干涉图样如图 2-35-4 所示。

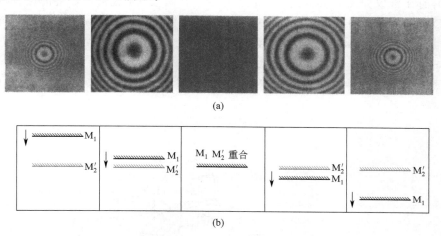

图 2-35-4　等倾干涉图样

② 等厚干涉　当 M_1、M_2' 很近，d 很小；而 M_1、M_2' 不平行时，假设的空气薄膜就成了劈尖，可以在接收屏上看到一组平行于 M_1、M_2' 交线的等间距的等厚干涉条纹。

如果 M_1、M_2' 对称相交，其交线上将出现直线中央明条纹，在中央明条纹两侧附近也是直线。在远离中央条纹的地方，由于 d 增大，导致光线的入射角也增大，出现条纹向 d 增大的方向弯曲，从而使干涉条纹向中央直条纹凸起形成双曲线或椭圆形。

等厚干涉图样如图 2-35-5 所示。

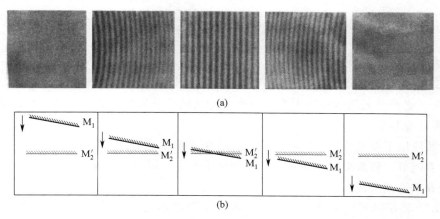

图 2-35-5　等厚干涉图样

③ 白光干涉条纹　如果，干涉使用两个或两个以上波长的光做光源时，所能看到的光的干涉条纹很少或看不清，因为有些光波相干长度很小，比如说白光，它的等厚干涉条纹只

有在 M_1、M_2' 的距离很小、甚至几乎等于零的情况下，才能在很小的范围内看到几条干涉条纹，否则什么也看不见。因为干涉条纹的间距的大小与波长有关，波长长的光波形成的干涉条纹间距大，波长短的间距小，所以在使用白光做光源时，光程差为零处（M_1、M_2' 交线处）为中央明条纹。在中央明条纹附近只有几条彩色条纹，在远离中央明条纹处，因白光所含各种波长的干涉条纹严重重叠又显白光，所以只有用白光做光源，才能判断出中央明条纹。而利用中央明条纹，可以判断出 $d=0$ 的位置。

（3）迈克耳孙干涉仪的位移与读数

迈克耳孙干涉仪如图 2-35-6 所示。仪器中 A、B 两板已固定好，C 镜的位置可在 AC 方向调节，D 镜的倾角可由其后面的 3 个螺钉调节，更精细的调节可由 E、F 螺钉调节。鼓轮 G 每转一周，C 镜在 AC 方向上平移 1mm。G 上刻有 100 小格，所以每走一格平移 1/100mm；而 H 轮转动一圈，G 轮仅走一格，H 轮一周分 100 格，所以 H 轮走一格，C 镜移动了 1/1000mm。若 m 为主尺的读数，l 为 G 轮的读数，n 为 H 轮的读数，则 C 移动了

$$d = m + l\,\frac{1}{100} + n\,\frac{1}{1000} \quad \text{mm}$$

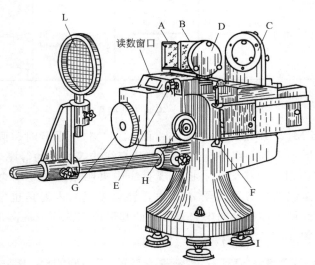

图 2-35-6　迈克耳孙干涉仪

（4）迈克耳孙干涉仪的调整

图 2-35-6 为迈克耳孙干涉仪的实物图。迈克耳孙干涉仪是贵重精密的光学仪器，在动手调节以前，必须反复阅读使用手册，彻底弄清结构，弄懂操作要点。以下是总结出的几点调整步骤及注意事项。

① 对照使用手册和仪器，搞明白仪器的结构原理和各旋钮的作用；

② 水平调节，将水准仪放在迈克耳孙干涉平台上，调节底脚螺栓；

③ 读数系统调节；

a. 粗调。将手柄转向下面"开"的位置，使微动蜗轮和主轴蜗杆离开，顺时针（或逆时针）转动手轮 G，使主尺（标尺）刻度指示 30mm 左右（D 镜到 A 镜之间的距离为 32mm），这样便于以后观察干涉条纹。

b. 细调。在测量过程中，只能调整微动装置——鼓轮 H，而不能动手轮 G。方法是：

在将手柄由"开"转向"合"的过程中，迅速转动鼓轮 H，使鼓轮 H 的蜗轮与粗动手轮的蜗杆啮合，这时 H 轮带动 G 轮的转动——这可从读数窗口上直接看到。

c. 调零。为了使读数正常，需要调零。方法是：先将鼓轮 H 指示线转到和 0 刻度对准位置，此时手轮也跟着转动，读数窗口刻度线也随着变；然后再转动手轮，将手轮 G 转到 1/100 刻度线的整数线上，此时鼓轮 H 并不跟随转动，仍在原来的 0 位置上，这时调零过程完成。

d. 消除空回误差，目的是使读数准确。上述工作完成以后，并不能马上测量，还必须消除空回误差（如果现在转动鼓轮与原来调零时鼓轮的转动方向相反，则在一段时间内，鼓轮虽在转动，但读数窗口并没计数，因为此时反向后蜗轮和蜗杆的齿并没有啮合靠紧）。方法是：首先认定测量时是增大光程差（顺时针转动 H）还是减小光程差（逆时针转动 H），然后按规定方向转动 H 若干圈后，再开始计数测量。

④ 光源的调整

a. 点亮激光器，使光线以 45°角射到迈克耳孙干涉仪的 A 板上（目测判断）。

b. 在光源 S 和 A 板之间放一凸透镜用作扩束，目的是均匀照亮 A 板，并注意同轴等高。

【实验内容与步骤】

（1）测激光的波长

① 将激光器（勿用手接触激光管两端的高压头）输出的红光射向迈克耳孙干涉仪的 A 板上，此时看 A 板对面墙上 C、D 镜的两个反射点是否重合，若不重合可调节 C、D 镜后面的螺钉。

② C、D 镜反射光重合后，在光源和 A 板间加入扩束镜，使激光均匀照亮 A 板，此时在光屏 e 处应看到干涉条纹。

③ 微调 D 镜下方的拉紧螺钉 F 或 E，将干涉圆环中心调至光屏中心，此时顺时针转动鼓轮 H（使光程差增大），则看到圆环从中央冒出，反之湮没。

④ 记下读数 d，以后每隔 50 条记录一个读数，直到记录 450 条，将数据填入自制表中，用逐差法按式(2-35-4)计算。

（2）观察等厚干涉现象

在（1）的基础上，陆续增大或减小光程差使 $d \rightarrow 0$，转 H 使 C 背离或接近 A，使 C、A 镜之间的距离逐渐等于 D、A 镜之间的距离，则可以看到等倾干涉条纹的曲率由大变小（条纹慢慢变直），再由小变大，条纹反向弯曲又成等倾条纹。

（3）观察白光的彩色条纹

在（2）的情况下，当 $d = 0$ 时，出现等厚干涉条纹，用白光（如手电筒的光）代替激光器，缓慢转动鼓轮 H，则在观察屏上看到彩色条纹，中间一条是明条纹或暗条纹，两边光强由强到弱等距离地分布着由紫到红的彩带。

■ 思考题

1. 迈克耳孙干涉仪各部件起什么作用？

2. 为什么有时候叉丝及其反射像重合了条纹还不出现？怎样解决？

3. 对转动鼓轮 H、G 的使用有何要求？为什么？

4. 解释等厚干涉条纹的变化原因。

5. 去掉补偿板，可否做白光实验？

第 3 章
综合性实验

实验 3-1　太阳能电池基本特性测试实验

太阳能是"取之不尽，用之不竭"的清洁能源，充分利用太阳能，不但可以解决能源危机，还可以减少环境污染，因此太阳能的利用和太阳能电池（solar battery）特性的研究已成为 21 世纪新能源利用和开发的重点课题。太阳能电池板是通过吸收太阳光，将太阳辐射能通过光电效应或者光化学效应直接或间接转换成电能的装置。

本实验通过对太阳能电池的伏安特性、开路电压、短路电流、最大输出功率、填充因子、光照特性等基本特性的测量，掌握太阳能电池的电学性质和光学性质。

【实验目的】

① 了解太阳能电池的工作原理。

② 掌握太阳能电池光电特性的测量方法。

【实验仪器】

THQTN-1 型太阳能电池特性测试实验仪。

【实验原理】

太阳能电池板根据所用材料的不同，可分为硅基太阳能电池和薄膜电池。以硅太阳能电池为例：结构示意图如图 3-1-1 所示。硅太阳能电池是以硅半导体材料制成的大面积 PN 结经串联、并联构成，在 N 型材料层面上制作金属栅线作为面接触电极，背面也制作金属膜作为接触电极，这样就形成了太阳能电池板。为了减小光的反射损失，一般在表面覆盖一层减反射膜。

当光照射到半导体 PN 结上时，PN 结吸收光能，两端产生电动势，这种现象称为光生伏特效应。由于 PN 结耗尽区存在着较强的内建静电场，因而产生在耗尽区中的电子和空穴，在内建静电场的作用下，各向相反方向运动，离开耗尽区，结果使 P 区电势升高，N 区电势降低，PN 结两端形成光生电动势，这就是 PN 结的光生伏特效应。

太阳能电池工作原理基于光伏效应。当光照射到太阳能电池板时，太阳能电池能够吸收光能，并将所吸收的光子能量转化为电能。在没有光照时，可将太阳能电池视为一个二极管，其正向偏压 U 与通过的电流 I 的关系为

$$I = I_0(e^{\frac{qU}{nkT}} - 1) \tag{3-1-1}$$

式中，I_0 是二极管的反向饱和电流；n 称为理想系数，是表示 PN 结特性的参数，通常为 1；k 为玻尔兹曼常数；q 为电子的电荷量；T 为热力学温度。

设太阳能电池的短路电流为 I_{SC}，开路电压为 U_{OC}。

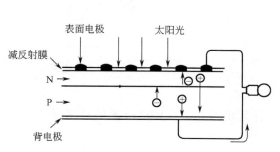

图 3-1-1　太阳能电池板结构示意

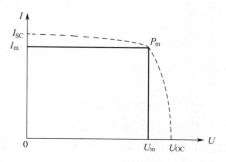

图 3-1-2　太阳能电池的伏安特性曲线

当太阳能电池外接上负载 R 时，所得到的负载 I-U 特性曲线如图 3-1-2 所示，负载 R 可从零至无穷大，当负载为 R_m 时，太阳能电池的输出功率最大，它对应的最大功率为 P_m

$$P_m = I_m U_m \qquad (3\text{-}1\text{-}2)$$

式中，I_m 和 U_m 分别为最佳工作电流和最佳工作电压。

将最大输出功率 P_m 与 U_{OC} 与 I_{SC} 的乘积之比，定义为填充因子 F_f

$$F_f = \frac{P_m}{U_{OC} I_{SC}} = \frac{U_m I_m}{U_{OC} I_{SC}} \qquad (3\text{-}1\text{-}3)$$

式中，F_f 为太阳能电池的重要特性参数，F_f 越大则输出功率越高。F_f 取决于入射光强、材料禁带宽度、理想系数、串联电阻和并联电阻等。

太阳能电池的转换效率 η 定义为太阳能电池的最大输出功率 P_m 与照射到太阳能电池的总辐射能 P_i 之比，即

$$\eta = \frac{P_m}{P_i} \times 100\% \qquad (3\text{-}1\text{-}4)$$

【实验内容与步骤】

（1）测量无光照时太阳能电池的伏安特性（暗室特性）

测量电路如图 3-1-3 所示，在太阳能电池放在暗箱中不受光照的情况下，用数字电压表、数字电流计和可变电阻测量正向偏压时的伏安特性。直流偏压从 0～3V，记录电压和电流的实验数据，表格自拟。根据实验数据，绘制出无光照时太阳能电池的 I-U 曲线，并用最小二乘法拟合电流 I 和电压 U 之间的关系式。注意：暗箱中光源到太阳能电池距离不能太近，一般选择＞20cm。

（2）测量有光照时太阳能电池的伏安特性（负载特性）

在不加偏压时，用白炽灯光模拟太阳光照射，测量太阳能电池特性。测量电路如图 3-1-4 所示。

测量太阳能电池在不同负载电阻 R 下，通过太阳能电池输出电流 I 和输出电压 U，记录实验数据，表格自拟。绘制出 P-R 曲线，并由此确定当太阳能电池的最大输出功率为 P_m 及相应的负载电阻 R_m、最佳工作电压 U_m 和最佳工作电流 I_m。

根据实验数据，绘制出 I-U 曲线，从 I-U 图上找出短路电流 I_{SC} 和开路电压 U_{OC}。由式（3-1-3）计算填充因子 F_f。

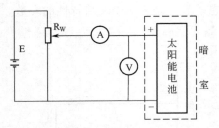

图 3-1-3　暗室特性测量电路

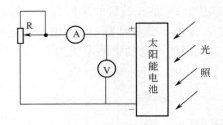

图 3-1-4　负载特性测量电路

（3）太阳能电池的转换效率

用光度计测量太阳能电池处的入射光强，计算出照射到太阳能电池的总辐射能 P_i，由式（3-1-4）计算太阳能电池的转换效率 η。

思考题

1. 改变光源与太阳能电池之间的距离，短路电流和开路电压等参数是否改变？

2. 改变光源的频谱，短路电流和开路电压等参数是否改变？

3. 太阳能电池板串联或并联后，短路电流和开路电压等参数是否改变？

实验 3-2 PN 结正向压降与温度关系的研究和应用

常用的温度传感器有热电偶、测温电阻器和热敏电阻等，这些温度传感器均有各自的优点，但也有不足之处。如热电偶适用温度范围宽，但灵敏度低、线性差且需要参考温度；热敏电阻灵敏度高、热响应快、体积小，缺点是线性关系较差，这对于仪表的校准和控制系统的调节均感不便；测温电阻器（如铂电阻）虽有精度高、线性好的优点，但是灵敏度低且价格昂贵；而 PN 结（PN junction）温度传感器则具有灵敏度高、线性好、热响应快和体积轻巧等特点，尤其在温度数字化、温度控制以及用微机进行温度实时信号处理等方面，是其他温度传感器所不能比的，其应用势必日益广泛。

目前，PN 结型温度传感器主要以硅为材料，原因是硅材料易于实现工业化，即将测温单元和恒流、放大等电路组合成集成电路。但是以硅为材料的这类温度传感器也不是尽善尽美的，在非线性不超过标准值 0.5% 的条件下，其工作温度一般为 −50～150℃，与其他温度传感器相比，测温范围的局限性较大。如果采用不同材料，如锑化铟或砷化镓的 PN 结，可以展宽低温区或高温区的测量范围。

【实验目的】

① 了解 PN 结正向压降随温度变化的基本关系式。

② 在恒流供电条件下，测绘 PN 结正向压降随温度变化的曲线，并由此确定其灵敏度及被测 PN 结材料的禁带宽度。

③ 学习用 PN 结测温的方法。

【实验仪器】

（1）PN 结正向压降温度特性实验仪。

PN 结正向压降温度特性实验仪由两部分组成：加热测试装置和测试仪，其实物照片如图 3-2-1 所示。实验结构示意图如图 3-2-2 所示。

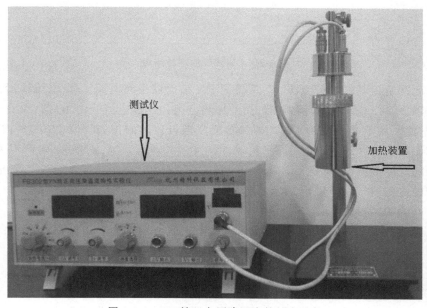

图 3-2-1 PN 结正向压降温度特性实验仪

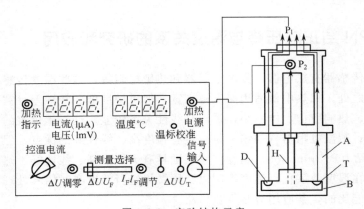

图 3-2-2　实验结构示意

A—样品室；B—样品座；D—待测 PN 结；T—测温元件；P_1—D、T 引线座；

H—加热器；P_2—加热电源插孔

测试仪由恒流源、基准电压和显示等部分组成，原理框图见 3-2-3；其中，VD_S 为被测 PN 结，R_S 为 I_F 的取样电阻；"测量选择开关"用于选择测量对象和极性变换的作用，当 P、R 接通时测量 I_F，P、D 接通时测量 U_F，P、S 接通时测量 ΔU 电压。

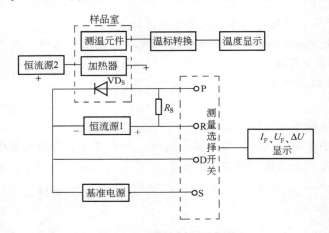

图 3-2-3　测试仪的测量原理

恒流源有两组，其中"恒流源 1"为待测 PN 结提供正向电流 I_F，电流输出范围为 $0\sim1000\mu A$，连续可调；另一"恒流源 2"提供加热电流，控温电流分为 10 挡：$0.1\sim1.0A$。

"基准电源"用于补偿被测 PN 结在 0℃ 或室温 T_R 时的正向压降 $U_F(0)$ 或 $U_F(T_R)$，可通过调节面板上的"ΔU 调零"旋钮实现 $\Delta U=0$。此时若升温 $\Delta U<0$，若降温 $\Delta U>0$，表明正向压降随温度的升高而下降。另一组基准电压源用于温度转换和校准，能把"测温元件"二极管的电压值转换成摄氏温标，在 LED"温度显示"屏上显示出来。

（2）仪器的初始设定

① 组装好加热测试装置，注意安装牢靠，固定螺钉要拧紧。将两端带插头的四芯屏蔽电缆信号线一端插入测试仪的"信号输入"插座，另一端插入样品室顶部插座"H"。连接时，应先将四芯插头与四芯插座的凹凸定位槽对准，再按下插头的紧线夹便可插好；在拆除时，只要拉插头的可动外套部位即可，切勿旋转或者硬拉，以免拉断信号线。

② 打开电源开关（在机箱背后），两组显示器即有指示，如发现数字乱跳或者溢出（即

首位显示"1"，后面 3 位不显示），应检查信号耦合电缆插头是否插好，或者电缆线是否断开或脱焊，以及待测 PN 结和测温元件管脚是否与容器短路或引线脱落。

③ 将"测量选择"开关（以下简称 K）拨到 I_F 位置，转动"I_F 调节"旋钮，I_F 值可变，将 K 拨到 U_F，调 I_F，U_F 亦随之改变（U_F 受 I_F 影响），再将 K 拨到 ΔU，转动"ΔU 调零"旋钮，可使 $\Delta U=0$，说明仪器的以上功能基本正常。

④ 将两端带"手枪式"插头的导线分别插入测试仪的加热电源输出孔和样品室的对应输入孔，开启控温电流开关（置 0.2A 挡）加热指示灯即亮，1～2min 后，即可显示出温度上升。至此，仪器运行正常。

⑤ 仪器的温标设定，在出厂之前已在 0℃（冰、水混合）条件进行严格校准；如有偏差可据室温（分辨率为 0.1℃温标）实现复校。

⑥ 本实验可以 0℃ 为起始温度，但需要在样品筒上加一个 O 形橡皮垫和一只盛有冰水混合物的广口杜瓦瓶。

⑦ 测试仪设有 U_T 和 ΔU 的输出口，可供 X-Y 函数记录仪使用。

⑧ 由于 U_F 不仅与 T 有关，还与 PN 结的结面积等因素有关，导致有些 PN 结的测量结果偏差较大。

【实验原理】

（1）PN 结是由半导体材料掺杂形成的

纯净半导体（如 Si），其晶体结构如图 3-2-4 所示。每一个硅原子的 4 个价电子和与其相邻的 4 个硅原子形成 4 个稳定的共价键，致使晶体中只有由于热运动形成的极少量的带负电的电子"·"和带正电的空穴"。"。所以纯净半导体的导电能力介于导体和绝缘体之间。

但若在其中掺入五价元素（如磷元素），磷原子的 5 个价电子中的 4 个与其周围的 4 个硅原子形成共价键，第 5 个价电子游离到晶体中成为自由电子，同时处于晶格上的磷原子成为带一个正电荷的离子。这样，晶体中的负载流子的数目随掺杂的浓度变化，增强了半导体的导电能力，这种半导体称为负电型半导体（N 型半导体）。若掺入的是三价元素（如硼元素），硼原子只有 3 个价电子，在与其他硅原子形成共价键时，第 4 个共价键上（少一个电子）出现一个空穴，同时硼离子带一个负电荷，晶体中的正载流子数目随掺杂的浓度变化，这种半导体称为正电型半导体（P 型半导体）。如图 3-2-5（a）所示。

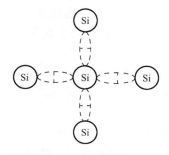

图 3-2-4　Si 晶体结构

如果在同一块硅晶体上的相邻部分分别掺入五价元素和三价元素，则电子和空穴将分别向对方扩散、中和，形成一个只有固定电荷（即处在晶格上的离子）的区间——空间电荷区。此区间内的内建电场 **E** 阻碍电子和空穴的扩散，最终达到一种动态平衡，如此形成一个 PN 结，如图 3-2-5（b）所示。

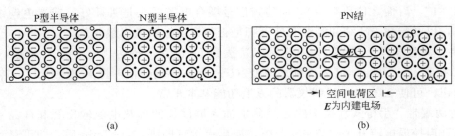

P型半导体　　N型半导体　　　　　　　　PN结

空间电荷区
E 为内建电场

(a)　　　　　　　　　　　　　　　　(b)

图 3-2-5　PN 结的形成

（2）PN 结正向偏置时 U_F-T 基本方程

当 P 区接外电源的正极，N 区接外电源的负极时，外电场削弱内建电场，载流子的扩散作用占主导地位，形成从 P 区流向 N 区的电流。在 PN 结上正向压降 U_F 除与温度有关，还与 PN 结的结面积、材料等有关。本实验主要研究正向压降 U_F 与温度的关系。

理想 PN 结的正向电流 I_F 和压降 U_F 存在如下近似关系式

$$I_F = I_s e^{\frac{qU_F}{kT}} \tag{3-2-1}$$

式中，q 为电子电荷；k 为玻尔兹曼常数；T 为绝对温度；I_s 为反向饱和电流，它是一个和 PN 结材料的禁带宽度以及温度等有关的系数，可以证明

$$I_s = CT^r e^{-\frac{qU_g(0)}{kT}} \tag{3-2-2}$$

式中，C 是与面积、掺杂浓度等有关的常数；r 也是常数（取决于少数载流子迁移率对温度的关系，通常取为 3.4）；$U_g(0)$ 为绝对零度时，PN 结材料的导带底和价带顶的电势差。

将式（3-2-2）代入式（3-2-1），两式取对数可得

$$U_F = U_g(0) - \left(\frac{k}{q}\ln\frac{C}{I_F}\right)T - \frac{kT}{q}\ln T^r = U_1 + U_{n1} \tag{3-2-3}$$

式中

$$U_1 = U_g(0) - \left(\frac{k}{q}\ln\frac{C}{I_F}\right)T$$

$$U_{n1} = -\frac{kT}{q}\ln T^r$$

式（3-2-3）即为 PN 结正向压降作为电流和温度函数的表达式，它是 PN 结温度传感器的基本方程。令 I_F＝常数，则正向压降只随温度变化而变化，但是在式（3-2-3）中，除线性项 U_1 外还包含非线性项 U_{n1}。

可以证明（见本实验附录）：在恒流供电条件下，非线性项 U_{n1} 的影响可以忽略；PN 结的 U_F 对 T 的依赖关系取决于线性项 U_1，即正向压降几乎随温度升高而线性下降，这就是 PN 结测温的理论依据。

（3）本实验测温的主要依据公式

本实验主要使用线性项 U_1 来表征 PN 结正向压降随温度 T 的变化关系，即

$$U_F = U_1 = U_g(0) - \left(\frac{k}{q}\ln\frac{C}{I_F}\right)T \tag{3-2-4}$$

当起始温度为 T_S 时，PN 结的正向压降值为

$$U_F(T_S) = U_g(0) - \left(\frac{k}{q}\ln\frac{C}{I_F}\right)T_S \tag{3-2-5}$$

当温度升高至 T 时，则 PN 结的正向压降值为

$$U_F(T)=U_g(0)-\left(\frac{k}{q}\ln\frac{C}{I_F}\right)T \tag{3-2-6}$$

由式(3-2-5) 和式(3-2-6) 有

$$\Delta U=U_F(T)-U_F(T_S)=-\left(\frac{k}{q}\ln\frac{C}{I_F}\right)(T-T_S) \tag{3-2-7}$$

ΔU 为两不同温度下 PN 结的正向压降之差。在测量时通常以室温作为起始温度 T_S，先把"测量选择"置于"U_F"挡，读取起始温度 T_S 时 PN 结的正向压降值 U_F（T_S）；然后将"测量选择"置于"ΔU"挡，读出 ΔU 随温度 T 变化时的对应值。式(3-2-7) 可写成

$$\Delta U=-\left(\frac{k}{q}\ln\frac{C}{I_F}\right)(T-T_S)=S(T-T_S)=S\Delta T \tag{3-2-8}$$

$$S=-\left(\frac{k}{q}\ln\frac{C}{I_F}\right) \tag{3-2-9}$$

式(3-2-9) 中的 S 称为 PN 结温度传感器的灵敏度。由实验数据做 ΔU-T 曲线，曲线的斜率即为 PN 结温度传感器的灵敏度 S。S 已知后，可估算被测 PN 结材料的禁带宽度

$$U_g(0)=U_F(T_S)-ST_S \tag{3-2-10}$$

【实验内容与步骤】

（1）实验系统检查与连接

① 检查待测 PN 结晶体管和测温元件应分放在铜座的左、右两侧圆孔内，其管脚不与容器接触，装上筒套。

② 控温电流开关应放在"关"位置，此时加热指示灯不亮。接上加热电源线和信号传输线。

（2）U_F（T_S）的测量和调零

本实验的起始温度 T_S 可直接从室温开始，打开测试仪电源开关，预热几分钟后，将"测量选择"开关拨到 I_F，调节使得 $I_F=50\mu A$；将"测量选择"开关拨到 U_F，记录 U_F（T_S）数值，再将"测量选择"开关拨到 ΔU，由"ΔU 调零"使得 $\Delta U=0$。

（3）测定 ΔU-T 曲线

在测量中"测量选择"开关置于 ΔU 不动，"ΔU 调零""I_F 调节"两旋钮均不能再调。

开启加热电源（指示灯亮），逐步提高加热电流进行变温实验，并记录对应的 ΔU 和 T 值；至于 ΔU、T 的数据测量，可按 ΔU 每改变 5mV（或者 10mV）立即读取一组 ΔU、T（数字电压表改变 1mV 时可能会对应几个温度值，一般可以读取第一个跳变值），这样可以减小测量误差。

注意：在整个实验过程中，升温速度要慢，且温度不宜过高，最好控制在 80℃ 以下。

（4）求被测 PN 结正向压降随温度变化的灵敏度 S

以温度 T 为横坐标，ΔU 为纵坐标，作 ΔU-T 曲线，其斜率就是 $S(mV/K)$。

（5）估算被测 PN 结材料的禁带宽度。根据式(3-2-10)，可得绝对零度时的正向压降 U_g（0）；再由 $E_g(0)=eU_g(0)$ 计算绝对零度时的禁带宽度值，并与公认值 $E_g(0)=1.2eV$ 比较，求其误差。

【数据处理】

在测量数据时，调节 PN 结正向工作电流 $I_F=50\mu A$；实验起始温度：$T_S=\underline{\qquad}$℃；

T_S 时 PN 结的正向压降：$U_F(T_S)=$ _____ mV；实验数据记录入表 3-2-1。

表 3-2-1　实验数据记录表

控温电流/A	$\Delta U = U_F(T) - U_F(T_S)/mV$	$T/℃$	T/K
0.2			
0.2			
0.3			
0.3			
0.3			
0.4			
0.4			
0.4			
0.5			
0.5			

【注意事项】

① 开启测试仪电源之前，检查"控温电流"旋钮是否在 0 挡，此时加热指示灯不亮。

② 实验测量完毕后，将加热电流降至 0；仪器使用完毕后，务必关闭电源。

思考题

1. 测 $U_F(T_S)$ 的目的何在？为什么实验要求测 ΔU-T 曲线而不是 U_F-T 曲线？
2. 测 ΔU-T 曲线为何按 ΔU 的变化读取 T，而不是按自变量 T 的变化读取 ΔU？
3. 在测量 PN 结正向压降和温度的变化关系时，ΔU-T 的线性在温度高时好，还是温度低时好？
4. 测量时，为什么温度必须在 $-50\sim150℃$ 范围内？

【附录】 　　非线性项 U_{n1} 所引起的线性误差的讨论

设温度由 T_1 变为 T 时，正向压降由 U_{F1} 变为 U_F，由式（3-2-3）可得

$$U_{F1}=U_g(0)-\left(\frac{k}{q}\ln\frac{C}{I_F}\right)T_1-\frac{kT_1}{q}\ln T_1^r$$

则利用 U_{F1} 可将 U_F 重新写成式（3-2-11）

$$U_F=U_g(0)-[U_g(0)-U_{F1}]\frac{T}{T_1}-\frac{kT}{q}\ln\left(\frac{T}{T_1}\right)^r \tag{3-2-11}$$

按理想的线性温度响应，U_F 应取如下形式

$$U_{理想}=U_{F1}+\frac{\partial U_{F1}}{\partial T}(T-T_1) \tag{3-2-12}$$

$\dfrac{\partial U_{F1}}{\partial T}$ 等于 T_1 温度时的 $\dfrac{\partial U_F}{\partial T}$ 值。

由式（3-2-11）可得

$$\frac{\partial U_{F1}}{\partial T}=-\frac{U_g(0)-U_{F1}}{T_1}-\frac{k}{q}r \tag{3-2-13}$$

所以　　　　　$$U_{理想}=U_{F1}+\left[-\frac{U_g(0)-U_{F1}}{T_1}-\frac{k}{q}r\right](T-T_1)$$

$$= U_g(0) - [U_g(0) - U_{F1}]\frac{T}{T_1} - \frac{k}{q}r(T-T_1) \tag{3-2-14}$$

由理想线性温度响应式（3-2-14）和实际响应式（3-2-11）相比较，可得实际响应对线性的理论偏差为

$$\Delta = U_{理想} - U_F = \frac{k}{q}r(T-T_1) + \frac{kT}{q}\ln\left(\frac{T}{T_1}\right)^r \tag{3-2-15}$$

设 $T_1 = 300\text{K}$，$T_1 = 310\text{K}$，取 $r = 3.4$，由式（3-2-15）可得 $\Delta = 0.048\text{mV}$，而相应的 U_F 的改变量约 20mV，相比之下误差很小。不过当温度变化范围增大时，U_F 温度响应的非线性误差将有所递增，这主要是由于 r 因子所致。

综上所述，在恒流供电条件下，PN 结的 U_F 对 T 的依赖关系取决于线性项 U_1，即正向压降几乎随温度升高而线性下降，这就是 PN 结测温的理论依据。

必须指出，上述结论仅适用于杂质全部电离、本征激发可以忽略的温度区间（对于通常的硅二极管来说，温度范围在 $-50 \sim 150℃$）。如果温度低于或高于上述范围时，由于杂质电离因子减小或本征载流子迅速增加，U_F-T 关系将产生新的非线性，这一现象说明 U_F-T 的特性还随 PN 结的材料而异，对于宽带材料［如 GaAs，Eg(0) 为 1.43eV］的 PN 结，其高温端的线性区则宽；而材料杂质电离能力小（如 Insb）的 PN 结，则低温端的线性范围宽。对于给定的 PN 结，即使在杂质导电和非本征激发温度范围内，其线性度也随温度的高低而有所不同，这是非线性项 U_{n1} 引起的，由 U_{n1} 对 T 的二阶导数 $\dfrac{d^2 U}{dT^2} = \dfrac{1}{T}$ 可知，$\dfrac{dU_{n1}}{dT}$ 的变化与 T 成反比，所以 U_F-T 的线性度在高温端优于低温端，这是 PN 结温度传感器的普遍规律。

此外，由式（3-2-11）可知，减小 I_F 可以改善线性度，但并不能从根本上解决问题，目前行之有效的方法大致有两种：

① 利用对管的两个 be 结（将三极管的基极与集电极短路，与发射极组成一个 PN 结），在不同电流 I_{F1}、I_{F2} 下工作，由此获得两者之差（$U_{F1} - U_{F2}$）与温度成线性函数关系，即

$$U_{F1} - U_{F2} = \frac{kT}{q}\ln\frac{I_{F1}}{I_{F2}} \tag{3-2-16}$$

由于晶体管的参数有一定的离散性，实际值与理论值仍存在差距，但与单个 PN 结相比，其线性度与精度均有所提高，这种电路结构与恒流、放大等电路集成一体构成集成电路温度传感器。

② 采用电流函数发生器来消除非线性误差。由式（3-2-3）可知，非线性误差来自 T^r 项，利用函数发生器，I_F 正比于绝对温度的 r 次方，则 U_F-T 的线性理论误差 $\Delta = 0$。实验结果与理论值会比较一致，其精度可达 $0.01℃$。

实验 3-3 电子束实验

带电粒子（charged particle）在电场和磁场中运动是在近代科学技术应用的许多领域中经常遇到的一种物理现象，在下面的一系列实验中，研究电子在几种电场和磁场中的运动规律。在这里把电子看作是遵从牛顿运动定律的经典粒子。因为在这些实验中，电子的运动速度总是远小于光速的，所以不必考虑相对论效应；而且由于实验中电子运动的空间范围远比原子的尺度要大，所以也不必考虑量子效应。

【实验目的】

① 了解电场对电子加速作用，电子束（electron beam）在横向匀强电场作用下的偏转，即进行电子束的加速和电偏转实验。

② 了解纵向不均匀电场对电子束的聚焦作用，电子束强度的控制，即电子束的聚焦和辉度控制实验。

③ 了解电子束在横向磁场作用下的偏转，即电子束的磁偏转实验。

④ 了解电子在纵向磁场中做螺旋运动的规律，利用这一规律测定电子的荷质比，即电子做螺旋运动电子荷质比测定实验。

【实验仪器】

DZS-D 型电子束实验仪。

面板功能分布如图 3-3-1 所示。

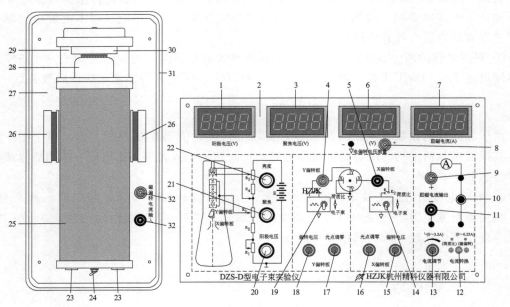

图 3-3-1　DZS-D 型电子束实验仪面板

1—阳极电压表；2—实验仪面板；3—聚焦电压表；4—Y 轴偏转极板插座；5—X 轴偏转极板插座；6—电偏转电压表；7—励磁电流表；8—电偏转电压输入插座；9、11—励磁电流输出插座；10—保险丝管座；12—磁偏转与磁聚焦电流量程转换按钮；13—磁偏转与磁聚焦电流调节旋钮；14—电子束与示波器功能转换开关（K₂）；15—电子束 X 偏转电压调节；16—电子束 X 轴光点调零；17—电子束 Y 偏转电压调节；18—电子束 Y 轴光点调零；19—电子束与示波器功能转换开关（K₁）；20—阳极高压调节；21—聚焦调节；22—示波管亮度调节；23—磁聚焦电流输入插座；24—磁聚焦电流换向开关；25—磁聚焦螺线管；26—磁偏转线圈；27—线圈安装面板；28—示波管；29—有机玻璃防护罩；30—示波管安装座；31—机箱；32—磁偏转电流输入插座主要参数：

螺线管的长度：$L=0.234\text{m}$；螺线管的线圈匝数：$N=526$ 匝；螺线管的直径：$D=0.090\text{m}$；螺距：（Y 偏转板至荧光屏距离）$h=0.145\text{m}$，（X 偏转板至荧光屏距离）$h_X=0.115\text{m}$。

【实验原理】

（1）示波管原理

电子束实验仪的核心元件是一只电子示波管，这种示波管体积较小，偏转灵敏度高，管壁的石墨屏蔽层成环带状，从管壁外部可以清楚地看到管内各电极的形状构造，其结构如图 3-3-2 所示。

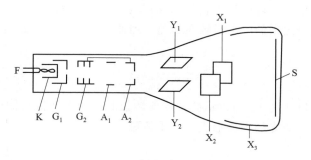

图 3-3-2　普通示波管的结构示意

① 电子枪　其作用是发射电子，并形成很细的高速电子束。电子枪由灯丝（F）、阴极（K）、栅极（G_1）、前加速极（G_2）、第一阳极（A_1）和第二阳极（A_2）组成。灯丝用于加热阴极。阴极是一个表面涂有氧化物的金属圆筒，在灯丝加热下发射电子。栅极是一个顶端有小孔的圆筒，套在阴极外边，其电位比阴极低，对阴极发射出来的电子起控制作用，只有初速度较大的电子才能穿过栅极顶端小孔奔向荧光屏，初速度较小的电子则折返回阴极。如果栅极电位足够低，就会使电子全部返回阴极。因此调节栅极电位可以控制射向荧光屏的电子流密度，从而改变亮点的辉度。第一阳极 A_1 的电位远高于阴极。第二阳极 A_2 的电位高于 A_1。前加速极 G_2 位于 G_1 与 A_1 之间，与 A_2 相连，对电子束有加速作用。

由 G_1、G_2、A_1 及 A_2 构成一个对电子束的控制系统，如图 3-3-3 所示。它对电子束有聚焦作用，改变第一阳极 A_1 及第二阳极 A_2 的电位使电子束在荧光屏上会聚成细小的亮点，以保证显示的清晰度。

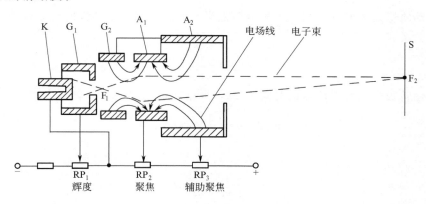

图 3-3-3　示波管的聚焦原理

② 偏转系统　图 3-3-2 中，在第二阳极的后面，由两对相互垂直的偏转板组成偏转系统，垂直偏转板在前（靠近第二阳极），水平偏转板在后，两对板间各自形成静电场，分别控制电子束在垂直方向与水平方向的偏转。

③ 荧光屏　一般为圆形曲面或矩形平面，其内壁沉积有磷光物质，形成荧光膜。它受到电子轰击后，将其动能转化为光能，形成亮点。当电子束随信号电压偏转时，这个亮点的移动轨迹就形成了信号的波形。

（2）电子束的加速和电偏转

取一个直角坐标系来研究电子的运动，令 z 轴沿阴极射线管的管轴方向，在荧光屏上 x 轴为水平方向，y 轴为垂直方向。

电子从阴极发射出来，可以认为它的初速度为零。阳极相对于阴极的电压 V_2，它产生的电场使得由阴极发射出来的电子沿轴向加速。加速电压对电子所做的功全部转化为电子的动能，则有

$$\frac{1}{2}mv_z^2 = eV_2 \tag{3-3-1}$$

当加速后的电子以速度 v_z 通过示波管的偏转板时，如果两极板间的电压为零，电子能笔直地穿过偏转板打在荧光屏中央形成一个小亮斑。

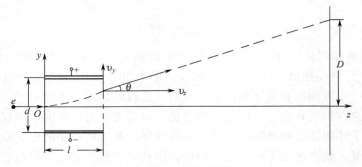

图 3-3-4　电偏转原理

如果在垂直偏转板电极之间加上一偏转电压 V_d，如图 3-3-4 所示，偏转板长度为 l，两极板相距 d，当电子以速度 v_z 进入偏转板后，电子受到偏转电场的作用力

$$F_y = eE_y = e\frac{V_d}{d} \tag{3-3-2}$$

使电子的运动轨道发生偏移。当电子从偏转板穿出来时，它的运动方向与 z 轴成 θ 角度，应满足下面的关系式

$$\tan\theta = \frac{v_y}{v_z} \tag{3-3-3}$$

电子从偏转板之间穿过所需的时间为 Δt，根据动量定理，在 y 轴方向有

$$F_y \Delta t = e\frac{V_d}{d}\Delta t = mv_y \tag{3-3-4}$$

则

$$v_y = \frac{e}{m} \times \frac{V_d}{d} \Delta t$$

由于

$$\Delta t = \frac{l}{v_z} \tag{3-3-5}$$

所以

$$v_y = \frac{e}{m} \times \frac{V_d}{d} \times \frac{l}{v_z} \tag{3-3-6}$$

$$\tan\theta = \frac{v_y}{v_z} = \frac{eV_d l}{mdv_z^2} \tag{3-3-7}$$

将式(3-3-1)代入式(3-3-7)得

$$\tan\theta = \frac{V_d l}{V_2 2d} \tag{3-3-8}$$

当电子从偏转板出来后，就做直线运动，直线的倾角就是电子经偏转板后的速度方向，荧光屏上亮斑在垂直方向上的偏转距离

$$D = L\tan\theta \tag{3-3-9}$$

式中，L 为该直线与 z 轴的交点至荧光屏的距离，经分析推导表明 L 应为偏转板中点至荧光屏的距离。

$$D = \frac{Ll}{2d} \times \frac{V_d}{V_2} \tag{3-3-10}$$

由式(3-3-10)可知，荧光屏上电子束的偏转距离 D 与偏转电压 V_d 成正比，与加速电压 V_2 成反比。由于式(3-3-10)中的其他量是与示波管结构有关的常数，故可写成

$$D = k_e \frac{V_d}{V_2} \tag{3-3-11}$$

式中，k_e 为电偏常数，可见，当加速电压 V_2 一定时，偏转距离与偏转电压为线性关系。

（3）电子束的聚焦和辉度控制

用一定分布的电场可以改变电子的运动方向，把电子会聚成较强的电子束，而在荧光屏上形成明亮的光斑。本实验研究不均匀电场对电子束的聚焦作用以及电子束强度的控制，研究用不同的电极对电子束进行控制的方法，也就是示波管中电子枪的工作原理。

示波管中电子枪的作用是发射电子，把它们加速到一定速度并聚成一细束，电子枪由灯丝（F）、阴极（K）、栅极（G_1）、加速极（G_2）、第一阳极（A_1）和第二阳极（A_2）组成，如图 3-3-3 所示。灯丝用于加热阴极，阴极是一个表面涂有氧化物的金属圆筒，在灯丝加热下发射电子。栅极是一个顶端有小孔的圆筒，套在阴极外边，其电位比阴极低，对阴极发射出来的电子起控制作用，只有初速度较大的电子才能穿过栅极顶点小孔到达荧光屏，初速度小的电子折回阴极。如果栅极电位足够低，就会使电子全部返回阴极，因此调节栅极电压可以控制射向荧光屏的电子流密度，从而改变亮点的辉度。第一阳极 A_1 的电位远高于阴极的电位，第二阳极 A_2 的电位高于第一阳极 A_1 的电位，加速极位于 G_1 与 A_1 之间，与 A_2 相连，对电子束起加速作用。

由阴极表面不同点发出的电子在向栅极方向运动时，受到电场的作用，在栅极出口前方会聚，形成一个电子束的交叉点 F_1。加速电极、第一阳极和第二阳极都是由两个圆筒状的膜片组成的，它们所产生的电场可以使交叉点 F_1 成像在荧光屏上，呈现为直径足够小的光点 F_2。所以该系统通常称为电聚焦系统，与光学透镜系统相类比，这个系统又称为静电透镜系统。如果改变各电极之间的电压，特别是改变第一阳极的电压，相当于改变了静电透镜

的焦距，可使电子束的会聚点正好和荧光屏重合。

从与几何光学之间的类比，引进静电透镜折射率的概念

$$n=\sqrt{\frac{V_2}{V_1}} \qquad (3\text{-}3\text{-}12)$$

式中，n 为静电透镜的折射率；V_2 是加速电压；V_1 是聚焦电压。

理论上，可导出静电透镜的方程，即把示波管的有关参数代入可得方程

$$(n-1)^2(n+1)-\frac{3}{4}n^2=0 \qquad (3\text{-}3\text{-}13)$$

可以看出，这是关于折射率 n 的一个三次代数方程，解出 n 的三个根中有一个是负根，没有物理意义，还有两个正根存在，表明从实验上应该可以找到电子枪的加速电压 V_2 和聚焦电压 V_1 之间有两种不同组合，都可以使电子束在荧光屏上聚焦，本实验要求学生分别找出两个不同的聚焦条件，测定有关电压，以检验理论分析结果的正确性。

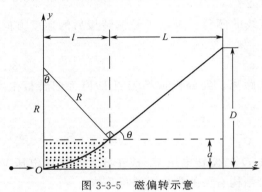

图 3-3-5　磁偏转示意

（4）电子束的磁偏转

如图 3-3-5 所示，在示波管的电子枪和荧光屏之间加上一均匀横向磁场，磁场的方向垂直于纸面，指向向外，均匀磁场区域的长度为 l。当电子以速度 v 沿 z 轴方向射入磁场时，将受洛伦兹力作用。在均匀磁场 B 内，电子做匀速圆周运动，轨道半径为 R。电子穿出磁场后，则做匀速直线运动，最后打在荧光屏上，由牛顿第二定律得

$$f=evB=m\frac{v^2}{R} \qquad (3\text{-}3\text{-}14)$$

则

$$R=\frac{mv}{eB} \qquad (3\text{-}3\text{-}15)$$

电子离开磁场区域，轨迹与 Oz 轴成偏角 θ，由图 3-3-5 中的几何关系可得

$$\sin\theta=\frac{l}{R}=\frac{leB}{mv} \qquad (3\text{-}3\text{-}16)$$

电子离开磁场区域时，与 Oz 轴的距离为 a

$$a=R-R\cos\theta=R(1-\cos\theta)=\frac{mv}{eB}(1-\cos\theta) \qquad (3\text{-}3\text{-}17)$$

电子在荧光屏上与 Oz 轴的距离为 D

$$D=L\tan\theta+a \qquad (3\text{-}3\text{-}18)$$

如果偏转角度足够小，近似为 $\sin\theta\approx\tan\theta\approx\theta$ 和 $\cos\theta\approx1-\frac{\theta^2}{2}$，则偏转距离

$$D=L\theta+\frac{mv}{eB}\times\frac{\theta^2}{2}=\frac{leB}{mv}\left(L+\frac{l}{2}\right) \qquad (3\text{-}3\text{-}19)$$

又因为电子在加速电压 V_2 作用下，加速至速度 v，则有

$$\frac{1}{2}mv^2=eV_2 \qquad (3\text{-}3\text{-}20)$$

代入式（3-3-19）得

$$D = \frac{leB}{\sqrt{2meV_2}}\left(L + \frac{l}{2}\right) \tag{3-3-21}$$

式（3-3-21）表明，磁偏转的距离与所加的磁感强度 B 成正比，与加速电压的平方根成反比，又因为磁感强度与通过偏转线圈的励磁电流 I 成正比，由于式（3-3-21）中其他量都是常数，故可写成

$$D = k_m \frac{I}{\sqrt{V_2}} \tag{3-3-22}$$

式中，k_m 为磁偏常数。

（5）电子的螺旋运动及电子荷质比测定

当电子以速度 $\boldsymbol{v}$ 射入磁感强度为 $\boldsymbol{B}$ 的均匀磁场中时，则其所受的洛伦兹力为

$$\boldsymbol{F} = -e(\boldsymbol{v} \times \boldsymbol{B}) \tag{3-3-23}$$

如果 $\boldsymbol{v}$ 与 $\boldsymbol{B}$ 同向，电子所受洛伦兹力为零，它将沿 $\boldsymbol{B}$ 的方向做匀速直线运动。

如果 $\boldsymbol{v}$ 与 $\boldsymbol{B}$ 垂直，电子在洛伦兹力作用下将做匀速圆周运动。

一般情况，$\boldsymbol{v}$ 与 $\boldsymbol{B}$ 成任意角 θ。这时可将 $\boldsymbol{v}$ 分解成平行于 $\boldsymbol{B}$ 的分量 $v_{/\!/}$ 和垂直于 $\boldsymbol{B}$ 的分量 $v_\perp$，电子在沿磁场的方向做匀速直线运动，在垂直于磁场方向做匀速圆周运动，其合运动为如图 3-3-6 所示的螺旋线运动。

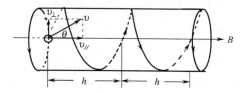

图 3-3-6　电子的螺旋线运动

其螺旋线的半径

$$R = \frac{mv_\perp}{eB} \tag{3-3-24}$$

电子旋转一周所需的时间

$$T = \frac{2\pi R}{v_\perp} = \frac{2\pi m}{eB} \tag{3-3-25}$$

电子旋转一周沿磁场方向前进的距离称为螺距

$$h = v_{/\!/} t \tag{3-3-26}$$

在实验时，把示波管放在螺线管中，螺线管产生的磁场沿 z 轴方向。从阴极射出的电子，经加速电压 V_2 后获得与 z 轴方向相同的速度 v_z，经偏转电压 V_d 后所产生的与 z 轴垂直的速度分量，电子进入磁场后，做螺旋运动，其螺距为

$$h = v_z T = \frac{2\pi m}{eB} v_z \tag{3-3-27}$$

因为

$$\frac{1}{2}mv_z^2 = eV_2 \tag{3-3-28}$$

则

$$h = \frac{2\pi m}{eB}\sqrt{\frac{2eV_2}{m}} \tag{3-3-29}$$

可以看出，从同一电子束交叉点 F_1 出发的电子，虽然垂直于 z 轴方向的速度分量各不相同，所走的螺旋线半径也不同；但只要 v_z 相同，则螺距相同，调节加速电压 V_2 的大小，调节螺线管的励磁电流 I 的大小，选择合适的速度 v_z 和磁感强度 B，使电子在经过 l 长的路程（电子束交叉点到荧光屏的距离）。当 l 恰好为螺距的整数倍时，电子束又将在荧光屏上会聚成一点，这就是电子束的磁聚焦原理。

由式(3-3-29)可得电子的荷质比为

$$\frac{e}{m} = \frac{8\pi^2 V_2}{h^2 B^2} \tag{3-3-30}$$

对于有限长的螺线管，B 近似取其轴线上的中心值，即

$$B = \mu_0 n_0 I \frac{L}{\sqrt{L^2 + D^2}} \tag{3-3-31}$$

式中，μ_0 为真空中的磁导率；n_0 为螺线管单位长度的匝数；L 为螺线管长度；D 为螺线管直径的平均值；I 为螺线管中的电流。代入式(3-3-30)得

$$\frac{e}{m} = \frac{8\pi^2 V_2}{\mu_0^2 h^2 n_0^2 I^2} \times \frac{L^2 + D^2}{L^2} \tag{3-3-32}$$

保持加速电压 V_2 不变，测得聚焦电流 I，其他参数由仪器设计给定，可计算电子荷质比实验值。

【实验内容与步骤】

(1) 电聚焦实验

① 在主机机箱后部接入 220V 交流电，主机与示波管之间用专用导线连接，其他不必连线，开启主机箱后面的电源开关，将"电子束-荷质比"选择开关 K_1 向下拨到"电子束"位置，适当调节示波管辉度。调节聚焦，使示波管显示屏上光点聚焦成一细点，光点不要太亮，以免烧坏荧光屏，缩短示波管寿命。

② 光点调零。通过调节"X偏转"和"Y偏转"旋钮，使电偏转电压表的指示为"零"，再调节"光点调零"旋钮，使光点位于 X 轴、Y 轴的中心。

③ 分别调节阳极电压 $V_2 = 600V$，700V，800V，900V，1000V；调节聚焦电压旋钮（改变聚焦电压）使光点一次次达到最佳的聚焦效果，测量并记录各不同阳极电压时对应的电聚焦电压 V_1 于表 3-3-1 中。

④ 求出 V_2/V_1 的比值。得到静电透镜折射率，并检验与静电透镜方程的一致性。

表 3-3-1　电聚焦实验数据

阳极电压 V_2/V					
聚焦电压 V_1/V					

(2) 电偏转实验

① X 轴电偏转

a. 开启电源开关，将"电子束-荷质比"功能选择开关 K_1 及 K_2 都打到"电子束"位置。适当调节亮度旋钮，使示波管辉度适中，调节聚焦，使示波管显示屏上光点聚成一细点。

b. 光点调零。用导线将 X 偏转板插座与电偏转电压表的输入插座相连接（电源负极内部已连接），调节"X 偏转板"的"偏转电压"旋钮，使电偏转电压表的指示为"零"，再调节"X 偏转板"的"光点调零"旋钮，把光点移动到示波管垂直中线上。

c. 测量光点移动距离 D 随偏转电压 V_d 大小的变化（X 轴）：调节阳极电压旋钮，使阳极电压固定在 $V_2 = 600V$，改变并测量电偏转电压 V_d 值和对应的光点的位移量 D 值，每隔 3V 测一组 V_d、D 值，把数据记录到表 3-3-2 中。

表 3-3-2 X 轴电偏转实验数据（$V_2 = 600V$）

V_d/V										
D/mm										

d. 示波管的电偏转灵敏度：表示亮点在荧光屏上偏转 1cm 所需要加于偏转板上的电压。此值愈小表示灵敏度愈高。

作 D-V_d 图，求出曲线斜率得 X 轴电偏转灵敏度 S_X 值。并讨论电偏常数。

e. 阳极电压固定在 $V_2 = 700V$ 时，重复上述实验内容。

② Y 轴电偏转

a. 把电偏转电压表改接到"Y 偏转板"，同"X 偏转板"一样的操作方法，测量 Y 轴方向光点的位移量与电偏转电压的关系，即 D-V_d 的变化规律。把数据记录到表格 3-3-3 中。

表 3-3-3 Y 轴电偏转实验数据（$V_2 = 600V$）

V_d/V										
D/mm										

b. 作 D-V_d 图，求出曲线斜率得 Y 轴电偏转灵敏度 S_Y 值。并讨论电偏常数。

c. 阳极电压固定在 $V_2 = 700V$ 时，重复上述实验内容。

（3）磁偏转实验

① 把主机上的"励磁电流输出"两插座与螺线管面板上"磁偏转电流输入"两插座用专用导线相连接。

② 开启电源开关，将"电子束-荷质比"选择开关 K_1 及 K_2 打向"电子束"位置，适当调节亮度旋钮，使示波管辉度适中，调节聚焦，使示波管显示屏上光点聚成一细点。

③ 光点调零，在磁偏转输出电流为零时，通过调节"X 偏转"和"Y 偏转"旋钮，使光点位于 Y 轴的中心原点。

④ 测量偏转量 D 随磁偏电流 I 的变化。给定 $V_2 = 600V$，按下"电流转换"按钮，"$0 \sim 0.25A$"挡指示灯亮，调节"电流调节"旋钮（改变磁偏电流的大小），每 10mA 测量一组 D 值，记录于表 3-3-4 中。

⑤ 作 D-I 图，求曲线斜率得磁偏转灵敏度。并讨论其磁偏常数。

⑥ 当 $V_2 = 700V$ 时，重复上述实验内容。

表 3-3-4 磁偏转实验数据（$V_2 = 600V$）

I/mA										
D/mm										

（4）磁聚焦和电子荷质比的测量

① 把主机"励磁电流输出"两插座与螺线管前面板"励磁电流输入"的两插座用导线连接，把"电流调节"旋钮逆时针旋到底。

② 开启电子束测试仪电源开关，"电子束-荷质比"转换开关 K_1 置于"荷质比"位置，K_2 置于"电子束"位置，此时荧光屏上出现一条直线，把阳极电压调到 700V。

③ 释放"电流转换"按钮，"0～3.5A"挡指示灯亮，顺时针转动"电流调节"旋钮，逐渐加大电流使荧光屏上的直线一边旋转一边缩短，直到变成一个小光点。读取电流值，然后将电流值调为零。再将螺线管前面板上的电流换向开关扳到另一方，再从零开始增加电流使屏上的直线反方向旋转并缩短，直到再一次得到一个小光点，读取电流值并记录到表 3-3-5 中。由式（3-3-32）计算得电子荷质比 e/m。计算实验值与标准值的相对误差，并对结果加以分析讨论。

④ 改变阳极电压为 800V，重复步骤③。

⑤ 实验结束，请先把励磁电流调节旋钮逆时针旋到底。

表 3-3-5   测量电子荷质比实验数据

电流 ＼ 电压	700V	800V
$I_{正向}/A$		
$I_{反向}/A$		
$I_{平均}/A$		
电子荷质比 $e/m/(C/kg)$		

思考题

1. 示波管由哪几部分组成？各部分的作用是什么？

2. 在偏转板上加交流信号时，会观察到什么现象？

3. 电聚焦与磁聚焦的原理是什么？二者光团收缩的情况是否相同？试从理论上加以说明。

4. 如果一电子束同时在电场和磁场中通过，则在什么条件下，荧光屏的光点恰好不发生偏转？

5. 在磁聚焦实验中，当螺线管中电流 I 逐渐增加，电子射线从一次聚焦到二次聚焦、三次聚焦，荧光屏上的亮斑如何变化？请解释。

实验 3-4 磁阻效应实验

金属或半导体的电阻值 R 随外加磁场磁感强度 B 变化而变化的现象，称为磁阻效应（magnetoresistance effects）。类似于霍尔效应，磁阻效应也是由于载流子在磁场中受到洛伦兹力而产生的。即达到稳态时，某一速度的载流子（确定的电流）在两端面上聚集，所形成的霍尔电压与霍尔电场，使得该速度值的载流子所受到的电场力与洛伦兹力相等；比该速度慢的载流子受到的电场力大，将向电场力方向偏转；比该速度快的载流子受到的电场力小，则向洛伦兹力方向偏转；这种偏转导致载流子的漂移路径增加。或者说，沿外加电场方向（电流方向）运动的载流子数减少，从而使电阻增加。

利用磁阻效应制成的器件叫作磁阻器件。磁阻器件有很多的优点：体积小、灵敏度高、抗干扰能力强等等。在导航、电流检测、磁性编码等方面有着十分广泛的应用。

锑化铟（InSb）传感器是一种价格比较低，但灵敏度比较高的磁阻器件，有着十分重要的应用价值。

【实验目的】

① 学习用霍尔效应法测量磁感强度的方法。

② 研究锑化铟磁阻元件的阻值 R 随磁感强度 B 的关系。

【实验仪器】

THQCZ-1 型磁阻效应组合实验仪。

（1）仪器结构

THQCZ-1 型磁阻效应组合实验仪包括：磁阻效应测试仪，磁阻效应实验仪。磁阻效应实验仪主要由电磁铁、样品架、磁阻/霍尔片、双刀双掷开关组成，如图 3-4-1 所示。磁阻效应测试仪主要由励磁电流源、毫特仪、毫伏表组成，如图 3-4-2 所示。

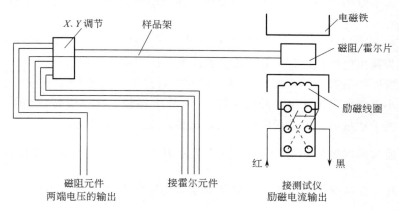

图 3-4-1 磁阻效应实验仪的结构

（2）技术指标

① 恒流源：电流 0～1000mA 连续可调，供电磁铁工作。

② 数字式毫特仪：测量范围为 0～500mT，分辨率 1mT。准确度为 1%。

（3）注意事项

磁阻/霍尔片容易破损，仪器出厂前已经调节好位置，请不要随意改变，如果要移动，

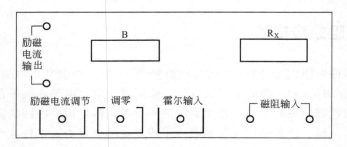

图 3-4-2　磁阻效应测试仪面板

则要小心，严禁与电磁铁发生摩擦。

【实验原理】

磁敏电阻就是依据外界磁场作用下半导体材料产生磁阻效应的原理而制成的一种非接触性敏感器件，是一种有源电阻体。

锑化铟（InSb）是一种化合物半导体材料，具有比一般半导体材料大得多的电子迁移率，其磁阻效应非常显著。磁阻效应是指矩形半导体晶片当受到与电流方向垂直的磁场作用时，不仅会出现霍尔电场，而且电流密度下降，即半导体电阻率增大的效应；若不考虑样品结构与形状的影响，这一效应称为物理磁阻效应。由于样品电极附近的短路效应，物理磁阻与样品尺寸和几何形状有密切关系，即在相同磁场条件下，不同尺寸和形状的样品其电阻率增加不尽相同，这种磁阻效应称为几何磁阻效应。锑化铟磁敏电阻就是利用几何磁阻效应研制的一种两端结构的磁敏器件。

如图 3-4-3 所示，一半导体薄片放在磁感强度为 B 的磁场中（B 的方向沿 Z 轴方向），在薄片的四个侧面 AA'、DD' 分别引出两对电极，沿 AA' 方向，即 X 轴方向通正向电流 I，半导体的载流子将受洛伦兹力的作用发生偏转，在 DD' 两端积聚电荷产生霍尔电场。根据霍尔效应，当霍尔电场作用和载流子的洛伦兹力作用刚好抵消，也就达到了稳定状态。此时满足：

$$E = vB \tag{3-4-1}$$

式中，E 为霍尔电场强度；v 为载流子的速度；B 为磁感强度。

载流子的速度并不都一样，而是满足一定的统计分布，这里的 v 仅仅是一个概率最大的速度。那么小于或大于该速度的载流子将向 D 或 D' 偏转，这种偏转就会使得沿外加电场方向运动的载流子数量减少，从而电阻增大，这种现象称为磁阻效应。

磁阻效应通常用电阻的相对变化量 $\dfrac{\Delta R}{R_0}$ 来表示其大小，R_0 为无磁场时的电阻。通过实验可以证明，在一般情况下当金属或半导体处于较弱磁场中时，$\dfrac{\Delta R}{R_0}$ 正比于 B^2；而在强磁场中，$\dfrac{\Delta R}{R_0}$ 与 B 呈线性函数关系。本实验，仪器采用的磁阻元件的阻值 R 随垂直通过的它的磁感强度 B 的变化规律如图 3-4-4 所示。

① $B \leqslant 0.1T$ 时，$R \propto B^2$。

② $B \geqslant 0.1T$ 时，$R \propto B$。

③ $B = 0.3T$ 时，$\dfrac{R_B}{R_0} \geqslant 2$。

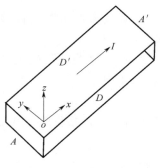

图 3-4-3 磁阻效应原理

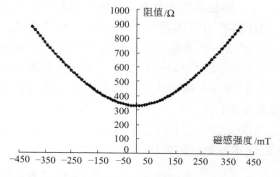

图 3-4-4 磁阻元件的阻值随磁场强度的变化曲线

仪器的工作原理如图 3-4-5 所示，0～1000mA 的恒流源为电磁铁提供励磁电流，通过改变电磁铁中的电流来改变加在磁阻元件上的磁感强度 B 的大小，另外还可以通过双刀双掷开关来切换励磁电流的方向，从而改变通过磁阻元件上的磁场方向。1mA 的恒流源为磁阻

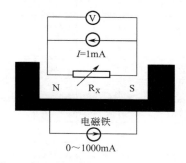

图 3-4-5 磁阻效应实验仪的工作原理

元件提供工作电流，接在磁阻元件两端的电压表可以测量磁阻元件两端的电压，如果用毫伏来表示时，电压值在数值上和电阻值相等。另外在磁阻元件的背面贴了霍尔元件，利用霍尔元件的霍尔效应来测量磁阻元件表面的磁感强度，具体的原理和方法为：

当电流 I 垂直于外磁场 B 的方向流过某导电体时，在垂直于电流和磁场的方向，该导电体两侧会产生电势差 U_H，其大小与 I 和 B 的乘积成正比，而与导电体沿磁场方向的厚度 d 成反比。这一现象被称为霍尔效应，其数学表达式为

$$U_H = R_H \frac{IB}{d} = KIB \tag{3-4-2}$$

式中，R_H 为导电体的霍尔系数；K 称为元件的霍尔灵敏度。

如果保持通过霍尔元件的电流 I 不变，当磁场改变 ΔB 时，输出的霍尔电势差为

$$\Delta U_H = KI\Delta B \tag{3-4-3}$$

由式（3-4-3）可知，只要知道霍尔片的霍尔灵敏度 K，就可以测量出磁感强度的大小。

【实验内容与步骤】

将实验仪器和测试仪连接好。

（1）学习用霍尔元件测量磁场的方法

① 将电磁铁的励磁电流调节到 0，观察毫特表的显示是否为零（仪器出厂前已经调好，如果不为零可以用小螺丝刀调节"调零电位器"使其显示为零）。

② 改变励磁电流的大小，观察毫特表的变化。

（2）测量磁阻元件的阻值随磁感强度的变化规律

① 将双刀双掷开关掷于上方，调节测试仪面板上的"励磁电流调节"电位器，每隔 10mT 记录一次磁阻元件的电阻值，并将实验数据记录在表 3-4-1 中。

② 将双刀双掷开关掷于下方，调节测试仪面板上的"励磁电流调节"电位器，每隔 10mT 记录一次磁阻元件的电阻值，并将实验数据记录在表 3-4-1 中。

【数据处理】

根据表 3-4-1 中的数据描绘 $B\text{-}R$ 的曲线，并和理论曲线进行对比，并验证磁阻元件的阻值 R 随垂直通过的磁场强度 B 的变化规律。

表 3-4-1　磁阻效应实验数据记录表

B/mT	0	10	20	30	40	50	60	70	80	90	100
R_X/Ω											
B/mT	110	120	130	140	150	160	170	180	190	200	210
R_X/Ω											
B/mT	220	230	240	250	260	270	280	290	300	310	320
R_X/Ω											
B/mT	330	340	350	360	370	380	390	400			
R_X/Ω											
B/mT	0	−10	−20	−30	−40	−50	−60	−70	−80	−90	−100
R_X/Ω											
B/mT	−110	−120	−130	−140	−150	−160	−170	−180	−190	−200	−210
R_X/Ω											
B/mT	−220	−230	−240	−250	−260	−270	−280	−290	−300	−310	−320
R_X/Ω											
B/mT	−330	−340	−350	−360	−370	−380	−390	−400			
R_X/Ω											

■ 思考题

1. 磁阻效应是怎样产生的？它的微观机制是什么？有什么应用？

2. 磁阻效应和霍尔效应有何联系？

3. 实验时，为何要保持霍尔工作电流和流过磁阻元件的电流不变？

4. 不同的磁场强度时，磁阻传感器的电阻值与磁感应强度的关系有何变化？

5. 磁阻传感器的电阻值与磁场的极性和方向有何联系？

6. 磁阻元件的阻值变化为什么受温度的影响比较大？

实验 3-5 用磁阻传感器测量地磁场

地磁场（geomagnetic field）的数值比较小，约 10^{-5} T 量级，但在直流磁场测量，特别是弱磁场测量中，往往需要知道地磁场的数值，并设法消除其影响，地磁场作为一种天然磁源，在军事、工业、医学、探矿等科研中也有着重要用途。

本实验采用新型坡莫合金磁阻传感器测定地磁场磁感应强度及地磁场磁感应强度的水平分量和垂直分量；测量地磁场的磁倾角，从而掌握磁阻传感器的特性及测量地磁场的一种重要方法。由于磁阻传感器体积小，灵敏度高、易安装，因而在弱磁场测量方面有广泛的应用前景。

【实验目的】
① 掌握磁阻传感器的特性。
② 掌握地磁场的测量方法。

【实验仪器】
FD-HMC-2 型磁阻传感器与地磁场实验仪，见图 3-5-1。

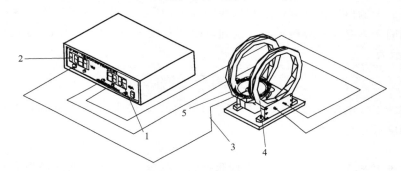

图 3-5-1 FD-HMC-2 型磁阻传感器与地磁场实验仪
1—恒流源；2—数字电压表；3—磁阻传感器输入输出引线；
4—亥姆霍兹线圈；5—带角刻度的转盘

【实验原理】
物质在磁场中电阻率发生变化的现象称为磁阻效应。对于铁、钴、镍及其合金等磁性金属，当外加磁场平行于磁体内部磁化方向时，电阻几乎不随外加磁场变化；当外加磁场偏离金属的内部磁化方向时，此类金属的电阻减小，这就是强磁金属的各向异性磁阻效应。

HMC1021Z 型磁阻传感器是由长而薄的坡莫合金（铁镍合金）制成一维磁阻微电路集成芯片（二维和三维磁阻传感器可以测量二维或三维磁场）。它利用通常的半导体工艺，将铁镍合金薄膜附着在硅片上，如图 3-5-2 所示。薄膜的电阻率 $\rho(\theta)$ 依赖于磁化强度 M 和电流 I 方向间的夹角 θ，具有以下关系式

$$\rho(\theta)=\rho_{\perp}+(\rho_{/\!/}-\rho_{\perp})\cos^2\theta \qquad (3-5-1)$$

式中，$\rho_{/\!/}$、$\rho_{\perp}$ 分别是电流 I 平行于 M 和垂直于 M 时的电阻率。

当沿着铁镍合金带的长度方向通以一定的直流电流，而垂直于电流方向施加一个外界磁场时，铁镍合金带自身的阻值会发生较大的变化，利用铁镍合金带阻值这一变化规律，可以测量磁场大小和方向。同时制作时还在硅片上设计了两条铝制电流带，一条是置位与复位带，该传感器遇到强磁场感应时，将产生磁畴饱和现象，也可以用来置位或复位极性；另一

条是偏置磁场带，用于产生一个偏置磁场，补偿环境磁场中的弱磁场部分（当外加磁场较弱时，磁阻相对变化值与磁感应强度成平方关系），使磁阻传感器输出显示线性关系。

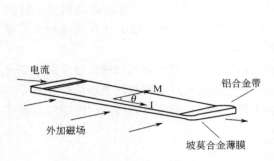

图 3-5-2　磁阻传感器的构造示意

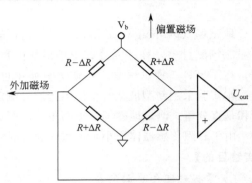

图 3-5-3　磁阻传感器内的惠斯通电桥

HMC1021Z 磁阻传感器是一种单边封装的磁场传感器，它能测量与管脚平行方向的磁场。传感器由四条铁镍合金磁电阻组成一个非平衡电桥，非平衡电桥的输出端接集成运算放大器，将信号放大输出。传感器内部结构如图 3-5-3 所示，图中由于适当配置的四个磁电阻电流方向不相同，当存在外界磁场时，引起电阻值变化有增有减。因而输出电压 U_{out} 可以用式（3-5-2）表示为

$$U_{out} = \left(\frac{\Delta R}{R}\right) \times V_b \tag{3-5-2}$$

对于一定的工作电压，如 $V_b = 6.00V$，HMC1021Z 磁阻传感器输出电压 U_{out} 与外界磁场的磁感应强度成正比关系：

$$U_{out} = U_0 + KB \tag{3-5-3}$$

式中，K 为传感器的灵敏度；B 为待测磁感应强度。U_0 为外加磁场为零时传感器的输出量。

亥姆霍兹线圈（是由两个完全相同的圆形导线圈正对放置、两线圈面间距与线圈的半径相等而组成）是实验室中获得匀强磁场的一般手段：在其公共轴线中心点附近产生一个小范围的均匀磁场区，该区域磁场的磁感应强度大小为

$$B = \frac{8}{5^{3/2}} \times \frac{\mu_0 N}{R} I = 44.96 \times 10^{-4} I \tag{3-5-4}$$

式中，亥姆霍兹线圈的匝数 $N = 500$ 匝；平均半径 $R = 10cm$；真空磁导率 $\mu_0 = 4\pi \times 10^{-7} N/A^2$；$I$ 为线圈流过的电流，单位为 A；B 为磁感应强度，单位为 T。

【实验内容与步骤】

（1）测量磁阻传感器的灵敏度 K（用亥姆霍兹线圈产生的磁场作为已知量）

① 将亥姆霍兹线圈与直流电源连接好。

② 使磁阻传感器的管脚和磁感应强度的方向平行，即转盘刻度调到零位置 $\theta = 0°$。调节底板上螺丝使转盘至水平（用水准仪指示）。

③ 按一下复位键，电流调零，电压调零。

④ 依次调节电流到 10mA，20mA，…，60mA，分别记录正向电压读数 $U_{正}$。

⑤ 电流调零，电流换向，按一下复位键，电压调零，重复步骤④，记录反向电压读数 $U_{反}$。

⑥ 平均电压 $\overline{U}=|U_正-U_反|/2$，利用逐差法计算灵敏度 $K=\Delta\overline{U}/\Delta B$。

（2）测量地磁场的水平分量 $B_{//}$，地磁场的磁感应强度 $B_总$，地磁场的垂直分量 $B_\perp$ 和磁倾角 β

① 将亥姆霍兹线圈与直流电源的连线拆去。

② 将转盘至水平，旋转转盘，分别记录传感器输出的最大电压 U_1 和最小电压 U_2，计算当地地磁场的水平分量 $B_{//}=\dfrac{\overline{U_{//}}}{K}=\dfrac{|U_1-U_2|}{2K}$。

③ 把转盘刻度调到零位置 $\theta=0°$，调节底板使磁阻传感器输出最大电压或最小电压，同时调节底板上螺丝使转盘保持水平。

④ 将转盘转至垂直，此时盘面为地磁场的子午面方向，转动转盘角度，分别记下传感器输出最大电压和最小电压时的转盘角度指示值 β_1 和 β_2，同时记录最大读数 U_1' 和最小读数 U_2'，并计算当地地磁场的磁感应强度 $B_总=\dfrac{\overline{U_总}}{K}=\dfrac{|U_1'-U_2'|}{2K}$。

⑤ 计算磁倾角 $\beta=\dfrac{\beta_1+\beta_2}{2}$；或由 $\cos\beta=\dfrac{B_{//}}{B_总}$ 得出。

⑥ 计算地磁场的垂直分量 $B_\perp=B_总\sin\beta$。

【注意事项】

① 不能在实验仪器周围放置铁磁金属物体。

② 测量地磁场水平分量，须将盘调节至水平；测地磁场 $B_总$ 和磁倾角 β 时，须将盘面处于地磁子午面方向。

③ 测磁倾角 β 时，应测出输出电压 $U_总$ 变化很小 β 的范围，然后求其平均值。这是因为测量时，偏差 $1°$，$U_总'=U_总\cos1°=0.998U$ 变化很小，偏差 $4°$，$U_总''=U_总\cos4°=0.998U_总$，所以在偏差 $1°\sim4°$ 范围，$U_总$ 变化极小。

【数据处理】

据实验要求自拟数据记录表格。

思考题

1. 磁阻传感器的基本工作原理是怎样的？
2. 实验的线圈装置中心区域，即与磁阻传感器相连的转动盘，其方位如何调整？
3. 该实验中附带的水平仪起什么作用？如何调整？
4. 该实验所用的电源面板上分别有一调零旋钮和输出旋钮，它们各起什么作用？如何调节？
5. 在测磁阻传感器灵敏度时，为什么要正向输出电压和反向输出电压两次？
6. 磁阻传感器的两条铝制电流带中，偏置磁场带的作用与意义是什么？

   要点：一条是置位与复位带，在遇到强磁场时，将产生磁畴饱和现象，也可以用来置位与复位极性；另一条是偏置磁场带，用于产生一个偏置磁场，补偿环境磁场中的弱磁场部分，使磁阻传感器输出显出线性关系。

7. 如果在测量磁场时，在磁阻传感器周围较近处，放一铁钉，对测量结果将产生什么影响并简要说明？

   要点：将影响测量结果，铁钉是强磁金属材料制成的，在磁阻传感器周围会影响周围磁场的分布。

8. 为何坡莫合金磁阻传感器遇到较强磁场时，其灵敏度会降低？用什么方法来恢复其原来的灵敏度？

要点：磁阻传感器本身是由强磁金属材料制成的，在强磁场环境中会被磁化，从而影响其灵敏度，可以用本身自带的复位键进行灵敏度恢复。

9. 实验中，如何测出地磁场的倾角？

实验 3-6　密立根油滴实验

美国物理学家密立根（R・A・Millikan）设计并完成的密立根实验，在近代物理学中有着十分重要的作用。实验的结论不仅证明了电荷的量子化，即所有电荷都是基本电荷 e 的整数倍，而且精确地测定了基本电荷的数值 $e=(1.602\pm0.002)\times10^{-19}$C。实验构思巧妙，方法简便，结论正确。

【实验目的】

　　① 掌握密立根油滴实验的设计思路、实验方法和实验技巧。

　　② 验证电荷的不连续性并测定基本电荷的大小。

【实验仪器】

　　仪器主要由油滴室、CCD 电视显微镜、显示器及供电箱组成，密立根油滴仪的外形如图 3-6-1 所示。

图 3-6-1　密立根油滴仪

　　油滴室有上下两块金属板，中间垫以胶木圆环，用来保持两极板的平行和固定。两极板的间距为 $d=5.00$mm，上极板中心有一个直径为 0.4mm 的油滴落入孔。胶木圆环上有一个进光孔，插有发光二极管用来照亮油滴。胶木圆环上还有一个观察孔，正对测量显微镜的物镜。在油滴室外套有防风罩，罩上放置一个可取下的油雾杯，杯底中心开有落油孔，不喷油时，用底部的挡片挡住。

　　CCD 电视显微镜的光学系统是专门设计的，体积小巧，成像质量好，摄像头与显微镜连成整体，使用可靠稳定。

　　供电箱可提供两组可调电压，第一组提供两极板间的稳定的直流电压（0～500V），第二组提供使油滴升降的直流升降电压（0～200V）。两组电压值可由电位器进行调节。

　　两组电压由两个换向开关（分上、中、下三挡）控制，左侧开关扳至上挡则上极板为电压正端，下挡则反之，中挡则极板间的电压为零；右侧开关分别为提升、平衡和零挡。计时/停开关则可改变当前计时状态。

　　开机后在显示器上可看到分划板，在仪器面板上有电压表和计时表的显示。

　　喷油后在显示器上可看到与油滴运动方向一致的油滴像，调好焦距，用分划板的距离来测量油滴运动的距离 l，电视显微镜的座上安有调焦手轮，调节镜筒的进退，可改变物距，以获得清晰和放大后的油滴像。

【实验原理】

用油滴法测量电子的电荷，可以用静态（平衡）测量法和动态（非平衡）测量法。前者的测量原理、实验操作和数据处理都较简单，常为物理教学实验所采用；后者则常为工程技术实验所采用。下面介绍静态测量法。

用喷雾器将油喷入两块相距为 d 的水平放置的平行极板之间。油在喷射中撕裂成油滴时，一般都是带电的。设油滴的质量为 m，所带的电荷为 q，两极板间的电压为 U，则油滴在平行极板间将同时受到重力 mg 和静电力 qE 的作用，如图 3-6-2 所示。如果调节两极板间的电压 U，可使两力达到平衡，这时

$$mg = qE = q\frac{U}{d} \tag{3-6-1}$$

从式（3-6-1）可见，为了测出油滴所带的电量 q，除了需测定 U 和 d 外，还需要测量油滴的质量 m。

因 m 很小，需用如下特殊方法测定：平行极板不加电压时，油滴受重力作用加速下降，由于空气阻力的作用，下降一段距离达到某一速度 v_g 后，阻力 f_r 与重力 mg 平衡，如图 3-6-3 所示（空气浮力忽略不计），油滴将匀速下降。根据斯托克斯定律，油滴匀速下降时，有

$$f_r = 6\pi a\eta v_g = mg \tag{3-6-2}$$

式中，η 为空气的黏滞系数；a 为油滴的半径（由于表面张力的原因，油滴呈球状）。设油的密度为 ρ，油滴的质量 m 可以用式（3-6-3）表示

$$m = \frac{4}{3}\pi a^3 \rho \tag{3-6-3}$$

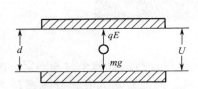

图 3-6-2　油滴在平行极板间的受力分析

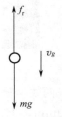

图 3-6-3　无电压时油滴受力

由式（3-6-2）和式（3-6-3），得到油滴的半径

$$a = \sqrt{\frac{9\eta v_g}{2\rho g}} \tag{3-6-4}$$

对于半径小到 10^{-6} m 的小球，空气的黏滞系数 η 应做如下修正

$$\eta' = \frac{\eta}{1 + \dfrac{b}{pa}}$$

这时斯托克斯定律应改为

$$f_r = \frac{6\pi a\eta v_g}{1 + \dfrac{b}{pa}}$$

式中，b 为修正常数，$b=8.23\times10^{-3}\,\mathrm{Pa}$，$p$ 为大气压强，单位用 Pa，得

$$a=\sqrt{\frac{9\eta v_{\mathrm{g}}}{2\rho g}\times\frac{1}{1+\dfrac{b}{pa}}} \tag{3-6-5}$$

式(3-6-5) 的根号中还包含油滴的半径 a，但因它处于修正项中，不需十分精确，因此可用式(3-6-4) 计算。将式(3-6-5) 代入式(3-6-3)，得

$$m=\frac{4}{3}\pi\left[\frac{9\eta v_{\mathrm{g}}}{2\rho g}\times\frac{1}{1+\dfrac{b}{pa}}\right]^{\frac{3}{2}}\rho \tag{3-6-6}$$

至于油滴匀速下降的速度 v_{g}，可用以下方法求出：当两极板间的电压 U 为 0 时，设油滴匀速下降的距离为 l，时间为 t_{g}，则

$$v_{\mathrm{g}}=\frac{l}{t_{\mathrm{g}}} \tag{3-6-7}$$

将式(3-6-7) 代入式(3-6-6)，将式(3-6-6) 代入式(3-6-1)，得

$$q=\frac{18\pi}{\sqrt{2\rho g}}\left[\frac{\eta l}{t_{\mathrm{g}}\left(1+\dfrac{b}{pa}\right)}\right]^{\frac{3}{2}}\frac{d}{U} \tag{3-6-8}$$

式(3-6-8) 是用平衡测量法测定油滴所带电荷的理论公式。

从实验所测得的结果，可以分析出 q 只能为某一数值的整数倍，由此可以得出油滴所带电子的总数 n，从而得到一个电子的电荷为

$$e=\frac{q}{n} \tag{3-6-9}$$

【实验内容与步骤】

(1) 调整仪器

仪器安放在无风稳定的实验台上，调节机箱下的四个调平手轮，观察水准仪上的气泡是否处于中央位置，以保持两极板水平，使电场力与重力相平行。

电源接通后，观察两组数字表的显示，试一试两个电位器和两个换向开关是否符合正常运作情况。正式测量前，要预热 5min 以上，电压才能稳定。

(2) 练习测量

将油滴从油雾杯旁的喷雾口喷入后，从荧光屏的视场中可以看到许多油滴，犹如满天繁星般向下匀速降落，将极板上加以平衡电压（300～400V 左右），换向开关扳到上挡或下挡，均可驱走不需要的油滴，直到剩下几颗缓慢地转动，注视其中某一颗，仔细调节平衡电压使油滴达到静止不动，去掉电压它又匀速降落，在平衡电压上加以升降电压时，油滴又向上运动，反复多次练习，掌握控制油滴的技巧。

(3) 正式测量

用平衡测量法进行实验时要测量的量有两个，一个是平衡电压 U，另一个是油滴匀速下降一段距离 l 所需要的时间 t_{g}，由式(3-6-8) 求得油滴所带电量。

首先要选中一颗大小适中的带电油滴，油滴过大降落过快，不易测准 t_{g}，油滴过小则

有布朗运动的影响，通常选择平衡电压在 200V 以上，油滴匀速下降 2mm 的时间为 20~30s 较为合适。仔细调节平衡电压 U，使油滴静止在分划板的某一横线上。

测油滴匀速降落时，先用升降电压使油滴上升，超过分划板某一横线时，再去掉该电压（两个换向开关都扳回中挡），让油滴自由降落一段距离达到匀速，当经过分划板某一横线时，测量经过 l 距离的时间 t_g。

对同一颗油滴应进行 6~10 次测量，而且每一次测量都要重新调整平衡电压，求得同一油滴的 $\bar{q}$。

用同样方法再选取 4~5 颗油滴，分别进行测量。

【数据处理】

对于平衡测量法，由式(3-6-8)，得

$$q = \frac{18\pi}{\sqrt{2\rho g}} \left[\frac{\eta l}{t_g \left(1 + \dfrac{b}{pa} \right)} \right]^{\frac{3}{2}} \frac{d}{U}$$

式中

$$a = \sqrt{\frac{9\eta l}{2\rho g t_g}}$$

油的密度 $\qquad\qquad\qquad\qquad \rho = 981 \mathrm{kg \cdot m^{-3}}$

重力加速度 $\qquad\qquad\qquad g = 9.80 \mathrm{m \cdot s^{-2}}$

空气的黏滞系数 $\qquad\qquad \eta = 1.83 \times 10^{-5} \mathrm{kg \cdot m^{-1} \cdot s^{-1}}$

油滴匀速下降的距离 $\qquad l = 2.00 \times 10^{-3} \mathrm{m}$

修正常数 $\qquad\qquad\qquad\quad b = 8.23 \times 10^{-3} \mathrm{Pa}$

大气压强 $\qquad\qquad\qquad\quad p = 1.01 \times 10^5 \mathrm{Pa}$

平行极板距离 $\qquad\qquad\quad d = 5.00 \times 10^{-3} \mathrm{m}$

将以上数据代入公式得

$$q = \frac{1.43 \times 10^{-14}}{\left[t_g (1 + 0.02\sqrt{t_g}) \right]^{\frac{3}{2}}} \times \frac{1}{U} \tag{3-6-10}$$

由于油的密度 ρ，空气的黏滞系数 η 都是温度的函数，重力加速度 g 和大气压强 p 又随实验地点和条件的变化而变化，因此，式(3-6-10) 的计算是近似的。在一般条件下，这样的计算引起的误差约为 1%，但它带来的好处是运算方便，对于学生实验，这是可取的。

为了证明电荷的不连续性和所有电荷都是基本电荷的整数倍，并得到的基本电荷 e 值，应对实验测得的各个电量 q 求最大公约数。这个最大公约数就是基本电荷 e 值，也就是电子的电荷值。

但由于学生的实验技术不熟练，测量误差可能要大些，在计算 q 的最大公约数时常常比较困难。通常，我们采用"倒过来验证"的办法进行数据处理，即用公认的电子电荷值 $e = 1.60 \times 10^{-19} \mathrm{C}$ 去除实验测得的电量 q，得到一个接近于某一个整数的数值，这个整数就是油滴所带的基本电荷的数目。再用这个 n 去除实验测得的电量，得到电子的电荷值 e。

将实验数据记录于表 3-6-1，并处理实验结果。

表 3-6-1　实验数据记录

油滴编号	测量次数	U/V	t_g/s	q/C	n	e/C
i	1					
	2					
	3					
	4					
	5					
	6					

【注意事项】

① 本实验重点是实验方法、实验设计思想的学习和训练。特别要强调实验中必须耐心和细心，对实验结果一定要实事求是。

② 注意保护显微镜。所有镜头出厂前均已经过校验，不得自行拆开。镜头上若有灰尘，可用吹气球将灰尘吹去，镜头表面油污可用清洁的软细布蘸少量酒精擦拭。

③ 实验时一定要选择质量适中，而带电量不多的油滴。因为质量太大的油滴带的电荷多、下降的速度太快，不易测准确；太小的油滴受布朗运动的影响明显，也不易测准确。

④ 实验完毕即切断电源。实验后用柔软的布将油滴室窗玻璃、机身的油擦拭干净，连同附件装箱后，放在干燥、通风的地方。

■ 思考题

1. 根据实验测得的各个电荷值 q，用什么方法确定电量的最小单位为好？

2. 对油滴进行跟踪测量时，有时油滴逐渐变得模糊，为什么？应如何避免在测量途中丢失油滴？

3. 试述用动态法测电荷 e 值的方法。

实验 3-7　弗兰克-赫兹实验

1913 年，玻尔（Niels Henrik David Bohr，1885～1962）为了解释氢原子光谱的规律，在卢瑟福原子模型的基础上，引用了普朗克的量子概念，建立了氢原子模型，指出原子存在能级。1914 年，德国物理学家弗兰克（James Franck，1882～1964）和赫兹（Gustav Ludwig Hertz，1887～1975）采用慢电子轰击稀薄气体原子的方法，观察碰撞前后电子能量的变化，并由实验测定了电子与汞原子碰撞时会交换 4.9eV 的能量，使汞原子从低能级激发到高能级，直接证明了原子能级的存在。

弗兰克-赫兹实验表明，原子能级确实是存在的，要把原子激发到激发态需要吸收一定数值的能量，而这些能量是不连续的、量子化的。弗兰克和赫兹为此而同获 1925 年诺贝尔物理学奖。

【实验目的】

① 加深对原子能级概念的理解。

② 测定汞原子或其他原子的第一激发电势，证明原子能级的存在。

【实验仪器】

智能弗兰克-赫兹实验仪，前面板如图 3-7-1 所示，按功能划分为 8 个区：

① 弗兰克-赫兹管各输入电压连接插孔和极板电流输出插座。

② 弗兰克-赫兹管所需激励电压的输出连接插孔，其中左侧为正极，右侧为负极。

③ 测试电流指示区，4 个电流量程挡位选择按键，用于选择不同的最大电流量程，每一个量程被选定时，有一个选择指示灯指示当前电流量程挡位。

④ 测试电压指示区，4 个电压源选择按键，用于选择不同的电压源，每一个电压源选定时，有一个选择指示灯指示当前选择的电压源。

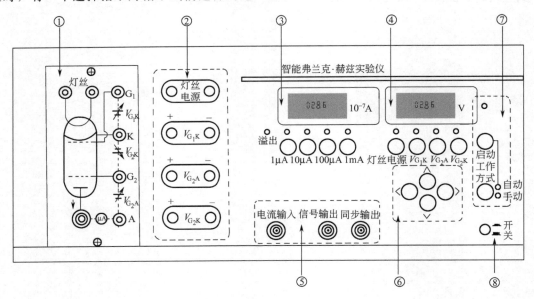

图 3-7-1　智能弗兰克-赫兹实验仪前面板

⑤ 测试信号输入/输出区，电流输入插座用来输入弗兰克-赫兹管极板电流，信号输出

和同步输出插座可将信号送示波器显示。

⑥ 调整按键区，用于改变当前电压源电压设定值，设置查询电压点。

⑦ 工作状态指示区，通信指示灯指示实验仪与计算机的通信状态，启动按键与工作方式按键共同完成手动测试和自动测试等操作。

⑧ 电源开关。

【实验原理】

玻尔的原子理论指出：原子只能处于一些稳定状态，称为定态。每个状态具有一定的能量。原子处于定态时，不辐射电磁能量；原子能量的改变，只能使其从一个定态跃迁到另一定态。当原子从一个定态跃迁到另一定态时，发射或吸收的频率是一定的。如果用 E_m 和 E_n 表示两定态能量的能级，辐射的频率 ν 由式（3-7-1）决定

$$h\nu = E_m - E_n \tag{3-7-1}$$

式中，h 为普朗克常量，$h = 6.63 \times 10^{-34} \mathrm{J \cdot s}$。

为使原子从低能级向高能级跃迁，可以通过具有一定能量的电子与原子相碰撞进行能量交换的办法来实现。设初速度为 0 的电子在电势为 V 的加速电场中获得能量 eV，当具有这种能量的电子与稀薄气体的原子（例如汞原子）发生碰撞时，就会发生能量交换。

如以 E_1 代表汞原子的基态能量，E_2 代表汞原子的第一激发态的能量，那么当汞原子获得从电子传来的能量恰好为

$$eV_1 = E_2 - E_1 \tag{3-7-2}$$

则汞原子就从基态跃迁到第一激发态，而相应的电势称为汞原子的第一激发电势。测出这个电势差，就可由上式求出汞原子基态和第一激发态之间的能量差。

原子处于激发态是不稳定的，要以辐射的形式释放出所获得的能量，其辐射频率为

$$\nu = eV/h \tag{3-7-3}$$

所以，这时原子就要发光，对于汞原子来说，从第一激发态跃迁回到基态时就有能量 eV_1 以光子形式发射出来，其波长为

$$\lambda = \frac{hc}{eV_1} = \frac{6.63 \times 10^{-34} \times 3.00 \times 10^8}{1.6 \times 10^{-19} \times 4.9} = 2.5 \times 10^2 \text{（nm）}$$

这就是紫外线。

实验中常用的真空管是汞管（或氩管），在常温下高纯汞滴是液态的，饱和蒸气压很低，加热后就可呈气态。汞的原子质量相对较大，和电子做弹性碰撞时几乎不损失动能。四极式的 F-H 碰撞管实验电路如图 3-7-2 所示。

图中：V_F 为灯丝加热电压，V_{G_1K} 为正向小电压，V_{G_2K} 为加速电压，V_{G_2A} 为减速电压。

阴极被灯丝加热发射电子，在靠近阴极处加一个控制栅极 G_1，在控制栅极 G_1K 间加一小的正向电压，这个小电场能够有效地驱散 K 表面堆集的电子云，达到控制发射电子数的目的。由于靠栅极很近，它发射后加速电压主要由 V_{G_2K} 获得，因为 G_2 离阴极 K 较远。可以说，电子由阴极出发经电场 V_{G_2K} 加速趋向阳极 A，只要电子的能量能克服减速电场 V_{G_2K} 的束缚，就能穿过栅极 G_2 到达极板 A 形成电子流 I_A。由于管中充有汞蒸气（即有汞气体原子），电子前进的途中会与原子发生碰撞。如果电子能量小于第一激发能 eV_1，它们之间的碰撞就是弹性的，电子能量损失很小，电子可到达阳极；如果电子能量达到或超过 eV_1，

电子与原子将发生非弹性碰撞，电子把能量 eV_1 传给气体原子。如果非弹性碰撞发生在 G_2 栅极附近，损失了能量的电子将无法克服减速场 V_{G_2A} 到达极板 A。

这样，从阴极发出的电子随着 V_{G_2K} 从 0 开始逐渐增加，极板 A 上的电流也由 0 开始逐渐增加，电子获得的能量增大到 eV_1 后，电子将发生非弹性碰撞，而损失 eV_1 的能量，损失能量后的电子达不到 A，极板电流 I_A 出现第一次大幅度下降。随着 V_{G_2K} 增加，电子与原子发生碰撞的区域向阴极方向移动，碰撞后的电子在飞向 A 极的途中又得到加速，又一次有足够的能量克服 V_{G_2A} 减速电压到达极板 A，I_A 随着 V_{G_2K} 增加又开始增加。

如果 V_{G_2K} 的增加使那些经过非弹性碰撞的电子能量又达到 eV_1，则电子又将与原子发生非弹性碰撞，造成极板电流 I_A 又一次下降。在 V_{G_2K} 较高的情况下，电子在飞向阳极的途中将与原子发生多次非弹性碰撞。每当 V_{G_2K} 造成的最后一次非弹性碰撞区落在 G_2 栅极附近时，就会使极板电流 I_A 出现下降，如此可出现如图 3-7-3 所示的 I_A-V_{G_2K} 曲线。

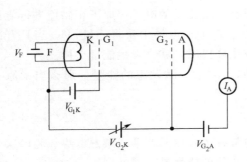

图 3-7-2　四极式的 F-H 碰撞管

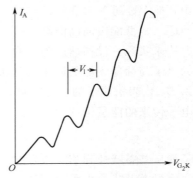

图 3-7-3　I_A-V_{G_2K} 曲线

曲线的极大极小位置出现明显的规律性，表明能量的量子化，每相邻极大或极小值之间的电位差为第一激发电势，即汞原子的第一激发电势。

【实验内容与步骤】

（1）手动测试

按实验原理图，连接面板上的连接线，注意务必反复检查，切勿接错！确认无误后按下电源开关，开启实验仪。

检查开机后的状态。开机后，实验仪面板状态显示如下。

实验仪的"1mA"电流挡位指示灯亮，电流显示值为零；实验仪的"灯丝电源"挡位指示灯亮，电压显示值为零；"手动"指示灯亮，表明此实验操作方式为手动操作。

设定电流量程。如果想变换电流量程，则按下相应的电流量程按键，对应的量程指示灯亮，随之电流指示的小数点位置改变，表明量程已变换，实验中常用 $1\mu A$ 或 $10\mu A$ 挡。

设定电压源电压，需设定的电压源有：灯丝电源电压 V_F 为 3～4.5V，V_{G_1K} 电压为 1～3V，V_{G_2A} 电压为 5～7V，$V_{G_2K} \leqslant 80.0V$，具体设定在仪器机箱上已标明。

测试操作过程中，每改变一次电压源 V_{G_2K} 的电压值，弗兰克-赫兹管的极板电流随之改变，记下 V_{G_2K} 在 0～80V 范围内，电压值每改变 1V 所对应的电流值，画出 I_A-V_{G_2K} 曲线，求出原子的第一激发电势。

（2）自动测试

使用智能弗兰克-赫兹实验仪，除可以进行手动测试外，还可以进行自动测试。进行自动测试时，实验仪将自动产生 V_{G_2K} 扫描电压，完成整个测试过程。将示波器与实验仪相连接，在示波器上可看到 F-H 管板极电流随 V_{G_2K} 电压变化的波形。

【数据处理】

自拟表格，根据实验测量数据绘制 I_A-G_{G_2K} 曲线，并计算出原子的第一激发电势。

【注意事项】

弗兰克-赫兹管很容易因电压设置不合适而遭到损坏，所以一定要按照规定的实验步骤和适当的状态进行实验。

思考题

1. 为什么随着 V_{G_2K} 的增加，I_A 的峰值越来越高？

2. 从实验曲线上可以看出极板电流 I_A 并不是突然改变的，每个峰和谷都有圆滑的过渡，这是为什么？

实验 3-8 光电效应及普朗克常量的测定

1887 年，德国物理学家海因里希·赫兹（Heinrich Rudolf Hertz，1857～1894）在研究电磁波的发射与接收时，发现了紫外光能产生光电效应（photoelectric effect）；随后人们对光电效应进行了大量的实验研究，总结出一系列的实验规律，但是这些实验规律都无法用当时的经典物理理论加以解释。

1905 年，阿尔伯特·爱因斯坦（Albert Einstein，1879～1955）根据普朗克的黑体辐射量子假说，提出了"光子"概念，成功地解释了光电效应的实验规律，建立了著名的光电效应爱因斯坦方程，使人们对光的本性认识有了一个新的飞跃，推动了量子理论的发展，为此，爱因斯坦获得了 1921 年诺贝尔物理学奖。

密立根为光电效应实验做了许多深入细致的研究工作，其中最重要的是关于普朗克常量的测定，由于密立根在测定电子电荷和普朗克常量方面的贡献，他获得 1923 年诺贝尔物理学奖。

【实验目的】

① 了解光电效应的基本规律，加深对光的量子性的理解。

② 验证爱因斯坦方程，测定普朗克常量。

【实验仪器】

普朗克常量测定仪。

如图 3-8-1 所示，主要由光源（低压汞灯、光阑和限流器），接收暗箱（干涉滤光片、成像物镜和光电管等）以及微电流放大器（其中有供光电管用的精密直流稳压电源）组成。光源与接收暗箱安装在带有刻度尺的导轨上，可以根据实验需要调节二者之间的距离。

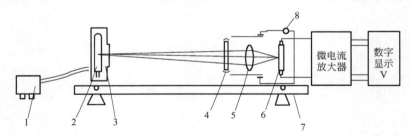

图 3-8-1 普朗克常量测定仪

1—汞灯限流器；2—汞灯及灯罩；3—光阑；4—干涉滤光片；

5—成像物镜；6—光电管；7—导轨；8—观察窗口

（1）光源

采用 GP-20Hg 型低压汞灯，其光谱范围为 320.3～872.0nm，灯罩前侧装有可变光阑，用于调节光源的出射光通量。

（2）干涉滤光片

仪器配有 4 块干涉滤光片，它们对应于 4 条较强的 Hg 谱线，其透射的波长分别为 404.7nm、435.8nm、546.1nm 和 577.0nm。使用时，将滤光片插入接收暗箱的进光口内，以获得所需要的单色光。

（3）物镜

它的作用是使汞灯成像在光电管的阴极上。改变进光筒至光电管的距离，可调节物镜与光电管之间的距离。

（4）光电管

采用测 h 专用光电管，阳极为镍圈，阴极材料为银氧钾，光谱响应范围为 320～670nm，最佳灵敏波长为（350+20）nm，暗电流约为 10^{-12}A（$-2V \leqslant U_{AK} \leqslant 0V$），反向饱和电流与正向饱和电流之比小于 5/1000。

（5）微电流放大器（包括－2～+2V 光电管工作电源）

数字显示部分为三位半数字表，利用多功能选择键可分别显示电流值和电压值。当功能选择键置于"A"时，显示电流值，电流测量范围为 10^{-8}～10^{-13}A，分 6 挡十进制变位。当功能选择键置于"2V"时，显示电压值，电压调节范围为－2～+2V。当显示的数值前出现"－"号时，表示输出电压为负，即加到光电管 A 和 K 两极间的电压为反向电压。

【实验原理】

光电效应是电磁波的经典理论所不能解释的。1905 年，爱因斯坦依照普朗克的量子假设，提出了关于光的本性的光子假说：当光与物质相互作用时，其能流并不像波动理论所想像的那样，是连续分布的，而是集中在一些叫做光子（或光量子）的粒子上。每个光子都具有能量 $h\nu$，其中 h 是普朗克常量，ν 是光的频率。根据这一理论，在光电效应中，当金属中的自由电子从入射光中吸收一个光子的能量 $h\nu$ 时，一部分消耗于电子从金属表面逸出时所需要的逸出功 W，其余部分转变为电子的动能，根据能量守

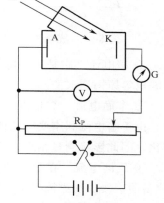

恒有
$$h\nu = \frac{1}{2}mv_m^2 + W \tag{3-8-1}$$

式(3-8-1) 称为爱因斯坦方程，其中 m 是光电子的质量，v_m 是光电子离开金属表面时的最大速度。

式(3-8-1) 成功地解释了光电效应的规律。

① 光子能量 $h\nu < W$ 时，不能产生光电效应。

② 光电子的能量决定于入射光的频率，只有当入射光的频率大于 $\nu_0 = W/h$ 时，才能产生光电效应。ν_0 称为截止频率（又称红限），不同的金属材料有不同的逸出功 W，所以 ν_0 也不相同。

③ 入射光的强弱意味着光子流密度的大小，即光强只影响光电子形成光电流的大小。

图 3-8-2　光电效应原理

本实验采用"减速电位法"来验证式(3-8-1)，并由此测定普朗克常量 h。实验原理如图 3-8-2 所示，当单色光入射到光电管的阴极 K 上时，就有光电子逸出，若使阳极 A 加正电位，K 加负电位，光电子就被加速；若使 A 加负电位，K 加正电位，光电子就被减速。所谓"减速电位法"就是后者的接法。当 A、K 之间反向电压逐渐增大时，光电流逐渐减小；当反向电压大到一定数值 U_0 时，光电流将为 0，此时有

$$eU_0 = \frac{1}{2}mv_m^2 \tag{3-8-2}$$

式中，e 为电子电荷的绝对值；U_0 为截止电压。

光电流 I 与所加电压 U 的关系如图 3-8-3 所示。图中 I_m 为饱和电流值，a、b 两条曲线对应不同光强的入射光。入射光的光强越大，饱和电流越大。

结合式（3-8-1）和式（3-8-2）可得

$$U_0 = \frac{h}{e}\nu - \frac{W}{e} \qquad\qquad (3\text{-}8\text{-}3)$$

由式（3-8-3）可以看出 U_0 与 ν 成正比。

实验时，改变入射光的频率 ν，测出相应的截止电压值 U_0，并且绘制 $U_0\text{-}\nu$ 曲线。若得到的是一条直线，如图 3-8-4 所示，则爱因斯坦方程便得到验证。

由直线的斜率

$$\tan\theta = \frac{\Delta U_0}{\Delta\nu} = \frac{h}{e} \qquad\qquad (3\text{-}8\text{-}4)$$

即可求出普朗克常量 h。

图 3-8-3 中的光电流随电压变化的曲线是理论值，实际测量中还有一些不利因素会影响测量结果，稍不注意就会带来很大误差。

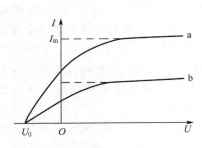

图 3-8-3　光电流与电压的关系

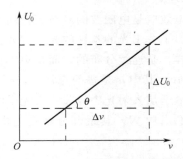

图 3-8-4　截止电压与频率的曲线

① 暗电流　它是指光电管没有受到光照射时形成的一种电流，是由于热电子发射和管壳漏电等原因造成的。

② 本底电流　它是由于周围的杂散光射入光电管造成的。

由于暗电流和本底电流的出现使光电流不可能降为零，而且它们都随外加电压的变化而变化，因此影响测量结果。

③ 反向电流　在制作光电管阴极时，阳极也会被溅射上光阴极材料，故光射到阳极上（或由阴极漫反射到阳极上）时，也会产生光电子，形成阳极光电流，称为反向电流。

由于以上原因，实测光电管的 $I\text{-}U$ 曲线将如图 3-8-5 中实线所示。由图 3-8-5 可见：当 $U = -U_0'$ 时，阴极电流（包括暗电流、本底电流与光电子流）正好等于阳极电流（即反向电流），故光电管总输出电流为零；当 $U > -U_0'$ 时，随着外加电压增加，阴极电流迅速上升，它在总电流中占绝对优势，故 $I\text{-}U$ 曲线逐步接近光电管的理想曲线；当 $U < -U_0'$ 时，阳极电流逐渐占优势并趋于饱和。显然阳极电流越小，阴极电流上升得越快，$-U_0'$ 越接近 $-U_0$。用 $-U_0'$ 代替 $-U_0$ 的方法叫"交点法"。此外，某些光电管的阳极光电流较为缓慢地达到饱和，当减速电压达到 $-U_0$ 时，阳极光电流仍未饱和，故反向电流开始饱和时的拐点电位 $-U_0''$ 也不等于 $-U_0$。反向电流越容易饱和，则 $-U_0''$ 越接近 $-U_0$。用 $-U_0''$ 代替 $-U_0$ 的方法叫"拐点法"。总之，不论采取什么方法，均存在不同程度的系统误差。究竟用哪种方法，应根据实验所用的光电管而定。

若实验中所用的光电管因阴极电流上升很快，阳极电流很小，可用交点法确定截止电压 U_0。

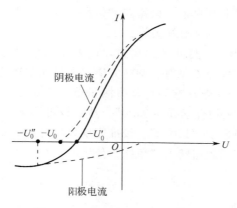

图 3-8-5　实测光电管的 I-U 曲线

目前，由于生产工艺的提高，大多数厂家的光电管的反向电流、暗电流和杂散光产生的电流都很小，故而在测量各谱线的截止电压 U_0 时，可不用难以操作的"拐点法"，而用"零电流法"或"补偿法"。

"零电流法"是直接将各谱线照射下测得的电流为零时，对应的电压 U_{AK} 作为截止电压 U_0（此法的前提是阳极反向电流、暗电流和杂散光产生的电流都很小）。用零电流法测得的截止电压与真实值相差很小，且各谱线的截止电压都相差 ΔU，对 U_0-ν 曲线的斜率没有太大的影响，因此对 h 的测量不会产生大的影响。

"补偿法"是调节电压 U_{AK} 使电流为零后，保持 U_{AK} 不变，遮挡汞灯光源，此时测得的电流 I_1 为电压接近截止电压时的暗电流和杂散光产生的电流。重新让汞灯照射光电管，调节电压 U_{AK} 使电流值至 I_1，将此时对应的电压 U_{AK} 作为截止电压 U_0。此法可补偿暗电流和杂散光产生的电流对测量结果的影响。

【实验内容与步骤】

（1）测定光电管暗电流特性曲线

将功能选择开关置"2V"位置，调节电压调节旋钮，使显示"-2V"，再将功能选择开关拨到"A"位置，测量范围旋钮转至 10^{-12}A 挡，这时数字表显示出该电压下的暗电流值。按上述方法在 $-2\sim0$V 之间，每隔 0.2V 测得相对应的电压和电流值，绘制暗电流特性曲线。

（2）测定光电管的 I-U 曲线，确定截止电压 $-U_0$

除去遮光孔盖，装上波长为 404.7nm 的滤光片，从 -2V 开始转动"加速电压"调节旋钮，每隔 0.1V 记一次电压和电流值，绘制光电流特性曲线（在特性曲线的转弯处，可每隔 0.05V 记一次数据）。光电流特性曲线与暗电流特性曲线的交点 $-U_0$，即为波长 404.7nm 时的截止电压。

按以上方法分别测得波长为 435.8nm，546.1nm，577.0nm 时的光电流特性曲线，并求出相应的截止电压 $-U_0$。

（3）计算普朗克常量 h

利用上面所得的数据，根据直线拟合（线性回归）的方法或图解法求出普朗克常量 h，并由 h 的公认值求百分误差。

【注意事项】

① 预热微电流测试仪，点亮汞灯。检查微电流放大器与光电管之间是否已用专用电缆

线连接好。将微电流测试仪上测量范围旋钮置"短路"位置，接通电源预热。将汞灯点亮，预热 20min。汞灯一旦开启，不要随意关闭。

② 调整光路。除去遮光罩，打开观察窗盖，调整光源及物镜位置，使汞灯清晰地成像在光电管阴极面上，避免阳极受光照射。调整完毕，将遮光罩罩好。

③ 校准微电流测试仪。首先校准零点，将测量范围旋钮置"短路"位置，功能选择开关置"A"位置，调节调零旋钮使显示"00.0"。然后校准满度，将测量范围旋钮转至"满度"位置，调节满度旋钮使显示"100.0"。校准完毕，便可将测量范围旋钮置于所需量程位置。测试完毕，应将测量范围旋钮转回"短路"位置。

■□ 思考题

1. 光电效应有哪些实验规律？
2. 什么是截止频率和截止电压？什么是光电管伏安特性曲线？
3. 什么是暗电流？如何测得暗电流？
4. 真空光电管的 I-U 特性曲线包括哪些电流？
5. 如何确定截止电压 U_0？
6. U_0-ν 曲线与纵轴交点是什么物理量？如何利用此物理量求光电管阴极材料的逸出功 W？
7. 试分析实验误差的主要原因。

实验 3-9　液晶电光效应实验

液晶（liquid crystal）是介于液体和晶体之间的一种物质状态，现在一般指在某一温度范围可以是显液晶相、在较低温度为正常结晶的物质。一般液体内的分子排列是无序的，而液晶既具有液体的流动性，其分子又按一定的规律有序排列，使其呈现晶体的各向异性。

当光通过液晶时，会产生偏振面旋转、双折射等效应。液晶分子是含有极性基团的极性分子，在电场作用下，电偶极子会按照电场方向取向，导致分子原有的排列方式发生变化，从而液晶的光学性质也随之发生变化，这种因为外电场的作用而使液晶的光学性质发生变化的现象称为液晶电光效应（electro-optic effect）。

如今液晶在物理、化学、电子、生命科学等诸多领域有着广泛应用。如液晶光阀、光调制器、液晶显示器件、传感器、微量毒气监测、夜视仿生等。

【实验目的】

① 了解液晶的工作原理，测定液晶样品的电光曲线。

② 了解液晶的主要参数，并根据电光曲线，求出样品的阈值电压 U_H、关断电压 U_L、对比度 D、陡度 β 等电光效应的主要参数。

③ 了解液晶的视角特性，测量液晶的视角特性曲线。

④ 了解液晶的时间响应特性，用数字存储示波器可测定液晶样品的电光响应曲线，求得液晶样品的响应时间。

【实验仪器】

THQDG-1 型液晶电光效应实验仪。

【实验原理】

液晶态是一种介于液体和晶体之间的中间态，既有液体的流动性、黏度、形变等力学性质，又有晶体的热、光、电、磁等物理性质。液晶与液体、晶体之间的区别是：液体是各向同性的，分子取向无序；液晶分子有取向序，但无位置序；晶体则既有取向序又有位置序。

就形成液晶方式而言，液晶可分为热致液晶和溶致液晶。热致液晶又可分为近晶相、向列相和胆甾相，其中向列相液晶是液晶显示器件的主要材料。

液晶分子是在形状、介电常数、折射率及电导率上具有各向异性特性的物质，如果对这样的物质施加电场（电流），随着液晶分子取向结构发生变化，它的光学特性也随之变化，这就是通常说的液晶的电光效应。

液晶的电光效应种类繁多，主要有动态散射型（DS）、扭曲向列相型（TN）、超扭曲向列相型（STN）、有源矩阵液晶显示（TFT）、电控双折射（ECB）等。其中应用较广的有：TFT 型主要用于液晶电视、笔记本电脑等高档产品；STN 型主要用于手机屏幕等中档产品；TN 型主要用于电子表、计算器、仪器仪表、家用电器等中低档产品，是目前应用最普遍的液晶显示器件。TN 型液晶显示器件显示原理较简单，是 STN、TFT 等显示方式的基础。本仪器所使用的液晶样品即为 TN 型。

（1）液晶的工作原理

在涂覆透明电极的两层玻璃基板之间，夹有正介电各向异性的向列相液晶薄层，四周用密封材料（一般为环氧树脂）密封。玻璃基板内侧覆盖着一层定向层，通常是一薄层高分子有机物，经定向摩擦处理，可使棒状液晶分子平行于玻璃表面，沿定向处理的方向排列。上下玻璃表面的定向方向是相互垂直的，这样，盒内液晶分子的取向逐渐扭曲，从上玻璃片到下玻璃片扭曲了 90°，所以称为扭曲向列相型，如图 3-9-1 所示。

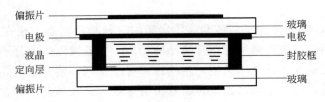

图 3-9-1　液晶的结构

无外电场作用时，由于可见光波长远小于向列相液晶的扭曲螺距，当线偏振光垂直入射时，若偏振方向与液晶盒上表面分子取向相同，则线偏振光将随液晶分子轴方向逐渐旋转 90°，平行于液晶盒 下表面分子轴方向射出，见图 3-9-2(a)，其中液晶盒上下表面各附一片偏振片，其偏振方向与液晶盒表面分子取向相同，因此光可通过偏振片射出。

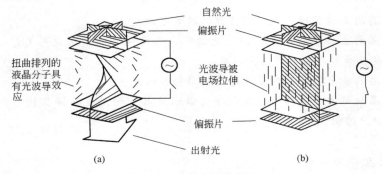

图 3-9-2　液晶的工作原理

若入射线偏振光的偏振方向垂直于上表面分子轴方向，出射时，线偏振光方向亦垂直于下表面液晶分子轴；当以其他线偏振光方向入射时，则根据平行分量和垂直分量的相位差，以椭圆、圆或直线等某种偏振光形式射出。

对液晶盒施加电压，当达到某一数值时，液晶分子长轴开始沿电场方向倾斜，电压继续增加到 另一数值时，除附着在液晶盒上下表面的液晶分子外，所有液晶分子长轴都按电场方向进行重排列，见图 3-9-2(b)，TN 型液晶盒 90°旋光性随之消失。

（2）液晶的电光特性

偏振片是用来将自然光转换成偏振光的光学器件，通常情况下根据偏振片的作用不同分为起偏器和检偏器两种。

若将液晶盒放在两片垂直偏振片之间，其偏振方向与上表面液晶分子取向相同。不加电压时，入射光通过起偏器形成的线偏振光，经过液晶盒后偏振方向随液晶分子轴旋转 90°，正好与下层的偏振片偏振方向一致，光能通过检偏器出射，这种液晶为常白模式，当施加电压后，透过检偏器的光强与施加在液晶盒上电压大小的关系如图 3-9-3 所示；其中纵坐标为透光强度，横坐标为外加电压。

最大透光强度的 90% 所对应的外加电压值称为阈值电压 U_H，标志了液晶电光效应有可观察反应的开始（或称起辉）。阈值电压小，是电光效应好的一个重要指标。

最大透光强度的 10% 对应的外加电压值称为关断电压 U_L，标志了获得最大对比度所需的外加电压数值。U_L 小则易获得良好的显示效果，且降低显示功耗，对显示寿命有利。

对比度 $D = \dfrac{I_{\max}}{I_{\min}}$，其中 $I_{\max}$ 为 LCD 电源断开时的光强，$I_{\min}$ 为 LCD 电源接通时的光强。陡度 $\beta = \dfrac{U_{\mathrm{H}}}{U_{\mathrm{L}}}$，即阈值电压与关断电压之比。

TN 型液晶显示器件结构可参考图 3-9-1，液晶盒上下玻璃片的外侧均贴有偏光片，其中上表面所附偏振片的偏振方向总是与上表面分子取向相同。自然光入射后，经过偏振片形成与上表面分子取向相同的线偏振光，入射液晶盒后，偏振方向随液晶分子长轴旋转 90°，以平行于下表面分子取向的线偏振光射出液晶盒。若下表面所附偏振片偏振方向与下表面分子取向垂直（即与上表面平行），则为黑底白字的常黑型，不通电时，光不能透过显示器（为黑态），通电时，90°旋光性消失，光可通过显示器（为白态）；若偏振片与下表面分子取向相同，则为白底黑字的常白型，如图 3-9-2 所示结构。TN-LCD 可用于显示数字、简单字符及图案等，有选择地在各段电极上施加电压，就可以显示出不同的图案。

（3）液晶的时间响应特性

加上或者去掉驱动电压，能使液晶的开关状态发生改变，是因为液晶的分子序列发生了改变。这种重新排序需要一定的时间，反映在时间响应曲线上，用上升时间和下降时间来描述。给液晶加一个如图 3-9-4(a) 所示的方波电压，就可以得到如图 3-9-4(b) 所示的液晶的时间响应曲线。

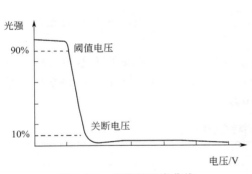

图 3-9-3 液晶的电光曲线

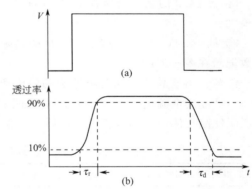

图 3-9-4 液晶驱动电压和时间响应曲线

上升时间 τ_{r}：透过率由 10％上升到 90％所需要的时间。

下降时间 τ_{d}：透过率由 90％下降到 10％所需要的时间。

液晶的响应时间越短，显示动态图像的效果越好。这是液晶显示器的重要指标。

（4）液晶的视角特性

液晶开关的视觉特性，可以表示为对比度和视角的关系。对比度表示为光开关打开与关断时透射光强度之比。液晶的视角特性，既有左右视角，又有上下视角。在实际应用中一般只考虑左右视角。

在不同的方向上观看液晶屏幕时，可以观察到对比度有比较大的变化，一般来讲，当对比度大于 5 时，图形就比较清晰；当对比度小于 2 时，图形就比较模糊了。

视角特性也是液晶的主要参数之一，特别是对于液晶显示器件。

【实验内容与步骤】

（1）仪器连接

① 了解仪器的结构，了解仪器各个按钮和开关的作用。

② 将所有的开关都置于"关",将所有的调节旋钮都逆时针调节到最小。

③ 用专用的导线将实验箱和测试台连接起来,具体连接方法如下:

a. 用双 Q9 线将实验箱面板上的"LD 电源"与测试台上的"LD 电源"连接起来。

b. 用双 Q9 线将实验箱面板上的"LCD 电源"与测试台上的"LCD 电源"连接起来,测量液晶的时间响应特性曲线时,可以用三通 Q9 将"LCD 电源"连接到示波器上。

c. 用双 Q9 线将实验箱面板上的"光信号输入"与测试台上的"硅光电池"连接起来,测量液晶的时间响应特性曲线时,可以用双 Q9 线将"光功率输出"连接到示波器上。

（2）调整光路

① 开启实验箱的电源开关,将光功率计的量程选择置于"200μW"挡位,将光功率计的探测孔用黑纸遮住,调节"光功率调零"旋钮,使光功率计显示为"0.00"。

② 顺时针将"LD 的电源调节"旋钮调节到最大。

③ 调节液晶盒的角度,使角度指针指示到"180"刻度处。调节半导体激光器外壳上的调节螺丝,使激光依次经过液晶盒和检偏器的中心,最后完全射入探测器的入射孔中。

④ 调节检偏器的角度,使光功率计的显示达到最大值。

（3）测量液晶的电光特性曲线

① 将光功率计量程选择置于"2mW"挡位,顺时针将"LD 的电源调节"旋钮调至最大。

② 将 LCD 的频率选择置于"500Hz",打开 LCD 的电源开关,将 LCD 的电源电压调节到最大。

③ 从 10.0V 开始逐渐减小 LCD 的电源电压,将 LCD 的电源电压和对应的光功率计的读数记录在表 3-9-1 中。

注意:当液晶的电源电压处于阈值电压到关断电压之间时,液晶处于不稳定状态。因此,当液晶的电源电压在 3.5～5.5V 之间变化时,光功率计读数会产生一定的漂移,而且升压法比减压法产生的漂移更大,所以实验时采用减压法来测量。

表 3-9-1　液晶的电光特性测量数据

LCD 电源	10.0V	9.0V	8.0V	7.0V	6.0V	5.5V	5.0V
光功率							
LCD 电源	4.5V	4.0V	3.5V	3.0V	2.0V	1.0V	0.0V
光功率							

（4）测量液晶的视角特性曲线

① 将"LCD 电源电压"调节到"10.0V",将"LCD 电源开关"打开,将角度指针对准"$-60°$",按照表 3-9-2 中所列举的角度,读取在每一个视角下的光功率计的读数 I_{min},并将数据记录在表 3-9-2 中。

表 3-9-2　液晶的视角特性测量数据

视角	$-60°$	$-50°$	$-40°$	$-30°$	$-20°$	$-10°$	$0°$
I_{max}							
I_{min}							
D							

续表

视角	0°	10°	20°	30°	40°	50°	60°
I_{max}							
I_{min}							
D							

② 将"LCD 电源开关"关闭，将角度指针对准"—60°"，按照表 3-9-2 中所列举的角度，读取在每一个视角下的光功率计的读数 I_{max}，并将数据记录在表 3-9-2 中。

（5）测量液晶的时间响应特性曲线

① 先将 LCD 的电源置于"关"，调节 LD 的电源，使光功率计的显示值大于 $200\mu W$。

② 打开 LCD 的电源并将 LCD 的电源电压调节到 4.5V，将频率选择置于"10Hz"挡位，将光功率计量程选择置于"$200\mu W$"挡位。

③ 将 LCD 的电源电压通过双 Q9 头连接到示波器的通道 1，并将光功率计的输出连接到示波器的通道 2，调节示波器的相关参数，就可以观测到液晶的时间响应特性曲线，如图 3-9-4 所示。

【数据处理】

① 根据表 3-9-1 中的实验数据，绘制液晶的电光特性曲线。

② 根据实验测得的数据计算液晶的阈值电压、关断电压、对比度、陡度等参数。

③ 根据表 3-9-2 中的实验数据，计算不同视角下的对比度，并绘制液晶的视角特性曲线。

④ 根据液晶的时间响应曲线测量液晶的上升时间 τ_r 和下降时间 τ_d。

【注意事项】

① 调整光路时，通过调节 LD 外壳上的调节螺丝，务必使激光完全入射到光功率计的探测孔中。

② 光功率计调零时，请务必将探测孔遮住，否则光功率计不能调零。

③ 保持液晶表面清洁，防止液晶受潮，防止液晶受阳光直射，切忌挤压液晶。

④ 切勿直视激光器，以免伤害眼睛。

⑤ 在测量液晶的电光曲线实验时，在 3.5～5.5V 之间数据会产生漂移。在测量液晶的视角特性曲线过程中，当视角大于 40°时，数据会产生漂移。另外，液晶样品受温度等环境因素的影响较大，如 TN 型液晶的阈值电压在 0～40℃ 范围内漂移达 15%～35%，因此每次实验结果有一定出入为正常情况。

思考题

1. 常黑型液晶和常白型液晶有什么区别？

2. 单面附着偏振片的液晶在实验时应该如何放置？

3. 液晶为什么在 3.5～5.5V 之间会产生漂移？

4. 液晶的电光特性曲线为什么存在凸起现象？

实验 3-10 硅光电池特性研究实验

目前半导体光电探测器在数码摄像、光通信、太阳能电池等领域得到广泛应用。硅光电池（silicon photocell）是半导体光电探测器的一个基本单元，深入了解硅光电池的工作原理和具体使用特性可以进一步领会半导体 PN 结原理、光电效应理论和光伏电池产生机理。

【实验目的】
① 掌握 PN 结形成原理及其工作机理。
② 了解 LED 发光二极管的驱动电流和输出光功率的关系。
③ 掌握硅光电池的工作原理及其工作特性。

【实验仪器】
TKGD-1 型硅光电池特性实验仪、信号发生器、双踪示波器。

【实验原理】
（1）PN 结的单向导电性

图 3-10-1 所示是半导体 PN 结在零偏、负偏、正偏下的耗尽区。当 P 型和 N 型半导体材料结合时，由于 P 型材料的空穴多电子少，而 N 型材料的电子多空穴少，结果 P 型材料中的空穴向 N 型材料这边扩散，N 型材料中的电子向 P 型材料这边扩散。扩散的结果是使得结合区两侧的 P 型区裸露出负电荷（固定在晶格位置处并获得一个电子的掺杂元素离子），N 型区裸露出正电荷（固定在晶格位置处并失去一个电子的掺杂元素离子），形成一个势垒，由此而产生的内电场将阻止扩散运动的继续进行。当两者达到平衡时，在 PN 结两侧形成一个耗尽区，耗尽区的特点是无自由载流子，呈现高阻抗。当 PN 结负偏时，外加电场与内电场方向一致，耗尽区在外电场作用下变宽，使势垒加强；当 PN 结正偏时，外加电场与内电场方向相反，耗尽区在外电场作用下变窄，势垒削弱，使载流子扩散运动继续形成电流，此即为 PN 结的单向导电性，电流方向从 P 指向 N。

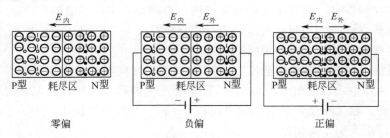

图 3-10-1 半导体 PN 结在零偏、负偏、正偏下的耗尽区

（2）LED 的工作原理

当某些半导体材料形成的 PN 结加正向电压时，空穴与电子在 PN 结处复合时将产生特定波长的光，发光的波长与半导体材料的能级间隙 E_g 有关。发光波长 λ_p 可由式（3-10-1）确定

$$\lambda_p = \frac{hc}{E_g} \tag{3-10-1}$$

式中，h 为普朗克常量；c 为光速。

在实际的半导体材料中，能级间隙 E_g 有一个宽度，因此发光二极管发出的光的波长不是单一的，其发光波长半宽度一般为 25～40nm，随半导体材料的不同而有所差别。

发光二极管的输出功率 P 与驱动电流 I 的关系为

$$P=\frac{\eta E_{\mathrm{p}}I}{e}\tag{3-10-2}$$

式中，η 为发光效率；E_{p} 是光子能量；e 是电荷常量。

输出光功率与驱动电流呈线性关系，当电流较大时由于 PN 结不能及时散热，输出光功率可能会趋向饱和。

本实验用一个驱动电流可调的红色超高亮度发光二极管作为实验用光源。系统采用的发光二极管驱动和调制电路如图 3-10-2 所示。信号调制采用光强度调制的方法，发送光强度调节器用来调节流过 LED 的静态驱动电流，从而改变发光二极管的发射光功率。设定的静态驱动电流调节范围为 0～20mA，对应面板上的光发送强度驱动显示值为 0～2000 单位。正弦调制信号经电容、电阻网络及运放跟随隔离后耦合到放大环节，与发光二极管静态驱动电流叠加后使发光二极管发送随正弦波调制信号变化的光信号，如图 3-10-3 所示，变化的光信号可用于测定光电池的频率响应特性。

（3）硅光电池的工作原理

硅光电池的工作原理基于光伏效应。光线照射到 PN 结上，当光子的能量大于半导体的禁带宽度时（禁带宽度是从原子中分离出一个电子需要的能量，硅晶体的禁带宽度为 1.12eV），将会把处于价带中的束缚电子激发到导带，激发出的"电子空穴对"在内电场的作用下分别漂移到 N 型区和 P 型区，在 PN 结两侧产生了正、负电荷积累，形成了与内电场方向相反的光生电场，这个电场除了一部分抵消内电场以外，还使 P 型层带正电，N 型层带负电，因而产生了光生电动势，这就是光生伏特效应。

当在 PN 结两端加负载时，就有光电流流过负载，其等效电路如图 3-10-4 所示。

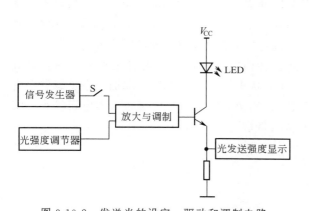

图 3-10-2 发送光的设定、驱动和调制电路

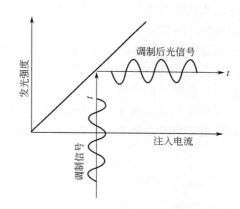

图 3-10-3 LED 发光二极管的正弦信号调制原理

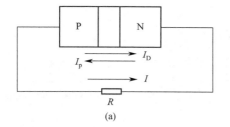

(a)

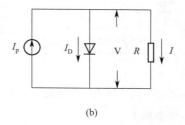

(b)

图 3-10-4 硅光电池等效电路

硅光电池可看作是产生光电流 I_p 的恒流源，与之并联的有一个处于正偏置下的二极管，通过二极管 PN 结的漏电流 I_D 称为暗电流，即在无光照时，由于外电压作用下 PN 结内流过的电流，其方向与光电流的方向相反，会抵消部分光电流，I_D 的表达式为

$$I_D = I_s \left(e^{\frac{eV}{kT}} - 1 \right) \tag{3-10-3}$$

式中，I_s 为反向饱和电流；V 为 PN 结两端的电压；e 为电子电荷（1.6×10^{-19} C）；k 为玻耳兹曼常数（1.38×10^{-23} J/K）；T 为热力学温度。

流过负载 R 两端的工作电流为

$$I = I_p - I_D = I_p - I_s \left(e^{\frac{eV}{kT}} - 1 \right) \tag{3-10-4}$$

当光电池处于零偏时，$V = 0$，由式(3-10-4)，流过 PN 结的电流 $I = I_p$ 当光电池处于负偏时（本实验中取 -5V），$e^{\frac{eV}{kT}} \to 0$，则流过 PN 结的电流 $I = I_p + I_s$，因此通过测量零偏和负偏时的电流可得 I_p 和 I_s。并且由式(3-10-4)可以看出，当光电池作光电转换器时，光电池必须处于零偏或负偏状态。

光电池处于零偏或负偏状态时，产生的光电流 I_p 与输入光功率 P_i 有以下关系

$$I_p = rP_i \tag{3-10-5}$$

式中，r 为响应率。r 值随入射光波长的不同而变化，对不同材料制作的光电池，分别在短波长和长波长处存在一截止波长，在长波长处要求入射光子的能量大于材料的能级间隙 E_g，以保证处于价带中的束缚电子得到足够的能量被激发到导带。对于硅光电池其长波截止波长为 $\lambda = 1.1\mu$m，在短波长处由于材料有较大吸收系数使 r 值很小。

图 3-10-5 所示是光电信号接收端的工作原理，光电池把接收到的光信号转变为与之成正比的电流信号，再经电流电压转换器把光电流信号转换成与之成正比的电压信号。比较光电池零偏和反偏时的信号，就可以测定光电池的饱和电流 I_s。当发送的光信号被正弦信号调制时，则光电池输出电压信号中将包含正弦信号，据此可通过示波器测定光电池的频率响应特性。

光电池作为电池使用电路如图 3-10-6 所示。在内电场作用下，入射光子由于内光电效应把处于价带中的束缚电子激发到导带，而产生光伏电压。在光电池两端加一个负载就会有电流流过，当负载很小时，电流较小而电压较大；当负载很大时，电流较大而电压较小。实验时可改变负载电阻 R_P 的值来测定光电池的伏安特性。

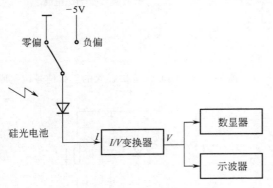

图 3-10-5 光电池光电信号接收

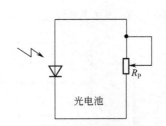

图 3-10-6 光电池伏安特性的测定

【实验内容与步骤】

TKGD-1 型硅光电池特性实验仪示意如图 3-10-7 所示。超高亮度 LED 在可调电流和调

制信号驱动下发出的光照射到光电池表面，功能转换开关可分别打到"零偏"、"负偏"或"负载"处。

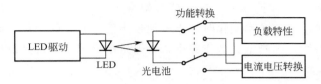

图 3-10-7　TKGD-1 硅光电池特性实验仪示意

（1）硅光电池零偏和负偏时光电流与输入光信号关系特性测定

打开仪器电源，调节发光二极管静态驱动电流，其调节范围为 0～20mA（相应发光强度指示 0～2000），将功能转换开关分别打到"零偏"和"负偏"处，将硅光电池输出端连接到 I/V 转换模块的输入端，将 I/V 转换模块的输出端连接到数字电压表头的输入端，分别测定光电池在零偏和负偏时光电流与输入光信号关系。将实验数据记录在表 3-10-1 中。

在同一张方格纸上作图，比较光电池在零偏和反偏时两条曲线的关系，求出光电池的反向饱和电流 I_s。

表 3-10-1　零偏和负偏时光电流与输入光强关系实验数据

发光电流强度	100	300	500	700	900	1100	1300	1500	1700	1900
零偏电流强度										
负偏电流强度										

（2）硅光电池在恒定负载时产生的电压与输入光信号关系的测定

将实验仪的功能开关打到"负载"挡，把光电池输出端连接到恒定负载电阻（可取 5kΩ，或其他合适的值）上，再把电阻上的电压输出接在数字电压表上，调节发光二极管静态驱动电流，范围为 0～20mA，实验测定光电池输出电压随输入光强度的关系，将实验数据记录在表 3-10-2 中，画出曲线，并讨论之。

表 3-10-2　恒定负载电压与输入光强关系实验数据

发光电流强度	100	300	500	700	900	1100	1300	1500	1700	1900
恒定负载电压										

（3）硅光电池伏安特性测定

在硅光电池输入光强度不变时（取发光二极管静态驱动电流为 5mA，或其他合适的值），测量当负载在 0～10kΩ 的范围内变化时，光电池的输出电压随负载电阻变化的关系曲线。

将实验数据记录在表 3-10-3 中。改变输入光强度（可取 10mA），重复上述测量。

表 3-10-3　输出电压与负载电阻关系实验数据

负载电阻/Ω	1000	2000	3000	4000	5000	6000	7000	8000	9000	10000
负载电压										

（4）硅光电池的频率响应

将功能转换开关分别打到"零偏"和"负偏"处，将硅光电池的输出连接到 I/V 转换模块的输入端。信号发生器连接实验仪面板的"调制信号输入"接口,"信号输出"接口连接示波器。调节 LED 偏置电流为 10mA（显示为 1000）,在信号输入加正弦波信号,使 LED 发送调制的光信号。保持输入的正弦信号幅度不变,调节信号发生器的频率,用示波器观察并记录当发送信号的频率变化时,光电池输出信号幅度的变化,测定光电池在零偏和负偏条件下的幅频特性,并测定其截止频率,将测量结果记录在自己设计的表格中。

■ 思考题

1. 什么叫 P 型半导体和 N 型半导体?
2. 为什么 PN 结具有单向导电性?
3. 什么是光伏效应?
4. 光电池对入射光的频率有何要求?
5. 光电池在工作时为什么要处于零偏或负偏?
6. 如何实现发光二极管发送随正弦波调制信号变化的光信号?
7. 如何测定光电池的反向饱和电流?
8. 什么叫截止频率? 如何测定光电池的截止频率?

实验 3-11　音频信号光纤传输技术实验

　　光导纤维（Optical fiber），简称光纤，是 20 世纪 70 年代为光通信而发展起来的新型材料，具有损耗低、频带宽、绝缘性好、抗干扰能力强、光学特性好等优点。原香港中文大学校长高锟和 George A. Hockham 首先提出光纤可以用于通信传输的设想，目前已经广泛应用于光通信。

　　音频信号光纤传输实验的目的就是为了了解信号传输的基本原理。

【实验目的】

　　① 了解音频信号光纤传输系统的基本结构及各部件选配原则。

　　② 熟悉光纤传输系统中电光/光电转换器件的基本性能。

　　③ 学习如何在音频光纤传输系统中获得较好的信号传输质量。

【实验仪器】

　　TKGT-1 型音频信号光纤传输实验仪，信号发生器，双踪示波器。

【实验原理】

　　光纤传输系统如图 3-11-1 所示，一般由 3 部分组成：光信号发送端、用于传送光信号的光纤、光信号接收与处理端。

　　光信号发送端的功能是将待传输的电信号经电光转换器件转换为光信号。目前，发送端电光转换器件一般采用发光二极管或半导体激光二极管（半导体激光器或者激光二极管）。发光二极管的输出光功率较小，信号调制速率相对较低，但价格较便宜，其输出光功率与驱动电流在一定范围内基本上呈线性关系，比较适宜于短距离、低速、模拟信号的传输。激光二极管输出功率大，信号调制速率高，但价格较高，适宜于远距离、高速、数字信号的传输。

　　光纤的功能是将发送端光信号以尽可能小的衰减和失真传送到光信号接收端。目前光纤一般采用在近红外波段 $0.84\mu m$、$1.31\mu m$、$1.55\mu m$ 有良好透过率的多模或单模石英光纤。

　　光信号接收端的功能是将光信号经光电转换器件还原为相应的电信号，光电转换器件一般采用半导体光电二极管或雪崩光电二极管，组成光纤传输系统光源的发光波长必须与传输光纤呈现低损耗窗口的波段、光电检测器件的峰值响应波段匹配。

　　本实验发送端电光转换器件采用中心发光波长为 $0.84\mu m$ 的高亮度近红外半导体发光二极管；传输光纤采用多模石英光纤；接收端光电转换器件采用峰值响应波长为 $0.8\sim0.9\mu m$ 的硅光电二极管。

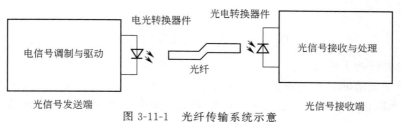

图 3-11-1　光纤传输系统示意

（1）光信号发送端的工作原理

系统采用的发光二极管的驱动和调制电路如图 3-11-2 所示，信号调制采用光强度调制的方法，发送光强度调节电位器用以调节流过 LED 的静态驱动电流，从而相应地改变发光二极管的发射功率。设定的静态驱动电流调节范围为 0～20mA，对应面板光发送强度驱动显示值 0～2000 单位。当驱动电流较小时发光二极管的发射光功率与驱动电流基本上呈线性关系，音频信号经电容、电阻网络及运放，跟随隔离后耦合到另一运放的负输入端，与发光二极管的静态驱动电流相叠加，使发光二极管发送随音频信号变化的光信号，并经光纤耦合器将这一光信号耦合到传输光纤。可传输信号频率的低端可由电容、电阻网络决定，系统低频响应不大于 20Hz。

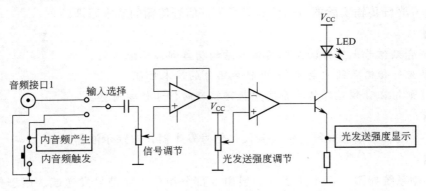

图 3-11-2　发光二极管的驱动和调制电路

（2）光信号接收端的工作原理

图 3-11-3 所示是光信号接收端的工作原理，传输光纤把从发送端发出的光信号通过光纤耦合器将光信号耦合到光电转换器件光电二极管，光电二极管把光信号转变为与之成正比的电流信号，光电二极管使用时应反向偏压状态，经运放的电流电压转换把光电流信号转换成与之成正比的电压信号，电压信号中包含的音频信号经电容电阻耦合到音频功率放大器来驱动喇叭发声。光电二极管的频率响应一般较高，系统的高频响应主要取决于运放等的响应频率。

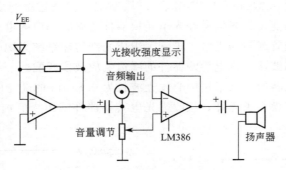

图 3-11-3　光信号接收端工作原理

（3）传输光纤的工作原理

目前用于光通信的光纤一般采用石英光纤，它是在折射率 n_2 较大的纤芯外部覆上一层折射率 n_1 较小的包层。光在纤芯与包层的界面上发生全反射而被限制在纤芯内传播，如图 3-11-4 所示。

光纤实际上是一种波导，光被闭锁在光纤内，只能沿光纤传输，光纤的芯径一般从几微米至几百微米。

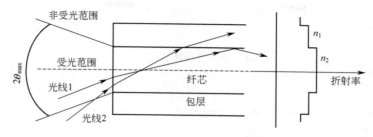

图 3-11-4　光在光纤中传播

光纤按照传输光模式可分为多模光纤和单模光纤两种，按照光纤折射率分布方式不同可以分为折射率阶跃型和折射率渐变型光纤两种。折射率阶跃型光纤包括两种圆对称的同轴介质，两者都质地均匀，但折射率不同，外层折射率低于内层折射率。折射率渐变型光纤是一种折射率沿光纤横截面渐变的光纤，这样改变折射率的目的是使各种模传播的群速度相近，从而减小模色散，增加通信带宽。多模折射率阶跃型光纤由于各模传输的群速度不同而产生模间色散，传输的带宽受到限制。多模折射率渐变型光纤由于其折射率的特殊分布，使各模传输的群速度一样而增加信号传输的带宽。单模光纤是指传输单种光模式的光纤，其可传输信号带宽最高，目前长距离光通信大都采用单模光纤。

石英光纤的主要技术指标有衰减特性、数值孔径和色散等。

① 数值孔径。数值孔径描述光纤与光源、探测器和其他光学器件耦合时的特性，它的大小反映了光纤收集光的能力，如图 3-11-4 所示，在立体角 $2\theta_{\max}$ 范围内入射到光纤端面的光线在光纤内部界面产生全反射而得以传输，在 $2\theta_{\max}$ 范围外入射到光纤端面的光线则在光纤内部界面不产生全反射而是透射到包层并马上被衰减掉。

光纤的数值孔径定义为：$NA = \sin\theta_{\max}$，它的值一般在 $0.1 \sim 0.6$ 之间，对应的 $\theta_{\max}$ 在 $9° \sim 33°$ 之间。多模光纤具有较大的数值孔径，单模光纤的数值孔径相对较小，所以一般单模光纤需用 LED 半导体激光器作为其光源。

② 光纤的损耗。光纤的损耗主要包括由于材料吸收引起的吸收损耗，纤芯折射率不均匀引起的散射（瑞利散射）损耗，纤芯和包层之间界面不规则引起的散射损耗（称为界面损耗），光纤弯曲造成的损耗，纤维间对接（永久性的拼接和用连接器相连）的损耗，以及输入端与输出端的耦合损耗。

石英光纤在近红外波段 $0.84\mu m$、$1.31\mu m$、$1.55\mu m$ 有较好透过率，因此传输系统光源的发射光波长必须与其相符合。目前长距离光通信系统多采用 $1.31\mu m$ 或 $1.55\mu m$ 单模光纤（单模光纤传输损耗在 $1.31\mu m$ 和 $1.55\mu m$ 波段时分别为 $0.35dB/km$ 和 $0.2dB/km$）。

③ 光纤的色散。光纤的色散直接影响可传输信号的带宽，色散主要由 3 部分组成：折射率色散、模色散、结构色散。折射率色散是由于光纤材料的折射率随不同光波长变化而改变引起的，采用单波长、窄谱线的半导体激光器可以使折射率色散减至最小。采用单模光纤可以使模色散减至最小。结构色散是由光纤材料的传播常数及光频产生非线性关系造成的。目前单模光纤的传输带宽可达每秒数吉赫兹。

【实验内容与步骤】

（1）光纤传输系统静态电光/光电传输特性测定

打开光发送端电源和光接收端电源，实验仪面板上的两个三位半数字表头分别显示发送光强度和接收光强度的相对值。调节发送光强度电位器，每隔 200 个单位（相当于改变发光二极管驱动电流 2mA）分别记录发送光强度与接收光强度数据于表 3-11-1 中，在方格纸上绘制静态电光/光电传输特性曲线。

表 3-11-1　光纤传输特性测定实验数据

发送光强度	0	200	400	600	800	1000	1200	1400	1600	1800
接收光强度										

（2）光纤传输系统频率响应的测定

将实验仪面板上的输入选择开关打向"外"挡，在"音频接口"接上从信号发生器输入的正弦波信号，将双踪示波器的 CH1 和 CH2 分别接到"示波器接口"和输出端的"音频输出"接口，保持输入信号的幅度不变，调节信号发生器频率，可从 1kHz 开始，频率连续调大或调小，在示波器（CH2）上观察输出端信号电压随频率的变化情况，记录电压幅值于表 3-11-2 和表 3-11-3 中，作出幅频曲线，分别得到系统的低频和高频通过频率（电压幅值降至最大值的 0.707 倍时，所对应的频率称为通过频率，在高频段和低频段各有一个通过频率，两频率区间称为通频带），并求出通频带。

表 3-11-2　高频通过频率实验数据

频率/kHz	1	2	6	8	10	12	14	16	18	20
电压幅值										

表 3-11-3　低频通过频率实验数据

频率/Hz	1000	500	200	100	50	40	30	20	10	5
电压幅值										

（3）LED 偏置电流与无失真最大信号调制幅度关系测定

将信号发生器输入的正弦波信号频率设定为 1kHz，实验仪面板上的"音频幅度"调节电位器置于最大位置，然后在 LED 偏置电流为 5mA、10mA 两种情况下，调节信号源输出幅度，使其从零开始增加，同时在接收端信号输出处观察波形变化，直到波形出现截止现象时，记录下电压波形的峰-峰值，由此确定 LED 在不同偏置电流下光功率的最大调制幅度。

（4）多种波形光纤传输实验

将信号发生器的信号分别变为方波信号和三角波信号，可从 1kHz 开始，改变输入频率和输入电压，从接收端观察输出波形的变化情况，信号是否失真。

（5）音频信号光纤传输实验

将实验仪面板上的输入选择开关打向"内"挡，调节发送光强度电位器改变发送端 LED 的静态偏置电流，按下"内音频信号触发"按钮，观察示波器中语音信号波形变化情况，当 LED 的静态偏置电流小于多少时，音频传输信号产生明显失真，记下波形图，并分析原因。

思考题

1. 光纤传输系统分为三部分，试述每部分的作用。
2. 光纤传输的三个技术指标是什么？
3. 光传输中哪几个环节引起光信号的衰减？
4. 音频信号传输为什么会出现失真现象？

实验 3-12 数字示波器的使用

数字示波器（digital oscilloscope）是 20 世纪 70 年代初发展起来的一种新型示波器。由于数字示波器内含微处理器，因而能实现多种波形参数的测量和显示，能对波形实现多种复杂的处理，例如对通道间的信号进行加、减、乘运算，以及对于某个通道信号进行 FFT 数学运算。

数字示波器具有许多自动操作功能，很多环境下比模拟示波器的使用要方便，为扩大学生的知识面与实验仪器的操作能力，在物理实验中开设了数字示波器的使用内容。

【实验目的】

① 了解数字示波器的基本结构和工作原理，掌握使用数字示波器的基本方法。

② 学会使用数字示波器观测电信号波形、电压和频率。

③ 学会使用光标测量、波形储存。

【实验仪器】

DS1052E 数字示波器、低频信号发生器等。

DS1052E 数字示波器的操作面板如图 3-12-1 所示，分成软件菜单区、运行控制区、软件操作键区、通道总控制区、垂直控制区、水平控制区、触发控制区七个区域，此外，还有一个多功能旋钮和一个菜单按钮。对于多数信号，只要把它们接到 CH1 或 CH2 插口上，就可以通过 AUTO 的自动设置功能，将示波器设置为合适的垂直与水平挡位，按下 AUTO

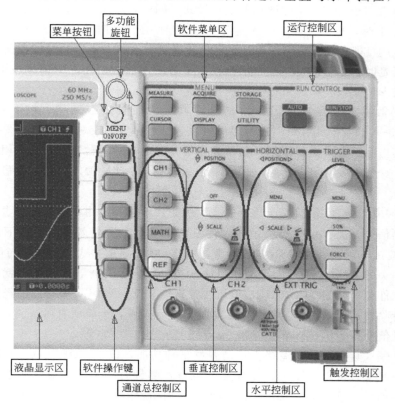

图 3-12-1 DS1052E 数字示波器面板

后，示波器经过一段时间的自动设置，会弹出一个 AUTO 菜单，显示为：多周期、单周期、上升沿……，便于找到需要观察的波形部分，比如，要对波形上升沿进行观察，这时可以选中上升沿选项，此时，信号波形就会自动显示为上升沿，并且弹出上升时间的测量值显示。AUTO 按钮功能是数字示波器最为便携常用的功能。在 AUTO 旁边的是 RUN/STOP 按钮，用来控制示波器的运行和停止。

垂直系统包括通道控制和垂直控制，它有通道选择 CH1、CH2 和 MATH、REF 选择按钮。此外，还有垂直位移旋钮 POSITION 和垂直挡位旋钮 SCALE，通过选择 CH1、CH2 按钮来选中当前通道，屏上右侧边沿出现当前通道的菜单，通道菜单中显示通道耦合、带宽限制、探头衰减等功能。通道耦合分交流、直流和接地，其中的交流耦合可以滤掉直流分量，只显示信号的交流成分。探头衰减比例选择要和在接探头的衰减比例一致。MATH 菜单下提供了通道间信号的加、减、乘，以及对于某个通道信号进行的 FFT 数学运算。REF 是把当前波形保持为一个参考波形，便于进行计算。当调节垂直挡位旋钮 SCALE 时，会发现示波器屏幕左下角显示的电压值在发生变化，该值表示垂直方向上每一格所代表的电压值，垂直位移旋钮 POSITION 按下时，实现波形快速归中，垂直挡位旋钮 SCALE 按下时，实现粗调与微调之间的切换。

水平系统由水平控制区内的菜单按钮 MENU、水平位移旋钮 POSITION 和时基旋钮 SCALE 组成。水平菜单按钮 MENU 按下，可以设置示波器的显示模式为：Y—T、Y—X、ROLL。Y—T 模式为示波器的水平坐标为时间，垂直坐标为电压值；Y—X 模式将示波器通道 1（CH1）的电压值作为水平坐标，通道 2（CH2）的电压值为垂直坐标的模式进行显示，也就是通常用于观察李萨如图形的显示模式。同样，与垂直系统相类似，水平位移旋钮 POSITION 按下时，也能实现波形快速归中的功能；在调节时基旋钮 SCALE 时，示波器屏上右下方显示的 Time 值在变化，该值代表示波器水平方向一格所代表的时间，该旋钮按下后，就打开了延时扫描的功能，它将信号在水平方向上放大，在纵览信号波形全局的同时，可细致观察波形的细节。

DS1052E 数字示波器提供了丰富的触发功能，在触发控制区，按下触发菜单按钮 TRIGGER，进入触发模式，可以选择边沿触发、脉宽触发、交替触发等。调整触发就是调整示波器采集信号的条件。边沿触发是示波器最普通最常用的触发方式，多用于捕获简单的周期性信号；交替触发可将两个通道采用不同的时基、不同的触发方式，来稳定捕获两路不相干的信号。

自动测量功能是数字示波器所具有的一大优势，不需要利用数出波形所占屏幕上的格子的方式来观测信号，大大地提高了示波器测量的准确度和测量效率。当按下软件菜单区的 MEASURE 按钮，就会发现 DS1052E 示波器提供 20 种测量方式，分别是与电压相关的 10 种和与时间相关的 10 种。当选中了某种测量方式之后，示波器屏幕的下方就会弹出该测量值，同时，软件菜单区的 MEASURE 按钮的背光灯亮起，表明测量功能已经启动。清除测量按钮用于清除当前屏幕的测量值。全部测量方式打开后，会将所有可选测量项目与所选通道相关的测量值全部显示在屏幕上。

光标测量模式具有手动、追踪、自动测量三种功能，按下 CURSOR，旋转多功能旋钮进行选择。手动模式可以选择光标类型为 X 或 Y，测量时间和电压值，在手动模式中提供了两条光标移动线，选中某一根光标后，旋转多功能旋钮就可以调整光标到所需要测量的位置；调整好后，在示波器屏上右上角会显示每根光标的测量值，以及光标间的差值。自动测量可以配合上面提到的 MEASURE 按钮一起使用，当选中了 MEASURE 菜单中的某项功能时，光标会自动表明测量的位置，并随着波形变化而变化。

STORAGE 按钮按下后，出现的菜单显示：有四种存储形式和一个出厂设置；其中，波形存储是将波形保存为 WSN 格式，该格式可利用示波器打开；设置存储可以选择内部或外部，在内部可以存储十组波形，同时也支持 U 盘的外部存储。

另外，DS1052E 数字示波器还提供了其他丰富的测试功能，需要在使用过程中逐步了解和掌握，拓展其在物理实验和工程技术中的应用。

【实验原理】

数字示波器可以方便地实现对模拟信号的长期存储，并可以利用机内微处理器系统对存储的信号作进一步的处理，例如，对被测波形的频率、幅值、前后沿时间、平均值等参数的自动测量，以及复杂的处理。其工作原理可分为波形的取样与存储、波形的显示、波形的测量及处理等几部分。它的工作过程一般分为存储和显示两个阶段。在存储阶段，模拟输入信号经适当的放大和衰减，送入 A/D 转换器进行数字化处理，转化为数字信号，最后，将 A/D 转换器输出的数字信号写入存储器中。在显示阶段，一方面将信号从存储器中读出，送入 D/A 转换器转换成模拟信号，经垂直放大器放大后加到示波器的垂直系统。与此同时，CPU 的读出地址信号加至 D/A 转换器，得到一扫描电压，经水平放大器放大加至水平系统，从而达到在显示屏上以稠密的光点重现输入模拟信号的目的。

【实验内容与步骤】

（1）信号测量

改变低频信号发生器频率和电压 5 次，使低频信号发生器输出频率依次显示为：200Hz、500Hz、1000Hz、1500Hz、2000Hz 的正弦波，通过 CH1（或 CH2）输入到数字示波器。

① 用光标手动测出信号的峰-峰值、峰值和它的频率值，数据记录表 3-12-1 中。

表 3-12-1　光标手动测量

信号发生器显示	200Hz	500Hz	1000Hz	1500Hz	2000Hz
峰-峰值					
峰值					
示波器测量频率值					

a. 用电缆连接信号发生器输出到数字示波器的输入端 CH1（或 CH2），接通示波器和信号发生器的电源，调节信号发生器的频率旋钮和电压旋钮，使其输出实验所需的电信号。

b. 按下示波器上运行控制区的 AUTO 按钮，屏幕上出现稳定的正弦波波形。

c. 按下 CURSOR 按钮，在菜单下，进入光标模式子菜单后，旋转示波器上多功能旋钮选择手动光标测量模式，并选光标类型为 Y，用来测量电压。手动模式中屏上有两条水平光标移动线，旋转多功能旋钮，将一条光标线调在正弦波的最上端位置处，按下该旋钮，仪器记录该位置的值；再旋转多功能旋钮，使另一条光标线调在正弦波的最下端位置处，按下旋钮，仪器又记录了该位置的值。调整好后，在示波器屏幕的右上角会显示每根光标的测量值，以及光标线之间的差值 ΔY（ΔY 为观测正弦波的峰-峰值）。如图 3-12-2 所示。

d. 再按 CURSOR 按钮，手动光标测量模式下，由软件操作键区的对应键，选光标类型为 X，用来测量周期。屏上有两条垂直光标移动线，同样通过软件操作键区的对应键，先后

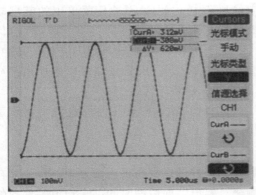

图 3-12-2　手动光标测量信号的电压值和周期值

选中两条光标移动线，旋转多功能旋钮调整光标线到正弦波某一个完整周期波形的起点和终点位置，调整好后，在示波器屏幕的右上角会显示每根光标的测量值，光标间的差值 ΔX（ΔX 为屏上观测正弦波的周期），以及其倒数，即为电信号的频率。

e. 改变信号发生器的频率和电压，重复上述步骤，就可以得到表 3-12-1 所要求记录的实验数据。

f. 另外，这里得到的信号频率，是通过测量周期后，再取倒数获得的，当然也可以直接由示波器测出并显示。如有兴趣不妨一试，作为比较。具体操作方法是：按下 MEASURE 按钮，在菜单中，由软件操作键区的对应键，确定时间测量，旋转多功能旋钮选中时间测量子菜单下的频率项，就会在屏幕左下方显示所测信号的频率值。

② 用自动测量测出信号的峰-峰值、峰值和它的频率值，数据记录表 3-12-2 中。

表 3-12-2　光标自动测量

信号发生器显示	200Hz	500Hz	1000Hz	1500Hz	2000Hz
峰-峰值					
峰值					
示波器测量频率值					

a. 用电缆连接信号发生器输出到数字示波器的输入端 CH1（或 CH2），接通示波器和信号发生器的电源，调节信号发生器的频率旋钮和电压旋钮，使其输出实验所需要的电信号。

b. 按下示波器上运行控制区的 AUTO 按钮，屏幕上出现稳定的正弦波波形。

c. 自动光标测量模式是配合 MEASURE 使用的，就是说在 MEASURE 菜单中选中某一测量项目，光标就会自动出现在要测量的位置，并显示测量值。按一下 CURSOR 按钮，在菜单下，进入光标模式子菜单后，旋转示波器上多功能旋钮选中自动光标测量模式；再按一下 MEASURE 按钮，在电压测量子菜单中，旋转示波器的多功能旋钮选中峰-峰值一项，如图 3-12-3 所示。确定后，屏幕上自动出现两条水平光标线，一条光标线精密定位在正弦波的最上端，一条光标线精密定位在正弦波的最下端，屏幕的左下方显示所测信号的峰-峰值 $V_{P\text{-}P}$（1），如图 3-12-4 所示。

d. 参照上一步骤，再按动一次 MEASURE 按钮，在时间测量子菜单中，通过多功能旋钮选中时间测量子菜单中的频率，确定后，同样两条垂直光标线会精确地定位在所要测量的位置，屏幕的左下方出现所测信号的频率值。

e. 改变信号发生器的频率和峰值，重复上述步骤，就可以得到表 3-12-2 所要求记录的实验数据。

（2）信号储存

① 用电缆连接信号发生器输出到数字示波器的输入端 CH1（或 CH2），接通示波器和信号发生器的电源，调节信号发生器的频率旋钮和电压旋钮，使其输出实验中所需要的电信号（调整信号发生器输出正弦波、三角波或方波）。

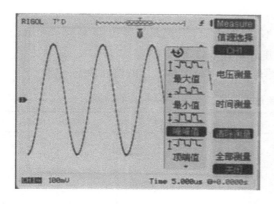

图 3-12-3　自动测量菜单下电压峰-峰值项的选定

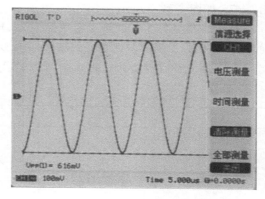

图 3-12-4　自动光标测量信号

② 按下示波器上运行控制区的 AUTO 按钮，屏幕上出现稳定的波形。

③ 按下 STORAGE 按钮，由软件操作键区的对应键，确定波形存储，旋转多功能旋钮选中波形存储。见图 3-12-5 所示。

④ 再按软件操作键区的相关按钮，选中内部存储，其有 10 个空间可以设置和存储，旋转多功能旋钮选好存放位置，按保存，要保存的波形就储存完毕。如图 3-12-6 所示。

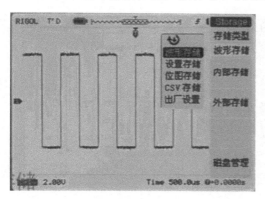

图 3-12-5　波形存储项目的选定

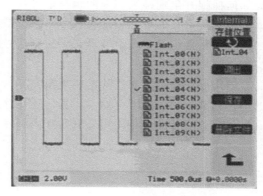

图 3-12-6　波形保存操作

⑤ 参照上述步骤，改变信号发生器的波形，重复存储。另外，尝试调出示波器内已存的信号波形进行观测。

（3）观察并绘出李萨如图形

分别从 X 轴和 Y 轴输入正弦波，调节低频信号发生器的输出信号频率，示波器依次显示 1∶1、1∶2、1∶3 和 2∶3 的李萨如图形。再分别储存对应的李萨如图形。

① 用专用电缆，把两台信号发生器的输出正弦波分别连接到示波器的 CH1 和 CH2，两台信号发生器的频率开始都调在 200Hz。

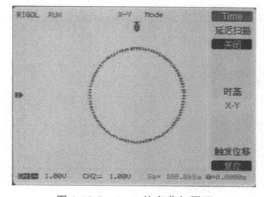

图 3-12-7　1∶1 的李萨如图形

② 按水平控制区的 MENU 按钮，在时基菜单中选中 X-Y 模式，即示波器将通道 1 的电压值作为水平坐标，通道 2 的电压值作为垂直坐标模式进行显示，这就是李萨如图形的观

测模式。如图 3-12-7 所示。

　③ 一台信号发生器的输出频率保持 200Hz 不变，另一台依次调整输出频率为：400Hz、600Hz、300Hz，观测与此对应的李萨如图形，并记录在表 3-12-3 中。

　④ 参照上述存储方法，把观测到的李萨如图形存储到示波器中。并尝试调出观测。

表 3-12-3　实验数据记录

$f_X : f_Y$	1 : 1	1 : 2	1 : 3	2 : 3
图形				

思考题

1. 示波器使用中，探头应该注意些什么？

2. 模拟示波器跟数字示波器在观察波形的细节部分时，哪个更有优势？

3. 如何捕捉并重现稍纵即逝的瞬时信号？

4. 示波器正常，能看到扫描线，但是观察被测信号却没有信号波形产生，如何解决？

5. 示波器正常，但是用示波器观察被测信号时，波形杂乱无章，该如何解决？

6. 如何测量直流电压？

7. 在使用示波器时如何消除毛刺现象？

8. 为什么波形存储已经存储了设置，还要存储设置有什么用？

9. 在示波器上看波形时，用外触发和内触发来看有何区别？

实验 3-13　声波测距实验

超声测距与可闻声波测距属于非接触测距方案，现今已被广泛应用于生产生活的各个领域。在前述声速测量实验中使用了超声换能器来测量声音的传播速度，本实验利用可闻声波及数字示波器进行距离的测量，让学生通过观察示波器上声波信号波形的变化来体会实验过程，并理解雷达利用电磁波进行距离测量的工作原理的不同。

【实验目的】

① 了解可闻声波测距的原理。

② 根据声波在空气中的传播速度，通过存储示波器测量传播时间来计算声波传播距离，并与导轨上的标尺测量值进行比较。

【实验仪器】

声波测距实验仪、导轨、音箱（扬声器）、数字示波器。

【实验原理】

测量距离最直接的方法当然是用测量长度的量具（例如米尺）来量度。但是对于距离很远或移动的目标（例如天上的飞机），这种方法显然是不现实的。对此，可以利用在观察者与目标物之间传播的波来实现测量。

若已知波的传播速度 v，并测出波从观察者处发出而经目标物反射回观察者的时间 t，则可计算出从观察者到目标物的距离 s

$$s = vt/2 \tag{3-13-1}$$

雷达就是利用电磁波进行这种测量的仪器。利用声波进行这种测量的过程即为本实验要进行的内容。由于电磁波的速度极快（等于光速），因而它适宜于测量距离很远或快速移动的目标物；声波测距的优点则是设备简单、方法易行，适宜于测量较近的、移动较慢的目标物。实际上，有经验的登山者常用高声呼喊并判断回声时间的方法来估算与远处山峰间的距离。蝙蝠可借助于它发出的超声波来捕捉昆虫和躲避障碍物；由于蝙蝠发出超声波的频率是 $25\sim70\mathrm{kHz}$，而人的听觉范围是 $20\mathrm{Hz}\sim20\mathrm{kHz}$，所以人耳听不到蝙蝠发出的超声波。航船则可利用声呐探测海底何处有暗礁等。

本实验利用人耳可闻声波进行测距，装置如图 3-13-1 所示。由式（3-13-1）可知，要利

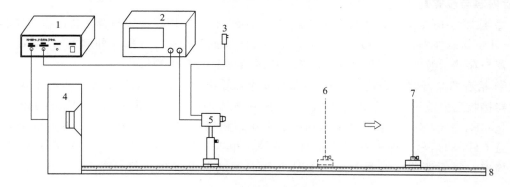

图 3-13-1　声波测距实验装置

1—声波测距主机；2—存储示波器；3—拾音器电源；4—音箱；5—拾音器；

6—反射板 A 位置；7—反射板 B 位置；8—带刻度导轨

用声波来测定距离，就要从观察者处设法发出一个短暂的声音，让它传播到目标物并反射回来，测出往返时间 t，即可得距离 s。

在一般的扬声器中突然加一个电压，就可让它发出一个极短暂的声音。我们用信号发生器中的方波上升沿来产生此突发电压，如图 3-13-2 中（a）所示。对应于此上升沿，扬声器会发出一个极短的声信号，如图 3-13-2 中（b）所示。这个声信号经过时间 t_0 到达拾音器，则拾音器就接收到这个信号，如图 3-13-2 中（c）所示，并发出一个电信号，如图 3-13-2 中（d）所示。在传声器前 A 位置处放一块反射板，使声信号返回，则传声器就会又发出一个电信号，如图 3-13-2 中（e）所示，此两信号的间隔 t_A 是声波从传声器到 A 处往返一次的时间。把反射板移到较远的位置 B 处，则传声器发出的电信号如图 3-13-2 中（f）所示，此时两信号的间隔 t_B 是声波从传声器到 B 处往返一次的时间。由此可知

$$s = v(t_B - t_A)/2 \tag{3-13-2}$$

式中，v 为声波在空气中的传播速度，一般可取 340m/s。从示波器上读出 t_B 与 t_A，就可从式（3-13-2）中计算出 A 与 B 的距离 s。

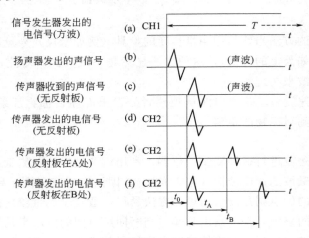

图 3-13-2　存储示波器测量信号

显然，信号发生器发出的方波下降沿也会产生类似的效果。为了不使它影响上述测量，只需让信号发生器输出的周期 T 远大于 $(t_0 + t_B)$ 即可。

【实验内容与步骤】

① 按图 3-13-1 接线，实验主机"输出Ⅰ（接音箱）"用连接线与音箱背部接线座相连，"输出Ⅱ（接示波器）"用 Q9 线与示波器"CH1 通道"相连（选择 x 外触发），用 Q9 线将拾音器与存储示波器"CH2 通道"连接，拾音器接上 12V 电源。

② 拾音器与音箱相距约 50cm，令信号发生器输出 2～10Hz 电压信号，从示波器上观察拾音器接收到声波波形（不放反射板），可见到波形如图 3-13-3 所示，其中上方的波形（1→）是 CH1 的信号，即信号发生器输出的电压，相当于图 3-13-2 中（a）；下方的波形（2→）是 CH2 的信号，即拾音器接收的电信号，相当于图 3-13-2 中（d）。为了使示波器上波形稳定，需要调节示波器上"LEVEL"键。示波器上各挡数值可参考图 3-13-3 下方的数值。

③ 在传声器前约 20cm 处放上金属反射板，观察传声器发出的电信号波形的改变，将示波器上时间"光标 1"定在反射波形的波峰上，如图 3-13-3 所示（可按"CURSOR"键）。

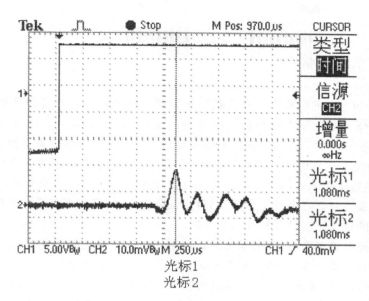

图 3-13-3　无反射板时示波器观察波形

④ 移动反射板，观察拾音器接收的电信号波形的改变，将示波器时间"光标 2"定在反射波形的波峰上，如图 3-13-4 所示（注意：由于声音的传播距离较远，故反射波较小）。测出传声器接收到反射板在 A 点与 B 点经反射后的两个声波之间时间差 $\Delta t = t_B - t_A$（即示波器上通过光标 1、2 显示的时间差）。在测量过程中，人尽量远离传声器，以防人对声波的反射。

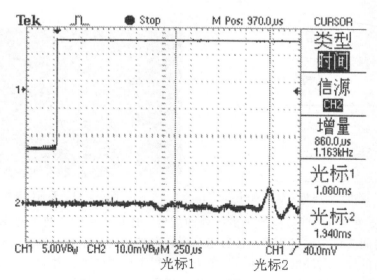

图 3-13-4　有反射板时示波器测量信号

⑤ 由式（3-13-2）算出 A 点与 B 点之间的距离 s，其中声速 v 应根据室温、湿度等查表精确而得。

⑥ 用米尺直接量出 A 点与 B 点之间的距离，并与以上测得的结果进行比较。

⑦ 把反射板拿走，换成其他不同材料的物体，例如泡沫塑料、布等，比较接收到反射

波信号的大小（选做）。

【数据处理】

自行设计表格记录数据。

【讨论与拓展】

① 在现代音响系统的研究中，人们利用数字信号处理来模拟在各种环境下得到的不同音响效果，即 SRS 技术。它可以模拟出在教室、音乐会场、影剧院、体育场等各种环境下的声音，因为在不同环境下音响的效果不同主要是因为声波反射的效果不相同。

② 在通常情况下空气中的声速为 340m/s 左右（声速与空气的密度、温度、湿度等因素有关），如果要测定距离很远的高速移动目标（例如在高空飞行的飞机）就比较困难，因为声波来回的时间或许需要几十秒，甚至几分钟，所以当测出目标距离后，飞机已经飞行一段距离，这时测定的目标位置已无意义。为了解决这种困难，需要采用传播速度比飞机快得多的波才行。电磁波的速度为 30 万公里每秒，即等于光速。用电磁波代替声波进行测距，这就是雷达，图 3-13-5 是用雷达测定飞机方位示意图，根据反射脉冲波与接收器接收到目标（如飞机）反射回来的脉冲波时间差，通过波速可以知道接收器与目标之间的距离，现在利用计算机可以直接把时间差换算成距离，然后显示到计算机屏幕上。如图 3-13-6 所示是一种平面位置指示器，它能测定雷达周围目标的具体位置，平面位置指示器在荧光屏上显示的不是脉冲波而是亮点，光点的亮度与反射物反射强度的大小有关（例如：草地、树木、乌云比金属物反射强度弱）。

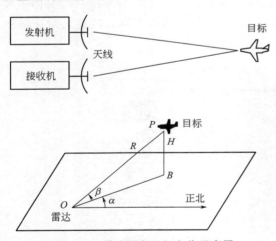

图 3-13-5　雷达测定飞机方位示意图

图 3-13-6　平面位置指示器

③ 雷达安装在飞机上即可探测飞机所处的高度，还可以探测飞机前方乌云的特性及雨水的强度。在晚间飞机依靠雷达平面位置指示器，来辨认地理标志。多普勒导航雷达可显示飞机在空中所在的经度与纬度。雷达在气象方面可用于探测台风、雷雨、乌云和大气间的闪电；在航海与空中交通管制中也用到雷达；亦可用雷达测得地球与太阳距离以及金星的自转周期；也可用雷达对土星进行探测，根据回波来推测土星环的物质构成。

④ 利用雷达可以正确测定入侵敌机的方位，从而消灭入侵敌机。但雷达是靠反射回来的电磁波来测定距离，如果在飞机上带有能吸收电磁波的材料，那么雷达也就无法接收到反射波，这就是所谓"隐形飞机"。当然对方飞机还可以采用其他干扰方式，包括从飞机上发出干扰雷达的无线电波或抛下金属片。

实验 3-14　旋转液体的特性研究

牛顿曾经做过一个著名的水桶实验：当水桶中的水旋转时，水会沿着桶壁上升。日常生活中，人们经常看到转动的水会形成漩涡，且漩涡面的深度会随着水的旋转速度不同而变化，为什么会出现这种现象呢？现今，理论力学已经证明了旋转液体所形成的面是抛物面。利用旋转液体的这一特性，通过现代技术已经制出各种类型的液体演示镜头，并在某些场合成功取代了玻璃镜头，一定程度上节省了制造成本。

旋转液体综合实验仪可以完成的实验内容有：测量重力加速度、研究旋转液面凹面镜成像与转速的关系以及凹面镜焦距的变化情况、测量液体的黏滞系数。

【实验目的】

① 利用旋转液体测量重力加速度。

② 研究旋转液面所形成的凹面镜焦距与旋转速度的关系。

③ 测量液体的黏滞系数。

【实验仪器】

DH4609 旋转液体综合实验仪（图 3-14-1）、游标卡尺、温度计等。

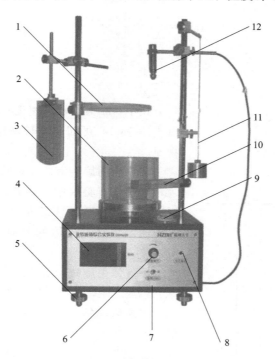

图 3-14-1　旋转液体综合实验仪

1—水平屏幕；2—溶液桶；3—垂直屏幕；4—转速表；5—水平调节脚；6—速度调节旋钮；

7—方向切换开关；8—激光器电源接口；9—水平仪；10—水平标尺；11—张丝悬挂体；12—激光器

【实验原理】

（1）旋转液体面为抛物面的理论推导

如图 3-14-2，选取旋转液体上的任一微块液体 P，以旋转圆柱形容器为参考系，这是一个非惯性的转动参考系。该微块液体 P 相对于参考系是静止的，其受力如图 3-14-2 所示，其中 F_i 为沿径向向外的惯性离心力，mg 为重力，N 为微块液体 P 受到的周围液体对它的合力，且垂直于液体表面。

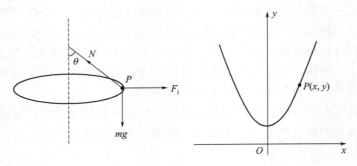

图 3-14-2   液体受力分析

在 x-y 坐标系下，由分析受力可知微块液体 $P(x, y)$：

$$N\cos\theta - mg = 0$$

$$N\sin\theta - F_i = 0$$

$$F_i = m\omega^2 x$$

$$\tan\theta = \frac{\Delta y}{\Delta x} = \frac{dy}{dx} = \frac{\omega^2 x}{g}$$

得

$$y = \frac{\omega^2}{2g}x^2 + y_0 \tag{3-14-1}$$

式中，ω 为旋转角速度；y_0 为 $x = 0$ 处的 y 值。由式(3-14-1)可知此旋转液面为一绕 y 轴旋转的抛物面。

（2）利用旋转液体测量重力加速度

本综合实验仪中，盛有液体的半径为 R 的圆柱形容器，可绕该圆柱形容器的对称轴以角速度 ω 匀速转动，转动时液体的表面为抛物面，如图 3-14-3 所示。

设液体未旋转时液面高度为 h，液体的体积为

$$V = \pi R^2 h \tag{3-14-2}$$

因液体旋转前后体积保持不变，旋转时液体体积可表示为

$$V = \int_0^R y(2\pi x)dx = 2\pi \int_0^R \left(\frac{\omega^2 x^2}{2g} + y_0\right) x\,dx \tag{3-14-3}$$

由式(3-14-2)、式(3-14-3)得

$$y_0 = h - \frac{\omega^2 R^2}{4g} \tag{3-14-4}$$

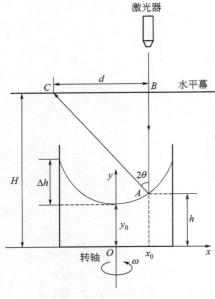

图 3-14-3   实验示意

联立式(3-14-1)与式(3-14-4)可得，当 $x = x_0 = R/\sqrt{2}$ 时，$y(x_0) = h$，即液面在 x_0 处

的高度是定值。

① 方法一：利用旋转液体最高液面与最低液面的高度差测量重力加速度　如图 3-14-3 所示，设旋转液面最高处与最低处的高度差为 Δh，点（R，$y_0+\Delta h$）在式（3-14-1）的抛物线上，则有

$$y_0+\Delta h=\frac{\omega^2 R^2}{2g}+y_0$$

得：$g=\dfrac{\omega^2 R^2}{2\Delta h}$。又因为 $\omega=\dfrac{2\pi n}{60}$，有

$$g=\frac{\pi^2 D^2 n^2}{7200\Delta h} \tag{3-14-5}$$

式中，D 为圆筒内直径（参考值 102mm）；n 为旋转速度，r/min。

② 方法二：斜率法测重力加速度　如图 3-14-3 所示，激光束平行转轴入射，经过 BC 透明水平屏幕，打在 $x_0=R/\sqrt{2}$ 的液面 A 点上，反射光点为 C，A 处切线与 x 方向的夹角为 θ，则 $\angle BAC=2\theta$，测出屏幕至圆桶底部的距离 H、液面静止时高度 h，及两光点 BC 间距离 d，则 $\tan 2\theta=\dfrac{d}{H-h}$，求出 θ 值。

因为 $\tan\theta=\dfrac{\mathrm{d}y}{\mathrm{d}x}=\dfrac{\omega^2 x}{g}$，在 $x_0=R/\sqrt{2}$ 处有 $\tan\theta=\dfrac{\omega^2 R}{\sqrt{2}\,g}$，又因为 $\omega=\dfrac{2\pi n}{60}$，则 $\tan\theta=\left(\dfrac{2\pi n}{60}\right)^2\dfrac{R}{\sqrt{2}\,g}=\dfrac{2\pi^2 Dn^2}{3600\sqrt{2}\,g}$，所以有

$$g=\frac{2\pi^2 Dn^2}{3600\sqrt{2}\,\tan\theta} \tag{3-14-6}$$

也可作 $\tan\theta$-n^2 曲线，求斜率 k，可得 $k=\dfrac{2\pi^2 D}{3600\sqrt{2}\,g}$，求出 $g=\dfrac{2\pi^2 D}{3600\sqrt{2}\,k}$。

（3）验证抛物面焦距与转速的关系

旋转液体表面形成的抛物面可看作一个凹面镜，符合光学成像系统的规律，若光线平行于曲面对称轴入射，反射光将全部汇聚于抛物面的焦点。据抛物线方程［式（3-14-1）］，则抛物面的焦距 $f=\dfrac{g}{2\omega^2}$。

（4）测量液体黏滞系数

如图 3-14-4 所示，在旋转的液体中，沿中心方向放入用张丝悬挂的圆柱形物体，圆柱体的高为 L，半径为 R_1，外圆桶半径为 R_2，外圆筒以恒定的角速度 ω_0 旋转，在转速较小的情况下，流体会很规则地、一层一层地转动，稳定时圆柱形物体静止，角速度为零。

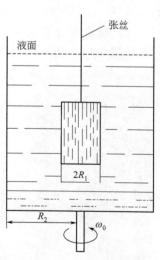

图 3-14-4　液体中的物体

① 设外圆桶稳定旋转时，圆柱形物体所承受的阻力矩为 M，则有

$$M=\text{圆柱侧面所受液体的阻力矩 } M_1+\text{圆柱底面所受液体摩擦力矩 } M_2$$

$$M_1=4\pi\eta L\omega_0\frac{R_1^2 R_2^2}{R_1^2-R_2^2} \tag{3-14-7}$$

$$M_2 = \frac{\pi \eta R_2^4 \omega_0}{2\Delta z} \qquad (3\text{-}14\text{-}8)$$

$$M = M_1 + M_2 = 4\pi \eta L \omega_0 \frac{R_1^2 R_2^2}{R_1^2 - R_2^2} + \frac{\pi \eta R_2^4 \omega_0}{2\Delta z} \qquad (3\text{-}14\text{-}9)$$

② 张丝的扭转力矩 M'　悬挂圆柱形物体的张丝为钢丝,其切变模量为 G、半径为 R、长度为 L',转动力矩为

$$M' = \frac{\pi G R^4}{2L'}\theta \qquad (3\text{-}14\text{-}10)$$

该式表示力矩 M' 与扭转角度 θ 成正比。

在液体旋转系统稳定时,液体产生的阻力矩与悬挂的张丝所产生的扭转力矩平衡,使得圆柱形物体达到静止,所以有:$M = M'$。

从式(3-14-9)与式(3-14-10)可得黏滞系数为

$$\eta = \frac{G R^4}{2L'\omega_0}\theta \left[\frac{2\Delta z(R_1^2 - R_2^2)}{8L\Delta z R_1^2 R_2^2 + (R_1^2 - R_2^2)R_2^4} \right] \qquad (3\text{-}14\text{-}11)$$

式中,G 为金属张丝的切变模量;R 为张丝半径;L' 为张丝长度;θ 为扭转角;ω_0 为圆桶转速;L 为圆柱高度;R_1 为圆柱半径;R_2 为圆桶半径;Δz 为圆柱底面到圆桶底面的距离。

【实验内容与步骤】

(1) 仪器调整

① 水平调整　将圆形水平仪放在圆形载物台中心,调整仪器底部水平调节脚,使得水平仪上的气泡在中心位置。

② 激光器位置调整　调节激光器的高度,使激光器的光斑在水平屏幕上为一较小、较亮的圆点,用自准直法调整激光束平行转轴入射,经过透明水平屏幕,对准桶底处的 $x_0 = R/\sqrt{2}$ 记号(圆形载物台刻线处),R 为圆桶内径。

(2) 测量重力加速度

如图 3-14-5 所示安放测量标尺。

① 用旋转液体液面最高与最低处的高度差测量重力加速度　改变圆桶转速 n(r/min)6 次,通过水平标尺测量液面最高处与最低处的高度差,计算重力加速度。

② 斜率法测重力加速度　将水平屏幕置于圆桶上方,用自准直法调整激光束平行于转轴入射,经过水平屏幕,对准桶底处的 $x_0 = R/\sqrt{2}$ 记号,测出水平屏幕至圆筒底部的距离 H、液面静止时高度 h。

注:屏幕高度值 H 为刻度尺示值加上 5mm(其中 5mm 为刻度尺零位与圆筒底部的距离)。

改变圆桶转速 n(r/min)6 次,在透明水平屏幕上读出入射光与反射光点 BC 间距离 d,由 $\tan 2\theta = d/(H-h)$,求出 $\tan 2\theta$ 值。

图 3-14-5　测量重力加速度

(3) 验证抛物面焦距与转速的关系

如图 3-14-6 所示,将垂直屏幕过转轴放入实验容器中央,用水平标尺测出垂直屏幕底

端和静止液面间的距离 Δh，转动液体，将激光束平行转轴入射至液面，后聚焦在屏幕上，可改变入射位置观察聚焦情况。改变圆桶转速 n（r/min）6 次，记录焦点在垂直屏幕上的位置 x，则对应的焦点距离为 $x+\Delta h$。

（4）测量液体黏滞系数

如图 3-14-7 所示，装好实验装置，将张丝悬挂的圆柱体垂直置于液体中心，激光器对准柱体上表面某一刻度线记号（刻度线标示的最小分辨角度为 15°），用水平指针测量金属圆柱体到溶液桶底面的距离 Δz，改变旋转液体速度（速度不能太大），通过激光器观测，当柱面上刻度线偏一角度，且该角度稳定时，记录此时的转速，每个角度测量转速 3 次，并用相关工具测量其他相关量（其中：金属张丝的切变模量 $G=81\mathrm{GPa}$、张丝半径 $R=0.125\mathrm{mm}$、圆柱高度 $L=5.0\mathrm{cm}$；参数仅供参考，以实物测量为准）。

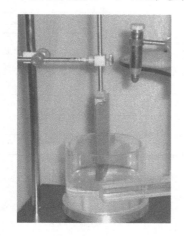

图 3-14-6　旋转抛物面焦距与成像测量

图 3-14-7　液体黏滞系数的测量

【数据处理】

① 测量重力加速度（青岛地区公认值：$g=979.85\mathrm{cm/s^2}$，实验误差 $E=\dfrac{|\bar{g}-g_0|}{\bar{g}}$）　实验数据记入表 3-14-1 和表 3-14-2。

表 3-14-1　液面高度差测重力加速度

实验次数	1	2	3	4	5	6
转速 $n/(\mathrm{r \cdot min^{-1}})$						
高度差 $\Delta h/\mathrm{mm}$						
$g/(\mathrm{cm \cdot s^{-2}})$						
溶液桶内径 D/mm						

表 3-14-2　斜率法测重力加速度　屏幕高度 $H=100\mathrm{mm}$，液面高度 $h=56\mathrm{mm}$

实验次数	1	2	3	4	5	6	7	8
转速 $n/(\mathrm{r \cdot min^{-1}})$	50	55	60	65	70	75	80	85
BC 间距离 d/mm								
$\tan 2\theta=d/(H-h)$								
θ								
$\tan\theta$								
$g/(\mathrm{cm \cdot s^{-2}})$								

② 验证抛物面焦距与转速的关系　实验数据记入表 3-14-3，绘制转速与焦距 $n\text{-}f$ 的关系图。

表 3-14-3　抛物面焦距与转速的测量数据

实验次数	1	2	3	4	5	6	7	8	9	10	11	12
转速 $n/(\text{r}\cdot\text{min}^{-1})$	70	75	80	85	90	95	100	105	110	115	120	125
所测焦距 f												

③ 测量液体黏滞系数　实验数据记入表 3-14-4。

表 3-14-4　液体黏滞系数的测量数据

次数	1		2		3	
偏转角/(°)	45		60		75	
转速 $n/(\text{r}\cdot\text{min}^{-1})$						
$\bar{n}$						
圆筒外径 R_2/mm						
张丝长度 L'/mm						
圆柱半径 R_1/mm						
$\eta/(\text{Pa}\cdot\text{s})$						

思考题

1. 实验中如何能较准确地测定液面高度差？
2. 若使用黏滞系数较小的液体进行实验，需要注意什么问题？

实验 3-15 液体电导率的测量

液体电导率（liquid conductivity）是表示溶液传导电流的能力。纯水的电导率很小；当水中含有无机酸、碱、盐或有机带电胶体时，电导率就增加。电导率常用于间接推测水中带电荷物质的总浓度。溶液的电导率取决于带电物质的性质、浓度、温度和黏度等。

【实验目的】

① 了解互感式液体电导率传感器的工作原理，当测量传感器放入液体中时，传感器输出电压与液体电导率的关系。

② 理解法拉第电磁感应定律、欧姆定律和互感器原理等物理概念与规律。

③ 用精密标准电阻对互感式液体电导率传感器进行定标。

④ 测量室温时盐水饱和溶液的电导率。

⑤ 测量盐水溶液电导率与温度关系曲线。

【实验仪器】

FD-LCM-A 液体电导率测量实验仪（含频率为 2500Hz 的实验信号源、中空互感式液体电导率测量传感器、一组高精度电阻、三位半数字交流电压表、1000ml 实验量杯及实验连接线、食盐 100g 和自来水 700ml）。

【实验原理】

中空互感式液体电导率测量传感器内部由两个纳米材料铁基合金环的电感线圈组成，每环各绕一组线圈，两组线圈匝数相同，其结构如图 3-15-1 所示。

传感器的工作原理：由信号发生器输出的交变电流在线圈（1，1）环内产生交变磁场，该磁场在导电液体中产生交变的感生电流，由于液体中的感生电流使得同在液体中的线圈（2，2）环内产生交变磁场，该磁场在线圈（2，2）内又产生感生电动势，成为传感器的输出信号。

改变液体的电导率 σ，在相同的输入电压幅度 V_i 条件下，感生电流会发生变化，导致传感器的输出信号电压 V_o 的变化。可以证明，液体电导率 σ 在一定的 V_i 范围内与 V_o 成正比，所以可以写成：

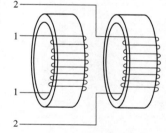

图 3-15-1 中空互感式
传感器结构

$$\sigma = K(V_o/V_i) \qquad (3\text{-}15\text{-}1)$$

在测量中，称 V_o/V_i 为"电压衰减"，在某一确定输入幅度时，电导率与电压衰减成正比。

在测量装置中，盛放待测液体的容器很大，V_o 的大小主要与传感器的中空圆柱体的液体（简称液体柱）有关，可由液体柱来计算液体的电导率。传感器的液体柱电阻与固体电阻相当，所以

$$R = \rho \frac{L}{S} = \frac{1}{\sigma} \times \frac{L}{S}$$

$$\sigma = \frac{1}{R} \times \frac{L}{S} \qquad (3\text{-}15\text{-}2)$$

比较式（3-15-1）和式（3-15-2）可得

$$V_o/V_i = \frac{1}{K} \times \frac{L}{S} \times \frac{1}{R} = B\frac{1}{R} \tag{3-15-3}$$

式（3-15-3）中：$B = \frac{1}{K} \times \frac{L}{S}$。

也可写成：$K = \frac{1}{B} \times \frac{L}{S}$。

代入式（3-15-1）可得到

$$\sigma = \left(\frac{1}{B} \times \frac{L}{S}\right) V_o/V_i \tag{3-15-4}$$

式（3-15-4）说明，用此传感器测液体电导率时，σ 与它的中空圆柱体长度 L、截面积 S、电压衰减 V_o/V_i 和比例常数 B 有关。而"外面"的液体，因为等效的 S 很大，R 会很小。所以，液体中的感生电流主要由中空圆柱体内的液体柱的电阻值限定。

需要注意的是：在实验中，为了多点定标比例常数 B，需要配备多种标准的 σ 液体，这样操作既费时又困难。因此根据上面的原理，用电阻回路也称为"校核标准"来代替标准的 σ 液体，使实验方便准确。

"校核标准"的结构就是用标准电阻替代液体柱，短接标准电阻两端，成为电阻回路。需要注意的是电阻回路的一部分必须从传感器中空圆柱体内穿过。

实验证明，"校核标准"和实际盐水配置的标准结果，误差不大于 10^{-3} 量级。加上标准液体的电导率对温度较敏感，所以实际应用中都不用标准盐水进行定标。

【实验内容与步骤】

① 图 3-15-2 为液体电导率测量的实验连接图。为了保证测量的准确性，实验必须利用

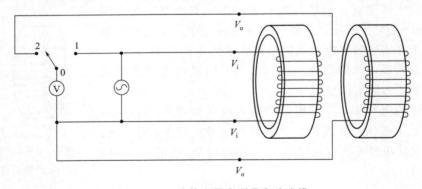

图 3-15-2 液体电导率测量实验连线

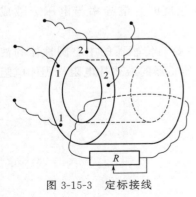

图 3-15-3 定标接线

选择开关，使测量传感器输入电压 V_i 和输出电压 V_o 能快速转换，并在同一个数字电压表上显示。

定标时用外接标准电阻来代替液体。如图 3-15-3 所示，将一根导线穿过传感器的中空圆柱体，接在标准电阻的两端成为电阻回路。

② 根据"校核标准"范围（$0.00 \sim 9.50\,\Omega$），测量不同"校核标准"（不能少于 20 点）时的 V_o/V_i 值，数据记录在表 3-15-1 内。测量时注意随时调节 V_i 的幅度，在整个测量过程中 V_i 保持不变。

表 3-15-1 $\dfrac{V_o}{V_i}$-$\dfrac{1}{R}$ 关系测量数据 ($t=$____℃)

R/Ω	V_i/V	V_o/V	$(1/R)/S$	V_o/V_i
0.20	1.805		5.000	
0.30	1.805		3.333	
0.40	1.805		2.500	
0.50	1.805		2.000	
0.60	1.805		1.667	
0.70	1.805		1.429	
0.80	1.805		1.250	
0.90	1.805		1.111	
1.00	1.805		1.000	
1.10	1.805		0.909	
1.20	1.805		0.833	
1.30	1.805		0.769	
1.40	1.805		0.714	
1.50	1.805		0.667	
1.60	1.805		0.625	
1.70	1.805		0.588	
1.80	1.805		0.556	
1.90	1.805		0.526	
2.00	1.805		0.500	
2.10	1.805		0.476	
2.20	1.805		0.455	
2.30	1.805		0.435	
2.40	1.805		0.417	
2.50	1.805		0.400	
2.60	1.805		0.385	
2.70	1.805		0.370	
2.80	1.805		0.357	
2.90	1.805		0.345	
3.00	1.805		0.333	
3.20	1.805		0.313	
3.40	1.805		0.294	
3.60	1.805		0.278	
3.80	1.805		0.263	
4.00	1.805		0.250	
4.50	1.805		0.222	
5.00	1.805		0.200	
5.50	1.805		0.182	
6.00	1.805		0.167	
6.50	1.805		0.154	

续表

R/Ω	V_i/V	V_o/V	$(1/R)/S$	V_o/V_i
7.00	1.805		0.143	
7.50	1.805		0.133	
8.00	1.805		0.125	
8.50	1.805		0.118	
9.00	1.805		0.111	
9.50	1.805		0.105	

③ 测量传感器的有关尺寸，计算 $K = \dfrac{1}{B} \times \dfrac{L}{S}$ 值，写出用本仪器测量液体电导率的计算公式和相对不确定度公式。

④ 取电压衰减 V_o/V_i 为纵坐标、液体柱电阻的倒数 $1/R$ 为横坐标作图（见图 3-15-4 和图 3-15-5，不少于 20 点）。可以看出传感器感生电流在某一范围内是线性的。写出 V_o/V_i 与 $1/R$ 线性关系式。计算平均斜率值 $A_B = \dfrac{1}{2}(B_{max} + B_{min})$，和斜率的相对误差 $E_B = \dfrac{B_{max} - B_{min}}{B_{max} + B_{min}} \times 100\%$（式中的 B_{max} 和 B_{min} 分别为斜率的最大可能值和最小可能值）。

⑤ 测量常温下饱和盐水溶液的电导率，计算结果。

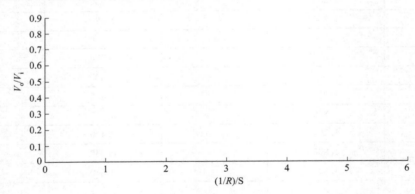

图 3-15-4　V_o/V_i-$1/R$ 关系曲线（$1/R$ 在 0～5S 范围）

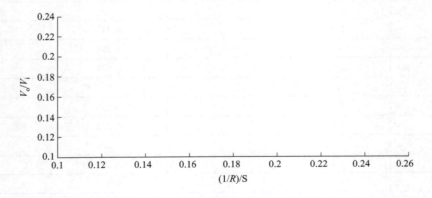

图 3-15-5　V_o/V_i-$1/R$ 作直线图（$1/R$ 在 0～0.25S 范围）

【数据处理】

计算 K 值。传感器的参数：$L=30.16\text{mm}$，$d=13.50\text{mm}$，$B=$ _____ Ω；

$$K=\frac{1}{B}\times\frac{L}{S}=\text{_____}\ \text{S/mm}$$

【注意事项】

① 本仪器开启电源后请预热 10 分钟左右，待输出信号稳定后才能开始做实验，为了方便实验，增加了选择开关，按规定连线后，就能拨动选择开关来测量传感器的（Ⅰ）组或（Ⅱ）组的电压（仪器面板上连线插座为测量共同端）。

② 测量盐水饱和溶液在某一温度时的电导率，需将盐水混合搅拌，使盐充分溶解后再测量。

③ 实验中传感器应稳拿轻放，不可以撞击或掉落地面。

④ 实验完成后，必须将传感器冲洗干净，并用清洁干纱布擦干。

⑤ 实验时，传感器初级电压通常取 $1.7\sim1.9\text{V}$，其中任一点电压均可做实验。

■ 思考题

1. 如何测量传感器的中空圆柱的长度与截面面积？

2. 如何用标准电阻实现对传感器的定标？

3. 温度变化对饱和盐水溶液的电导率有何影响？

实验 3-16　霍尔位置传感器测定金属的弹性模量

固体材料弹性模量的测量是理工类院校的物理实验项目之一。本实验是在弯曲法测量固体材料弹性模量的基础上，通过加装霍尔位置传感器而成的。通过霍尔位置传感器的输出电压与位移量线性关系的定标，让学生了解霍尔位置传感器的结构、原理、特性及使用方法，掌握微小位移量的非电量电测新方法，提高学生的实验技能。

【实验目的】

① 熟悉霍尔位置传感器的特性。

② 使用弯曲法测量黄铜的杨氏模量。

③ 测黄铜杨氏模量的同时，对霍尔位置传感器定标。

④ 用霍尔位置传感器测量可锻铸铁的杨氏模量。

【实验仪器】

霍尔位置传感器测弹性模量仪、读数显微镜、95 型集成霍尔位置传感器、磁铁两块、输出信号测量仪等。

【实验原理】

（1）霍尔位置传感器

霍尔元件置于磁感应强度为 B 的磁场中，在垂直于磁场方向通以电流 I，则与这二者均垂直的方向上将产生霍尔电势差 U_H

$$U_H = KIB \tag{3-16-1}$$

式中，K 为元件的霍尔灵敏度。

如果保持霍尔元件的电流 I 不变，而使其在一个均匀梯度的磁场中移动时，则输出的霍尔电势差变化量为

$$\Delta U_H = KI \frac{\mathrm{d}B}{\mathrm{d}Z} \Delta Z \tag{3-16-2}$$

式中，ΔZ 为位移量，说明 $\frac{\mathrm{d}B}{\mathrm{d}Z}$ 为常数时，ΔU_H 与 ΔZ 成正比。

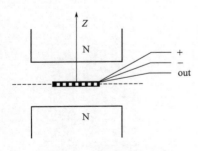

图 3-16-1　均匀梯度的磁场

为实现均匀梯度的磁场，可以如图 3-16-1 所示，两块相同的磁铁（磁铁截面积及表面磁感应强度相同）相对放置，即 N 极与 N 极相对，两磁铁之间留一等间距间隙，霍尔元件平行于磁铁放在该间隙的中轴上。间隙大小要根据测量范围和测量灵敏度要求而定，间隙越小，磁场梯度就越大，灵敏度就越高。磁铁截面要远大于霍尔元件，以尽可能地减小边缘效应影响，提高测量精确度。

若磁铁间隙内中心截面处的磁感应强度为零，霍尔元件处于该位置时，输出的霍尔电势差应该为零。当霍尔元件偏离中心沿 Z 轴发生位移时，由于磁感应强度不再为零，霍尔元件也就产生相应的电势差输出，其大小可以用数字电压表测量。由此可以将霍尔电势差为零时元件所处的位置作为位移参考零点。

霍尔电势差与位移量之间存在一一对应关系，当位移量较小（<2mm），这一对应关系

具有良好的线性特征。

（2）弹性模量

弹性模量仪的装置示意如图 3-16-2 所示。在横梁弯曲的情况下，弹性模量 E 表示为

$$E = \frac{d^3 Mg}{4a^3 b \Delta Z} \tag{3-16-3}$$

式中，d 为两刀口之间的距离；M 为砝码的质量；a 为梁的厚度；b 为梁的宽度；ΔZ 为梁中心下降的距离。

为了方便推导公式，建立如图 3-16-3 所示坐标系。在横梁发生微小弯曲时，梁内存在一个中性面，中性面的上方部分发生压缩、中性面的下方部分发生拉伸；从整体来看横梁发生了长度的变化。虚线表示弯曲梁的中性面（认为其既没有被拉伸也没有被压缩），取弯曲梁上长为 $\mathrm{d}x$ 微元；

设其曲率半径为 $R(x)$，所对应的张角为 $\mathrm{d}\theta$；再取中性面上部 y 处、厚为 $\mathrm{d}y$ 的一层面为研究对象，则梁弯曲后其长变为 $[R(x) - y]\mathrm{d}\theta$，其变化量为 $[R(x) - y]\mathrm{d}\theta - \mathrm{d}x$；根据几何关系有

$$\mathrm{d}\theta = \frac{\mathrm{d}x}{R(x)} \tag{3-16-4}$$

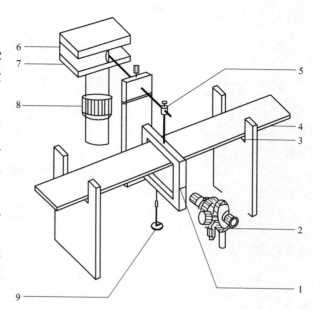

图 3-16-2　弹性模量仪的装置

1—铜刀口上的基线；2—读数显微镜；3—刀口；
4—横梁；5—铜杠杆（顶端装有 95A 型集成
霍尔传感器）；6—磁铁盒；7—磁铁（N 极相对放置）；
8—调节架；9—砝码

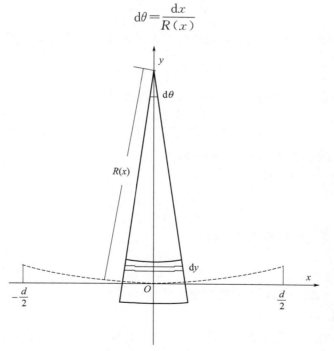

图 3-16-3　弯曲梁示意

所以

$$[R(x)-y]\mathrm{d}\theta-\mathrm{d}x=[R(x)-y]\frac{\mathrm{d}x}{R(x)}-\mathrm{d}x=-\frac{y}{R(x)}\mathrm{d}x \tag{3-16-5}$$

式中，$-\dfrac{y}{R(x)}$ 为应变。根据胡克定律有

$$\frac{\mathrm{d}F}{\mathrm{d}S}=-E\frac{y}{R(x)} \tag{3-16-6}$$

又有

$$\mathrm{d}S=b\,\mathrm{d}y \tag{3-16-7}$$

所以

$$\mathrm{d}F=-\frac{Eby}{R(x)}\mathrm{d}y \tag{3-16-8}$$

对中性面的转矩为

$$\mathrm{d}\mu(x)=|\,\mathrm{d}F\,|\,y=\frac{Eb}{R(x)}y^2\mathrm{d}y \tag{3-16-9}$$

积分得

$$\mu(x)=\int_{-\frac{a}{2}}^{\frac{a}{2}}\frac{Eb}{R(x)}y^2\mathrm{d}y=\frac{Eba^3}{12R(x)} \tag{3-16-10}$$

对梁上各点，有

$$\frac{1}{R(x)}=\frac{y''(x)}{[1+y'(x)^2]^{\frac{3}{2}}} \tag{3-16-11}$$

因梁的弯曲微小，$y'(x)=0$，所以有

$$R(x)=\frac{1}{y''(x)} \tag{3-16-12}$$

梁平衡时，梁在 x 处的转矩应与梁右端支撑力 $Mg/2$ 对 x 处的力矩平衡，有

$$\mu(x)=\frac{Mg}{2}\left(\frac{d}{2}-x\right) \tag{3-16-13}$$

根据式(3-16-10)、式(3-16-12)、式(3-16-13) 可以得到

$$y''(x)=\frac{6Mg}{Eba^3}\left(\frac{d}{2}-x\right) \tag{3-16-14}$$

据所讨论问题的性质有边界条件：$y(0)=0$；$y'(0)=0$。

解出上面的微分方程得到

$$y(x)=\frac{3Mg}{Eba^3}\left(\frac{d}{2}x^2-\frac{1}{3}x^3\right) \tag{3-16-15}$$

将 $x=d/2$ 代入上式，得右端点的 y 值

$$y=\frac{Mgd^3}{4Eba^3} \tag{3-16-16}$$

又据坐标定义知 $y=\Delta Z$；所以，弹性模量为式(3-16-3)。

【实验内容与步骤】

测量黄铜样品的弹性模量及可锻铸铁（选作）的弹性模量，定标霍尔位置传感器。

① 调节三维调节架的调节螺丝，使集成霍尔位置传感器探测元件处于磁铁中间的位置。

② 用水准器观察是否在水平位置，若偏离时可以用底座螺丝来调节。

③ 调节霍尔位置传感器的毫伏表。磁铁盒下的调节螺丝可以使磁铁上下移动，当毫伏表读数很小时，停止调节固定螺丝，最后调节调零电位器使毫伏表读数为零。

④ 调节读数显微镜，清晰观察到十字叉丝刻度线和数字；然后移动读数显微镜的前后距离，能够清晰观察到铜架上的基线。转动读数显微镜的鼓轮，使刀口架的基线与读数显微镜内十字叉丝刻度线相吻合，记下初始读数值。

⑤ 逐次增加砝码 M_i（每次增加 10g 砝码），并读出读数显微镜上梁的弯曲位移 ΔZ_i、数字电压表的示数 U_i（单位 mV）。以便于计算弹性模量和霍尔位置传感器进行定标。

⑥ 测量横梁两刀口间的长度 d、测量不同位置横梁宽度 b 和梁厚度 a。

⑦ 按照公式(3-16-3)用逐差法计算，求得黄铜材料的弹性模量；并求出霍尔位置传感器的灵敏度 $K = \Delta U_i / \Delta Z_i$；并把弹性模量的测量值与公认值进行比较。

【数据处理】

① 霍尔位置传感器的定标　在进行测量之前，检查两端的刀口是否垂直、黄铜样品梁是否平直；将铜杠杆安放在磁铁的中间、不要与金属外壳接触，并检查铜杠杆是否水平；悬挂砝码的刀口是否处于梁的中间；一切正常后加砝码，使梁弯曲产生位移 ΔZ；精确测量传感器信号输出端的数值与固定砝码架的位置 Z 的关系，即用读数显微镜对传感器输出量进行定标，数据记入表 3-16-1，找到 U-Z 的线形关系：

表 3-16-1　霍尔位置传感器静态特性测量

M/g	0.00	20.00	40.00	60.00	80.00	100.00
Z/mm	0.00					
U/mV	0					

② 弹性模量的测量　分别用直尺、游标卡尺、千分尺测出横梁的 $d =$ ＿＿＿＿ cm，$b =$ ＿＿＿＿ cm，$a =$ ＿＿＿＿ mm。

利用已经标定的数值，测出黄铜样品在重物作用下的位移，测量数据记入表 3-16-2。

表 3-16-2　黄铜样品的位移测量

M/g	0.00	20.00	40.00	60.00	80.00	100.00
Z/mm						

利用逐差法处理数据。

■ 思考题

1. 读数显微镜的十字叉丝在对准铜挂件的标志刻线时，如何区分是梁的边沿还是标志刻线？
2. 霍尔位置传感器定标前，如何将霍尔传感器调整到零输出位置？
3. 加减砝码时，如何避免砝码架的晃动带来的实验误差？
4. 如何检查横梁是否弯曲？采取什么样的方法来矫正？

实验 3-17　单缝和单丝衍射的光强分布测量

　　光的衍射和干涉现象是光的波动性的重要表现，研究光的衍射和干涉现象，有助于加深对光的本性的理解，同时对近代光学技术（如晶体分析、光谱分析、全息技术、光信息处理等）来说，也是重要的实验基础。本实验着重测量光衍射图样的空间分布，研究光衍射图样的规律，并学习用可移动硅光电池光电传感器测量光强分布的实验方法。

【实验目的】

　　① 学习在光学导轨上组装、调整光衍射实验光路。

　　② 用屏观测单缝（或单丝）衍射图样空间分布（位置），计算单缝宽度（或细丝的线径）。

　　③ 用可移动光电探测器测量单缝衍射图样的光强分布。

　　④ 作单缝衍射光强分布图，计算单缝衍射峰的强度关系。

　　⑤ 测量单丝（细丝）衍射光强分布，深入理解巴比涅原理。

【实验仪器】

　　单缝、单丝衍射光强分布实验仪、光具座、滑块、立柱、半导体激光器、可调夹缝及细丝、屏、可移动探头的光功率计（位移有刻度）等组成，如图 3-17-1 所示。

图 3-17-1　仪器结构

【实验原理】

　　当用单色点（或线）可见光源，照射某线度大小可与光波波长比拟的衍射元件（如狭缝、小孔，其大小约在 10^{-4} m）时，在离衍射元件足够远处，可观察到明显的光线偏离直线传播方向进入几何影区；在衍射元件附近或较远处放一观测屏，屏上可呈现一系列明、暗相间的条纹。通常将这种光线"绕弯"进入几何影区的现象称为光的衍射或光的绕射。

　　光衍射的实验光路主要有光源、衍射元件和观察屏等，可在光学平台上组装而成。光路中的三要素，即光源、衍射元件和观察屏，根据其间的距离大小可将光衍射效应大致分成两种典型的光衍射图样。一种是衍射元件与光源和观察屏都相距无穷远，产生这种类型的光衍射叫做夫琅和费衍射。另一种是上述三者间相距有限远，产生的光衍射叫作菲涅耳衍射。本实验着重研究夫琅和费衍射。

　　本实验采用激光器为光源，由于激光束的平行度较佳，即光的发散角很小，光源与衍射元件间可省略透镜，实验光路图见图 3-17-2。

　　根据光衍射理论，不同衍射元件将产生不同的光衍射图样和光强分布谱。在理想条件下，理论研究不同衍射元件产生的光衍射效应，得到对应的夫琅和费衍射光强计算公式。

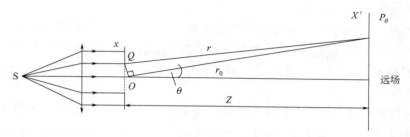

图 3-17-2　夫琅和费衍射实验光路

（1）单缝夫琅和费衍射光强理论计算公式

$$I_\theta = I_0 \left(\frac{\sin\mu}{\mu}\right)^2$$

$$\mu = \pi a \frac{\sin\theta}{\lambda}$$

$$(3-17-1)$$

上式表示强度 I_0 的入射光正入射时，在衍射角 θ 方向处，观测点的光强值 I_θ 与光波波长值 λ 和单缝宽度 a 相关。$[\sin\mu/\mu]^2$ 叫作单缝衍射因子，表征衍射光场内任一点相对强度 (I_θ/I_0) 的大小。

若以 $\sin\theta$ 为横坐标，(I_θ/I_0) 为纵坐标，可得到单缝衍射光强分布谱。如图 3-17-3 所示，有零级衍射光斑（主极大）、高级次衍射光斑（次极大），顺序出现在 $\sin\theta = \pm 1.43\frac{\lambda}{a}$，$\pm 2.46\frac{\lambda}{a}$，$\pm 3.47\frac{\lambda}{a}$……的位置。各级次的极大光强与入射光强比值分别是 $I_1/I_0 \approx 4.7\%$，$I_2/I_0 \approx 1.7\%$，$I_3/I_0 \approx 0.80\%$……此外，在单缝衍射光强分布谱上还有暗斑，依次出现在 $\sin\theta = \pm\frac{\lambda}{a}$，$\pm 2\frac{\lambda}{a}$，$\pm 3\frac{\lambda}{a}$……的位置。

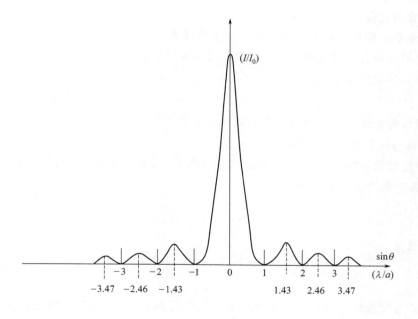

图 3-17-3　单缝夫琅和费衍射光强分布

（2）单丝夫琅和费衍射图样

根据巴比涅（A. Babinet）原理，单丝的衍射图样与其互补的单缝的衍射图样，在自由光场为零的区域内是相同的。所谓自由光场，是指无衍射屏时未受阻碍的光场。巴比涅原理对菲涅耳衍射也成立。采用场面（或焦面）接收装置，可以观察到单丝的夫琅和费衍射图样。

夫琅和费衍射远场条件要求光源与狭缝（或单丝）、狭缝与观察屏的间距为无穷远。光源采用发散角很小的激光光源时，为了实验方便，光源与狭缝（或单丝）间距可以很近。而狭缝与观察屏的间距 Z 要适当远，才能满足远场条件，即要求从缝的中心和从缝的边缘（两者间距为 $a/2$）到达观察屏零级主极大的光程差 $\ll \lambda$，即 $Z \gg a^2/(4\lambda)$，因此，Z 值由 a 和 λ 决定。

【实验内容与步骤】

（1）测量单缝衍射图样的光强分布，并求出缝宽

① 按夫琅和费衍射和观测条件，将激光器、可调节单缝和观测屏放置和调整好。调节激光器前透镜（帽盖），使观测屏上的激光光点最圆、最清晰；然后放好待测光缝，调节缝宽，使屏上看到清晰衍射图样。

② 将硅光电池传感器（请勿调节硅光电池传感器前的光缝）从 $-24\,\mathrm{mm}$ 调至 $0\,\mathrm{mm}$，再调至 $24\,\mathrm{mm}$，每隔 $0.25\,\mathrm{mm}$ 读取光功率显示仪数据。测量衍射图样光强 I 与位置 x 的关系（光功率计由硅光电池传感器及光功率显示仪组成）。

③ 用作图纸作出光强与位置的 I-x 关系图，从图中求得 I_θ/I_0；确定主极大位置、次极大位置、暗条纹位置等，判断其是否与理论公式一致。

④ 测量衍射图样暗条纹中心的间距 x_i 和单缝至屏的距离 L。根据暗条纹的条件公式

$$a\sin\theta = \pm k\lambda \quad (k=1,2,3\cdots\cdots) \tag{3-17-2}$$

在波长 $\lambda = 650.0\,\mathrm{nm}$、$k$ 已知、θ 可由 x 和 L 求得的情况下，计算出缝宽 a，并与读数显微镜测得的缝宽值比较。

（2）测量单丝衍射图样的光强分布，并求单丝直径

① 测量单丝衍射的光强分布 I-x 关系，求出单丝直径。

② 理解并讨论巴比涅原理。

【数据处理】

① 单缝衍射光强分布的测量　实验数据记入表 3-17-1。

作出光强与位置的 I-x 关系图。

② 单缝衍射及缝宽的测量　当单缝至屏距离 $Z \gg a$ 时，θ 很小，此时 $\sin\theta \approx \tan\theta = x_k/Z$，所以各级暗条纹衍射角应为

$$\sin\theta \approx \frac{k\lambda}{a} = \frac{x_k}{Z} \tag{3-17-3}$$

所以单缝的宽度

$$a = \frac{k\lambda Z}{x_k} \tag{3-17-4}$$

式中，k 为暗条纹级数；Z 为单缝至屏之间的距离；x_k 为第 k 级暗条纹距中央主极大中心位置的距离。实验数据记入表 3-17-2。

表 3-17-1 单缝衍射光强分布测量数据

$Z=$ _____ mm；$\lambda=650.0$nm

$x/$mm	I/μW	$x/$mm	I/μW	$x/$mm	I/μW

表 3-17-2 单缝缝宽 a 测量数据 $\lambda=650.0$nm

k	$Z/$mm	$x_{-k}/$mm	$x_k/$mm	$\bar{x}_k/$mm	a	$\bar{a}/$mm
2						
4						

用读数显微镜测得单缝宽度的平均值：$\bar{a}=$ _____ mm。比较两数值。

③ 单丝衍射及单丝直径的测量 实验数据记入表 3-17-3。

表 3-17-3 单丝直径 d 测量数据 $\lambda=650.0$nm

k	$Z/$mm	$\bar{x}_k/$mm	$d/$mm	$\bar{d}/$mm
5				
10				

用读数显微镜测得单丝直径的平均值：$\bar{d} =$ _____ mm。比较两数值。

思考题

1. 在实验过程中，如果激光输出光强有变动，对衍射图样和光强分布曲线有何影响？

2. 缝宽 a 满足什么条件时，光的衍射效应明显？而在什么条件下光的衍射效应不明显？请调节狭缝做试验。

3. 为了获得良好的实验效果，在实验中应该注意哪些问题？

实验 3-18 超声光栅实验

光波在液体介质中传播时被超声波衍射的现象，称为超声致光衍射（声光效应），这种现象是光波与介质中声波相互作用的结果。超声波调整了液体的密度，使原来均匀透明的液体变成折射率周期性变化的"超声光栅"，当光束穿过时，就会产生衍射现象，由此可以准确测量声波在液体中的传播速度。随着激光技术和超声技术的发展，声光效应得到了广泛的应用。如制成声光调制器和偏转器，可以快速而有效地控制激光束的频率、强度和方向，它在激光技术、光信号处理和集成通信技术等方面有着非常重要的应用。

【实验目的】

① 了解超声致光衍射的原理。

② 利用声光效应测量声波在液体中的传播速度。

【实验仪器】

超声信号源、低压钠灯、光刻狭缝、透镜、超声池、测微目镜、光学导轨等。

【实验原理】

压电陶瓷片（PZT）在高频信号源（约 10MHz）所产生的交变电场的作用下，发生周期性的压缩和伸长振动，其在液体中的传播就形成超声波。当一束平面超声波在液体中传播时，其声压使液体分子作周期性变化，液体的局部即产生周期性的膨胀与压缩，使得液体的密度在波的传播方向上形成周期性分布，促使液体的折射率也做同样分布，形成了所谓疏密波，这种疏密波所形成的密度分布层次结构，就是超声场的图像，此时若有平行光沿垂直于超声波传播方向通过液体时，平行光会被衍射。

以上超声场在液体中形成的密度分布层次结构是以行波运动的，为了使实验条件容易实现、衍射现象易于稳定观察，实验中是在有限尺寸液槽内形成的稳定驻波条件下进行观察的，由于驻波振幅可以达到行波振幅的两倍，这样就加剧了液体疏密变化的程度。驻波形成以后，某一时刻 t，驻波某一节点两边的质点涌向该节点，使该节点附近成为质点密集区；在半个周期（$T/2$）以后，这个节点两边的质点又向左右扩散，使该节点附近成为质点稀疏区，而两个相邻的稀疏区中心质点之间的中央位置附近成为质点密集区。

图 3-18-1 分析了在 t 和 $t+T/2$（T 为超声振动周期）两时刻，液体质点的振幅 y、液体疏密分布和折射率 n 的变化。由图 3-18-1 可见，超声光栅的性质是：在某一时刻 t，相邻两个密集区域的距离为 d，即超声在液体中传播的行波波长。当平行光通过垂直于超声传播方向入射这种疏密相间的液体区（即"超声光栅"）时，光线衍射的各级次主极大的位置由光栅方程决定：

$$d\sin\varphi_k = k\lambda \quad (k=0,\pm1,\pm2\cdots\cdots) \tag{3-18-1}$$

式中，λ 为光波波长。

光路图如图 3-18-2 所示。实际上由于 φ 角很小，可以认为

$$\sin\varphi_k = \frac{l_k}{f} \tag{3-18-2}$$

式中，l_k 为衍射零级光谱线至第 k 级光谱线的距离；f 为 L_2 透镜的焦距。所以超声波的波长 d：

$$d = \frac{k\lambda}{\sin\varphi_k} = \frac{k\lambda f}{l_k} \qquad (3\text{-}18\text{-}3)$$

超声波在液体中的传播速度

$$v = \nu d = \frac{\nu k\lambda f}{l_k} \qquad (3\text{-}18\text{-}4)$$

式中，ν 为信号源的振动频率。

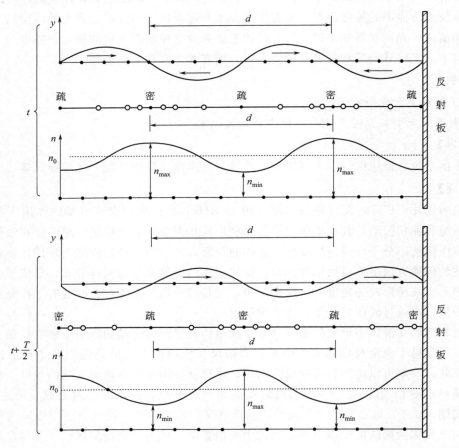

图 3-18-1　液体质点的疏密部

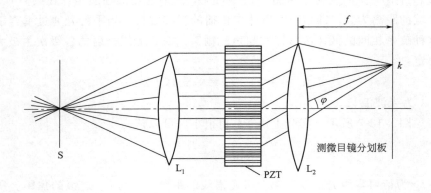

图 3-18-2　超声光栅实验光路

【实验内容与步骤】

（1）将狭缝、透镜 L_1、液槽、透镜 L_2、测微目镜按顺序安放在光学导轨上，低压钠灯与超声光栅实验仪相连。

（2）调节狭缝垂直，并处于透镜 L_1 的焦平面上（即二者间距为 L_1 的焦距），且狭缝中心的法线与透镜 L_1 的主光轴重合，透镜 L_1 出射平行光。

（3）调节透镜 L_2 与测微目镜等高，且与透镜 L_1 的主光轴重合；调焦目镜的十字丝直至清晰。

（4）开启钠灯电源，调节位置使钠灯照射在狭缝上，并且上下均匀、左右对称、光强适宜。

（5）将待测液体（如蒸馏水、乙醇或其他液体）注入液槽，将液槽放置于固定支架上，液槽两侧表面基本垂直于光路的主光轴。

（6）将两根高频连接线的一端连接液槽盖板上的接线柱，另一端连接超声光栅仪的输出端。

（7）调节测微目镜与透镜 L_2 的位置，使目镜中能观察到清晰的衍射条纹。

（8）前后移动液槽，从目镜中观察条纹间距是否改变，若有变化，则改变透镜 L_1 的位置，直到条纹间距不变。

（9）微调超声光栅实验仪上的调频旋钮，使信号源频率与压电陶瓷片的谐振频率相同，此时，衍射光谱的级次会显著增多且谱线更为明亮。稍微转动液槽，使射入液槽的平行光束垂直于液槽，同时观察视场内的衍射光谱亮度及对称性，直到从目镜中能观察到清晰、对称、稳定的 2~3 级衍射条纹。

（10）利用测微目镜逐级测量各谱线的位置，测量时单向转动测微目镜鼓轮，以消除转动部件的螺纹间隙产生的空程误差。

（11）数据处理：将各级谱线的位置读数记入表 3-18-1，计算各级衍射条纹平均间距，并计算液体中的声速 v。

【数据处理】

单色光源的钠黄光波长：$\lambda = (589.3 \pm 0.3)$nm。透镜 L_2 的焦距：$f = $_____ mm。液体温度：$T = $_____ ℃。信号频率 $\nu = $_____ MHz。

按公式计算被测液体中的声速：

$$v = v_0 + \alpha(T - T_0) = \underline{\hspace{2cm}} \text{ m/s}$$

表 3-18-1　衍射级次 k 和衍射谱线位置　　　被测液体名称：_____

k	l_k/mm	$|l_k - l_{k-1}|/\text{mm}$	$(|l_k - l_{k-2}|/2)/\text{mm}$	$(|l_k - l_{k-3}|/3)/\text{mm}$
-3				
-2				/
-1			/	/
0		/	/	/
1			/	/
2			/	
3				

$$\Delta l_k = \frac{1}{12}\sum\left(|l_k - l_{k-1}| + \frac{|l_k - l_{k-2}|}{2} + \frac{|l_k - l_{k-3}|}{3}\right) = \underline{\hspace{2cm}} \text{ mm};$$

$$v = \frac{\nu\lambda f}{\Delta l_k} = \underline{\hspace{2cm}} \text{ m/s};$$

得出实验测量值与公式计算值之间的百分偏差。

■ 思考题

1. 调节光学导轨上各元件时，如何保持共轴等高？

2. 在实验过程中液槽置于载物台上时若有外界震动，是否影响超声在液槽内形成的驻波？

3. 压电陶瓷片与对面的液槽壁表面是否平行，如何影响实验效果？

4. 考虑到声波在液体中的传播与液体温度有关，实验时间的长短与信号源的频率对液体的温度是否有影响？实验中需要注意时间的长短吗？

5. 若被测液体具有挥发性，挥发气体的凝聚对实验结果有影响吗？液面下降后是否需要补充液体？为什么？

实验 3-19　固体密度的测量

密度是反映物质特性的物理量，只与物质的种类有关，与质量、体积等因素无关。不同的物质，密度一般是不相同的。密度的测量不仅在物理、化学的实验研究中非常重要，而且在石油、化工、采矿、冶金及材料工程中也具有重要意义。测量物质密度的方法，一般归纳为直接测量法（根据密度定义）以及间接测量法（利用密度与某些物理量之间特定关系）。直接测量法又分为绝对测量法和相对测量法。绝对测量法是通过测定质量、长度等基本量来确定密度（利用这种方法，需要把物质加工成线性尺寸确定的形状，如立方体、圆柱体、球体等）；相对测量法是通过与已知密度的标准物质相比较，来确定物质的密度（如流体静力称衡法、比重瓶法、浮子法和悬浮法等）。间接测量法主要用于工业生产过程中，比如浮子法、静压法、介电常数法、射电法、声学法、振动法等。

【实验目的】

① 学习各种长度测量工具的使用方法。

② 学习用阿基米德原理测定固体密度。

【实验仪器】

如图 3-19-1 所示，压阻力敏传感器、毫伏表、有机玻璃容器、温度计、载物筐、标准砝码、待测样品等。

图 3-19-1　实验装置

【实验原理】

（1）测量方法

物质在某一温度下的密度 ρ 定义为：该物质在某一温度下单位体积的质量，即

$$\rho = \frac{m}{V} \tag{3-19-1}$$

式中，m 为被测物的质量；V 为被测物的体积。

对于形状规则的物体，很容易测量它的体积 V 和重量 W_a，由式（3-19-1）知其密度为

$$\rho = \frac{W_a}{Vg} \tag{3-19-2}$$

但是对于形状不规则的物体较难测得其体积，一般常采用阿基米德原理法来得到其密度。

阿基米德原理指出：浸在液体中的物体受到一向上的浮力，其大小等于物体所排开液体的重量。

设某固体在空气中和在液体中的重量分别为 W_a 和 W'，忽略空气的浮力，已知液体的密度为 ρ_0，该固体的密度即为

$$\rho = \frac{W_a \rho_0}{W_a - W'} \tag{3-19-3}$$

式（3-19-3）是利用阿基米德原理测量固体密度的基本公式。

（2）修正公式

① 温度引起的修正　液体的密度受温度的影响较大。本实验采用的液体是水，温度每变化 1℃，水的密度将改变 0.02%。

② 空气浮力引起的修正　1cm³ 的空气重量取决于测量时的温度、湿度和大气压，一般可近似认为等于 1.2mg。如在空气中测量一物体的重量，空气的浮力会对测量结果的小数点后第三位有影响。考虑到空气浮力，式（3-19-3）将被修正为

$$\rho = \frac{W_a(\rho_0 - \rho_a)}{W_a - W'} + \rho_a \tag{3-19-4}$$

式中，ρ_a 为空气的密度。温度为 20℃，大气压为 $1.01325 \times 10^5 \, \text{Pa}$ 时空气的密度为 $\rho_a = 0.0012 \, \text{g/cm}^3$。

③ 浸入深度引起的修正　当固体浸入液体进行测量时，液面会有微弱的上升，使得载物筐的连接金属丝被液体浸没得更深，而产生额外的浮力。该浮力与水槽的直径和连接金属丝的直径有关，式（3-19-4）将被进一步修正为

$$\rho = \frac{W_a(\rho_0 - \rho_a)}{(W_a - W')\left(1 - 2\dfrac{d^2}{D^2}\right)} + \rho_a \tag{3-19-5}$$

式中，d 为连接金属丝的直径；D 为盛放液体的水槽的直径。

④ 连接固体的金属丝和液体的黏着力　当物体放入水中时，由于水和金属之间有黏着力，所以水会沿着连接金属丝上升，这也导致了测量误差。

⑤ 气泡的影响　当物体放入水中后，物体表面会存在气泡，而产生测量误差。一个直径为 0.5mm 的气泡会产生约 0.1mg 的额外浮力；直径为 1mm 的气泡会产生约 0.5mg 的额外浮力；直径为 2mm 的气泡会产生约 4.2mg 的额外浮力。

测量前必须除去较大的气泡；小的气泡可根据以上参数估算后扣除。

【实验内容与步骤】

（1）利用阿基米德原理测量固体密度

① 压阻力敏传感器的定标　本实验专用电子秤是由压阻力敏传感器、支架、毫伏表组成的。在实验前，将压阻力敏传感器用专用连接线连接到测试仪，打开仪器电源开关，预热十分钟，同时调节实验架至水平。对压阻力敏传感器进行定标：把载物筐挂到压阻力敏传感器的小钩上，记录毫伏表读数，作为实验初读数。将 7 个 10g 标准砝码逐一放入载物筐，每

加一个砝码记录仪器毫伏表读数，记入表 3-19-1。用逐差法计算压阻力敏传感器的灵敏度

$$S = \frac{1}{4 \times 40} \sum_{i=1}^{4} (V_{mi} - V_{ni}) \tag{3-19-6}$$

表 3-19-1 载物筐加砝码在空气中的毫伏表读数

项目	V_{ni}/mV				V_{mi}/mV			
砝码质量/g	0	10	20	30	40	50	60	70
毫伏表读数/mV								

② 测量样品在空气中的重量 W_a。将毫伏表读数记入表 3-19-2。

表 3-19-2 载物筐加样品在空气中的毫伏表读数

样品名称	样品毛重/mV	样品净重/mV	计算样品质量/g
铜			
不锈钢			
铝			
塑料			
有机玻璃			

③ 测定样品在水中的重量 把空载物筐浸入水槽，记录毫伏表读数，作为初读数；逐一把五个待测样品放到载物筐中，读出完全浸入水槽时的毫伏表读数，将数据记入表 3-19-3（浮力 $f = W_a - W'$）。

表 3-19-3 载物筐加样品在水中的毫伏表读数

样品名称	样品毛重/mV	样品受到浮力/N	计算样品体积/cm³
铜			
不锈钢			
铝			
塑料			
有机玻璃			

④ 利用式(3-19-3)计算该物体的密度。

（2）利用物质密度的定义，测量规则物体的密度（选做）

① 利用游标卡尺和螺旋测微计测量出被测样品的各尺寸。

② 将被测样品放入载物筐，称出该物体的重量。

③ 计算出体积，用式(3-19-2)计算该固体的密度。

■ 思考题

1. 定标压阻力敏传感器时，需要将空载物筐对应的读数调零吗？为什么？

2. 若考虑空气浮力引起的修正，本实验该如何处理数据？

实验 3-20　热线法测定气体热导率

热导率（thermal conductivity，也称导热系数）是气体热学物理特性的重要参数。在气相色谱分析中，气体的热导率这一热学性质常被用来鉴别不同的气体。本实验的测量室可以看作是气相色谱仪中热导池的原型，它为掌握热导率检测器提供了一种简洁、直观的实验装置。

测量气体热导率的基本方法是"热线法"，这也是本实验的基本依据。为了减少气体对流传热的影响，实验测量必须在低气压下进行，然后采用"线性外推法"来求算结果，因此，实验者将有机会对低真空系统进行基本实验操作，并在"线性回归"和"外推法"处理实验数据等方面获得综合性的训练。

【实验目的】

① 掌握低真空系统的基本操作方法，学会正确使用数显式电子真空计。

② 掌握用热线法测定气体热导率的基本原理和正确方法。

③ 学习应用"线性回归"和"外推法"对实验数据进行处理。

④ 掌握"电子表格"处理实验数据并作图。

【实验仪器】

气体热导率测定仪、真空泵等。气体热导率测定组成如图 3-20-1 所示。

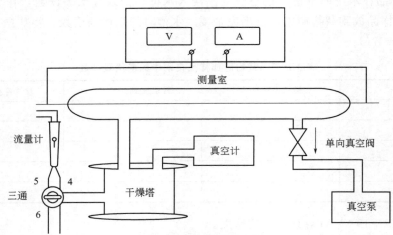

图 3-20-1　气体热导率测定组成

热线恒温调节电位器——设定钨丝（热线）初始温度的高低，并通过自动恒温控制系统保证热线在不同气压条件下保持同一设定温度值 T_1；测量室——待测气体的存贮与测量空间；真空计——测量系统的真空度；干燥塔——对待测气体干燥除湿，同时缓冲系统气压的变化速率，从而保护电子真空计的压力传感器；流量计——调节待测气体的进气速率；单向真空阀——防止真空泵回油；三通——可转换 4、5 接通（流量计控制进气状态）或 4、6 接通（系统直接通大气状态）。若单向真空阀接通，三通为关闭状态，则此时对测量室及全系统抽气。

【实验原理】

（1）"热线法"测量气体热导率的原理

将待测气体放在圆柱形容器内，沿圆柱形容器的轴线方向张有一根钨丝，如图 3-20-2

所示，设钨丝的温度为 T_1，容器壁的温度 T_2（近似为室温）。由于 $T_1 > T_2$，容器中的待测气体存在一个沿径向分布的温度梯度场（实际上，由于待测气体通过容器壁与外界之间存在热传导，使得钨丝温度下降，因而测量室中温度梯度无法维持稳定状态，所以必须给钨丝通以一定的电流，维持其温度恒为 T_1，这样容器内待测气体沿径向分布的温度梯度场才能保持稳定）。

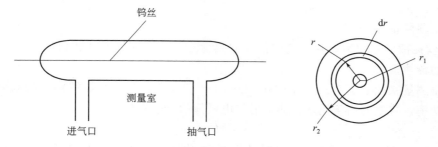

图 3-20-2 测量室示意

本实验是用热线恒温自动控制系统来维持钨丝的温度恒为 T_1，即每秒气体热传导耗散的热量等于维持钨丝的温度恒为 T_1 时所消耗的电功率。由于不同气体的导热性能（即热导率）不同，所以维持钨丝温度恒为 T_1 所需要消耗的电功率也不同，故可以通过测量钨丝消耗的电功率来计算出待测气体的热导率。

图 3-20-2 是测量室（盛放待测气体的容器）的示意图，假设钨丝的半径为 r_1，测量室玻管的内半径为 r_2；钨丝的温度为 T_1，长度为 l；室温为 T_2。距热源钨丝 r 处取一薄圆筒状气体层，设其厚度为 $\mathrm{d}r$，长为 l，圆筒状气体层内外圆柱面的温差为 $\mathrm{d}T$，每秒通过该圆柱面传输的热量为 Q，依傅里叶定律有

$$Q = -K \frac{\mathrm{d}T}{\mathrm{d}r} \Delta S = -K \frac{\mathrm{d}T}{\mathrm{d}r} 2\pi r l \tag{3-20-1}$$

改写为

$$Q \frac{\mathrm{d}r}{r} = -2\pi K l \, \mathrm{d}T \tag{3-20-2}$$

两边积分

$$Q \int_{r_1}^{r_2} \frac{\mathrm{d}r}{r} = -2\pi K l \int_{T_1}^{T_2} \mathrm{d}T \tag{3-20-3}$$

得

$$Q \ln\left(\frac{r_2}{r_1}\right) = 2\pi K l (T_1 - T_2) \tag{3-20-4}$$

$$K = \frac{Q}{2\pi l} \frac{\ln(r_2/r_1)}{T_1 - T_2} \tag{3-20-5}$$

式中，K 为被测气体的热导率；l、r_2、r_1 为仪器常数。测量室内壁的温度 T_2 可近似等于室温。

为保持热丝的温度恒定为 T_1，需要持续为热丝供电，且每秒通过气体圆柱面传输的热量 Q 事实上等于钨丝所消耗的电功率，即钨丝两端的电压和流经钨丝的电流：

$$Q = W = UI \tag{3-20-6}$$

对于长度为 l 的钨丝，不同温度时的电阻是不同的，需预先标定好钨丝的温度（设定钨

丝电阻 R_t），根据材料电阻率与温度的关系，便可通过测量钨丝的电阻值 R_t，由式（3-20-7）求出它的温度 t，再转换为 T_1：

$$t = \frac{R_t - R_0}{\alpha R_0} \tag{3-20-7}$$

式中，R_0 是钨丝在 0℃时的电阻值；$R_t = U/I$ 是钨丝为 T_1 时的电阻值；温度系数 $\alpha = 5.1 \times 10^{-3} ℃^{-1}$。

（2）二项修正

① 钨丝耗散的总功率，除了气体传导的热量之外，还有钨丝热辐射以及连接钨丝两端的电极棒的传热损失。

倘若将测量室抽成真空（$<0.133\text{Pa}$ 或 $<10^{-3}\text{Torr}$），此时为保持钨丝的温度为 T_1 所消耗的电功率，将主要用于钨丝的热辐射与电极棒的传热损失，即

$$W_0 = U_0 I_0 \tag{3-20-8}$$

式中，W_0、U_0、I_0 分别是真空时消耗的电功率、热丝两端的电压和通过热丝的电流值。

故气体每秒所传导的热量 Q_L（低气压条件下气体每秒传导的热量）应为

$$Q_L = W - W_0 = UI - U_0 I_0 \tag{3-20-9}$$

② 为了减少气体对流传热的影响，测量应在低气压条件下（$133.3 \sim 1333\text{Pa}$ 或 $1 \sim 10\text{Torr}$）进行。因为在低气压的情况下，通过 Q_L 算出的 K_L（低气压下的气体热导率）和测量时测量室内的压强 P 存在关系

$$\frac{1}{K_L} = \frac{A}{P} + \frac{1}{K} \tag{3-20-10}$$

从式（3-20-5）可见 Q 与 K 成正比（因为 l、r_2、r_1 为仪器常数，T_1、T_2 在测量中为恒定值），故式（3-20-10）中的 K_L 和 K 可以用 Q_L 和 Q 来代替，只是系数 A 要变为另一系数 B，于是可将式（3-20-10）改写为

$$\frac{1}{Q_L} = \frac{B}{P} + \frac{1}{Q} \tag{3-20-11}$$

实验过程中，在不同压强 P 时测出相应的 Q_L，然后以 $1/P$ 为横坐标，$1/Q_L$ 为纵坐标作图，得到近似为直线的实验曲线；此直线在纵坐标上的截距为 $1/Q$，即用外推法求得 Q 值；将此 Q 值代入式（3-20-5），便得到被测气体在 $T_1 \sim T_2$ 之间的平均热导率。

【实验内容与步骤】

（1）熟悉实验装置，选择合适的热线温度

对照实验装置图熟悉仪器的基本结构，了解面板上各开关、旋钮的功能，特别注意单向真空阀和三通的旋转操作。

接通仪器电源之前检查电子真空计是否校准好，若尚未校准好，需要按正确的校准方法进行校准：先校正满度值，系统通大气，从标准气压计读取大气压，对比电子气压计的读数，如有偏差，可按压面板上的真空计校准按钮"＋"或"－"，直至数字显示为正确值，仪器即自动存储校正后的气压值。

调节热线的恒温温度 T_1。将测量室的钨丝用导线与气导仪上两个接线柱相连，电表开关打在"开"的位置，缓缓调节钨丝的温度选择旋钮，从电压表及电流表读出钨丝的电压 U 及电流 I，并估算钨丝的电阻值 $R = U/I$，使其达到 $90 \sim 100\Omega$（对于热导率特别大的气体，

如氢气，电阻值要适当再调低一些，以免测量时超出电表量程）。

（2）预抽真空

三通旋至 4（即旋钮尖端指向关闭），开动真空泵，单向真空阀通，抽气约 20 分钟，从数字式真空计读数观察系统的真空度，应达到约 0.133Pa 或 10^{-3} Torr。此时进行真空计零值校准，零值校准的方法是：把系统抽到 10^{-3} Torr 数量级的低气压，按置零按钮数字显示为零，本系统以此值（一般机械真空泵的极限真空度）作为真空看待。

实际测量时，一般以热丝耗散功率小于 0.20W 作为系统的真空对待。例如，在 R_t 的设置值为 100Ω 时，只要系统抽气到电压表显示值小于 5.5V 时，则系统就基本满足真空要求（如果电压表读数值还可以继续减小，原则上应该抽到越低越好）。此时，可按真空计的置零按钮，使真空计"置零"。

（3）测量钨丝热辐射与电极棒传热耗散的电功率 W_0

在真空度约 0.133Pa 或 10^{-3} Torr 时，测出热线两端的电压 U_0 及流过的电流 I_0，则 $W_0 = U_0 I_0$ 即为非气体导热所消耗的热功率。（注意：如果系统长时间没有使用，或者系统漏气较多，系统不易达到所要求的真空度，应仔细检查系统各气路接口有无漏气的地方，必要时可拔下三通阀的阀芯，清洗后更换新的真空硅脂，在排除系统内部吸附的气体后，系统应能达到所需的真空度。）

（4）测量干燥空气的热导率

鉴于测量时待测气体的气压应为 133.3～1333Pa 或 1～10Torr 的低气压，实验时应将待测气体注入抽空的测量室，注入时通过控制流量计来控制气压符合上述范围。实验过程中测出不同气压值 P 时，钨丝两端的电压 U_P 及流经钨丝的电流 I_P。

① 测量 W_0 后，测量室为真空状态，校准好真空计零点后，把三通调至 4、5 联通，将三通与流量计间的管路中残余气体抽到 133.3Pa 或 1Torr 以下；关闭三通。此时关闭真空泵、单向真空阀，使真空泵不再对测量室抽气，然后旋转三通至 4、5 联通（即旋钮尖头指向流量计），使干燥空气缓慢地进入抽空了的测量室（注意：流量的大小，要以实验操作人员在 1～10Torr 的气压范围内，能及时读取并记录相关数据为宜）。

② 在三通至 4、5 联通后，由流量计不断注入空气（或其他气体）使系统气压缓慢地升高，当气压到达 1Torr 左右，测出第一组电压值与电流值；然后每隔 0.5Torr 测量一组数据，直到气压约为 10Torr，均匀地读取十几组数据并记入表 3-20-1。

③ 如果因为操作不熟练，把过多的气体放入系统内，则可以参照前述操作步骤，用真空泵把系统内气压抽到实验需要值再继续测量。

表 3-20-1　干燥空气的测量数据

测量次数	真空时	1	2	3	4	……	19
气压 P/(Pa 或 Torr)							
电压 U/V							
电流 I/A							
P^{-1}/(Pa^{-1} 或 Torr^{-1})							
$Q_L = UI - U_0 I_0$/W							
Q_L^{-1}/(1/W)							

（5）测量氢气或其他气体热导率（选做）

基本操作方法与实验内容（4）相同，但须注意两点：

① 待测气体样品由流量计及三通的 4、5 接通放入测量室；

② 由于氢气的热导率特别大，为避免电表读数超量程，热线钨丝的设定电阻值应降到 $60\sim70\Omega$，而且在向测量室充气时可暂时切断对热线的电压输出（为了避免电表读数超量程），待适当抽气后，系统气压有所下降时，再恢复接通热线电压。

【数据处理】

① 外推法计算空气的 Q。式(3-20-11)是线性方程，故以 Q_L^{-1} 为纵坐标、P^{-1} 为横坐标，则绘制出最佳实验直线，该直线在纵轴上的截距即 Q^{-1}，从而求出 Q 值（即常压下 $T_1\sim T_2$ 之间气体耗散的平均热功率）。

② 计算 T_1 与 T_2。实验时，室温可近似作为测量室内壁的温度 T_2。由式(3-20-7)求出 t，热线温度 $T_1=273.15+t$。

③ 求 $T_1\sim T_2$ 温度间的平均热导率。由仪器常数 l、r_2、r_1 及求出的 Q、T_1、T_2，利用式(3-20-5)可以得到空气在 $T_1\sim T_2$ 温度间的平均热导率。

④ 求出实验结果的相对误差。计算 $T_1\sim T_2$ 温度间平均热导率的理论值，并与实验测得值对比。

不同气体 0℃时的热导率见表 3-20-2。

表 3-20-2　0℃时气体热导率

0℃时的热导率	干燥空气	氢气	二氧化碳	氧气	氮气
$K_0/(10^{-4}\text{W}\cdot\text{cm}^{-1}\text{K}^{-1})$	2.38	13.8	1.38	2.34	2.34

由于热导率 K 和温度 T 的依赖关系较复杂，要由 K_0 精确计算各温度下的 K 是比较困难的，但近似有

$$K=K_0\left(\frac{T}{273}\right)^{\frac{3}{2}} \tag{3-20-12}$$

由此可以计算出 $T_1\sim T_2$ 间的平均热导率

$$\overline{K}=\frac{1}{T_2-T_1}\int_{T_1}^{T_2}K_0\left(\frac{T}{273}\right)^{\frac{3}{2}}\mathrm{d}T=\frac{2}{5}\frac{1}{273^{3/2}}\frac{(T_2^{5/2}-T_1^{5/2})}{T_2-T_1}K_0 \tag{3-20-13}$$

将所得的 $T_1\sim T_2$ 之间的平均热导率 $\overline{K}$ 与 K 值比较，则测量的相对误差

$$E=\frac{|K-\overline{K}|}{K}\times100\% \tag{3-20-14}$$

思考题

1. 开启或停止真空泵时应该注意什么问题？

2. 使用电子式真空计应注意哪些问题？如何对电子式真空计进行定标？

3. 为什么要在低气压条件下测量气体的热传导数据，再用外推法去求常压下的气体热导率？

4. 为何要测量真空条件下钨丝耗散的电功率？

5. 为何要避免系统一边进气一边抽气？

第 4 章
设计性实验

设计性实验是在完成基础性实验和综合性实验的基础上，学生已经具备一定的实验技能和仪器设备的使用能力，可根据自己的兴趣以及专业方向来选做的实验。设计性实验能更好地让学生开拓视野、提高实验技能，培养科学实验工作的能力。

设计性实验是以具有物理实验技术、工程技术特色为主，通过物理实验教学平台，将物理思想在现代工程技术中的应用进行提炼和浓缩，重点展现现代工程测量和仪器设备的物理原理、设计特点和工作性能，体现先进性、综合性和应用性。设计性实验与基础性实验、综合性实验既有联系，又有提高。本教程选编的设计性实验难度适中，可操作性强，部分实验项目是往年我校师生努力的成果，并已经获得山东省物理科技创新大赛的省级奖项。

完成设计性实验，要求学生不仅具备一定的理论知识和实验技能，而且在进行实验的过程中要有学习的主动性和高度的自觉性，要有努力进取的精神，要有创新意识。

学生进行设计性实验，一般是在教师指导下，以小组为单位来完成。需要根据实验任务确定实验方案、选择实验仪器、拟订实验程序、安装调试实验仪器，观察记录实验现象和实验数据，进行数据处理，写出实验论文或者实验报告。

对于工科类院校开设设计性物理实验，是非常有必要的。但在学时安排、时间选择、内容确定、材料准备、资金保障等方面，还有许多值得探讨和完善的地方，需要教学人员付出大量的辛勤劳动。

实验 4-1　万用电表的设计与组装

万用电表是一种多功能的电测量仪表，它可以用来测量直流电流、直流电压、交流电压、电阻等电学量。由于功能较多，万用电表成为实验室中不可缺少的仪器。因此巩固学习它的原理，掌握它的结构和使用是非常必要的。

【实验目的】

①　了解磁电式仪表的结构和工作原理。

②　掌握万用电表的基本原理和设计方法。

③　组装万用电表并校准。

【实验仪器】

微安表头（量程 $I_g = 100\mu A$、内阻 $R_g = 680\Omega$）、电阻箱、滑线电阻器、电阻、二极管、

电池、转换开关、标准电流表、标准电压表等。

MF27-2 型万用电表组件一套。

【实验原理】

万用表的基本原理是利用一只灵敏的磁电式直流电流表（微安表）做表头。当微小电流通过表头，就会有电流指示。但表头不能通过大电流，所以，必须在表头上并联与串联一些电阻进行分流或降压，从而测出电路中的电流、电压和电阻。

（1）测直流电流原理

如图 4-1-1(a) 所示，在表头上并联一个适当的电阻（称为分流电阻）进行分流，就可以扩展电流量程。改变分流电阻的阻值，就能改变电流的测量范围。用转换开关控制不同的分流电阻可改成多量程电流表。

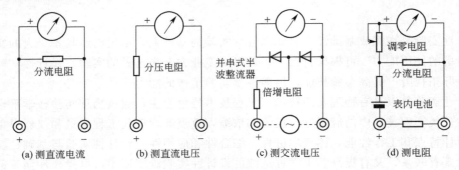

(a) 测直流电流　　(b) 测直流电压　　(c) 测交流电压　　(d) 测电阻

图 4-1-1　万用电表原理

（2）测直流电压原理

如图 4-1-1(b) 所示，在表头上串联一个适当的电阻（称为分压电阻）进行分压，就可以扩展电压量程。改变分压电阻的阻值，就能改变电压的测量范围。

（3）测交流电压原理

如图 4-1-1(c) 所示，因为表头是直流表，所以测量交流时，需加装一个并、串式半波整流电路，将交流进行整流变成直流后再通过表头，这样就可以根据直流电的大小来测量交流电压。扩展交流电压量程的方法与直流电压量程相似。

（4）测电阻原理

如图 4-1-1(d) 所示，在表头上并联和串联适当的电阻，同时串接一节电池，使电流通过被测电阻，根据电流的大小，就可测量出电阻值。改变分流电阻的阻值，就能改变电阻的量程。

通常用转换开关控制上述不同的测量电路设计成多量程的万用电表。

【实验要求】

① 设计直流电流挡（0.25mA、10mA、100mA 三挡）的线路图，并计算出各挡的分流电阻值。

② 设计直流电压挡（2.5V、10V、50V 三挡）的线路图，并计算出各挡的分压电阻值。

③ 设计交流电压挡（2.5V、10V、50V 三挡）的线路图，并计算各挡的电阻值。

④ 设计电阻挡（$R \times 1\text{k}\Omega$、$R \times 1\Omega$ 二挡）的线路图，并计算各挡的电阻值。

⑤ 将上述各挡组成万用电表，组装 MF27-2 型万用电表。

⑥ 校准 MF27-2 型万用电表，并给出准确度等级。

实验 4-2　小功率直流稳压电源的设计与制作

电子设备通常需要一个（或几个）输出电压比较稳定的直流稳压电源。在实验室，让学生自己动手设计和制作一个小功率直流稳压电源，既简单又可行。

【实验目的】

①　了解直流稳压电源的工作原理。

②　设计并制作 12V 直流稳压电源。

【实验仪器】

变压器、二极管、稳压管、电阻、电容、示波器、万用表等。

【实验原理】

直流稳压电源的工作原理框图如图 4-2-1 所示。它由电源变压器、整流电路、滤波电路和稳压电路四部分组成。

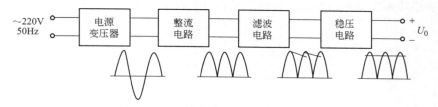

图 4-2-1　直流稳压电源的工作原理

220V 的交流电经变压器降压后，通过全波整流电路后，从交流电压转换为直流电压，即将正弦波电压转换为单一方向的脉动电压，为了减小电压的脉动，需要通过低通滤波电路滤波，使输出平滑，变为交流分量较小的直流电压，稳压电路功能就是使输出直流电压基本不受电网电压波动和负载电阻变化的影响，保持较高的稳定性。

直流稳压电源的电路图如图 4-2-2 所示。U_0 是输出直流电压，R_L 是负载电阻。

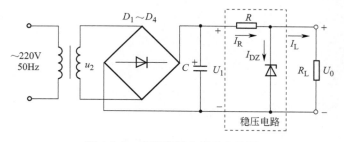

图 4-2-2　直流稳压电源的电路图

整流电路：用四只二极管 $D_1 \sim D_4$ 组成，称为桥式整流电路，它是利用二极管的单向导电性，把正弦波电压转换为单一方向的脉动电压，研究整流电路时，要考察整流电路的输出电压平均值和输出电流的平均值，并确定整流二极管的极限参数。

电容滤波电路：是最常见也是最简单的滤波电路，在整流电路的输出端并联一个电容 C，即构成电容滤波电路。滤波电容容量较大，一般采用电解电容，在接线时要注意电解电容的正、负极。电容滤波电路利用电容器的充放电作用，使输出电压趋于平滑。

稳压电路：是由稳压二极管 D_Z 和限流电阻 R 组成，如图 4-2-2 中虚线框内所示，稳压二极管的主要作用是电流调节作用，通过限流电阻 R 上电压或电流的变化进行补偿，即利用负反馈原理达到稳压的目的。目前稳压电路一般采用集成三端稳压器，例如 W7800 等。选择稳压器要考察稳压器的电压调整率和电流调整率等参数。

直流稳压电源的技术指标有输入电压、输出电压、输出电流、输出电压范围等。

质量指标有稳压系数、温度系数、输出电阻、纹波电压等。其中稳压系数是指负载固定时输出电压的相对变化量与稳压电路的输入电压的相对变化量之比；温度系数是反映温度变化对输出电压的影响；输出电阻反映负载电流变化对输出电压的影响；纹波电压是指稳压电路输出端交流分量的有效值，它表示输出电压的微小波动。上述系数越小，输出电压越稳定。

【实验要求】

① 设计一台小功率直流稳压电源，直流输出电压 $U_0 = 12V$，最大输出电流 $I_{max} = 100mA$。稳定度为电网电压变化 $\pm 10\%$ 时，输出电压的变化小于 $\pm 5\%$；输出端纹波电压小于 10mV（有效值）。根据上述要求，计算各元件参数。

② 组装小功率直流稳压电源，并检验是否符合技术要求。

实验 4-3 平面静摩擦力和动摩擦力的探究

【实验目的】

① 观察平面运动的静、动摩擦现象。

② 掌握平面静、动摩擦力实验仪及装置的使用方法。

③ 测定不同材料间的静、动摩擦系数。

【实验仪器】

FB818-4 型平面静、动摩擦力探究实验仪，如图 4-3-1 所示。

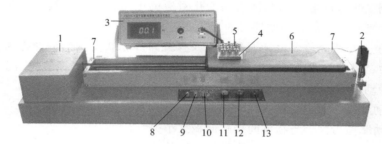

图 4-3-1　FB818-4 型平面静、动摩擦力探究实验仪

1—电源、电机；2—压阻力敏传感器；3—力测量仪表；4—载物小滑车；5—10g 砝码；

6—测试滑板材料；7—运动限位开关；8—低速按钮；9—中速按钮；10—高速按钮；

11—逆向运动开关；12—停止运动开关；13—启动运动开关

【实验原理】

（1）平面静、动摩擦力演示与探究仪原理

静摩擦力是利用受力平衡，通过测量其他外力得到的。

滑动摩擦力一般是通过匀速直线运动来测量滑动摩擦系数，如当木块做匀速直线运动时，木块水平方向受到的拉力和木板对木块的摩擦力就是一对平衡力。根据两力平衡的条件，拉力大小应和摩擦力大小相等。所以可以利用弹簧秤测出拉力大小，也就是滑动摩擦力的大小。

但是这种方法比较粗糙，存在的问题有：较难控制使物体匀速运动；不能真实地反映物体所受到摩擦力的变化情况。

（2）平面静、动摩擦力演示与探究仪的设计思路：

静、动摩擦力演示仪，由环形平皮带、被测摩擦系数的物体平板（60cm）、可控速电机、压阻力敏传感器、计算机等部分组成，如图 4-3-2 所示。

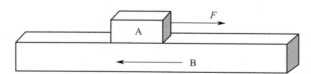

图 4-3-2　平面静、动摩擦力探究实验装置设计

A 为可加砝码的物体；B 为 60cm 长的传送板；

F 为接力传感器及数据采集装置；整个装置放在

一条电机拖动的可调速传送带上

【实验要求】

（1）平面静动摩擦力探究实验仪操作

① 按图 4-3-1 所示把实验装置安装好，接通工作电源，检查电机是否能正常转动并带动传送带一起运动。

② 把压阻力敏传感器的支架旋转 90°，用砝码对传感器进行标定，使仪表读数准确。

③ 将被测静摩擦系数的物体平板置于传送带上，把另一待测物块置于该平板上，通过高、中、低速调速开关，控制可控调速电机，通过传送皮带带动平板运动，使平板与物块做相对运动。

④ 物块则通过压阻力敏传感器，将所测的力转换成电压信号送至数字电压表，通过数字电压表，可测到物体的静、动摩擦力的变化对应的电压值。若将数字电压表与计算机连接，可直接观测到物体的静、动摩擦力的变化曲线。

⑤ 本实验重点是研究仪器设计原理，以及探究摩擦物块受到的静摩擦力从零逐渐增大到最大静摩擦力、最后又变为滑动摩擦力的动态变化过程及影响摩擦力的因素。

（2）平面静动摩擦力探究实验项目

① 研究滑动摩擦力大小与物体运动速度的快慢关系；

② 研究滑动摩擦力大小与物体间接触面积大小关系；

③ 研究滑动摩擦力大小与物体表面光滑程度的关系；

④ 通过配重砝码，可测滑动摩擦力大小与物体正压力 $f = \mu N$ 之间的关系；

⑤ 通过更换被测平板材料，测量不同材料物体之间的摩擦系数；

⑥ 研究描述最大静摩擦力曲线。

实验 4-4　"风洞"　实验

【实验目的】

① 加深对伯努利方程的理解，并了解它的实际应用。

② 了解和演示机翼形状与升力的关系。

③ 提高制作、调试实验装置的能力。

【实验仪器】

硬纸与铜丝、玻璃胶带纸、剪刀、支撑杆、气源、测风速器及力学实验常用器材。

【实验原理】

飞机在飞行时，由于机翼的形状使空气的流速上下不同，造成机翼下面所受的压强大于机翼上面的压强而产生升力。为了检验这种升力，常将飞机放在有强风的巨洞内测试，这种洞称为风洞。

本实验要求通过制作不同形状的小型机翼模型，并对其进行升力大小测试，从而对流体力学中的伯努利方程有较为深入的了解。实验前应查阅资料，学习研究下列问题。

① 什么是伯努利方程？

② 机翼形状与升力有什么关系？机翼如何制作？

③ 如何固定机翼才能使机翼仅能上下移动？

④ 机翼的材料除了用硬纸外还可用什么材料？

【实验要求】

① 用硬纸做成各种形状的机翼，用铜丝折成如图 4-4-1 所示形状，铜丝两端（直径约 2mm）穿过机翼，使机翼只能上下移动。铜丝固定在底板上，防止机翼被风吹走。

② 简要介绍本实验涉及的基本原理、功能、特性等。

③ 将气源的吹气口对准机翼吹气，观察现象（各种形状的机翼是否会上升）。如能上升，设计具体方法测量各种机翼升力的大小。

④ 机翼左右旋转 180°，使机翼后部对准吹气口，观察现象（各种形状的机翼是否会上升）；把机翼上下倒过来，再对机翼吹气，观察现象（机翼是否会上升），说明原因。

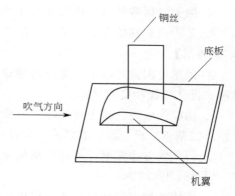

图 4-4-1　实验装置设计

实验 4-5　测量音叉的固有频率

【实验目的】
　　① 掌握几种测量音叉固有频率的方法。
　　② 进一步熟悉数字示波器使用。
　　③ 提高设计实验的能力。

【实验仪器】
　　音叉、数字示波器、氦氖激光器或半导体激光器、压电陶瓷片、硅光电池、连接线等。

【实验原理】
　　音叉是一种振动频率已知的声学器件，其基音很强、泛音很弱。
　　本实验要求学生自行设计出几种不同方法来测量音叉的固有频率，并进行比较，从而提高设计实验的能力。
　　实验前应查阅资料，学习研究下列问题：
　　① 什么是振动？什么是机械振动？什么是振动频率？什么是物体振动的固有频率？音叉振动的固有频率与哪些因素有关？
　　② 什么是压电效应？什么是压电陶瓷片？它有哪些应用？如何用压电陶瓷片测量音叉的固有频率？
　　③ 什么是光电效应？什么是内光电效应？什么是光电池？硅光电池有哪些特性？
　　④ 激光有哪些特点？如何选用硅光电池、激光器等组成实验装置测量音叉的固有频率？
　　⑤ 是否还有其他方法可将音叉振动的声信号转化为电信号？

【实验要求】
　　① 用压电陶瓷片测量音叉的振动频率。简要介绍本实验方法涉及的基本原理、设计的思路、设计过程和实验结果。
　　② 用硅光电池、激光器等器材组成实验装置测量音叉的振动频率。简要介绍本实验方法涉及的基本原理、设计的思路、设计过程和实验结果。
　　③ 用其他方法测量音叉的振动频率。简要介绍本实验方法涉及的基本原理、设计的思路、设计过程和实验结果。
　　④ 比较各种方法测得音叉固有频率的差别，讨论其原因。

实验 4-6　基于数字示波器的重力加速度测定

重力加速度 g，是反映地球引力强弱的物理常量。准确测量地球各点的绝对重力加速度值，对国防建设、经济建设和科学研究有着十分重要的意义。

【实验目的】

① 提高数字示波器的使用能力。

② 掌握捕捉持续时间或时间间隔很短的波形方法。

③ 锻炼组装调试实验仪器的能力。

④ 掌握一种测量重力加速度 g 的新方法。

【实验仪器】

数字示波器、电磁铁、小铁球、木球、塑料球、单刀开关、按钮开关、直流电源、导线、支架等。

【实验原理】

数字示波器具有波形存储或记忆功能，所以可以捕捉到持续时间（或时间间隔）很短的波形，因此用途非常广泛，这是普通模拟示波器不可替代的。

由图 4-6-1 可知，当单刀开关闭合时，小铁球 P 被电磁铁 N 吸住，调整实验装置使得小球落下后能与按钮开关相碰。

实验开始时打开开关 K，电磁铁断电、小球自由下落，同时输入到示波器的 6V 电源 E 被切断。当小球落地碰到按钮开关 S，按钮开关 S 闭合，又自动接通 6V 电源。由于小球碰到按钮开关后起跳弹出，所以按钮开关又恢复到断开状态，为下次测量做准备。

显然小球落地时接通 6V 电源的时间很短，所以在数字示波器看到的是脉冲波，整个测量过程在示波器上显示波形如图 4-6-2 所示。从示波器上读出时间 Δt，则根据 $g = 2h / \Delta t^2$ 可计算出重力加速度的单次测量值。

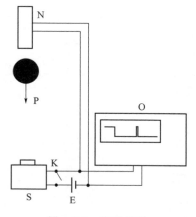

图 4-6-1　实验设计

N—电磁铁；P—小铁球；S—按钮开关；

K—单刀开关；E—电源（6V）；O—数字示波器

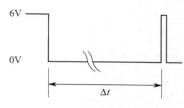

图 4-6-2　示波器显示波形

【实验要求】

① 熟悉和了解实验仪器部件的形式和功能，正确组装和布局实验测量装置，并连接好

线路。

　　② 拟定实验装置的调试方案。包括铁球、木球、塑料球的吸合、自由下落后命中按钮开关、电磁铁吸合器在支架上高度位置的确定等。

　　③ 确定数字示波器的工作状态。包括输入方式、扫描时间（大小）、扫描方式（自动、普通、单次）、参数显示（电压、时间、频率）等按钮的预设。

　　④ 用木球、塑料球等物体代替小铁球，比较在体积相同、质量不同的情形下，所测得的重力加速度 g。

　　⑤ 填写数据表格，并计算重力加速度 g 的测量值，与其他测量方法相比较，掌握不同实验方法的测量特点。

实验 4-7 基于声速法测定空气的比热容比

气体的定压摩尔热容与定容摩尔热容都是热力学过程中的重要参量,其比值 γ 称为气体的热容比,又称气体的绝热指数。它是一个常用的物理量,在热力学理论及工程技术的应用中起着重要的作用,如热机的效率及声波在气体中的传播特性都与空气的热容比 γ 有关。

【实验目的】

① 了解声音在空气中的传播速度与空气比热容比的关系。

② 掌握声速法测量空气比热容比的实验原理与方法。

③ 进一步提高示波器的综合使用技能。

【实验仪器】

双踪示波器、声速测试仪、测试仪信号源、温度计等。

【实验原理】

在物理实验中,在测定空气的比热容比时,通常都是采用 Clement-Desormes 的实验装置,即用绝热膨胀法测定空气的比热容比值。而声速法是从实验原理方面改进的一种测量方法。

理想气体中,声波的传播可以认为是一绝热过程,其传播速度可表示为:

$$v = \sqrt{\frac{\gamma RT}{M}} = \sqrt{\frac{\gamma R(273.15+t)}{M}}$$

式中,$\gamma = \dfrac{C_{P,m}}{C_{V,m}}$ 为空气比热容比,$C_{P,m}$ 为定压摩尔热容;$C_{V,m}$ 为定容摩尔热容;T 为热力学温度;t 为室温(℃);R 为普适气体常量($R = 8.314 \text{J} \cdot \text{mol}^{-1} \cdot \text{K}^{-1}$);$M$ 为空气的摩尔质量($M = 28.96 \text{g} \cdot \text{mol}^{-1}$)。只要测出声速 v 和室温 t,就可测出空气热容比 γ,即

$$\gamma = \frac{v^2 M}{R(273.15+t)}$$

实验证明,空气中的各种气体的百分比含量,在离地面 100km 高度内几乎是不变的。

常温、常压、干燥的空气中,以体积含量计:氧气约占 20.93%,氮气约占 78.07%,稀有气体(氦、氖、氩、氪、氙)占 0.94%,二氧化碳占 0.03%,其他气体占 0.03%。

其中稀有气体属于单原子分子的理想气体,其比热容比 $\gamma = \dfrac{5}{3}$;氧气、氮气属于双原子分子的理想气体,其比热容比 $\gamma = \dfrac{7}{5}$;二氧化碳和其他成分属于多原子分子气体,其比热容比 $\gamma = \dfrac{4}{3}$。综合起来,可以按比例计算空气的比热容比的理论值:

$$\gamma = \frac{5}{3} \times 0.94\% + \frac{7}{5} \times (20.93\% + 78.07\%) + \frac{4}{3} \times 0.06\% = 1.402$$

【实验要求】

① 参阅本教材声速测定的相关内容,连接好实验测量线路。

② 设计测量声速方案（此方法融合了相位比较法和驻波法），了解实验测量原理，掌握操作步骤。

③ 分析和总结声速法测量空气比热容比优于常规测量方法的原因与特色。

④ 探究和开发示波器图示测量功能在物理实验中的应用。

实验 4-8　热电制冷的研究

热电制冷设备，没有运动部件，工作没有噪声，不需要介质，冷却速度和温度可以通过调节电流来控制，设备的体积小、重量轻。由于这些优点，热电制冷广泛应用于医疗、电子仪器、军事、工业、家用电器上。所以研究热电制冷有很好的应用价值，能提高学生的创新能力，开发出许多新的应用产品。

【实验目的】

① 学习和了解热电制冷的基本原理。

② 设计和掌握测试热电制冷器件的最佳电流、优质系数、最大制冷系数和最大供热系数的方法。

③ 提高综合运用知识和创新设计的能力。

【实验仪器】

直流电源、数字温度计、数字毫伏表、热电制冷器（50cm×50cm 12V 8A）、特制铝块、支架、橡皮管等。

【实验原理】

热电制冷又称半导体制冷，它是利用某种半导体材料的热电效应制成的制冷器件。热电效应，是指内电流引起的可逆热效应和内温差引起的电效应。热电效应中起主要作用的是帕尔贴效应。

本实验要求学生自行设计装置，来测试热电制冷器件的最佳电流、优质系数、最大制冷系数和最大供热系数。实验前应查阅资料，学习研究下列问题。

① 什么叫帕尔贴效应？P 型半导体和 N 型半导体与金属焊接通直流电，会在接触处产生什么现象？微观机理是什么？

② 热电制冷器是怎么做成的？

③ 制冷器的制冷面热负荷由哪几部分组成？

④ 帕尔贴吸热量怎样计算？

⑤ 实验数据处理方法中的作图法和最小二乘法对函数有什么要求？二次函数怎样才能线性化？

⑥ 怎样确定出制冷器所流过的最佳电流和制冷器件的优质系数？

⑦ 制冷器的制冷系数是怎样定义的？实验怎样确定制冷器件的最大制冷系数？

⑧ 什么是制冷器的最大供热系数？

【实验要求】

① 在充分准备的条件下，拟定出实验方案，简单介绍本实验的基本原理。

② 设计实验装置，描述实验装置的设计思想，并安装调试。

③ 研究制冷器冷热两端温度的变化量与制冷器所流过的电流的关系。

④ 利用测得的数据画出 $\Delta T\text{-}I$ 曲线，找出最大温差所对应的最佳电流。

⑤ 分析制冷面热负荷关系，列出热平衡方程，从理论上导出最佳电流 I_{CK} 的关系式。

⑥ 假定冷端温度不变时，导出冷热两端温度与工作电流 I 的函数关系，并作线性化处理。

⑦ 等量地改变电流值，待冷热两端温度稳定后，测出各电流值对应的温度值。

⑧ 设计坐标图，将坐标图中的数据点拟合直线，求斜率和截距。根据所得斜率和截距计算最佳电流值和制冷器的优质系数。

⑨ 由所得的优质系数和观测到的最大热端及最低冷端温度，计算制冷器最大制冷系数和最大供热系数。

实验 4-9 热电偶的冷端补偿

热电偶作为测温元件，其结构简单、制造容易、使用方便、测温精度较高。可以就地测量和远传。在工作时，要与显示仪表配合即可测量气体、液体、固体的温度；可以用来测量 $-200 \sim 1600℃$ 范围内的温度。所以热电偶是使用最广泛的测温元件之一。

【实验目的】

① 了解热电偶的测温原理和其冷端温度补偿的原因。

② 掌握冷端温度补偿桥路的基本原理和设计方法。

③ 自组热电偶的冷端温度补偿桥路并调校。

【实验仪器】

UJ36 电位差计、Cu100 铜热电阻、热敏电阻、固定锰铜电阻、可变锰铜电阻、直流电源、限流电阻、镍铬-镍硅 EU-2 热电偶、镍铬-考铜 EA-2 热电偶和数字温度计等。

【实验原理】

用热电偶测温时，是根据热电势的值从分度表查出温度的。在分度表中，一般假设热电偶的冷端温度为 $0℃$，热电势指示温度的仪表也要求热电偶冷端处于 $0℃$，但实际应用时，冷端往往处在室温中（因此也称为自由端），这样测出的热电势就不正确。

热电偶应用中，常用某种方法抵消由于冷端温度不是 $0℃$ 而造成的误差，这比把冷端放在冰水中要方便。要抵消冷端误差的方法称为冷端补偿。冷端补偿的方法有多种，本实验要求采用补偿电桥。

补偿电桥的电路简图如图 4-9-1 所示，R_X 是受温度变化影响较大的电阻，如铜质线绕电阻或热敏电阻；R_1、R_2、R_3 是温度系数极小的电阻，R_X 与热电偶的冷端同处在室温中，当 R_X 处在 $0℃$ 时，电桥平衡，否则电桥失去平衡，输出一个不平衡的电压，叠加在热电势上，正好抵消冷端不为 $0℃$ 的影响。

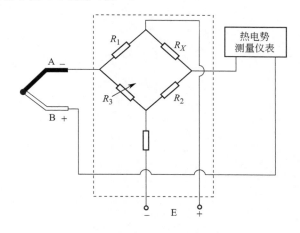

图 4-9-1 冷端温度补偿电桥的电路

铜质线绕电阻的温度系数为正，如图 4-9-2 所示，温度系数约为 $4.26 \times 10^{-3}/℃$。

热敏电阻是由某些金属氧化物采用不同比例的配方，经高温烧结而成，它的阻值随温度变化很显著，且不是线性的。如图 4-9-3 所示，可表示成下面的经验公式

$$R_T = R_0 \exp(B/T - B/T_0)$$

式中，T 为绝对温度；R_T 为温度 T 时的阻值；R_0 为参考温度 T_0 的阻值；B 为材料常数，$B = 2000 \sim 5000K$。热敏电阻的非线性程度很大，给应用带来了不便，有时常把热敏电阻与小温度系数的电阻串联或并联使用，使总电阻的线性得到改善，图 4-9-4 所示是一个例子，R_C 越小，线性越好，热敏电阻的常用阻值是数百到数万欧姆。

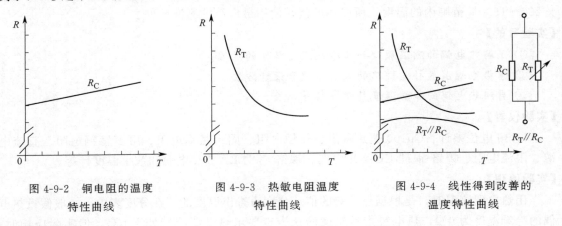

图 4-9-2　铜电阻的温度　　　图 4-9-3　热敏电阻温度　　　图 4-9-4　线性得到改善的
　　　特性曲线　　　　　　　　　　特性曲线　　　　　　　　　温度特性曲线

【实验要求】

① 设计用 Cu100 铜热电阻，实现镍铬-镍硅 EU-2 和镍铬-考铜 EA-2 给定热电偶的冷端补偿的线路图，连接电路并调校。

② 设计用热敏电阻，实现镍铬-镍硅 EU-2 和镍铬-考铜 EA-2 给定热电偶的冷端补偿的线路图，连接电路并调校。

③ 建立表格，记录两种情形下的实测数据，并与标准数字温度计相比较，指出冷端补偿桥路对测量结果的影响。

实验 4-10　控温元件及电路的设计与研究

自动控温电路的设计与研究是与物理学中的电学、热学知识密切联系的，也综合了一部分电学、热学的实验技术。完成本实验项目，需要较高的综合素质和动手能力，体现素质教育的要旨，符合设计性、研究性实验的教学目的。

【实验目的】

① 了解常用控温元件和控温电路的基本原理和结构。

② 熟悉双金属片恒温器、PTC、磁钢限温器的技术特性和使用方法。

③ 提高学生的工程技术能力。

【实验仪器】

电加热器、铂电阻温度计、电饭锅、数字万用表、PTC 元件、双金属片恒温器、磁钢限温器、导线、锡焊焊接工具等。

【实验原理】

在电暖瓶、电饭锅、电热恒温干燥箱、恒温培育箱、电热水器等家用电器及医用和科研仪器设备上大量地应用着自动控温电路和控温元件，品种繁多，功能各异，但其自动控温的原理基本一样，所以研究本课题能扩展知识面，提高学生的实验技能和创新意识。

本实验要求学生研究有关双金属片恒温器、PTC、磁钢限温器等基本温控元件的特性，以及电饭锅、电热毯的控温电路的设计。实验前应查阅资料，学习研究下列问题。

① 什么叫 PTC？理论上它有什么特性？这些特性有什么应用价值？

② 双金属片恒温器是什么结构？它有什么特性？哪些地方可以应用这些特性？

③ 磁钢限温器是什么结构？它有什么特性？

④ 要设计一个电饭锅的自动控温电路，准备用什么元件和方案？

⑤ 怎样设计一个装置来研究 PTC 电阻随温度变化的特性？

⑥ 怎样求得 PTC 热敏电阻在某一热力学温度处的电阻温度系数？

【实验要求】

① 拟定本实验的研究原理及方案，介绍研究的内容及步骤，对设计的测试仪器、装置做重要说明。

② 定性观察双金属温控元件的结构原理和恒温调节器的结构。微调调温螺丝，使触点闭合，再用电烙铁加热双金属片，观察触点自动断开的过程。在此基础上，设计一个装置定量调整恒温器，使之在低于 $60 \sim 70\,℃$ 时自动接通闭合，$70\,℃$ 断开，然后测出调温螺丝每旋一度的温度改变量，设计出调温面板。测出闭合—断开—闭合的特性曲线及时间曲线，说明工作原理。

③ 观察磁控式限温器件的结构，设计一个装置测出铁氧体磁性材料的居里温度及特性曲线。并用磁控式限温器件设计一个电饭锅自动控温电路，使之在 $104\,℃$（也就是饭熟后）自动断电，能保持恒温在 $60\,℃$ 左右。

④ 观察 PTC 半导体材料，了解它的性能，设计实验装置测出其电阻随温度变化的特性曲线，并分析其居里点的转变温度，对曲线分段拟合，求其电阻随温度的变化率 α 及相关系数，写出结论，介绍其在冰箱压缩机上的应用。

⑤ 设计表格处理数据，总结分析实验结论，重点说明实验应用、设计方面的创新。

实验 4-11　霍尔元件交直流特性研究

霍尔效应原理制成的霍尔元件，大量地应用在各种自动化控制和物理实验的测量中，一辆轿车上就有 30 多处用了霍尔传感器进行检测和控制。因此进一步探究霍尔元件的交直流特性，对启发思维、开发应用，都有很大的意义。

【实验目的】

① 熟悉霍尔元件的直流特性和电磁特性。

② 认识霍尔元件的交流特性和频率特性。

③ 提高常用测试仪器的应用能力。

【实验仪器】

直流电源、XDA-2 信号发生器、频率计、数字电流表、数字电压表、霍尔元件、带米尺支架、滑线电阻、干电池、开关、马蹄形磁铁、电磁线圈等。

【实验原理】

本实验要求设计相应的实验装置，分别定性和半定量地探究霍尔元件的直流特性、交流特性、频率特性、电磁特性，拓展其认识范围。

实验前应查阅资料，学习研究下列问题。

① 什么叫霍尔效应？写出其原理表达式？

② 什么叫霍尔元件的厄廷豪森效应、能斯脱效应、里纪-勒杜克效应及热磁效应？设计中怎样检测其影响？

③ 霍尔元件的不等位电压是怎样产生的？怎样进行修正？

④ 怎样设计线性磁场？

⑤ 怎样研究交流电频率对霍尔元件的影响？

⑥ 怎样设计装置，来研究霍尔元件的直流特性、电磁特性、交流特性以及霍尔电压与位移的关系？

【实验要求】

① 拟定总体研究方案，逐一探索霍尔元件的各种持性，概述霍尔效用及其应用。

② 设计实验装置，研究霍尔电压与流过霍尔元件的直流电的关系，并测出所给霍尔元件的不等位电压、并对有关测量量进行修正。

③ 设计实验装置，研究霍尔电压与磁场的关系、霍尔电压与交流电流的关系、霍尔电压与频率的关系。

④ 设计实验装置，研究霍尔电压与位移的关系。并写出设计一台电子秤的方案。

⑤ 记录数据，作图描绘特性曲线。

分别阐述完成各个特性测量的原理、现象及结论。介绍在研究过程中，所发现的新问题、新现象，并提出自己的见解，以及对各个特性拓展应用的想法。

实验 4-12　双棱镜干涉及其图像处理

双棱镜实验，利用分波阵面法产生相干光。实验中，要涉及虚光源的成像、干涉区域、干涉条纹的间距、干涉条纹的数目和干涉条纹的清晰程度等问题。因此，根据具体的实验条件，优化实验参数，调控好干涉光场，观察到清晰的干涉条纹并对干涉图样进行处理是需要深入研究的问题。

【实验目的】

① 研究距离参数对虚光源成像、干涉条纹间距等的影响。

② 拍摄双棱镜干涉图像的照片。

③ 用 MATLAB 对干涉图像进行处理。

【实验仪器】

双棱镜实验光学导轨、透镜、照相机等。

【实验原理】

根据两相邻干涉条纹的间距公式

$$\Delta x = \frac{a+b}{d}\lambda \tag{4-12-1}$$

通过测量干涉条纹的间距 Δx、两虚光源 S_1 和 S_2 的距离 d、狭缝与双棱镜的距离 a 以及双棱镜到观察屏 E 的距离 b，计算出入射光的波长 λ。

（1）两虚光源间距和干涉条纹间距的计算

根据棱镜的折射特性计算两虚光源的间距

$$d \approx 2a\tan[(n-1)A] \approx 2a(n-1)A \tag{4-12-2}$$

实验中使用的双棱镜是由冕玻璃（K_9）材料制成的，对钠黄光（$\lambda = 589.3\text{nm}$）的折射率 $n = 1.516$，如果按照仪器给定的 $A = 0.5°$，对于不同的 a 值由式（4-12-2）可计算得出两虚光源间距 d。

将式（4-12-2）代入式（4-12-1）可得干涉条纹的间距表达式

$$\Delta x = \frac{a+b}{d}\lambda = \frac{a+b}{2A(n-1)a}\lambda = \frac{\lambda}{2A(n-1)}\left(1+\frac{b}{a}\right) \tag{4-12-3}$$

由式（4-12-3）计算干涉条纹间距 Δx，并与实验结果比较。

（2）干涉区域和干涉条纹数目的计算

设双棱镜到观察屏的距离为 b，则观察屏上的干涉区域范围为

$$2x \approx 2b\tan[(n-1)A] \approx 2b(n-1)A \tag{4-12-4}$$

干涉条纹的数目

$$k = \frac{2x}{\Delta x} = \frac{4(n-1)^2 A^2}{\lambda}\frac{ab}{a+b} \tag{4-12-5}$$

选取适当的距离参数 a 和 b，计算屏幕上出现的干涉条纹数目是否达到实验要求。

（3）干涉图样的处理

在实验中，通过测微目镜测出干涉条纹间距 Δx，依靠人的眼睛确定干涉条纹中心，不但精度较低，而且测微目镜还有回程误差。这一问题可以用图像处理技术加以解决。

【实验要求】

① 以钠灯作光源，调节各距离参数，得到清晰的双棱镜干涉图样，讨论最佳距离参数的选取原则，拍摄照片。

② 用 MATLAB 对干涉图像进行图像的增强、细化等处理。

实验 4-13   光的色散实验研究

棱镜的主要作用是分光，利用棱镜对不同波长的光有不同的折射率的性质来分析光谱。折射率 n 与光的波长有关，这一现象叫做色散。棱镜光谱仪便是利用棱镜的这种分光作用制成的，它是研究光谱的重要仪器，广泛地应用于材料、冶金、石油、化工等领域，对物质的结构和成分进行测量和分析。

【实验目的】

① 用分光计观察棱镜光谱。

② 用最小偏向角法测量光源各谱线的折射率。

③ 绘出三棱镜的色散曲线，求出色散公式。

【实验仪器】

分光计、三棱镜、汞灯、钠灯、氦灯等。

【实验原理】

最小偏向角法测量玻璃的折射率实验中，利用分光计测得三棱镜的顶角 A 和最小偏向角 δ_m，根据公式

$$n = \frac{\sin\dfrac{A+\delta_m}{2}}{\sin\dfrac{A}{2}} \tag{4-13-1}$$

计算出三棱镜玻璃的折射率 n。

在此实验的基础上，改用白光为光源，实验上需要用色散元件把各种颜色光的传播方向分开，在光谱分析中常用的色散元件有棱镜和光栅，它们是分别用折射原理和衍射原理进行分光的，实验中用棱镜作色散元件。

实验表明：对于不同波长的光，介质的折射率是不同的，即折射率 n 是波长 λ 的函数。折射率随着波长 λ 的增加而减小的色散称为正常色散，描述正常色散的规律是科希公式

$$n = a + \frac{b}{\lambda^2} + \frac{c}{\lambda^4} \tag{4-13-2}$$

这是一个经验公式，式中 a、b 和 c 是由介质特性所决定的常数。实验中通过测量不同波长的最小偏向角，由式（4-13-1）得到折射率，求出经验公式。

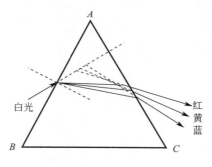

图 4-13-1   光的色散

采用汞灯为光源，即白光入射，观察到光的色散现象。如图 4-13-1 所示，调节出清晰的光谱，将汞灯所发出的光谱谱线的波长值作为已知，见表 4-13-1，测出三棱镜的顶角和各谱线通过三棱镜后所对应的最小偏向角，计算出与之对应的折射率 n。求出 $n(\lambda)$-λ 的关系式。

表 4-13-1　汞灯光谱谱线波长值

单位：nm

红光	黄光	绿光	蓝光	紫光
650.65	579.09	546.07	491.60	404.66

【实验要求】

① 以钠灯作光源，测量出钠黄光的最小偏向角，计算出折射率。

② 以汞灯作光源，测量出各谱线的最小偏向角，分别计算出其相应的折射率。绘出三棱镜的 $n(\lambda)$-λ 色散曲线，并由所得的 $n(\lambda)$-λ 曲线求出玻璃材料的折射率的经验公式。

③ 用插值法在 $n(\lambda)$-λ 曲线上求出钠黄光的波长值。

④ 讨论棱镜的分辨率。

实验 4-14　用光纤位移传感器测量位移

【实验目的】

① 了解光纤位移传感器的结构和工作原理。

② 用光纤位移传感器测量位移。

【实验仪器】

光纤、光电转换器、低频振荡器、示波器、电压表、支架、反射片、测微头。

【实验原理】

反射式光纤位移传感器的工作原理如图 4-14-1(a) 所示，光纤采用 Y 形结构，两束多模光纤一端合并组成光纤探头，另一端分为两束，分别作为接收光纤和光源光纤，光纤只起传输信号的作用。光发射器发生的红外光经光源光纤照射至反射体，被反射的光经接收光纤至光电转换元件，将接收到的光信号转换为电信号。其输出的光强取决于反射体距光纤探头的距离，通过对光强的检测而得到位移量。

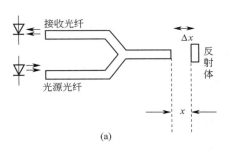
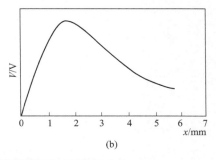

图 4-14-1　反射式光纤位移传感器原理图及输出特性曲线

【实验要求】

① 观察光纤结构：本仪器中光纤探头为半圆形结构，由数百根光导纤维组成，一半为光源光纤，一半为接收光纤。

② 将原装电涡流线圈支架上的电涡流线圈取下，装上光纤探头，探头对准镀铬反射片（即电涡流片）。

③ 振动台上装上测微头，开启电源，光电变换器 V 端接电压表。旋动测微头，带动振动平台，使光纤探头端面紧贴反射镜面，此时 V 输出为最小。然后旋动测微头，使反射镜面离开探头，每隔 0.25mm 取一次 V 电压值填入表 4-14-1 中，绘制 V-x 曲线。

表 4-14-1　测微头的位移与输出电压

x/mm	0	0.25	0.5	0.75	1.0	1.25	1.5	1.75	2.0	2.25	2.5	2.75	3.0	3.25	3.5	3.75	4.0
V/V																	

得出的输出电压特性曲线如图 4-14-1(b) 所示，分前坡和后坡，通常测量采用线性较好的前坡。

④ 振动实验：将测微头移开，振动台处于自由状态，根据 V-x 曲线，选取前坡中点位置装好光纤探头。将低频振荡器输出接"激振 I"，调节激振频率和幅度，使振动台保持适

当幅度的振动（以不碰到光纤探头为宜）。用示波器观察 V 端电压波形，并用电压/频率表读出振动频率。

【注意事项】

① 光电变换器工作时，V_0 最大输出电压以 2V 左右为好，可通过调节增益电位器控制。

② 实验时请保持反射镜片的洁净与光纤端面的垂直度。

③ 工作时光纤端面不宜长时间受强光照射，以免内部电路受损。

④ 注意背景光对实验的影响，光纤勿成锐角曲折。

⑤ 每台仪器的光电转换器都是与仪器单独调配的，请勿互换使用，光电转换器应与仪器编号配对，以保证仪器正常使用。

实验 4-15　PN 结物理特性的测量

伏安特性是 PN 结的基本特性，测量 PN 结的扩散电流与 PN 结电压之间的关系，可以验证它们遵守玻尔兹曼分布定律，并进而求出玻尔兹曼常数的值。PN 结的扩散电流很小，为 $10^{-6} \sim 10^{-8}$A 数量级，所以在测量 PN 结扩散电流的过程中，运用了弱电流测量技术，即用运算放大器对电流进行电流-电压变换。

【实验目的】

① 学习利用运算放大器测量微小电流。

② 掌握 PN 结的伏安特性，学习曲线拟合方法，求出玻尔兹曼常数。

【实验仪器】

±15V 直流稳压电源、TIP31 型硅三极管、LF356 集成运算放大器、四位半数字万用表、电阻、电容、电位器、导线、实验接线板等。

【实验原理】

（1）LF356 运算放大器介绍

利用 LF356 运算放大器可以组成电流-电压变换器，如图 4-15-1 所示。

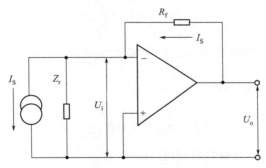

图 4-15-1　电流-电压变换电路

LF356 是一个集成运算放大器，R_f 为反馈电阻，若 $R_f \rightarrow \infty$ 时，输出电压 U_o 与输入电压 U_i 的比值定义为运算放大器的开环增益 K_o。运算放大器的输入阻抗 r 很大，理想情况下 $r \rightarrow \infty$，可以认为反馈电流等于信号源的输入电流 I_S。Z_r 为电流-电压变换器的等效输入阻抗，因为反馈电流等于信号源的输入电流 I_S，输入电流 I_S 可以写为

$$I_S = \frac{U_i - U_o}{R_f} \tag{4-15-1}$$

式中，U_i 为运算放大器的输入电压；U_o 为运算放大器的输出电压。二者的关系为

$$U_o = -K_o U_i \tag{4-15-2}$$

将式（4-15-2）代入式（4-15-1）得

$$I_S = \frac{U_i - U_o}{R_f} = -\frac{U_o}{R_f}\left(1 + \frac{1}{K_o}\right) \approx -\frac{U_o}{R_f} \tag{4-15-3}$$

式中，K_o 为运算放大器的开环电压放大倍数，一般为 $10^5 \sim 10^6$。

所以，如果测出 U_o，即可得到 I_S。我们选取反馈电阻 $R_f = 1$MΩ，用量程为 200mV 的数字电压表，它的分辨率为 0.01mV，则能测到的最小电流为

$$I_S = \frac{0.01\,\mathrm{mV}}{1\,\mathrm{M}\Omega} = 1 \times 10^{-11}\,\mathrm{A}$$

由此可见，电流-电压变换器具有很高的灵敏度。

（2）PN 结的伏安特性

由固体理论可知，理想 PN 结的正向电流-电压关系满足下式

$$I = I_\circ \left[\exp\left(\frac{eU}{k_B T}\right) - 1 \right] \tag{4-15-4}$$

式中，I 是通过 PN 结的正向电流；$I_\circ$ 是反向饱和电流（与半导体的材料和掺杂浓度有关）；U 是加在 PN 结上的正向电压；T 为绝对温度；k_B 为玻尔兹曼常数；e 为基本电荷量。常温下，$\frac{e}{k_B T} \approx 38$，$\exp\left(\frac{eU}{k_B T}\right) \gg 1$，（4-15-4）式可以近似写成

$$I = I_\circ \exp\left(\frac{eU}{k_B T}\right) \tag{4-15-5}$$

在常温下，PN 结的正向电流随正向电压按 e 指数规律变化。电压很小时，电流很小，需要用电流-电压变换器测量电流。如果测量得到 PN 结的伏安特性，即可验证上述规律。测量得到温度 T 后，利用电子电量值，可求得玻尔兹曼常数 k_B。将式（4-15-5）两边取对数，得

$$\ln I = \ln I_\circ + \frac{eU}{k_B T} \tag{4-15-6}$$

以 U 和 $\ln I$ 为变量，作线性最小二乘法拟合得 $\frac{e}{k_B T}$，即得 k_B。实验中（见图 4-15-3），$U = U_1$，$I = \frac{U_2}{R_f}$，式（4-15-6）变为

$$\ln U_2 = \ln I_\circ + \ln R_f + \frac{eU_1}{k_B T} \tag{4-15-7}$$

用 U_1 为横坐标，$\ln U_2$ 为纵坐标拟合即可。

在实验中，如果利用二极管进行测量，往往得不到好的结果，其原因是：①存在耗尽层电流，其值正比于 $\exp\left(\frac{eU}{2k_B T}\right)$；②存在表面电流，其值正比于 $\exp\left(\frac{eU}{mk_B T}\right)$，$m > 2$。

为了不受上述影响，一般不用二极管，而是采用三极管接成共基极电路，集电极与基极短接。复合电流主要在基极出现，集电极中主要是扩散电流，如果选择好的三极管，表面电流也可以忽略。本实验选择 TIP31 型硅三极管。

（3）TIP31 型硅三极管，LF356 集成运算放大器的管脚如图 4-15-2 所示

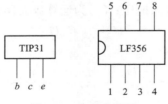

图 4-15-2　元件管脚

【实验要求】

实验线路图如图 4-15-3 所示。在常温和零温（冰水混合物）下测量硅三极管发射极与

基极之间的电压 U_1 和相应的 LF356 输出电压 U_2。通过调节 100Ω 的可调电位器改变 U_1 的值,尽量在线性区域多测量数据点。根据式(4-15-7)拟合求玻尔兹曼常数 k_B。

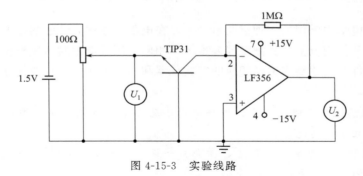

图 4-15-3 实验线路

思考题

1. 得到的数据一部分在线性区,一部分不在线性区,为什么?拟合时应如何取舍?

2. 减小反馈电阻的代价是什么?对实验结果有影响吗?

实验 4-16　电阻测量优化研究

电阻测量是电学中常用的物理量测量之一。在电阻测量中有许多测量方法，它们都有着自己的测量特点和使用范围，其测量误差也大不相同。测量电阻时，应根据电阻特性、阻值大小及提供的条件和具体要求选择相应的实验仪器和实验方法，设计并优化测量方案。

【实验目的】

① 根据电阻的性质及阻值大小，统一考虑实验方案和测试方法，并合理选择。培养学生实验设计和独立工作的能力。

② 根据不同被测对象和测量特点，学会分析误差和减小误差的方法。进一步培养学生分析问题和解决问题的能力。

【实验仪器】

电位差计、电桥、标准电阻、待测电阻等。

【实验原理】

本实验根据不同被测对象和测量特点，将分别研究小电阻测量优化、中值电阻测量优化、大电阻测量优化、非线性电阻测量优化等项目。中值电阻测量优化为必做内容。在做中值电阻测量优化时，首先对同一元件用不同的测量仪器和不同的实验方法进行研究（可从仪器特点、误差情况、方法的引申以及它们对测量结果的影响等方面进行考虑）；然后对不同的元件进行合理的实验方法、测量电路、实验仪器的选择（可从实验结果的比较、尽量减小系统误差或对系统误差进行修正、完善测量方法求得最佳实验测量结果等方面进行考虑）。

在充分做好课前预习的基础上，设计出实验方案，其中包括如下内容：原理分析、理论依据、误差处理及计算公式；列出仪器清单；画出实验线路图及实验记录表格；写出实验操作程序及注意事项；实验结束后，按课题要求写出完整的实验报告。

【实验要求】

① 伏安法测电阻的系统误差研究，设计 1~2 种消除此误差的测量方案。

② 电位差计测电阻所选用的标准电阻参数与测量结果的讨论。

③ 现有三个待测电阻（阻值分别约为 $1M\Omega$、1000Ω、1.60Ω），三个标准电阻（$1M\Omega$、1000Ω、1Ω），用电位差计分别进行测量，要求测量误差小于 0.4%，比较测量结果，并分析误差来源，设计 1~2 种消除此误差的测量方法。

④ 单臂电桥测电阻的研究（可从测量范围、比较臂、减小测量误差等方面进行分析）。

⑤ 对一待测电阻（1000Ω 左右）分别用伏安法、补偿法进行测量，要求测量误差小于 1.5%，评价两种方法的优缺点，选取适宜的测量方法。

⑥ 对两个待测电阻（阻值分别约为 1000Ω、1.60Ω），分别用单臂电桥和电位差计进行测量，要求测量误差小于 0.2%，评价测量方法的优缺点。

⑦ 数字化测量在电阻测量中的应用与讨论。

⑧ 计算技术在电阻测量优化中的应用与讨论。

▣ 思考题

1. 什么是测量线路的灵敏度？如何提高测量灵敏度？

2. 测量电阻可采用伏安法、惠斯登电桥、开尔文电桥和电位差计，试说明它们的测量特点和应用场合。
3. 列举桥路法和补偿法在测控技术中的应用。

实验 4-17　四探针电阻率测试仪的原理与应用

SZT-90 型数字式四探针测试仪是运用四探针测量原理的多用途综合测量装置，可以测量棒状、块状半导体材料的径向和轴向电阻率，片状半导体材料的电阻率和扩散层方块电阻；换上特制的四端子测试夹后，还可以对低、中值电阻进行测量。

四探针测试仪由集成电路和晶体管电路混合组成，具有测量精度高、灵敏度高、稳定性好、测量范围广、结构紧凑、使用方便的特点，测量结果由数字直接显示。仪器探头采用宝石导向轴套与高耐磨合金探针组成，具有定位准确、游移率小、寿命长的特点。本仪器适合于对半导体、金属、绝缘体材料的电阻性能测试。

【实验目的】

① 了解四探针电阻率测试仪的基本原理、仪器组成、实验原理和使用方法。

② 能对给定的物质进行实验，并对实验结果进行分析、处理。

【实验仪器】

仪器分为电气部分、测试架部分，可以根据测试需要安放在一般工作台或者专用工作台上。

① SZT-90 型数字式四探针测试仪电气部分原理图，如图 4-17-1 所示。仪器主体部分由高灵敏度直流数字电压表（由调制式高灵敏直流放大器、双积分 A/D 变换器、计数器、显示器组成）、恒流源、电源、DC-DC 电源变换器等部分组成。为了扩大仪器功能与使用方便，还设立了单位、小数点自动显示电路，电流调节、自校电路和调零电路。仪器电源经过 DC-DC 变换器，由恒流源电路产生一个高稳定恒定直流电流（量程为 $10\mu A$、$100\mu A$、$1mA$、$10mA$、$100mA$），数值连续可调，输送到 1、4 探针上，在样品上产生电位差，此直流电压信号由 2、3 探针输送到电气箱内。具有高输入阻抗的高灵敏直流放大器将直流信号放大（放大量程有 $0.2mV$、$2mV$、$20mV$、$200mV$、$2V$），经过双积分 A/D 变换器将模拟量变换成数字量由计数器计数，单位、小数点自动显示电路和显示器显示出测量结果。为了克服测试过程中探针与样品接触时产生的接触电势和整流效应的影响，本仪器设有"粗调""细调"，调零电路能产生一个恒定的电势来补偿附加电势的影响。仪器的自校电路中备有精

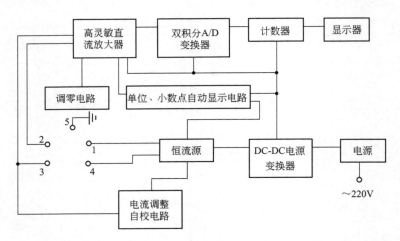

图 4-17-1　SZT-90 型数字式四探针测试仪电气部分的工作原理

度为 0.02% 的标准电阻作为自校电路的基础，通过自校电路可以方便地对恒流源进行校正。

　　② 测试架部分，由探头及压力传动机构、样品台构成，如图 4-17-2 所示。探头采用精密加工并配宝石导套，使测量误差大为减小，且寿命长。探头内有弹簧加力装置，测试架上还有高度粗调、细调装置。在半导体材料断面测量时，直径范围 15～100mm，其高度为 400mm。如果要对长度大于 400mm 的单晶断面测量，可以将升降架升高或者加长主柱。测试架有专门的屏蔽导线插头与电气接地端连接。

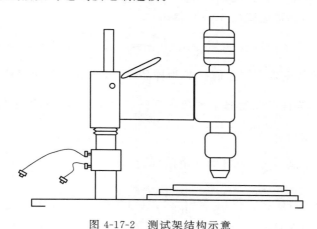

图 4-17-2　测试架结构示意

【实验原理】

　　四探针电阻率测试的原理如图 4-17-3 所示，当金属探针 1、2、3、4 排成直线，并以一定的压力压在半导体材料上时，在 1、4 探针间通过电流 I，则 2、3 探针间产生电位差 V。材料的电阻率为

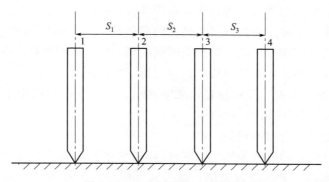

图 4-17-3　四探针测试工作原理

$$\rho = \frac{V}{I}C \tag{4-17-1}$$

式中，C 为探针系数，由探针几何位置决定。

　　当试样电阻率分布均匀、试样尺寸满足半无限大条件时

$$C = \frac{2\pi}{\dfrac{1}{S_1} + \dfrac{1}{S_2} - \dfrac{1}{S_1 + S_2} - \dfrac{1}{S_2 + S_3}} \tag{4-17-2}$$

式中，S_1、S_2、S_3 分别为探针 1 与 2、2 与 3、3 与 4 的间距。

　　当 $S_1 = S_2 = S_3 = 1\text{cm}$ 时，$C = 2\pi\text{cm}$。若电流取 $I = C$，则 $\rho = V$ 可由数字电压表直接

读出。

（1）块状和棒状样品电阻率测量

由于块状和棒状样品外形尺寸与探针间距比较，合乎半无限大的边界条件，电阻率值可以直接由式（4-17-1）、式（4-17-2）求出。

（2）薄片电阻率测量

薄片样品因为其厚度与探针间距比较，不能忽略，测量时要提供样品的厚度、形状和测量位的修正系数。电阻率可由式（4-17-3）得出

$$\rho = 2\pi S \frac{V}{I} G\left(\frac{W}{S}\right) D\left(\frac{d}{S}\right) = \rho_0 G\left(\frac{W}{S}\right) D\left(\frac{d}{S}\right) \tag{4-17-3}$$

式中，ρ_0 为块状体电阻率测量值；W 为样品厚度，mm；S 为探针间距，mm；d 为探针直径，mm；$G\left(\frac{W}{S}\right)$ 为样品厚度修正系数；$D\left(\frac{d}{S}\right)$ 为样品形状和测量位置的修正系数，两修正系数均可由附表查得。

当圆形硅片的厚度满足 $\frac{W}{S} < 0.5$ 时，电阻率为

$$\rho = \rho_0 G\left(\frac{W}{S}\right) D\left(\frac{d}{S}\right) = \frac{\pi}{\ln 2} \frac{VW}{I} D\left(\frac{d}{S}\right) \approx 4.53 \frac{V}{I} WD\left(\frac{d}{S}\right) \tag{4-17-4}$$

扩散层的方块电阻测量时，当半导体薄层尺寸满足半无限大平面条件时

$$\rho = \frac{\pi}{\ln 2}\left(\frac{V}{I}\right) = 4.53 \frac{V}{I} \tag{4-17-5}$$

若取 $I = 4.53\text{mA}$，则 ρ 值可由表中直接读出。

【实验要求】

① 准备　将 220V 电源插入电源插座，电源开关置于断开位置，工作选择开关置于"短路"位置，电流开关处于弹出位置。将测试夹的屏蔽线插头与电气箱的输入插座连接起来，松开测试架立柱处的高度调节手轮，将探头调到适当的位置，测试样品应进行清洁处理，放在样品架上，使探针能与其表面良好接触，并保持一定的压力。

② 测量　将电源开关置于开启位置，数字显示、仪器通电预热半小时（仪器作校准考核时，0.2mV 电压量程，应预热一小时）。

电阻率、方块电阻、电阻测量如下：

使探头接触到样品，功能开关置于"测量"，拨动电流量程开关与电压量程开关，置于样品测量所适合的电流、电压量程范围，最终调节到适合的电流值，调节粗调、细调和调零，使数字显示为"0000"，按下电流开关，由数字显示板和单位显示灯读出测量值和单位。如果数字显示熄灭只剩下"－1"或"1"，则测量数值已超过此电压量程，应将电压量程拨到更高挡。读数后弹出电流开关，数字显示将恢复到零位，否则应重新测量，在仪表处于高灵敏电压挡时更要经常检查零位。再将极性开关拨至下方（负极性），按下电流开关，从数字显示板和单位显示灯可以读出负极性的测量值，将两次测量得的电阻率值取平均，即为样品在该处的电阻率值。

测量电阻和方块电阻时，可以按表 4-17-1 所示的电压、电流量程进行选择。测量电阻率时，样品的范围和应选择的电流范围见表 4-17-2。从保证测试精度方面考虑，在电阻率测试时，更多地推荐采用表 4-17-3 所示电流电压量程进行测量。

表 4-17-1 电阻及薄层电阻测量时电压电流量程选择

电流/mA \ 电压/mV	0.2	2	20	200	2000
100	2mΩ	20mΩ	200mΩ	2Ω	20Ω
10	20mΩ	200mΩ	2Ω	20Ω	200Ω
1	200mΩ	2Ω	20Ω	200Ω	2kΩ
0.1	2Ω	20Ω	200Ω	2kΩ	20kΩ
0.01	20Ω	200Ω	2kΩ	20kΩ	200kΩ

表 4-17-2 测量电阻率所要求的电流值

电阻率范围/($\Omega \cdot cm^{-1}$)	电流挡/mA
<0.01	100
0.08~0.6	10
0.4~60	1
40~1200	0.1
>100	0.01

表 4-17-3 电阻率测量时推荐的电流电压量程选择

电流/mA \ 电压/mV	0.2	2	20	200	2000
100	10^{-4}~10^{-3}	10^{-3}			
10		10^{-3}~10^{-2}	10		
1		10^{-1}	1~20	10~50	10^{2}~10^{3}
0.1				50~200	10^{3}~10^{4}
0.01					10^{3}

【注意事项】

① 测量电流值的调节：将测量选择开关置于"电阻"位置，工作选择开关置于"I 调节"位置，电流量程开关与电压量程开关必须放在表 4-17-4 所列的任一组对应的位置。按下电流开关，调节电流电位器。可以使电流从 0~1000mA 输出，直到数字显示出测量所需要的电流值（如 6.24、4.53 等）为止。当电流调节电位器置顶端 1000 时数字显示为1000±2，是相应电流量程的满度值。只要调节好某一量程电流输出值后，其电流会按此数字输出，不同数量级的电流值其误差为±2 字。

表 4-17-4 电流调节和自校时必须对应的电流电压量程

电压量程	2V	200mV	20mV	2mV	0.2mV
电流量程	100mA	10mA	1mA	0.1mA	0.01mA

② 仪器自校：为了校验电气箱中数字电压表和恒流源的精度，仪器内部装有精度为0.02%的标准电阻供校验用。自校时，将测量选择开关置于"电阻"位置，工作选择开关置于"自校"位置，电流量程开关和电压量程开关按表 4-17-4 所示设置。调节好零位，按下电流开关，则数字显示器显示出"19.9X"，如果数值相差，可以调节机内板上"I 调节"旋钮，使数字恢复到"19.9X"。

③ 棒状和块状样品电阻率测量：按测量步骤进行，由表 4-17-3 选择电压和电流，调节电流 $I=6.28=C$，C 为探针几何修正系数，显示屏显示的值即为测量电阻率值。

④ 薄片电阻率测量时：根据表 4-17-3 选择电压和电流量程。当薄片厚度＞0.5mm 时，按式(4-17-3) 进行计算；当薄片厚度＜0.5mm 时，按式(4-17-4) 进行计算。

⑤ 方块电阻测量时：电流和电压量程按表 4-17-1 选择，当电流调节在 4.53 时，读出的数值×10 即为实际的方块电阻值。

⑥ 电阻（V/I）测量：用四端测量夹子换下四探针测试架，按测量步骤进行，由表 4-17-1 选择适合的电流和电压量程，电流值调节到数值 1000，读出数值为实际测量的电阻值。

⑦ 在中断测试时，应将仪器工作选择开关置于"短路"位置，电流开关按钮复原。

思考题

1. 对于较小的薄片试样（$D<10$mm），该如何测量？

2. 各向异性的试样，该如何测量？

3. 为什么测量单晶样品电阻率时，测量平面要求毛面，而测量扩散片扩散层薄层电阻率时，测量平面可以是镜面？

实验 4-18　用波尔共振仪研究受迫振动

　　在机械制造和建筑工程等领域中，受迫振动所导致的共振现象引起工程技术人员极大关注。它既有破坏作用，也有实用价值。很多电声器件都是运用共振原理设计制作的。另外，在微观科学研究中，"共振"也是一种重要的研究手段。例如：利用核磁共振和顺磁共振研究物质结构等。表征受迫振动性质的是受迫振动的振幅-频率特性和相位-频率特性（简称幅频特性和相频特性）。本实验中，采用波尔共振仪定量测定机械受迫振动的幅频特性和相频特性，并利用频闪方法来测定动态的物理量——相位差。数据处理与误差分析方面的内容也比较丰富。

【实验目的】

　　① 研究波尔共振仪中弹性摆轮受迫振动的幅频特性和相频特性。

　　② 研究不同阻尼力矩对受迫振动的影响，观察共振现象。

　　③ 学习用频闪法测定运动物体的某些量。

【实验仪器】

　　BG-2 型波尔共振仪由振动仪与电气控制箱两部分组成。

　　振动仪部分如图 4-18-1 所示，铜质圆形摆轮安装在机架上。弹簧的一端与摆轮的轴相连，另一端可以固定在机架支柱上。在弹簧弹性力的作用下，摆轮可绕轴自由往复摆动。在

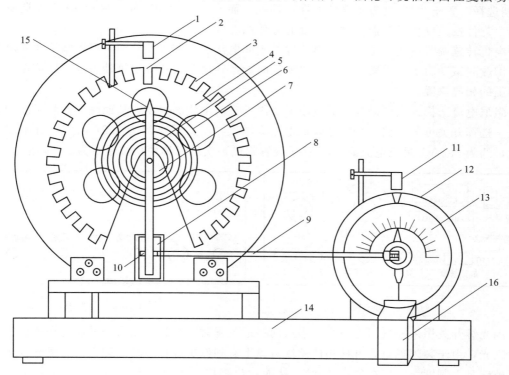

图 4-18-1　振动仪部分

1—光电门 A；2—长凹槽；3—短凹槽；4—铜制摆轮；5—摇杆；6—蜗卷弹簧；

7—机架；8—阻尼线圈；9—连杆；10—摇杆调节螺钉；11—光电门 B；

12—角度盘；13—有机玻璃转盘；14—底座；15—弹簧夹持螺钉；16—闪光灯

摆轮的外围有一圈槽形缺口，其中一个长形凹槽比其他凹槽长出许多。机架上对准长形缺口处有一个光电门，它与电气控制箱相连接，用来测量摆轮的振幅（角度值）和摆轮的振动周期。在机架下方有一对带有铁芯的线圈，摆轮恰巧嵌在铁芯的空隙。利用电磁感应原理，当线圈中通过电流后，摆轮受到一个电磁阻尼力的作用，改变电流的大小即可使阻尼大小相应变化。为使摆轮作受迫振动，在电动机轴上装有偏心轮，通过连杆机构带动摆轮，在电动机轴上装有带刻线的有机玻璃转盘，它随电机一起转动，通过它可以从角度盘读出相位差 ϕ。

调节控制箱上的十圈电机转速调节旋钮，可以精确改变加于电机上的电压，使电机的转速在实验范围（30～45r/min）内连续可调。由于电路中采用特殊稳速装置、电动机采用惯性很小的带有测速发电机的特种电机，所以转速极为稳定。电机的有机玻璃转盘上装有两个挡光片。在角度读数盘中央上方（90°处）也装有光电门（策动力矩信号），并与控制箱相连，以测量策动力矩的周期。

受迫振动时，摆轮与外力矩的相位差是利用小型闪光灯来测量的。闪光灯受摆轮信号光电门控制，每当摆轮上长凹槽通过平衡位置时，光电门被挡光，引起闪光。情况稳定时，在闪光灯照射下可以看到有机玻璃指针好像一直"停在"某一刻度处，这一现象称为频闪现象。所以此数值可方便地直接读出，误差不大于 2°。

摆轮振幅是利用光电门测出摆轮圈上凹形缺口个数，并有数显装置直接显示出此值，误差为 2°。波尔共振仪电气控制箱的前面板和后面板分别如图 4-18-2 和图 4-18-3 所示。前面板的左面三位数字显示铜质摆轮的振幅。右面五位数字显示时间，计时精度为 10^{-3} s。当"周期选择"置于"1"处显示摆轮的摆动周期，而当扳向"10"处，显示 10 个周期所需的时间，复位按钮仅在开关扳向"10"处时起作用。

电机转速调节按钮，是一个带有刻度的十圈电位器。调节此旋钮时可以精确改变电机转速，即改变策动力矩的周期。刻度仅供实验时参考，以便大致确定策动力矩周期值在多圈电位器上的相应位置。

阻尼电流选择开关可以改变通过阻尼线圈的直流电流的大小，从而改变摆轮系统的阻尼系数。选择开关可分 6 挡，"0"处阻尼电流为零，"1"处最小约为 0.2A，"5"处阻尼电流最大，约为 0.6A。阻尼电流靠 15V 稳压装置提供，实验时选用挡位通常为 3、4 挡。

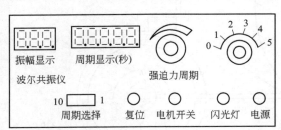

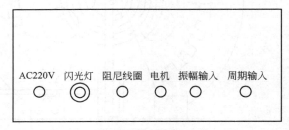

图 4-18-2　前面板　　　　　　　　图 4-18-3　后面板

闪光灯开关用来控制闪光与否，当扳向接通位置时，每当摆轮长凹槽通过平衡位置时便产生闪光，由于频闪现象，可从相位差读数盘上看到似乎静止不动的刻度线的读数（实际上有机玻璃盘上刻度线一直在匀速转动），从而读出相位差数值。为使闪光灯管不易损坏，平时将此开关扳向"关"处，仅在测量相位差时才扳向接通。电机开关用来控制电机是否转动，在测定阻尼系数和摆轮固有频率与振幅关系时，必须将电机断开。电气控制箱与闪光灯和波尔共振仪之间通过各种专用电缆相连接，不会产生接线错误。

【实验原理】

物体在周期外力的持续作用下发生的振动称为受迫振动。这种周期性的外力称为策动力。如果外力是按简谐振动规律变化，那么稳定状态时的受迫振动也是简谐振动，此时，振幅保持恒定，振幅的大小与策动力的频率和原振动系统无阻尼时的固有振动频率以及阻尼系数有关。在受迫振动状态下，系统除了受到策动力的作用外，同时还受到回复力和阻尼力的作用。所以在稳定状态时物体的位移、速度变化与策动力变化不是同相位的，而是存在一个相位差。当策动力频率与系统的固有频率相同时产生共振，测试振幅最大，相位差为90°。实验采用摆轮在弹性力矩作用下自由摆动、在电磁阻尼力矩作用下作受迫振动来研究受迫振动特性，可直观地显示机构振动中的一些物理现象。

当摆轮受到周期性策动力 $M = M_0 \cos\omega t$ 的作用，并在有空气阻尼和电磁阻尼的媒质中运动时$\left(\text{阻尼力矩为} -b\dfrac{\mathrm{d}\theta}{\mathrm{d}t}\right)$，其运动方程为

$$J\frac{\mathrm{d}^2\theta}{\mathrm{d}t^2} = -k\theta - b\frac{\mathrm{d}\theta}{\mathrm{d}t} + M_0\cos\omega t \tag{4-18-1}$$

式中，J 为摆轮的转动惯量；$-k\theta$ 为弹性力矩；M_0 为强迫力矩的幅值；ω 为策动力的圆频率（角频率）。令 $\omega^2 = \dfrac{k}{J}$，$2\beta = \dfrac{b}{J}$，$m = \dfrac{M_0}{J}$，则式（4-18-1）变为

$$\frac{\mathrm{d}^2\theta}{\mathrm{d}t^2} + 2\beta\frac{\mathrm{d}\theta}{\mathrm{d}t} + \omega_0^2\theta = m\cos\omega t \tag{4-18-2}$$

当 $m\cos\omega t = 0$ 时，式（4-18-2）即为阻尼振动方程。若 β 也为 0，则式（4-18-2）变为简谐振动方程，其系统的固有频率为 ω_0，式（4-18-2）的通解为

$$\theta = \theta_1 \mathrm{e}^{-\beta t}\cos(\omega_f t + \alpha) + \theta_2\cos(\omega t + \phi) \tag{4-18-3}$$

由式（4-18-3）可见，受迫振动可分成两部分：

第一部分，$\theta = \theta_1 \mathrm{e}^{-\beta t}\cos(\omega_f t + \alpha)$ 和初始条件有关，经过一定时间后衰减消失。

第二部分，说明策动力矩对摆轮做功，向振动体传送能量，最后达到一个稳定的振动状态。

$$\theta_2 = \frac{m}{\sqrt{(\omega_0^2 - \omega^2)^2 + 4\beta^2\omega^2}} \tag{4-18-4}$$

它与策动力矩之间的相位差为

$$\phi = \arctan\frac{2\beta\omega}{\omega_0^2 - \omega^2} \tag{4-18-5}$$

由式（4-18-4）和式（4-18-5）可看出，振幅 θ_2 与相位差 ϕ 的数值取决于策动力矩 M、频率 ω、系统的固有频率 ω_0 和阻尼系数 β 等 4 个因素，而与振动初始状态无关。

由 $\dfrac{\partial}{\partial\omega}[(\omega_0^2 - \omega^2)^2 + 4\beta^2\omega^2] = 0$ 的极值条件可得出，当策动力的角频率 $\omega = \sqrt{\omega_0^2 - 2\beta^2}$ 时，产生共振，θ 有极大值。若共振时角频率和振幅分别用 ω_r、θ_r 表示，则

$$\omega_r = \sqrt{\omega_0^2 - 2\beta^2} \tag{4-18-6}$$

$$\theta_r = \frac{m}{2\beta\sqrt{\omega_0^2 - \beta^2}} \tag{4-18-7}$$

式（4-18-6）和式（4-18-7）表明，阻尼系数 β 越小，共振时角频率越接近固有频率，振

幅 θ_r 也越大，图 4-18-4 和图 4-18-5 表示出在不同 β 时受迫振动的幅频特性和相频特性。

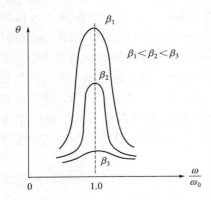

图 4-18-4　不同 β 时受迫振动的幅频特性

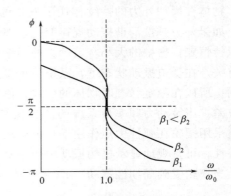

图 4-18-5　不同 β 时受迫振动的相频特性

【实验内容】

（1）测定阻尼系数 β

如前所述，阻尼振动是在策动力为零的状况下进行的。进行本实验内容时，必须切断电机电源，角度盘指针放在 0° 位置。将面板上阻尼选择开关旋至"2"的位置，此位置选定后，在实验过程中不能任意改变。手拨动摆轮 θ_0 选取 130°～150°之间，从振幅显示窗读出摆轮作阻尼振动时的振幅随周期变化的数值 θ_1，θ_2，…，θ_n。

这里由于没有策动力的作用，运动方程式（4-18-1）的解为

$$\theta=\theta_0 \mathrm{e}^{-\beta t}\cos(\omega_f+\alpha)\tag{4-18-8}$$

相应的 $\theta_1=\theta_0 \mathrm{e}^{-\beta T}$，$\theta_2=\theta_0 \mathrm{e}^{-\beta(2T)}$，…，$\theta_n=\theta_0 \mathrm{e}^{-\beta(nT)}$，利用

$$\ln \frac{\theta_i}{\theta_j}=\ln \frac{\theta_0 \mathrm{e}^{-\beta(iT)}}{\theta_0 \mathrm{e}^{-\beta(jT)}}=(i-j)\beta T\tag{4-18-9}$$

可求出 β 值。式中，θ_i、θ_j 分别为第 i、第 j 次振动的振幅；T 为阻尼振动周期的平均值。可以连续测出每个振幅对应的振动周期值，然后取平均值。数据记入表 4-18-1。可采用逐差法处理数据，求出 β 值。

表 4-18-1　β 值计算的测量数据

阻尼开关位置为＿＿＿＿＿＿＿

振幅		振幅		$\ln(\theta_i/\theta_{i+5})$
θ_0		θ_5		
θ_1		θ_6		
θ_2		θ_7		
θ_3		θ_8		
θ_4		θ_9		
				平均值

$\overline{T}=$ ＿＿＿＿＿＿ s；由 $5\beta T=\ln \dfrac{\theta_i}{\theta_{i+5}}$ 求出 β 值。

（2）测定受迫振动的幅频特性与相频特性曲线

测出系统的固有频率：将阻尼开关旋至"0"位置，手拨动摆轮，选取"120°～150°"，

测出摆轮摆动 10 个周期所需的时间，连续测三次，然后计算系统的固有频率 ω_0。

恢复阻尼开关到原位置，改变电机转速，即改变策动力矩频率。当受迫振动稳定后，读取摆轮的振幅值［这时式(4-18-3) 的解的第一项趋于零，只有第二项存在］，并利用闪光灯测定受迫振动位移与策动力相位差 ϕ。

策动力矩的频率 ω 可从摆轮振动周期算出，也可以将周期选择开关拨向"10"处直接测定策动力矩的 10 个周期后算出，在达到稳定状态时，两者数值相同。前者为 4 位有效数字，后者为 5 位有效数字。

在共振点附近由于曲线变化较大，因此测量数据要相对密集些，此时电机转速的微小变化会引起 Vϕ 很大改变。电机转速旋钮上的读数是一参考数值，建议在不同 ω 时都记下此值，以便实验中要重新测量数据时参考。数据记入表 4-18-2。以 (ω/ω_0) 为横坐标，振幅 θ 为纵坐标，作幅频曲线。以 (ω/ω_0) 为横坐标，相位差 ϕ 为纵坐标，作相频曲线。这两条曲线全面反映了该振动系统的特点。

表 4-18-2　幅频特性和相频特性测量数据

阻尼开关位置_____

$10T/s$	$\omega(=2\pi/T)/s^{-1}$	$\phi/(°)$	$\theta/(°)$	ω/ω_0

（3）改变阻尼挡至"4"。重复 1、2 的实验测试

思考题

1. 受迫振动的振幅和相位差与哪些因素有关？
2. 实验中采用什么方法来改变阻尼力矩的大小？它利用了什么原理？
3. 实验中是怎么利用频闪原理来测定相位差 ϕ 的？
4. 从实验结果可得出哪些结论？
5. 实验中为什么当选定阻尼电流后，要求阻尼系数和幅频特性、相频特性的测定一起完成？为什么不能先测定不同电流时 β 的值，然后再测定相应阻尼电流时的幅频特性与相频特性？
6. 本实验中有几种测定 β 值的方法，你认为哪种方法较好？为什么？

实验 4-19　固体弹性模量的测量

测量弹性模量的方法很多，如静态拉伸法、梁的弯曲法等。通常当采用静态拉伸法测量金属丝微小的伸长量时，应用了光杠杆的放大原理。近年来通过许多改进，如应用 CCD、监视器、显微镜等一系列技术手段，对微小伸长量进行放大，本质上都是围绕测准微小伸长量而设计的，实验所用仪器、设备价格昂贵；除此而外，不论是静态拉伸法，还是梁的弯曲法，都无法测出脆性固体的弹性模量。本实验测量方法既能测量固体材料的弹性模量，又能使学生学习和掌握时差法测量超声纵波声速的原理和方法，使弹性模量测量实验、超声波测声速实验、密度测量实验有机地结合在一起，从而能够激发和培养学生的创新意识与创新能力。

【实验目的】

① 学会测量固体弹性模量的一种新方法，特别是脆性固体的弹性模量的测量。

② 进一步掌握测量超声波在固体介质中传播速度的方法。

③ 熟练使用示波器。

【实验仪器】

实验装置如图 4-19-1 所示。主要仪器有示波器、HZDH 杭州大华仪器制造有限公司生产的综合声速测定仪信号源 SVX-5、接收换能器、发射换能器、样品棒、待测材料棒。发射换能器与综合声速测定仪信号源 SVX-5 的发射端换能器接口相连接，接收换能器与综合声速测定仪信号源 SVX-5 的接收端换能器接口相连接，两换能器之间放样品棒、待测材料棒。

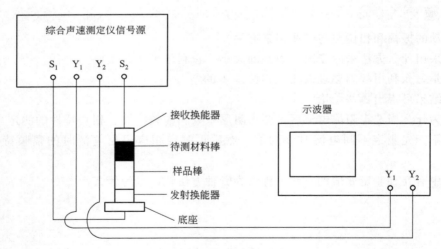

图 4-19-1　实验装置

【实验原理】

固体中弹性纵波的波速为

$$v_{纵} = \sqrt{\frac{Y}{\rho}} \tag{4-19-1}$$

式中，Y 为待测固体的弹性模量；ρ 为该固体的密度。由式（4-19-1）得

$$Y = v_{纵}^2 \rho \tag{4-19-2}$$

由式（4-19-2）可见，只要测得超声波在该固体中传播的速度 $v_{纵}$ 以及该固体的密度 ρ，就可以算出该固体的弹性模量 Y，实现对固体弹性模量的间接测量。

实验时，让连续波经脉冲调制后由发射换能器发射至被测固体介质中，超声波在该固体介质中传播，经过时间 t 后，到达距离为 L 处的接收换能器。由运动定律可知，声波在介质中传播的速度可由式（4-19-3）求出：

$$v_{纵} = \frac{L}{t} \tag{4-19-3}$$

将式（4-19-3）式代入式（4-19-2），得

$$Y = \frac{L^2}{t^2} \rho \tag{4-19-4}$$

距离 L 和时间 t 可分别用游标卡尺和信号源计时器精确测出。测量密度的方法很多，如果该固体不溶于水，就可用静力称衡法得到该固体的密度；如果该固体溶于水，可用其他方法得到固体的密度。这样就可以通过测量 L、t、ρ 来得到固体的弹性模量。

【实验要求】

① 仪器在使用之前，开机预热 15 分钟。

② 按图 4-19-1 所示连线，将测试方法设置为用脉冲波方式，并选择大脉冲波强度。

③ 将 180mm 长的铝样品棒加在发射换能器与接收换能器两端面之间，使两换能器的端面和铝样品棒紧密接触并对准，调节接收增益，使显示的时间差值读数稳定，此时仪器内置的计时器工作在最佳状态，为了得到准确的测量结果，在铝样品棒的两端面上涂上适量的耦合剂，使其接触良好。

④ 记录此时信号源计时器显示的时间值 t_1。

⑤ 用游标卡尺测待测固体的高度 L。

⑥ 在待测固体棒与接收换能器和铝样品棒接触的两个端面上，涂上适量的耦合剂，将待测固体棒加在接收换能器和铝样品棒之间，使两换能器的端面、铝样品棒及待测固体棒紧密接触并对准，记录这时信号源计时器显示的时间 t_2，那么超声波通过待测固体棒所用的时间 $t = t_2 - t_1$。

⑦ 用静力称衡法或其它方法测出待测固体的密度 ρ。

⑧ 将上面测得的 L、t、ρ 数据代入式（4-19-4），算出待测固体材料的弹性模量。几种固体的弹性模量数据见表 4-19-1。

表 4-19-1　几种固体的弹性模量数据

固体材料	铁	铝	硬塑料	玻璃
弹性模量/（$\times 10^{10}$Pa）	20.01	7.02	0.24	7.08

■ 思考题

1. 简述脆性固体的弹性模量测量特点和适用方法。

2. 在实验中，待测固体棒、换能器和样品棒的选用、安装要求以及测试顺序是怎样的？

3. 为什么在测试中要采用尽可能强的连续脉冲波？

实验 4-20   霍尔效应在直流电压（电流） 隔离传送中的应用

近年来，随着自动检测、自动控制和信息技术的迅速发展，霍尔效应传感器在这些领域中得到了广泛的应用。在用计算机进行监控的系统中，必须对直流电压进行高精度的隔离传送，来消除设备或设备间的噪声干扰。传统方法是应用光电式传感器（如光敏二极管、光敏三极管）实现。但若环境温度发生变化，光敏管的暗电流和光电流将随温度的变化而变化，因此只能实现直流隔离，而无法达到直流电压高精度的隔离传送的目的。而应用基于霍尔效应的磁平衡原理研制出的传感精度高、线性度好、温度漂移小、输入与输出之间高度隔离的传感器，就很好地实现了这一目的。

【实验目的】

① 学习和掌握霍尔效应的磁平衡原理和磁比例式原理。

② 学习霍尔电压传感器、霍尔电流传感器和霍尔开关量传感器工作原理。

③ 了解和学习霍尔效应应用于自动检测、自动控制和信息技术领域中的实用技术。

④ 进一步提高综合应用仪器设备的能力。

【实验仪器】

数字电压表、数字温度计、电吹风、可调直流电源、$1\sim20\text{mA}$ 可调恒流源组件、$1\sim1000\text{mA}$ 可调恒流源组件、霍尔片及支撑支架、C 形变压器铁芯、原边线圈和骨架、副边线圈和骨架、电阻和可调电阻、接插件等。

【实验原理】

（1）霍尔效应闭环原理（又称磁平衡原理）

如图 4-20-1 所示，被传电压 U_i 通过 R_i 的电流 I_i 在原边产生的磁通量与副边电流 I_o（由霍尔电压经放大而形成）通过副边线圈所产生的磁通量平衡时，副边电流 I_o 将精确地反映出原边电流值 I_i；副边电流 I_o 在 R_L 上的电压降 U_o 将精确地反映出原边电压值 U_i，这就是基于霍尔效应的磁平衡原理。该原理又称磁平衡原理或霍尔效应闭环原理。

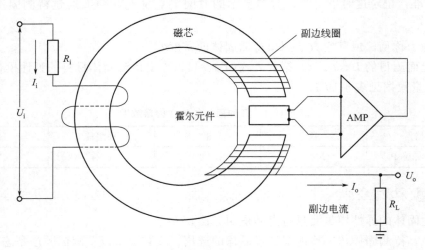

图 4-20-1   基于霍尔效应的磁平衡原理

基于霍尔效应的磁平衡原理，可使输出电流 I_o 精确地反映出原边电流 I_i、输出电压 U_o

精确地反映出原边电压 U_i。因此采用该原理研制的传感器从理论上讲可具有传感精度高、线性度好的特性。而且输出与输入之间高度隔离，非常有利于电隔离。霍尔元件在 $-40\sim45℃$ 的温度范围内霍尔电压的温度系数仅为 $3\times10^{-4}\sim4\times10^{-4}/℃$。由此可见，霍尔元件的温度特性与光敏器件相比具有极大的优越性。

（2）磁比例式原理

如图 4-20-2 所示，被传电流 I_i 所产生的磁场 B 与 I_i 的大小成正比，处在磁场 B 中与 B 垂直的霍尔元件所产生的电压与磁场 B 成正比，于是霍尔元件产生的电压与被传电流成比例。这就是磁比例式原理。本实验要完成的直流电流越限隔离报警内容，即是应用本原理。

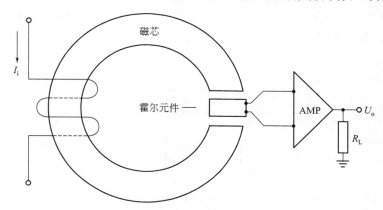

图 4-20-2　磁比例式原理

（3）传感器基本性能指标定义

① 传感精度　精度即表示测量结果与"真值"的靠近程度，一般用极限误差来表示，或者用极限误差与满量值之比按百分数给出。定义 ΔU_{max} 为霍尔电压传感器的传感精度，则

$$\Delta U_{max}=\pm\frac{1}{2}(U_{oi\,max}-U_{oi\,min})$$

② 线性度　线性度又称非线性误差，即表示传感器的输出与输入之间的关系曲线与选定的工作曲线的靠近程度。传感器的线性度是用选定的工作直线与实际工作曲线之间最大的偏差与满量程输出之比表示。由于工作直线的作法不同，线性度的数值也就不同。在一般情况下，通常采用端点线性度来表示。如图 4-20-3 所示，端点是指与量程的上下限值对应的标定数据点。通常取零

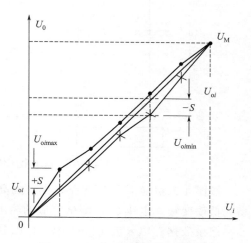

图 4-20-3　传感器的端点线性度
带"●"线为从 U_M 到 0 测量
带"╀"线为从 0 到 U_M 测量 i 从 1 至 n

点作为端点直线的起点，满量程为终点。通过这两个端点的直线称为端点直线。根据这条直线确定的线性度称为端点线性度，用 $+S$，$-S$ 表示，则

$$+S=\frac{U_{oi\,max}-U_{oi}}{U_M}\times100\%$$

$$-S=\frac{U_{oi\,min}-U_{oi}}{U_M}\times100\%$$

【实验要求】

根据实验原理，正确选择元件、设备和仪表，并安装调试，通电预热，准备实验测试。

（1）直流电压隔离传送实验

本实验的内容是测量霍尔电压传感器隔离传送直流电压的传感精度和线性度。

采用基于霍尔效应的磁平衡原理的直流电压高精度隔离传送传感器如图 4-20-4 所示。在图 4-20-4 中，直流电压输入电路将被传电压 U_i 转换为原边电流 I_i，该电流通过原边线圈形成原边磁场。消除失调电路为消除霍尔元件因不等位效应以及包括加工在内的其他诸多原因给霍尔电压带来的附加电压。工作电流电路为霍尔元件提供工作电流。副边电流形成电路将霍尔电压放大并转换为副边电流 I_o，该电流通过副边线圈形成副边磁场。直流电压输出电路将 I_o 转换成输出电压 U_o。

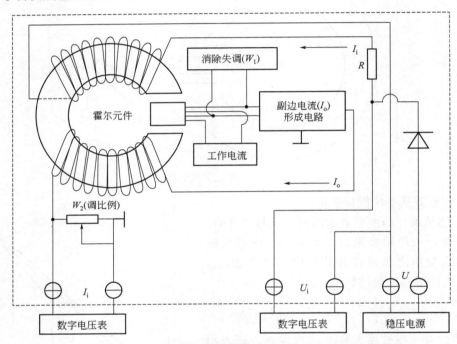

图 4-20-4　霍尔电压传感器隔离传送直流电压实验电路

按图 4-20-4 连接调试线路，由低到高改变输入电压 U_i，测试对应的输出电压 U_o；再由高到低改变输入电压 U_i，测试对应的输出电压 U_o。

记录数据，填入表 4-20-1 中，作图分析实验结果，计算 ΔU_{max}、$+S$ 和 $-S$（对应电压传送，常用 $+S_V$ 和 $-S_V$，表示 $+S$ 和 $-S$）。

表 4-20-1　霍尔电压传感器隔离传送直流电压的精度和线性度测试

U_i/V	U_o/V（由 0 到 U_M）	U_o/V（由 U_M 到 0）
0.300		
0.600		
0.900		
1.200		
1.500		
1.800		

（2）直流电流隔离检测实验

本实验的内容为测量霍尔电流传感器隔离检测直流电流的精度和线性度。实验接线如图 4-20-5 所示，只是在图 4-20-4 所示电路基础上，直接输入形式由电流 I_i，代替电压 U_i 输入。通过调整稳流源来改变输入电流 I_i 的大小，调整 W_2 使数字电压表显示的输出电压 U_0 在大小上与数字电流表显示的输入电流 I_i 一样，方便测试判断。

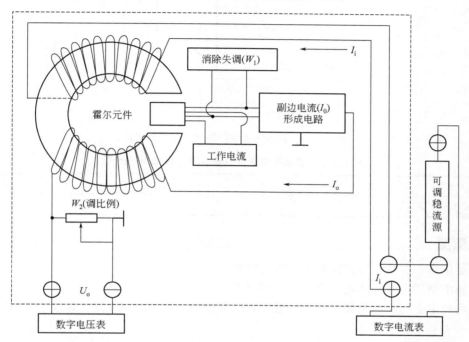

图 4-20-5　霍尔电流传感器隔离检测直流电流实验电路

实验中，由低到高改变输入电流 I_i，测试对应的输出电压 U_0；再由高到低改变输入电流 I_i，测试对应的输出电压 U_0。

记录数据，填入表 4-20-2 中，作图分析实验结果，计算 ΔU_{max}（即 ΔI_{max}）、$+S$ 和 $-S$。（对应电流传送，常用 $+S_I$ 和 $-S_I$，表示 $+S$ 和 $-S$。）

表 4-20-2　霍尔电流传感器隔离检测直流电流的精度和线性度测试

I_i/A	U_0/V（由 0 到 U_M）	U_0/V（由 U_M 到 0）
0.450		
0.900		
1.350		
1.800		

（3）直流电流越限隔离报警实验

本实验内容是测量霍尔开关量传感器隔离报警的准确性（精度）。

实验线路如图 4-20-6 所示，通过越限设置电位器 W_5 依次设置限定（标定）电流，观测报警电路启动工作时的输入电流 I_i，填入表 4-20-3 中，进而计算报警灵敏度。

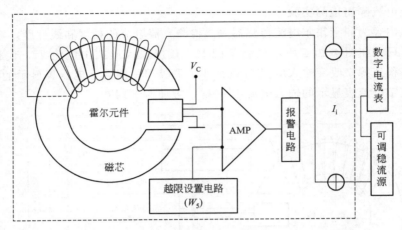

图 4-20-6   直流电流越限隔离报警实验电路

表 4-20-3   霍尔开关量传感器隔离报警准确性测量

标定电流 $I_标$/A	0.06	0.120	0.180	0.240
输入电流 I_i/A				

思考题

1. 如何运用霍尔效应传感直流电压（或电流）？

2. 对实验中使用的可调稳流源有什么样的要求？

3. 分析实验中出现的霍尔失调电压，说明它们形成的主要原因和消除（减少）的方法。

实验 4-21　霍尔传感器法测定磁阻尼系数和动摩擦系数

磁阻尼是电磁学中的重要概念，在各物理领域都有极其广泛的应用，但直接测定磁阻尼力大小的实验却很少。本实验设计使用先进的集成开关型霍尔传感器（简称霍尔开关）测量磁性滑块在非铁磁质良导体斜面上下滑的速度，经过数据处理，能同时求出磁阻尼系数和滑动摩擦系数。本实验的方法和数据处理技巧，对培养学生的能力是十分有用的。

【实验目的】

① 学习使用集成开关型霍尔传感器来测量时间。

② 学会把非线性方程转换成线性方程，巧妙处理实验数据的方法。

③ 掌握一种测量磁阻尼系数和滑动摩擦系数的方法。

【实验仪器】

实验装置如图 4-21-1 所示。在图 4-21-1 中，1 是霍尔开关用计时仪（由 5V 直流电源和电子计时器组成）；2 是铝质槽形斜面，可通过夹子 M 的上下移动来调节斜面与水平面的夹角 θ，在斜面的反面 a 和 b 处各装一个霍尔开关，用计时仪可测量滑块通过 a 和 b 的时间；3 是调节斜面横向倾角的螺钉，适当调节 3，可保证磁性滑块在斜面下滑时不偏离；4 为重锤，用它帮助确定 L 和 H 的值；5 是磁性滑块，它是在圆柱形非磁性材料的一个滑动面上粘一薄片磁钢制成的，因而在这一面附近的磁感应强度较强，而另一面附近的磁场很弱，以至于可以忽略不计。为了区别，将强磁场面涂成蓝色，弱磁场面涂成黄色。

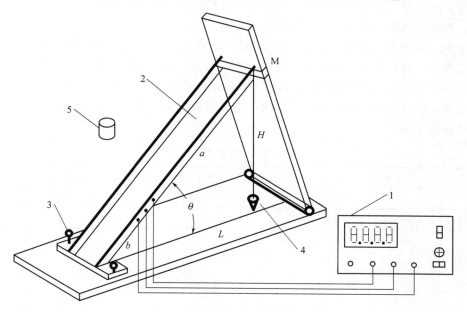

图 4-21-1　实验装置

将 3M 型胶带分别粘于磁性滑块的两滑动面上和铝质斜面上，对其动摩擦系数进行研究。

【实验原理】

磁性滑块在非铁磁质良导体斜面上匀速下滑时，滑块受到的阻力除滑动摩擦力 F_S 外，还有磁阻尼力 F_B。设磁性滑块在斜面处产生的磁感应强度为 B；滑块与斜面接触的截面不变，其线度为 l。当滑块以匀速率 v 下滑时，可看作斜面相对于滑块向上运动而切割磁感应线。由电磁感应定律，在斜面上的切割磁感应线部分将产生动生电动势 $\varepsilon = Blv$。如果把由于磁感应产生的电流流经斜面部分的等效电阻设为 R，则感应电流 I 应与速度 v 成正比，即为 $I = \varepsilon / R = Blv / R$，此时斜面所受的安培力 F 正比于电流 I，即 $F \propto I$。而滑块受到的磁阻尼力 F_B 就是斜面所受安培力 F 的反作用力，方向与滑块运动方向相反。由此推出：F_B 应正比于 v，可表达为 $F_B = Kv$（K 为常数，称为磁阻尼系数）。因为滑块运动是匀速的，故它在平行于斜面方向应达到力平衡，从而有

$$W \sin\theta = Kv + \mu W \cos\theta \tag{4-21-1}$$

式中，W 是滑块所受重力；θ 是斜面与水平面的倾角；μ 为滑块与斜面间的滑动摩擦系数。

若将方程（4-21-1）的两边同时除以 $W \cos\theta$，可得方程

$$\tan\theta = \frac{K}{W} \times \frac{v}{\cos\theta} + \mu \tag{4-21-2}$$

显然，$\tan\theta$ 和 $\dfrac{v}{\cos\theta}$ 呈线性关系。作 $\tan\theta$-$\dfrac{v}{\cos\theta}$ 图，求得斜率和截距。从而求得磁摩擦系数 μ。

$$K = 斜率 \cdot W \tag{4-21-3}$$

$$\mu = 截距 \tag{4-21-4}$$

【实验要求】

根据要求制作完成实验装置，安装调试正常后，进行以下实验内容。

（1）磁阻尼现象的观察与实验条件的获得

调节 M，使斜面具有某一倾角；调节螺钉 3，保证滑块下滑时不往旁边偏离。将滑块蓝面（有磁铁的一面）朝下，此时不仅存在滑动摩擦力，而且还存在着磁阻尼力。

在 $20° < \theta < 45°$ 的范围内能达到滑块匀速下滑的实验条件。对于同一 θ 值，让滑块从不同高度滑下，由通过两传感器的时间相同，来说明滑块在 a 和 b 间的运动是匀速的。实验测试结果填入表 4-21-1 中。

表 4-21-1　实验测试结果

斜面参数			滑块从不同高度处通过 a、b 两点的时间 T/s				
L/m	H/m	$\theta/(°)$	C_1	C_2	C_3	C_4	C_5
0.8810	0.6075	34.59					
0.9020	0.5770	32.60					
0.9310	0.5450	30.61					
0.9380	0.5140	28.72					
0.9580	0.4790	26.57					

T 为计时仪读数，L 为滑块在斜面上下滑的长度，H 为 L 所对应的高度。可以通过分析测得的数据，判断在给定 θ 的范围内，滑块在 a 和 b 间的运动是否在误差范围内一致，因此验证，滑块在 a、b 间的运动是否是匀速的。

（2）磁阻尼系数与动摩擦系数的测量

依次改变斜面倾角，磁性滑块放置上端开始下滑，记录实验数据到表 4-21-2 中。

表 4-21-2　实验数据

L/m	H/m	T/s	$\tan\theta$	$\cos\theta$	$v/(m \cdot s^{-1})$	$v/\cos\theta/(m \cdot s^{-1})$
0.8810	0.6075		0.6896	0.8232		
0.9020	0.5770		0.6397	0.8424		
0.9210	0.5440		0.5917	0.8606		
0.9380	0.5140		0.5480	0.8770		
0.9580	0.4790		0.5000	0.8944		

测量滑块质量 $m=$ _____ kg。

图 4-21-1 中 a、b 两点间的距离为常数。实测得 a、b 间的距离平均值为 _____ m。用最小二乘法进行数据计算，求得磁摩擦系数 K 和滑动摩擦系数 μ。

$K=$ 斜率 $\cdot W=$ _____ N $\cdot$ s/m（或 kg $\cdot$ s^{-1}），$\mu=$ 截距 $=$ _____。

■ **思考题**

1. 明确磁阻尼概念，列举磁阻尼现象和它的各种应用。

2. 说明本实验中为什么采用霍尔传感器（霍尔开关）测量速度？

3. 如何获得实验所需要的条件？

实验 4-22   基于霍尔效应的角位移传感器的设计与制作

应用霍尔效应实现了对角度改变的显示，把一个非电量转换成电量输出，使得对角度的测量和自动控制容易实现。指导学生利用霍尔元件制作角位移传感器演示装置，不仅拓展了"霍尔效应测磁场"这一实验内容实现了物理实验在工程技术中的应用。

【实验目的】

① 初步认识传感器在工业上应用的原理和作用。

② 学会利用霍尔元件制作角位移传感器演示装置。

③ 加强物理实验在工程技术中的应用。

【实验仪器】

材料：永久磁铁，厚度为 5mm 和 10mm 的有机玻璃板，$\Phi 2mm$、$\Phi 6mm$ 和 $\Phi 15mm$ 有机玻璃棒，三氯化甲烷（氯仿），胶黏剂，开关，导线，电阻，电容，集成放大器，数显表头，电源，变压器等电子元件。

用一段 $\Phi 6mm$ 有机玻璃棒做演示仪的旋转轴 2，一端用氯仿粘接 $\Phi 15mm$ 有机玻璃棒

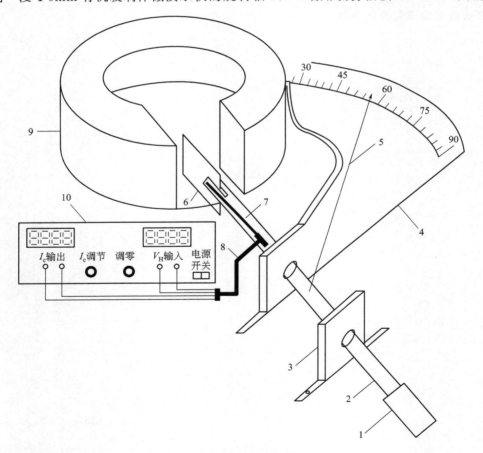

图 4-22-1   角位移传感器演示仪

1—旋转手轮；2—旋转轴；3—支撑架；4—附有刻度盘的支撑架；5—指针；

6—霍尔片；7—霍尔片引线；8—信号连接线；9—永磁铁；10—测试仪

（长约 20mm）作为旋转手轮 1，另一端锯出槽口，镶嵌上霍尔片 6（或称半导体片），霍尔片引线 7，用胶黏剂粘贴在转轴上，经信号连接线连接到测试仪的各个端口。用 $\Phi 2mm$ 有机玻璃棒做指针 5，锉尖一头，另一头粘接在转轴上，要求指针和霍尔片处于空间同一平面内。转轴由两个支撑架 3 和 4 支持，支撑架全部由厚度为 10mm 的有机玻璃板加工而成，中间钻 $\Phi 6mm$ 孔，其中支撑架 4 是半圆形的，上边带有刻度，这样通过指针在刻度盘的位置，就可确定霍尔片在磁场转过的角度。两支撑架最后固定在厚度为 5mm 的有机玻璃板上。角位移传感器演示仪如图 4-22-1 所示。

【实验原理】

由物理学可知，当电流 I_C 通过半导体片时，若在垂直于电流 I_C 的方向施加磁场 B，则半导体片两侧面会出现横向电位差，如图 4-22-2 所示。当电子所受到的洛仑兹力（f_L）与电场力（f_E）二力作用平衡时，电子的积累便达到了动态平衡。这时在两横端面之间建立的电场称为霍尔电场 E_H，相应的电压称为霍尔电压 V_H，其大小可表示为

$$V_H = \frac{R_H I_C B}{d} \tag{4-22-1}$$

式中，R_H 为霍尔常数。令 $K_H = \dfrac{R_H}{d}$，可得

$$V_H = K_H I_C B \tag{4-22-2}$$

由上式可知，当电流 I_C 一定时，霍尔电压与磁感应强度 B 成正比，当磁感应强度 B 和半导体片平面法线 n 成一定角度 θ 时（见图 4-22-3），实际上作用于半导体片的有效磁场是其法线方向的分量，即 $B\cos\theta$，这时的霍尔电压输出为

$$V_H = K_H I_C B \cos\theta \tag{4-22-3}$$

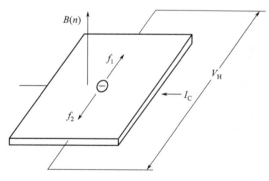

图 4-22-2　霍尔效应

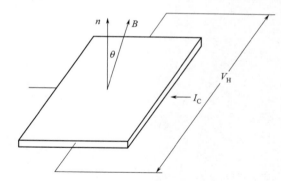

图 4-22-3　霍尔电压输出与磁场角度的关系

【实验要求】

根据仪器制作要求完成实验装置，安装调试正常后，进行以下实验内容。

按图 4-22-1 连接霍尔式角位移传感演示仪，开通测试仪电源后，首先旋转 I_C 调节钮，设置霍尔片工作电流值 I_C，然后再调节灵敏度旋钮，使得随角位移变化的霍尔电压在可显示范围内。转动旋转手轮，使霍尔片在磁场中的位置依次从与磁场磁力线平行位置（角度指示器 $-90°$）→与磁场磁力线垂直位置（角度指示器 $0°$）→与磁场磁力线平行位置（角度指示器 $90°$）方向旋转。中间可多取几个特定位置，例如 $\pm 15°$、$\pm 30°$、$\pm 45°$……。列表分别记录这些位置的霍尔电压（表 4-22-1），并绘制霍尔输出电压与角位移关系曲线（图 4-22-4）。

表 4-22-1 实验测量数据

$I_C=$_____ mA $B=$_____ Gs

角度/(°)	−90	−75	−60	−45	−30	−15	0.0	15	30	45	60	75	90
霍尔电压/mV													

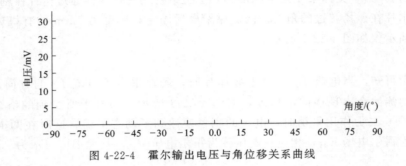

图 4-22-4　霍尔输出电压与角位移关系曲线

思考题

1. 说明采用霍尔元件制作角位移传感器的可能和使用特点。

2. 装置部分在选材、制作、安装、调试方面都有什么要求和难点？

3. 如何改善本装置输出 V_H-θ 曲线的非线性度。

实验 4-23　集成开关型霍尔传感器的特性测量和应用

随着人类社会的发展，霍尔传感器在工业生产、科学研究以及社会生活等领域中有着广泛的应用。霍尔元件是一种利用霍尔效应把磁信号转变为电信号，以实现信号检测的半导体器件，具有响应快、工作频率高、功耗低等特点。集成开关型霍尔传感器是将霍尔器件、硅集成电路、放大器、开关三极管集成在一起的一种单片集成传感器，可作为开关电路满足自动控制和检测的要求，如应用于转速测量、液位控制、液体流量检测、产品计数、车辆行程检测等，它在物理实验的周期测量中也有许多应用。

【实验目的】

① 学习和掌握集成开关型霍尔元件基本特性的测量。

② 了解和掌握集成开关型霍尔元件在转速测量及液位控制等方面的应用。

【实验仪器】

集成开关型霍尔传感器、电阻、小磁钢、可逆电机、计时器、数字式毫特仪等。

【实验原理】

集成开关型霍尔传感器的工作原理如下。

集成霍尔传感器是在制造硅集成电路的同时，在硅片上制造具有传感器功能的霍尔效应器件，从而使集成电路具有对磁场敏感的特性。集成开关型霍尔传感器是把霍尔器件的输出电压经过一定的阈值甄别处理和放大，而输出一个高电平或低电平的数字信号。基本电路如图 4-23-1 所示。

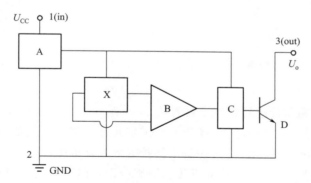

A—稳压器；B—放大器；C—施密特触发器；D—开关型三极管；X—霍尔元件；
U_{CC}—输入电压；U_o—输出电压

图 4-23-1　集成开关型霍尔传感器基本电路

在输入端输入一个电压 U_{CC}，经稳压器稳压后加在霍尔元件两端，当霍尔元件处于磁场中时，在垂直电流的方向产生霍尔电势差，再经放大器将该电势差放大后输给施密特触发器，由触发器整形，使其成为脉冲或方波输出给开关型三极管，这样就组成一个集成开关型霍尔传感器。

在实际测量过程中，集成开关型霍尔传感器（如型号 UGN3144）在 1、3 两端间需接一个 $2k\Omega$ 的电阻（如图 4-23-2 所示）。当施密特触发器输出的脉冲电压到达某一高电平时三极管导通，则 2、3 间的电压几乎降为零，即使得 OC 门输出端 3 输出低电平。反之同样，施

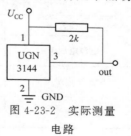

图 4-23-2　实际测量
电路

密特触发器输出脉冲小于另一值时，三极管截止，2、3 间的电压基本与输入电压 U_{CC} 相同，即输出高电平。

集成开关型霍尔传感器的主要特性是输出电压 U_o 与霍尔元件感应面所在位置的磁感应强度 B 有关系，如图 4-23-3 所示。基于上述原理，电源输出电压 $U_{CC} = V_{CC}$。磁感应强度 B 由零开始增加，而输出电压 U_o 保持在一个与 V_{CC} 相近的高电平 V_{OH}。当 B 增加到 B_{OP} 时，霍尔电压足够大，使输出电压发生突降，输出电平为低电平 V_{OL}，B_{OP} 称为工作点。B 继续增大，输出电压保持在低电平。相反，B 由大于 B_{OP} 开始下降，输出电压为 V_{OL}。当 B 减小到 B_{RP} 时，霍尔电势差不足以触发施密特触发器，输出电压突然跳回 V_{OH}，B_{RP} 称为释放点。为使传感器输出稳定，一般 B_{OP} 与 B_{RP} 的差值一定，此差值称为磁滞，用 B_H 表示。

注意：由于磁场有方向性，因此在使用霍尔传感器时，一定要注意磁铁磁极的方向，见图 4-23-4。磁极方向搞错，传感器有可能不工作。这种 B_{OP} 与 B_{RP} 都大于零的集成霍尔传感器称为单稳态传感器。另有一种 B_{RP} 小于零的传感器称为双稳态传感器，也叫锁键型霍尔传感器。该种传感器只有在磁场发生反转时才会发生跳变。

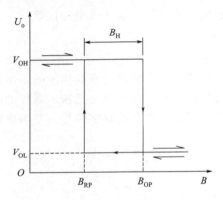

图 4-23-3　输出特性曲线

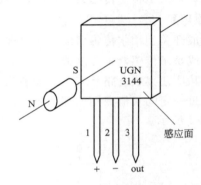

图 4-23-4　测量示意

【实验要求】

（1）集成开关型霍尔传感器特性参数测量

本实验采用 UGN3144 型号的集成开关型霍尔元件，测量装置如图 4-23-4 所示。在 1、2 引脚之间接一个可调电源，在 1、3 引脚之间接 $R = 2k\Omega$ 电阻，并在 2、3 引脚之间接电压表测量电压。将直径为 6mm 的磁钢靠近传感器感应面，测量其电参数和磁参数，测量结果填入表 4-23-1 中。测量电压的仪器可选用四位半数字电压表，测量磁感应强度的仪器可选用数字式毫特仪。

表 4-23-1　电磁参数测量值

电参数测量数据		磁参数测量数据		
参数	电压值	参数	测试条件	磁感应强度
电源电压 V_{CC}		工作点磁感应强度 B_{OP}	$V_{CC} = 12V$ $R = 2k\Omega$	
输出高电平 V_{OH}		释放点磁感应强度 B_{RP}	$V_{CC} = 12V$ $R = 2k\Omega$	
输出低电平 V_{OL}		磁滞 B_H	$V_{CC} = 12V$ $R = 2k\Omega$	

（2）开关型霍尔传感器的应用

① 测量马达转速　测量装置为额定电压为 127V 的可逆电动机，实际输入电压 125V。且马达处于非正常运作状态，转盘也不完全对称，测量马达转速变化情况。

所用霍尔传感器型号为 UGN3144 型。如图 4-23-5 所示，在转盘上固定一磁钢，电动机每转过一圈，霍尔元件就输出一脉冲信号，可用电子计时器显示每转一圈所需要的时间，该时间的倒数即马达转速。霍尔元件输出曲线为方波。电源电压 V_{CC} 为 10.0V，V_{OH} 为 10.0V，V_{OL} 为 121mV。测量 UGN3144 型集成开关型霍尔传感器输出方波频率，可得到马达在非正常运作时的转速测量结果平均值。用电子秒表测量电动机转过 50 圈所用时间，计算转速。比较两种测量方法结果的一致性，可以看到使用霍尔元件可更精确地测出转速的不均匀程度。

② 测量周期和流量　用集成开关型霍尔传感器可测量扭摆、弹簧振子、单摆等多种实验装置振动的周期。把直径为 3.0mm 的钕铁硼小磁钢用 504 胶粘贴在转动惯量测量仪器的转盘上，用来操控电子计时器测量转动部件运动的周期，得到的结果与秒表测量结果相当一致，而测量准确度比手工操作要高。

集成开关型霍尔传感器还被用于流量的检测，通过对流量计内液轮（转轮上有两个小磁钢）转动圈数的测量，可算出液体的流量（即用户的用水量）。这种装置还可以用于预计净水器过滤膜是否需要更换等。

③ 浮子式液位控制　实验装置如图 4-23-6 所示，所用霍尔传感器为 UGN3144 型。可选用四位半数字式电压表测 V_{CC}；测出所用圆片式磁钢的直径，用数字式毫特计测量圆片式磁钢表面磁场强度。磁钢随液面浮动，霍尔元件处在固定高度。当液面上升，磁钢接近传感器使其输出电压发生跳变，输出电压为 V_{OL}；当液面下降，磁钢远离传感器到一定程度，使其输出电压再次发生跳变，即输出电压回复到 V_{OH}。因此，只要在霍尔元件输出端接一控制电路，就可达到控制液位的目的。与光敏传感器相比，霍尔传感器的优点在于，只要不是磁介质管壁，它都能工作。

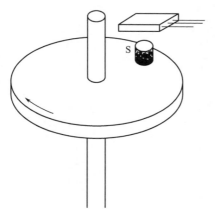

图 4-23-5　测量电机转速示意

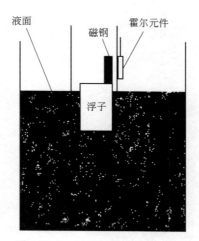

图 4-23-6　浮子式液位控制装置

根据实验提示和图 4-23-4～图 4-23-6 的示意，选择器材和元件，安装调试，测量实验结果。归纳集成霍尔开关型传感器与机电开关相比所具有的特点。进一步了解它在键盘、报警、通信、印刷、汽车点火器、自动控制和自动监测设备中的应用。熟练掌握它的无触点、无火花、使用寿命长、不产生干扰声等明显优点，为今后的工作打好基础。

思考题

1. 说明集成开关型霍尔传感器工作原理，以及 UGN3144 的技术参数。
2. 如何使用集成开关型霍尔传感器实现物理量测控？
3. 设计应用集成开关型霍尔传感器的流量计，画出示意图。

实验 4-24　偏心振动式磁感应转速测量实验

常用的转速测量装置主要有激光式、电机感应式、电容式等各式速度传感器。这些装置的测量范围都比较大，精度一般都很高，而且操作方便，但是对材料的要求比较高，内部的结构比较复杂。本实验通过设计一种新型的测量方法，利用偏心轮振动的特点将电机的转动转变为杆的横向振动，通过测量横向振动的周期直接得到转速，过程更加鲜明生动。将物理学中的圆周运动、偏心运动、机械振动、电磁感应知识结合在一起，有利于让学生了解物理知识在实验测量中的运用。

【实验目的】

① 学习偏心振动式磁感应测速的原理。
② 尝试用物理思想实现对技术参数的测量。
③ 训练综合运用物理知识的能力。

【实验仪器】

装置示意如图 4-24-1 所示，主要包括示波器、偏心转轮、磁铁、光电门。示波器用来读取最后的频率，从而得到角速度；偏心轮可以将电机的圆周运动转化为横杆的水平振动；磁铁用来产生感应信号，从而将机械的振动转为电信号；光电门用来进行对比试验。

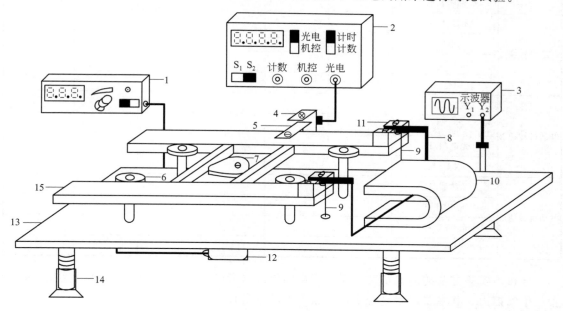

图 4-24-1　实验装置示意

1—电动机控制器；2—计时-计数-计频仪；3—示波器；4—光电门；5—遮光板；
6—支撑滑轮（4 个）；7—偏心转子；8—铜棒；9—铜棒两端引线（接示波器）；
10—磁铁；11—固定铜棒用绝缘胶木块；12—电动机；13—底座；
14—底座可调螺母；15—振动框

装置中的核心部分是偏心轮，其中包括偏心转子、支撑滑轮、振动框。偏心转子可以将电机的圆周运动转化为偏心轴的偏心运动，通过支持滑轮支撑的振动框，可以将圆周运动转化为横向振动，通过电磁感应，产生的电信号最后传送到示波器，即可得出电机的转速。该仪器只需要打开开关，即可从示波器上读出电机转动的频率，从而可以算出转速。光电门在此起对比作用。

【实验原理】

本实验装置，首先利用偏心转动的特点，将电动机的圆周运动转化为导体（铜棒）的机械振动，从而带动导体棒切割磁力线产生感应电动势，然后将产生的交变信号接入示波器，通过示波器上显示的波形可测出其频率，该频率与电动机转动的频率相等，由此计算出待测电动机转速，实现对电动机转速的测量。

偏心运动：中心轴的旋转带动偏心轴的转动，通过小滑轮和横杆装置，控制偏心轴做前后的运动，带动铜棒在水平方向做周期性的机械振动。

电磁感应：将做周期运动的铜棒放入恒定的磁场，依据法拉第电磁感应定律，在铜棒中就可以产生周期性的感生电动势，通过示波器就可以测得其频率。

【实验要求】

根据实验仪器要求，组织、安装、调试实验装置，熟悉各部分功能和仪器使用，正确连接仪器和各部分的接插线。检查支撑滑轮与振动框之间运动是否顺畅、铜棒在磁场中的位置是否合适、遮光板是否能有效触发计时-计数-计频仪正常工作。测试数据填入表 4-24-1 中。

表 4-24-1　实验测试数据

	测量次数	1	2	3	4	5	6
电动机转速 1	示波器/Hz						
	光电门/T						
	光电门/Hz						
	误差/%						
电动机转速 2	示波器/Hz						
	光电门/T						
	光电门/Hz						
	误差/%						
电动机转速 3	示波器/Hz						
	光电门/T						
	光电门/Hz						
	误差/%						

分析本实验方法的测量精度、误差产生的原因（考虑：装置各部件之间相互连接点处是否产生摩擦力，其主要误差是否来自于振动框的重量）。

▦ 思考题

1. 如何将圆周运动转化为往复直线运动？工程上和日常生活中都有哪些应用？
2. 比较几种常用测量速度的方法，说明各自的特点。
3. 制作本实验装置时，应该在选材、安装、调试中注意什么？

实验 4-25 电磁感应与磁悬浮力实验

磁悬浮技术是集电磁学、电子技术、控制工程、信号处理、机械学、动力学为一体的典型的机电一体化技术（高新技术），随着电子技术、控制工程、信号处理元器件、电磁理论及新型电磁材料的发展和转子动力学的进展，磁悬浮技术得到了长足的发展。

利用电磁感应实验装置，开设电磁感应与磁悬浮力、电磁感应与各种材料的关系和电磁感应中感应电场及能量的转换等内容的实验，较好地演示了电磁感应和磁悬浮相关原理。

【实验目的】

① 学习和掌握电磁感应和磁悬浮相关原理。

② 通过选择材料、制作调试实验装置来训练实际动手能力。

③ 在实验中提升分析问题、解决问题的能力。

【实验仪器】

电磁感应实验装置由线圈、软铁棒和电源等组成，如图 4-25-1 所示。准备和制作表 4-25-1 所列的实验配件和用品。

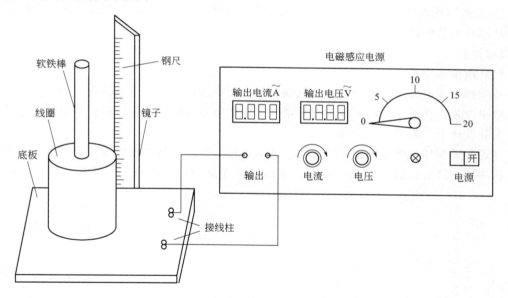

图 4-25-1 电磁感应实验装置示意

表 4-25-1 实验配件和用品

配件和用品	规格和要求
铝环	直径 30mm 铝环两只,其中一只有切割的缝隙;等厚但直径 25mm 铝环一只
铜（铁、钢）环	直径 30mm 黄铜环、纯铜环、软铁环、钢环和塑料环各一只
铜线绕成的线圈环	在线环上接有小电珠
其他	游标卡尺一把,电子天平一台

【实验要求】

根据仪器要求，制作完成实验装置，安装调试正常后，进行以下实验内容。

　　① 小铝环套在电磁感应实验装置的软铁棒上，接好连接线。将电磁感应实验装置的电源调到零电压的输出位置，合上交流挡开关，通过电压挡位选择开关和电压细调旋钮，逐渐增大输出电压，观察小铝环运动现象，若突然增大输出电压观察小铝环运动现象；用相同尺寸的黄铜环和纯铜环重复上述实验，观察现象并记录。

　　② 用电子天平称出上述 3 个小环的质量，用游标卡尺测量小环的直径和高度，算出体积，找出小环上升高度不同的原因。

　　③ 将小软铁环套在电磁感应实验装置的软铁棒上，重复实验要求①的操作，观察现象，试解释原因。

　　④ 用塑料环和有缝隙的小铝环重复实验要求①的操作，观察现象。试分析若有缝隙的小铝环焊上一根铜线将会有什么变化。

　　⑤ 取小钢环套入软铁棒，其圆心和软铁棒的中心处于偏心状态，打开电磁感应实验装置的电源开关，会发现小钢环发生振动，偏心量逐渐扩大，直到钢环的环壁碰到软铁棒为止。解释这种现象。

　　⑥ 在进行实验要求①的实验过程中，电磁感应实验装置的软铁棒和套入的金属小环会发热，请解释原因。

　　⑦ 实验时用铜线绕成的线圈环套入软铁棒，观察线圈环中的小电珠发光，并解释其亮度随线圈环离软铁棒的距离变化原因。

【问题探讨】

　　（1）电磁感应与磁悬浮力

　　小铝环套在电磁感应实验装置的软铁棒上，接好连接线。将电磁感应实验电源调到零电压的输出位置，合上交流挡开关，逐渐增大调压变压器的输出电压，小铝环将逐渐上升，并悬浮在软铁棒上，如图 4-25-2 所示。

　　同理，纯铜环也会悬浮在软铁棒上。若从静止开始，突然加大螺线管两端电压，铝环还会从软铁棒中跳出，如图 4-25-3 所示。根据实验现象和观测的结果，分析和讨论电磁感应

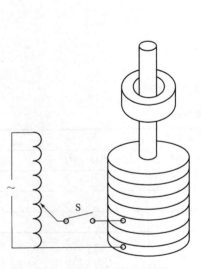

图 4-25-2　小铝环悬浮于软铁棒上

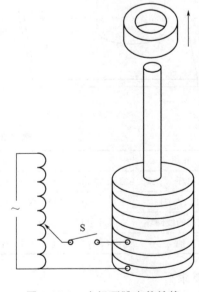

图 4-25-3　小铝环跳出软铁棒

与磁悬浮力的关系。

　　通常所说的电磁感应形式之一的磁悬浮列车，就是利用磁悬浮列车两侧安装的电磁铁极性同地面设置的线圈产生的磁场极性总保持相同，产生的磁力排斥作用，使整个列车悬浮起来。另外，铁轨两侧也装有线圈，交流电使线圈变为电磁体，它与列车上的电磁体相互作用，使列车前进。

　　（2）电磁感应与导体材料的关系

　　用同体积的黄铜环和纯铜环重复实验要求①，发现在电压相同的情况下，这 3 只小环在软铁棒上所处的高度都不同，位置由高到低依次为纯铜环、铝环、黄铜环。

　　体积相等的小环，质量从大到小依次为纯铜环、黄铜环、铝环。而上升高度由高到低依次为纯铜环、铝环、黄铜环，最重的纯铜环反而上升最高。可见在此实验中重力不起主导作用，那么起主导作用的是什么力？请分析、计算、验证实验结果。

　　（3）电磁感应与其他材料的关系

　　将小软铁环套在电磁感应实验装置的软铁棒上，重复实验要求①的操作，发现小软铁环悬浮于软铁棒上，用手将其套在软铁棒的任意高度，小软铁环都会被软铁棒吸在此位置。这是什么原因？

　　用塑料环和有缝隙的小铝环重复实验要求①的操作，发现塑料环和有缝隙的小铝环都不会悬浮于软铁棒上，这是什么原因？若在铝环的缝隙处焊上一根铜线，铝环仍然不会悬起，这又是什么原因引起的？

　　（4）电磁感应中感应电场及能量的转换

　　观察到的那些实验现象和结果是由于电磁感应中感应电场及能量的转换引起的，分析讨论。

　　（5）可以继续探讨的问题

　　上述实验都是各种材料小环在软铁棒中进行的实验，若这些小环在其他材料（如铜棒）中悬浮，实验效果如何？用半径或质量不同的铝环重复实验，得到什么样的悬浮效果？实验过程中观察到：用手将小环保持在某一高度时的电流不同，说明此时什么发生了变化？影响的因素是什么？

■ 思考题

1. 如何解释磁悬浮现象？
2. 实验中小铝环受到的力与线圈电流频率之间的关系怎样？
3. 影响小铝环悬浮性能的因素有哪些？

实验 4-26　磁热效应演示实验

　　人们从发现磁热效应之初，就有了利用磁热效应开发磁制冷技术的愿望，但由于受到作为工作物质的磁性材料的限制，磁制冷技术一直在低温区徘徊。随着人们对磁性材料研究的逐步深入，尤其是纳米磁性材料的出现，室温（高温）磁制冷技术也得到了蓬勃发展，它在居室空调、汽车空调、航空航天器空调以及家庭食品和超市食品的冷冻冷藏等方面，都有着广阔的应用前景和巨大的市场潜力。我们设计了磁热效应演示实验，希望能通过简单方便的实验激发学生对新材料、新技术的兴趣，满足教学与时俱进的需要。

【实验目的】

　　① 了解和学习磁热效应原理和技术应用。

　　② 使用纳米磁流体为工作物质设计室温下磁热效应演示实验。

　　③ 激发学生对新材料、新技术的兴趣，培养学生的创新思维能力。

【实验仪器】

　　演示装置如图 4-26-1 所示，主要由下列部分组成：

　　① 可调电源：为线圈提供可变的直流电，电流变化范围 0～2A，电压变化范围 0～250V，目的是可以在不同外磁场条件下，观察磁热效应。

　　② 加铁芯的励磁线圈：内径为 8cm，外径为 12cm，高为 12cm；为了强化磁场，中间插入铁芯，铁芯上面加固定座以放置试管。

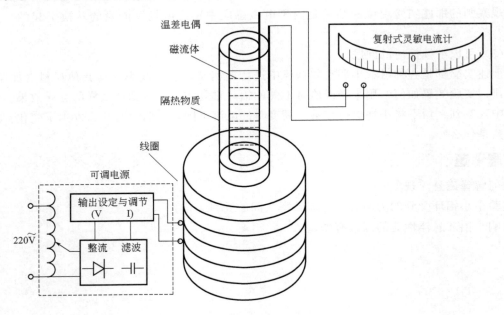

图 4-26-1　磁热效应演示实验装置

　　③ 工作物质：纳米磁流体。磁流体装在玻璃试管里。

　　④ 隔热物质：棉花。用棉花将玻璃试管包好，置于铁芯之上的固定座里。用隔热物质的目的是防止励磁线圈产生的焦耳热干扰演示效果。

　　⑤ 温差电偶：工作物质虽然用棉花包裹，但线圈在通电后产生的焦耳热，会使整个环

境温度都升高，如果测量的是绝对温度，就不能真实反映磁热效应产生的效果，没有说服力。为了消除焦耳热的影响，选用温差电偶进行测温，将温差电偶的冷、热端分别置于隔热物质外壁和内壁，以便比较温差。

⑥ 灵敏电流计：温差电偶靠热电效应来测量温差，由于温差小，产生的热电流也很微弱，必须经过放大才能被观察到，所以本实验没有选用电位差计与温差电偶配合使用，而是用灵敏电流计来读出温差的变化。实验表明该方法效果较好。

【实验原理】

磁热效应（MCE）是 1881 年发现的，它是指顺磁体或软铁磁体在外磁场的作用下等温（或绝热）磁化时会放出热量，而在去磁时会吸收热量的现象。磁热效应是所有磁性材料的固有本质，它是由此类物质的微观结构决定的。根据玻尔兹曼统计，当系统受外磁场作用时，粒子的角动量和磁矩取向在各能级状态上分布的概率

$$P(m_j) \propto \exp\left(\frac{-g\,\mu_B m_j B}{kT}\right)$$

式中，g 为朗德因子；μ_B 为玻尔磁矩；m_j 为磁量子数，取值有 $2j+1$（其中 j 为系统总量子数）；B 为外磁场磁感强度；k 为玻尔兹曼常量；T 为系统的温度。在这个过程中系统的磁熵变 $\Delta S \approx -Nk\ln(2j+1)$；而系统放出（或吸收）的热量 $\Delta Q \propto \Delta S$。可见，外磁场越大，温度越低，系统的熵变越大，磁热效应越显著。从理论上说，只要工作物质能够发生磁相变，就会产生磁热效应。

室温磁热效应并不容易实现，因为磁热效应是靠磁相变来实现的，而磁熵变较大的磁性材料，磁相变温度（居里点）很低，在室温下无法演示。而且，一般来说，磁性系统的有效熵为磁熵、晶格熵和电子熵之和。在低温条件下，晶格熵和电子熵可以忽略，系统磁熵的变化相对较大，磁致热效果比较明显；室温条件下，磁性系统的电子熵可以忽略，而晶格熵不可忽略，它在磁致热过程中会变成额外的热负荷，使有效熵减小，相变时的磁熵变随之减小，因此，室温下磁致热现象很不明显。

纳米磁流体材料能满足室温下演示磁热效应对工作物质的要求，且材料是现成的，正在被其他实验所使用。纳米磁流体材料是磁流体技术与纳米技术相结合的产物，它是由单分子层（2nm）表面活性剂裹覆的、直径小于 10nm 的单磁畴磁性粒子高度扩散在某种液态载体中，形成的固、液两相胶体溶液。它既具有磁性材料可被磁化的特性，又具有液体流动性的特点。与固态磁性纳米材料相比，液态载体中的磁性颗粒不仅能通过磁矩转动来实现磁化，还容易通过颗粒的机械转动来实现磁化，从而具有放大磁热效应的作用。另外，它对磁场要求不高，用普通线圈对其进行励磁就可以，不用超导磁体。它还有一个很大的优点是没有磁滞现象，可使退磁过程与励磁过程正好对称，克服固体磁性材料作为工作物质在测量温度时带来的困难。

【实验要求】

根据要求制作完成实验装置，安装调试正常后，进行以下实验内容。

① 按图 4-26-1 选择、制作、组装好实验装置。尤其对于磁流体的加注、隔热材料的敷设、温差热电偶的安插、试管部分在软铁上端的安装等，都要在事先认真周密的计划下进行。

② 用可调电源给线圈通电，通电电流逐步增加，密切观察灵敏电流计的光标位置，防止超量程。这一步必须仔细调节，首先要经过反复试验，确定合适的灵敏电流计量程，然后

开始演示。

③ 从小到大，再从大到小改变励磁电流，观测灵敏电流计光标的偏转程度，并记录位置数据。确定磁热效应变化过程。

需要说明：由电磁学知识可知，工作物质所在处磁场 B 与线圈通电电流 I 关系为 $B \propto I$，而工作物质的磁熵变 $\Delta S \propto \Delta B$，又由系统的温度变化 $\Delta T \propto \Delta S$，所以 $\Delta T \propto I$。观察灵敏电流计光标的偏转程度时，分别从小到大，再从大到小改变电流，会得到 $\Delta \theta \propto I$ 的结果。当灵敏电流计的量程选择合适时，演示效果十分显著。

注意：在每个观测点不要停留过长时间。因为灵敏电流计所反映的是电流的冲量。另外，在励磁线圈的电流达到最大值时，工作物质有可能处于饱和磁化状态，此时没有熵变，温度不再发生变化，但由于自然散热，造成温差电偶两端所受影响不均衡，会引起灵敏电流计光标的偏转。所以，在每个观测点停留时间都不要过长，并尽量避免周围空气的流动。

思考题

1. 简述磁热效应的原理和技术应用。
2. 如何选择自制温差热电偶的材料、加工的方法？
3. 在加注磁流体、铺设隔热材料、软铁上端安装试管和安插温差热电偶的过程中，都要注意些什么？

实验 4-27 磁性液体表观密度随磁场变化测量装置的设计和应用

磁性液体是由表面活性剂包覆的、直径小于 10nm 的单畴磁性纳米颗粒均匀分散在载液中而形成的一种固液两相胶体溶液，是一种液态功能材料。在重力和磁场力作用下，不凝聚也不沉淀。在无外磁场作用时，本身不显磁性，其磁滞回线是一条通过坐标原点的 S 形曲线；在有外磁场作用时，磁性液体可以对磁场做出响应，受磁场的控制，在磁场作用下，磁性液体被吸引到磁场强的方向，而磁性液体中的非磁性物体反而向磁场弱的方向移动，也就是磁性液体不同液层的表观密度不同。

目前大学物理实验中的密度测量实验仍是对固体、液体等介质的测量，不足以引起学生的兴趣。本实验根据磁性液体在磁场中的性质，将科研成果浓缩并融入基础实验教学，利用自制的磁性液体研制出测量磁性液体表观密度的装置，不仅能测量磁性液体中不同液层的表观密度，也能测量磁性液体中某点的表观密度随磁场变化的规律。本实验可以起到开阔学生视野，启迪学生创新思维的作用。

【实验目的】

① 学习和掌握磁性液体表观密度的测量方法和测量原理。

② 认识和掌握磁性液体在不同液层的表观密度和不同磁场的表观密度下的主要性质。

③ 增加新奇感，启迪创新思维，培养学生的科学素质。

【实验仪器】

磁性液体表观密度测量实验装置如图 4-27-1 所示，该测量装置主要由单秤盘天平和电磁铁构成。单秤盘天平上有位置标尺，天平一侧为非铁磁材料的测锤，另一侧为单秤盘，测

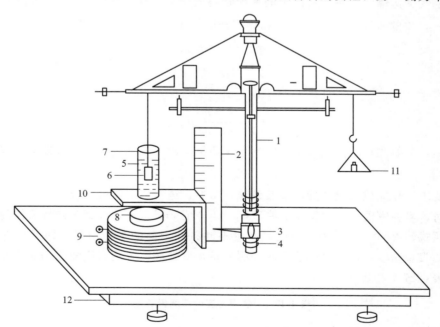

图 4-27-1 磁性液体表观密度测量实验装置结构示意

1—天平；2—标尺；3—升降梯型螺母；4—升降梯型螺杆；5—磁流体；6—测锤；7—玻璃杯；
8—线圈铁芯；9—励磁线圈；10—可拆侧磁轭；11—秤盘；12—底座

锤用细丝悬挂在细长玻璃容器的磁性液体中。在箱体内装电磁铁，由直流电提供恒定非均匀磁场，并通过转换开关调整磁场方向。该测量装置既能测量某点磁性液体表观密度随磁场变化情况，又能测量不同液层磁性液体表观密度的变化情况。

【实验原理】

磁性液体的表观密度：用透明玻璃细管盛满磁性液体并置于恒定非均匀磁场中，则管内单位体积磁性液体受到重力 F_g 和磁力 F_m 的作用，若重力方向为 Z 方向，其所受合力为

$$F_Z = F_{gZ} + F_{mZ} \tag{4-27-1}$$

若用 H 表示磁场强度，用 χ_m 表示磁性液体的磁化强度，$\dfrac{\partial H}{\partial Z}$ 表示 Z 方向的磁场梯度，ρ_m 表示磁性液体密度，则式（4-27-1）为

$$F_Z = \rho_m g + \chi_m H \frac{\partial H}{\partial Z} \tag{4-27-2}$$

变化磁场中可使 $\dfrac{\partial H}{\partial Z} > 0$，所以 $F_Z > \rho_m g$ 相当于磁性液体得到加重，这种加重作用反映在密度上就称为表观密度，用 ρ_s 表示

$$\frac{F_Z}{g} = \rho_m + \chi_m H \frac{\partial H}{\partial Z} g^{-1}$$

即

$$\rho_s = \rho_m + \chi_m H \frac{\partial H}{\partial Z} g^{-1} \tag{4-27-3}$$

测量原理：如图 4-27-1 所示，采用流体静力称衡法，首先测出非铁磁物体测锤在不同氛围，如空气、蒸馏水、磁性液体中的平衡砝码质量分别为 m，m'，m_i，若磁性液体的表观密度为 ρ_s，水的密度为 ρ_w，非铁磁物体测锤的体积为 V，可得方程

$$mg - m'g = \rho_w g V \tag{4-27-4}$$
$$mg - m_i g = \rho_s g V \tag{4-27-5}$$

整理得

$$\rho_s = \frac{m - m_i}{m - m'} \rho_w \tag{4-27-6}$$

很明显，只要测得不同氛围中测锤的平衡质量，磁性液体的表观密度即可获得。

【实验要求】

根据要求制作完成实验装置，安装调试正常后，进行以下实验内容。

测量时，可在室温下取蒸馏水的密度 $\rho_w = 1.00 \text{g/cm}^3$，并选细管中磁性液体的液面为参考面，按照式（4-27-6）沿重力方向逐点测量不同氛围测锤的平衡质量，即可获得不同液面磁性液体的表观密度；也可逐渐改变磁场测量某点磁性液体表观密度随磁场变化曲线。实验数据记入表 4-27-1 和表 4-27-2。

表 4-27-1　表观密度分层测量数据

$m = $ _____ ; $m' = $ _____ ; $\rho_w = $ _____

Z/cm								
m_i/g								
$\rho_s/(\text{g/cm}^3)$								

表 4-27-2　表观密度随磁场变化测量数据

$m=$ _____ ；$m'=$ _____ ；$\rho_w=$ _____ ；Z （cm） = _____

I/A								
m_i/g								
$\rho_s/(g/cm^3)$								

图 4-27-2 中曲线是根据式（4-27-6）沿重力方向，逐点测量不同氛围测锤的平衡质量所对应的表观密度曲线，该曲线说明当磁场一定时（电流一定），不同液层磁性液体的表观密度随着磁性液体深度的不同而不同，深度增加，表观密度增大。

由式（4-27-3）知，表观密度与磁性液体的磁化率 χ_m、外加磁场强度 H、磁场梯度 $\dfrac{\partial H}{\partial Z}$ 有关。图 4-27-3 中的曲线正好反映出磁性液体的一个重要性质，即当磁场增大时，可以得到不同的随磁场变化的磁性液体表观密度。

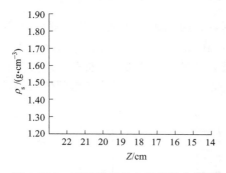

图 4-27-2　不同液层的表观密度曲线

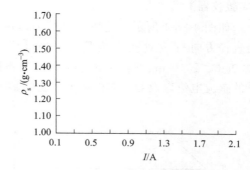

图 4-27-3　表观密度随磁场变化曲线

思考题

1. 磁性液体表观密度测量装置主要由哪几部分组成？
2. 磁性液体表观密度与哪些因素有关？
3. 试着说明本实验装置在制作和测量上的特点。

实验 4-28   电磁阻尼落体运动实验装置的研究

磁体在非铁质金属管中下落时,受管壁上感应电流产生的电磁阻尼,运动情况与自由落体完全不同。现有的一些实验仪器仅能定性地演示磁体下落时受电磁阻尼而使运动迟缓的现象,并不能定量地测量出磁体下落过程中的速度和路程。本实验要求学生设计电磁阻尼落体运动实验装置,可以直观地反映磁体下落时的运动状态,并在不同的阻尼条件下,可以定量地分析磁体下落的速度与路程。

【实验目的】

① 研究受电磁阻尼的落体运动过程。

② 学习和掌握测量磁体下落速度与路程的方法。

③ 训练设计、安装实验装置的能力。

【实验仪器】

如图 4-28-1 所示,选择一根长 70.0cm 的铝管,为防止边缘效应,在上端以下 8cm 处沿直径方向打一对孔作为零点并加上零点锁销,在零点以下 2.5cm、5.0cm、10.0cm、15.0cm、25.0cm、35.0cm、55.0cm 处各打一对孔,孔的直径为 3mm 左右,其对金属管壁上的感应电流以及对落体的阻尼产生的影响可以忽略,在每对孔处安装光电门作为测量点。

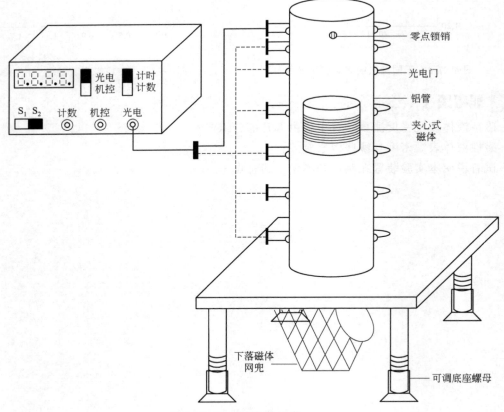

图 4-28-1   实验装置示意

测量每点处的瞬时速度,以及从零点到该点所经历的时间,便可验证速度公式和路程公式，并求得阻尼系数 β 和终极速度 v_T。

为研究在不同阻尼下落体的运动，保持 K 不变，改变落体质量 m 来达到改变 β 的目的。为了方便改变磁体的质量及阻尼系数，把磁体设计成"夹心式复合磁体"，即隔着一个非铁磁介质环而相互吸合的两块扁圆柱形磁钢。改变介质环的内径，或在环中填充锡粒，可以改变磁体的质量而并不改变磁场分布情况。

要测量的物理量是磁体在铝管中 7 个点的瞬时速度和初始点到每一测量点的时间，其中瞬时速度可以转化为对时间的测量，首先测量磁体的长度 l，然后测量磁体通过测试点的时间 Δt，与前者相除就可得到瞬时速度。显然长度 l 越小，结果越准确，但会对时间测量提出更高的要求。在实验中测得落体平均速度 $\bar{v} \approx 0.1\text{m/s}$，若 $l = 2.0\text{cm}$，则落体通过测量点的时间 $\Delta t \approx 200\text{ms}$，用精度为 1ms 的计时器可以测量出 3 位有效数字，因此落体长度定为 $1.5 \sim 2.0\text{cm}$。

【实验原理】

磁体受力分析：磁体在非铁质金属管中下落时，如果不计其与管壁摩擦等因素，磁体将只受重力 mg 和向上的阻力 f 作用。f 为磁体运动在管壁上感应的电流产生的电磁阻尼，它与磁通量变化率有关，即与磁体运动的速度有关。在电磁阻尼下，忽略空气阻力可得

$$f = Kv \tag{4-28-1}$$

式中，K 为比例系数；v 为瞬时速度。则磁体运动方程为

$$m\frac{\mathrm{d}v}{\mathrm{d}t} = mg - Kv \tag{4-28-2}$$

设落体初速度为零，下落过程中的速度为

$$v = v_T(1 - \mathrm{e}^{-\beta t}) \tag{4-28-3}$$

式中，$v_T = \dfrac{mg}{K}$ 为下落终极速度；$\beta = \dfrac{K}{m}$ 为阻尼系数。由式（4-28-3）可以得到路程公式为

$$y = v_T t - \frac{v_T}{\beta}(1 - \mathrm{e}^{-\beta t}) \tag{4-28-4}$$

阻尼系数的计算：由式（4-28-4）及 $v_T = \dfrac{mg}{K} = \dfrac{g}{\beta}$ 可得

$$\frac{y}{g}\left[\left(\beta - \frac{g}{2y}t\right)^2 - \left(\frac{g}{2y}t\right)^2 + \frac{g}{y}\right] = \mathrm{e}^{-\beta t} \tag{4-28-5}$$

当 βt 值比较大时，$\mathrm{e}^{-\beta t} \approx 0$，则式（4-28-5）可以化为

$$\left(\beta - \frac{g}{2y}t\right)^2 - \left(\frac{g}{2y}t\right)^2 + \frac{g}{y} = 0 \tag{4-28-6}$$

根据 y，g，t 的值，解此方程可求出阻尼系数 β。

【实验要求】

根据实验要求，选择、安装、调试实验装置。

（1）长管实验

将两块圆形磁铁吸合在一起，使其在 1.53m 长的铝管中下落，在两块磁铁之间添加不同材料的夹层以改变磁体的质量 m，在 m 不同的情况下测出磁体平均下落时间，磁体两端面磁感应强度 $B = 270\text{mT}$，重力加速度 $g = 9.79\text{m/s}^2$，$y = 1.53\text{m}$。用式（4-28-6）解方程求 β，实验数据填入表 4-28-1 中。

由表 4-28-1 中测得的数据可以知道，βm 大致是一常量，计算 $\beta m =$ ＿＿＿＿ g·s^{-1}，其最大相对偏差为 $E_{max} =$ ＿＿＿＿＿。

表 4-28-1　长管实验测量数据

$m = 24 \sim 30 \text{g}$

m/g	$\bar{t}/\text{s}$	β/s^{-1}	$\beta m/(\text{g·s}^{-1})$

（2）速度、路程公式验证

测量装置中铝管外径为 26mm，壁厚 2mm，夹心式磁体中间夹层为铝环，与长管实验中磁体不同，通过在环中添加锡粒来改变磁体的质量 m，在不同 β 下测得 y-t 和 y-v 的关系。

"夹心式磁体"的夹层 $h = 9.80$mm，总长度 $l = 19.80$mm，两端面磁感应强度 $B = 302$mT（实验时可根据现场实测得到），在夹层中添加锡粒，使磁体质量 $m_1 = 27.63$g（同样可以现场实测得到）。磁体从零点自由下落，分别测出磁体到达各孔处的时间以及瞬时速度，分别得到 y-t 和 y-v 关系数据，实验数据填入表 4-28-2 和表 4-28-3 中，根据表中数据可得到 y-t 关系 [图 4-28-2(b)]。由 v_T 计算出阻尼系数 $\beta =$ ＿＿＿＿＿ s^{-1}。从图 4-28-2 中可以验证，经过很短的时间 t，速度 v 就达到了终极速度 [图 4-28-2(a)]，而且路程 y 与时间 t 成线性关系 [图 4-28-2(b)]。

表 4-28-2　质量为 m_1 时测量的 y-t 数据

y/cm	t/ms					$\bar{t}/\text{ms}$
	$n=1$	$n=2$	$n=3$	$n=4$	$n=5$	
2.5						
5.00						
10.00						
15.00						
25.00						
35.00						
55.00						

表 4-28-3　质量为 m_1 时测量的 y-v 关系数据

y/cm	t/ms					$\bar{t}/\text{ms}$	$\bar{v}/(\text{cm·s}^{-1})$
	$n=1$	$n=2$	$n=3$	$n=4$	$n=5$		
2.5							
5.00							

续表

y/cm	t/ms					$\bar{t}$/ms	$\bar{v}$/(cm·s^{-1})
	n=1	n=2	n=3	n=4	n=5		
10.00							
15.00							
25.00							
35.00							
55.00							

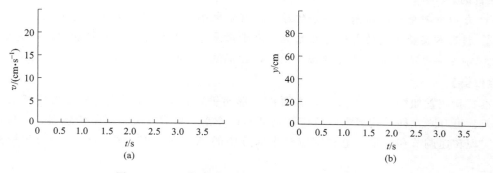

图 4-28-2　磁体质量为 m_1 时 v-t 与 y-t 关系曲线

改变夹层中锡粒的数量，使磁体质量 $m_2 = 29.20$g（可以现场实测得到），其他参量保持不变，重复实验，又可得到阻尼系数 $\beta =$ _____ s^{-1}，记录质量为 m_2 时的实验数据，作出 m_2 时 v-t 及 y-t 曲线。

【注意事项】

在测量 v-t 关系时，用光电门测量的磁体经过光电门的平均速度作为瞬时速度，是近似值，存在着一定的系统误差。从测量结果可以看出，磁体在下落的过程中速度在较短的时间内达到了接近于终极速度 v_T 的值，因此得到的平均速度可以看作是在测量点处的瞬时速度，可以反映出磁体下落过程中的运动状态。

■ 思考题 ░░

1. 本实验装置如何实现在不同的阻尼条件下，定量地分析磁体下落的速度与路程？
2. 在制作实验装置过程中，应当注意什么？
3. 画出零点锁销的示意图，并说明操作注意事项。

实验 4-29   基于电磁感应系统测量磁悬浮力和磁牵引力的特性

100 多年前，法拉第归纳了 5 种产生电磁感应的方式：变化的电流、变化的磁场、运动的稳恒电流、运动的磁铁、在磁场中运动的导体。但在大学物理实验中，涉及到法拉第电磁感应定律的实验仪器种类较少。本实验利用步进电机、转盘、磁铁、力传感器等构建电磁感应系统，可以方便低年级学生自主搭建和组装，用来研究物体相对运动引起的电磁相互作用力的规律，或进行电磁感应应用的初步设计，还可进行一些探索性实验尝试。

【实验目的】

① 介绍电磁感应与磁悬浮实验的原理，演示电磁感应的产生条件及其现象。

② 利用本实验组建的电磁感应系统，测量磁悬浮力及磁牵引力与铝盘转速的关系。

③ 学生对电磁感应应用进行初步设计，尝试做一些探索性实验。

【实验仪器】

本实验装置如图 4-29-1 所示，主要由矩形磁铁、铝盘、可调速电机、力传感器、二维调节架、可升降立柱等构成电磁感应产生部分；磁钢、集成开关型霍尔传感器、电机速度测控箱实现转速调节和测量。电磁感应产生部分中的 A（图 4-29-1 中左侧）用来测量磁悬浮

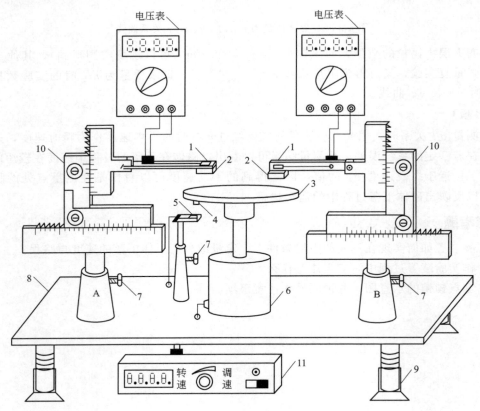

图 4-29-1 实验装置示意

1—力传感器；2—矩形磁铁；3—铝盘；4—磁钢；5—集成开关型霍尔传感器（UGN3144）；

6—可调速电机；7—可升降立柱紧固螺钉；8—底座；9—底座螺钉；

10—二维调节架；11—电机速度测控箱

力；B（图 4-29-1 中右侧）用来测量磁牵引力。两者的主要不同在于力传感器放置的方向。实现对不同方向上力的传感。

本实验装置设计原理基于法拉第电磁感应定律。在矩形的钕铁硼永磁体下方放置圆形铝盘，铝盘在步进电机的驱动下匀速转动。根据楞次定律，产生的感应磁场是要减弱磁通量的变化，可以判断磁铁在竖直方向上受到的力是向上的，以此确定力传感器的放置方向。水平方向的分力通过改变传感器的放置方向后即可测量。

【实验原理】

由法拉第电磁感应定律可知：当通过回路面积的磁通量发生变化时，回路中产生的感应电动势与磁通量对时间的变化率成正比，即

$$\varepsilon \propto -\frac{\mathrm{d}\phi}{\mathrm{d}t}$$

式中，负号表明了感应电动势的方向。

在图 4-29-1 所示的电磁感应产生部分中，矩形永磁铁周围存在稳恒非均匀磁场，铝盘在电机驱动下，绕定轴旋转切割磁感应线，依据法拉第电磁感应定律，矩形磁铁与铝盘间会产生电磁相互作用，表现为两者之间的相互作用力。由于矩形磁铁产生的磁场是稳恒非均匀磁场，因此作用力在不同位置上的大小和方向也必定不相同。本实验主要研究运动沿铝盘切线方向的"磁牵引力"和垂直铝盘竖直方向上的"磁悬浮力"，并要求利用磁体切向的电磁作用力设计电磁传动系统。

在铝盘与磁铁的位置关系不变时，铝盘转速的变化使其切割磁感应线的速率改变，那么铝盘与磁铁两者之间的相互作用大小也会随之发生变化。切线方向上的磁牵引力的方向与永磁体的磁极相关，假如永磁体能自由转动，那么在切线方向上由于两面磁极相反，受到的磁牵引力必定也是反向的，如此将构成力矩使磁体转动。可以利用导体相对永磁体运动时会产生的切向作用力设计电磁传动系统。显而易见，这种方式由于没有摩擦，能量损失减小，更节能、更环保，而且能延长部件的使用寿命。

【实验要求】

根据实验仪器要求，正确连接线路，安装调试实验装置。做磁悬浮相关内容时，要求松开 B 上紧固螺钉 7，旋转可升降立柱一定角度，使得其上矩形磁铁和力传感器部分移出铝盘上方；同样，做磁牵引相关内容时，移出 A 上矩形磁铁和力传感器部分。以保证做磁悬浮实验或磁牵引实验只有其矩形磁铁和力传感器在独立作用和感知。运用本实验装置，可以完成以下实验内容：

① 定量测量铝盘不同转速对应磁悬浮力的大小，寻找对应关系。

② 测量铝盘不同转速对应磁牵引力的大小，寻找对应关系。

③ 电机转速不变，磁牵引力随磁铁与铝盘距离变化的规律研究。

实验内容①和实验内容②步骤基本相同，只是在测量铝盘不同转速对应磁悬浮力的大小时，A 测量系统单独作用；在测量铝盘不同转速对应磁牵引力的大小时，B 测量系统单独作用。通过二维调节架使得磁铁与铝盘间距 $l=1\text{mm}$；由电机速度测控箱实现对电机转速的控制和显示，电机转速从 20r/s 开始，每增加 1r/s 左右，观测 A 或 B 测量系统中力传感器的输出电压值，再根据力传感器的灵敏度，折算出对应的受力大小。实验数据填入表 4-29-1 中，作磁悬浮力 F_1 与铝盘角速度 ω 的关系曲线（图 4-29-2）和磁牵引力 F_2 与铝盘角速度 ω 的关系曲线（图 4-29-3）。由所作曲线拟合可得到各物理参量与铝盘转动角速度的关系表

达式：

磁悬浮力 $F_1=$ _____ $\omega+$ _____ ，求线性相关系数；

磁牵引力 $F_2=$ _____ $\omega+$ _____ ，求线性相关系数。

由此可以验证它们的线性相关性。

表 4-29-1　磁悬浮力 F_1、磁牵引力 F_2 与铝盘角速度 ω 的变化关系

$\omega/(r/s)$	F_1/N	F_2/N
20		
22		
24		
26		
28		
30		
32		
34		
36		
38		
40		

磁铁与铝盘间距 $l=1\mathrm{mm}$；

力传感器 1 灵敏度 = _____ N/mV；

力传感器 2 灵敏度 = _____ N/mV。

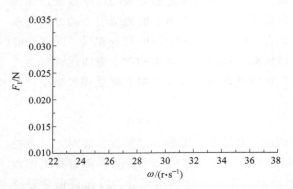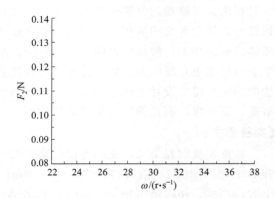

图 4-29-2　磁悬浮力 F_1 与铝盘角速度 ω 的关系曲线　图 4-29-3　磁牵引力 F_2 与铝盘角速度 ω 的关系曲线

两个物体之间的电磁感应作用与它们距离的关系十分密切。因此，通过二维支架，在竖直方向上移动永磁铁，改变其与铝盘之间的距离，同时测量切线方向上磁牵引力 F_2。所得实验数据填入表 4-29-2 中，作磁牵引力 F_2 随 l 的变化曲线（图 4-29-4），据此得出实验结论。

表 4-29-2　磁铁与铝盘间距 l 变化对磁牵引力 F_2 的影响

l/mm	F_2/N	l/mm	F_2/N
1		7	
2		8	
3		9	
4		10	
5		11	
6		12	

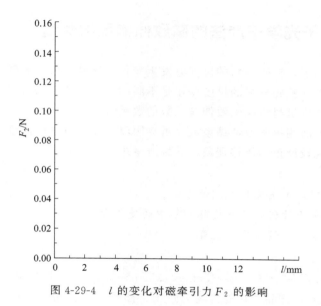

图 4-29-4 l 的变化对磁牵引力 F_2 的影响

思考题

1. 本测量系统主要由哪几部分组成?
2. 用力敏传感器测量磁悬浮力和磁牵引力,安装时应该注意些什么?
3. 在设计和组装测量系统时,为明显观测实验现象,应如何选择矩形磁铁、可调速电机、力敏传感器等部件?

实验 4-30　基于光学干涉法的磁致伸缩系数测量

在外磁场的作用下，铁磁材料的尺度会发生变化，这种现象称为磁致伸缩现象。在相同外磁场的条件下，不同铁磁材料的尺度变化是不同的，通常用磁致伸缩系数 $\alpha = \Delta L / L$ 来表征形变的大小。一般铁磁材料的磁致伸缩系数的数量级为 $10^{-5} \sim 10^{-6}$。

采用光学干涉方法测量磁致伸缩系数，可克服以往测试方法中温度、磁电阻效应等因素的影响（电路中出现较严重的漂移现象，导致测量难以进行）。

【实验目的】

① 学习和掌握磁致伸缩原理及测试方法。

② 了解迈克耳孙干涉仪光路在实际测量中的使用方法。

③ 学习制作、安装、调试实验装置。

【实验仪器】

待测铁磁材料样品制成长条形（5cm×1.5cm×0.1cm）。将样品放置在螺线管轴线位置，螺线管长约12cm，样品所在处为均匀磁场。样品一端粘贴一个小平面镜，镜面与样品长度方向垂直，另一端与螺线管固连，如图 4-30-1 所示。

在光学平台上搭建迈克耳孙干涉仪光路，如图 4-30-2 所示。光源为氦氖激光器，波长为 632.8nm。动镜为与待测样品固连的平面镜，接收装置为光电计数器。样品材料为铁镍合金，其长度 $L=5.20$cm，螺线管为 200 匝/cm。

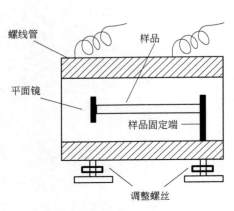

图 4-30-1　样品放置示意

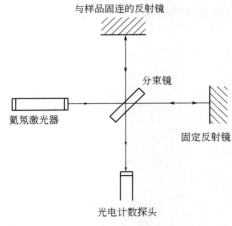

图 4-30-2　实验光路

【实验原理】

当螺线管线圈中通过电流 I 时，其轴线处磁感应强度 $B = \mu_0 n I$，样品在磁场作用下其长度将发生变化，从而引起干涉条纹级数改变。

设样品的伸缩量为 ΔL，条纹级数改变量为 ΔK，则由迈克耳孙干涉仪原理可知 $\Delta L = \dfrac{\Delta K \lambda}{2}$，所以样品磁致伸缩系数

$$\alpha = \frac{\Delta L}{L} = \frac{\Delta K \lambda}{2L} \tag{4-30-1}$$

【实验要求】

① 调整光路，使其能够形成等倾干涉条纹，调好后将光电计数器的探头放置在干涉条纹的中心位置。

② 将螺线管线圈接交流调压器，先将电流调到线圈的额定电流值，再缓慢减至零，将样品退磁。

③ 将螺线管线圈接直流电源，如图 4-30-3，调节电阻 R_W，记录条纹级数改变量 ΔK 及相应的电流值 I。记录实验数据，填入表 4-30-1 中，并画出 α-B 关系曲线。

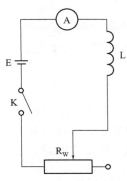

图 4-30-3　激磁电路

表 4-30-1　实验测量数据

ΔK	I/A	B/T	$\alpha/10^{-6}$
1			
2			
3			
4			
5			
6			
7			
8			
9			

④ 由测量结果，分析待测样品在磁饱和前与磁饱和后磁致伸缩的变化趋势。

■ 思考题

1. 什么是磁致伸缩现象？
2. 采用光学干涉法测量磁致伸缩系数的特点是什么？
3. 试着说明本方法可以克服温度、磁电阻效应对测量结果影响的理由。
4. 通常观测磁致伸缩现象的方法有哪些？

实验 4-31　利用非接触式电磁感应线圈探头测液体电导率

电导率是液体的基本属性，通过液体的电导率可以分析液体的纯净度、带电粒子的浓度等参量。目前测量电导率常用的方法是用交流电直接接触液体测量。这种测量方法由于电极与液体直接接触，通电后会对液体本身有一定的影响，如微量电解引起电导率变化，温度升高引起电导率变化，电极化学反应、液体形状和测量深度等引起电导率测量值不准确等。

【实验目的】

① 培养学生实验技能与方法，提高学生分析问题、解决问题的能力。

② 学习测量液体电导率和测量液体离子浓度的方法。

③ 学生可制作便携式电导测量仪。

【实验仪器】

实验采用非接触感应式的测量方法，使用双磁环线圈探头，由于液体导电形成回路，两磁环线圈发生电磁感应，副线圈得到信号，液体电导率越大，输出信号越大，因此，输出信号可以反映液体电导率的大小。采用非接触式测量方法，避免直接接触式测量对液体本身的影响，提高了测量准确度。

实验测量装置如图 4-31-1 所示，其中探头由 2 个绕有相同匝数漆包线的铁氧体磁环组成（图 4-31-2）。将线圈并排放好，用耐腐蚀、绝缘性能较好的硅胶胶合在一小段中空的圆

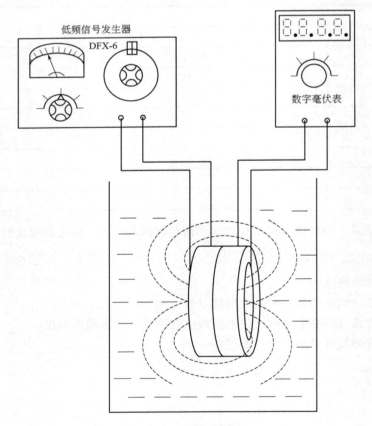

图 4-31-1　实验测量装置

管里，并分别引出 2 对接线端。其中一个线圈作为输入激励线圈，与交流电压源相连；另一个线圈作为输出信号线圈，与毫伏表和示波器相连，整个探头置于待测液体中。探头中每个线圈匝数为 65，导线直径 $d = 0.25\text{mm}$；中空圆柱体的内径 $D = 1.695\text{cm}$，长度 $L = 2.039\text{cm}$。

【实验原理】

如图 4-31-2 所示，由信号发生器输出的正弦交变信号 U_i 在绕组 11′ 环内产生正弦交变磁场，因而导电液体中产生正弦交变的感生电场，液体中含有的离子在该交变电场作用下产生交变电流 I

$$I = G \frac{N}{N_1} U_i \qquad (4\text{-}31\text{-}1)$$

式中，N_1 和 N 分别为绕组 11′ 的匝数和感应电流的等效匝数；G 为液体的电导。该感生电流 I 也通过绕组 22′ 环，绕组 22′ 处于交变的磁场中，磁通量为

$$\Phi_m = \frac{IN}{R_m} \qquad (4\text{-}31\text{-}2)$$

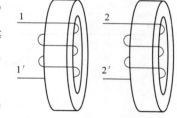

图 4-31-2　探头内部结构

根据变压器原理，该磁场在绕组 22′ 内又产生感生电动势，在 22′ 绕组端测得输出信号有效值为

$$U_o = 4.44 f N_2 \Phi_m \qquad (4\text{-}31\text{-}3)$$

式中，N_2 为 22′ 绕组的匝数。整理式(4-31-1)～式(4-31-3)，得

$$U_o = 4.44 f \frac{N^2 N_2}{N_1 R_m} U_i G \qquad (4\text{-}31\text{-}4)$$

忽略磁滞效应，除 U_i、G 外，其他参量与探头磁环结构常量有关。设常量 K，可得

$$U_o = K U_i G \qquad (4\text{-}31\text{-}5)$$

经分析得，当通过传感器的液体的体积（截面积和长度）一定时，其液体电导率与所测电压成一确定的函数关系，即可由所测得的电压计算出其电导率。如图 4-31-1 所示，因盛放待测液体的容器很大，圆柱体外面的液体的电阻很小，可忽略不计，因此可由液体柱作为液体等效体积来计算液体的电导率。液体柱电阻为

$$R = \frac{1}{G} = \frac{1}{\sigma} \times \frac{L}{S}$$

所以液体的电导率为

$$\sigma = \frac{1}{R} \times \frac{L}{S} = G \frac{L}{S} \qquad (4\text{-}31\text{-}6)$$

式中，L 为中空圆柱体探头的长度；S 为圆柱体的截面积。在输入电压一定的情况下，当液体的电导率 σ 处于一定范围时，σ 与 U_o/U_i 成正比关系：

$$\sigma = K \frac{U_o}{U_i} \qquad (4\text{-}31\text{-}7)$$

因此输出电压 U_o 是输入电压 U_i 的单调函数。

【实验要求】

根据仪器要求，制作完成实验装置，安装调试正常后，进行以下实验内容。

(1) 探头测量系统定标

在实验中，为了精确确定式(4-31-7)中的比例常量 K，用外接标准电阻来替代液体电

阻。将一根导线穿过探头的中空圆柱体，接在标准电阻的两端形成回路。输入峰峰值为 10V 的励磁电压，信号频率为 39.4kHz。调节标准电阻（电阻范围：$0 \sim 800\Omega$），测量当标准电阻取不同阻值时的输出电压 U_{o}。根据式(4-31-6)将电阻转换为电导率 σ，实验数据填入表 4-31-1，作 σ-$U_{\mathrm{o}}/U_{\mathrm{i}}$ 关系图（图 4-31-3）。

表 4-31-1　探头定标数据

$U_{\mathrm{i}}=$ _____；$f=$ _____；$L=$ _____；$S=$ _____

标准电阻/Ω	200	300	400	500	600	700	800
$\sigma/(\mathrm{S \cdot m^{-1}})$							
$U_{\mathrm{o}}/\mathrm{V}$							
$U_{\mathrm{o}}/U_{\mathrm{i}}$							

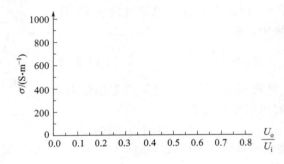

图 4-31-3　σ-$U_{\mathrm{o}}/U_{\mathrm{i}}$ 关系图

　　为使定标准确，要求对数据进行分段定标，并根据公式进行拟合。例如电导率范围为 $0 \sim 25\ \mathrm{S \cdot m^{-1}}$ 的拟合曲线，电导率范围为 $25 \sim 910\ \mathrm{S \cdot m^{-1}}$ 的拟合曲线。

　　(2) 利用已定标的探头，测量不同浓度氯化钠溶液的电导率

　　实验中，要求配置三种不同浓度的 NaCl 溶液，利用自制探头对其进行电导率测量，并与其他电导率仪测量结果进行比较。其中输入电压峰峰值为 10V。测量数据填入表 4-31-2。参照对比 DDS-11Ar 数字电导仪（误差范围 $\pm 1.5\%$，温度补偿范围 $15 \sim 35℃$）。

表 4-31-2　不同浓度的 NaCl 溶液的测量数据

$U_{\mathrm{i}}=$ _____；$K=$ _____

$c/\%$	$U_{\mathrm{o}}/\mathrm{V}$		$\sigma_{测}/(\mathrm{S \cdot m^{-1}})$	$\sigma_{参}/(\mathrm{S \cdot m^{-1}})$	$E_{\mathrm{r}}/\%$
1.000					
5.000					
10.00					

　　要求对比自制传感器探头测量出的电导率与电导率仪测出的结果，分析产生误差主要

原因。

（3）传感器探头的频率特性研究

为了进一步了解探头的性能，要求在实验中测量输出电压随输入信号频率变化的关系。实验中选取五种不同浓度的 NaCl 溶液，分别对输出电压随频率的变化进行测量，记录数据，填入表 4-31-3 中，并作图分析（图 4-31-4）。

表 4-31-3　探头输出电压随频率的变化

项目	500Hz	1kHz	10kHz	20kHz	30kHz	40kHz	…	18MHz
1.000%							…	
4.000%							…	
8.000%							…	
12.00%							…	
16.00%							…	

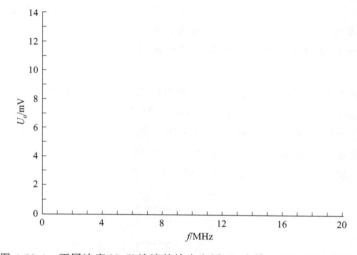

图 4-31-4　不同浓度 NaCl 溶液的输出电压 U_o 和输入电压频率 f 曲线

由所作 U_o-f 关系曲线，回答下列问题：

① 在输入信号频率 f 改变时，输出电压 U_o 是否存在峰值？若存在，出现位置有何特点？

② 试着分析探头自身结构参量（磁环和线圈引起的电感电容）和溶液浓度（溶液间的双电层电容和并联于液体的分布电容）对 U_o 峰值位置和峰值大小的影响。

③ 为使输出信号的测量更精确，实验选择的信号频率在 40kHz 附近，为什么？

■ 思考题

1. 常用测量液体电导率的方法是什么？测量上有什么局限性？
2. 电磁感应式测量探头在选材、结构、制作上应当注意些什么？
3. 简述变压器的工作原理。
4. 为什么要对探头测量系统进行标定？

实验 4-32   用交流法测量钛酸钡半导体电阻中极化子导电到能带导电的转变

低温时半导体材料以极化子导电为主，其特征是电阻随温度的上升而减小；高温时以能带导电为主，其电阻随温度的上升而增大。在转变温度附近，电阻出现极小值。

根据电导率随温度 T 的倒数的变化规律可以计算出半导体中载流子的激活能。该现象的演示在半导体物理教学中有较重要的意义。但纯半导体材料一般都较易破碎，不利于演示；而已封装好的商用半导体器件大多都做成 PN 结的形式，由于 PN 结的影响，上述的转变往往不易观察。

本实验要求采用钛酸钡正温度系数（PTC）陶瓷电阻替代传统的纯硅晶体。由于 PTC 电阻具有加热和控温的双重功能，可简化整个实验装置的结构。

【实验目的】

① 学习用交流法测量大功率商用钛酸钡陶瓷加热器的电阻随温度的变化关系。

② 掌握用交流法测量大功率商用钛酸钡陶瓷加热功率随温度变化关系的方法。

③ 了解钛酸钡陶瓷的电导特性，即低温时的极化子跳跃导电，高温时的能带导电。

【实验仪器】

实验装置如图 4-32-1 所示。实验采用的商用电蚊香加热器中的加热元件，为钛酸钡陶瓷圆片：厚度 3mm，直径 13mm，可直接连接 220V 交流电。

为了避免升温过快，难以准确测量，采用图 4-32-1 所示电路，由自耦变压器输出 60V 交流电压。将被测元件与电流表串联后接到 60V 电源上。温度计探头与被测元件之间用云母纸绝缘，两者一起放入隔热的测试样品盒中，保证样品受热均匀。

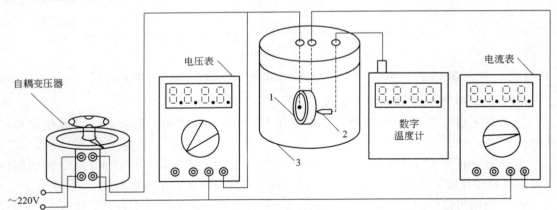

图 4-32-1   实验装置示意

1—钛酸钡陶瓷圆片（PTC）；2—温度计探头；3—样品测试盒

【实验原理】

理论上，商用钛酸钡陶瓷圆片的 $R\text{-}T$ 和 $P\text{-}T$ 关系曲线见图 4-32-2 和图 4-32-3，可明显看到极化子导电到能带导电的转变。

室温时，样品电阻约为 $6k\Omega$，加热功率为 0.5W。随着温度上升，电阻连续减小，在 80℃ 附近达到极小值约 $1k\Omega$。相应地，加热功率也持续上升，在 80℃ 附近达到极大值。之后再继续升温，电阻反而逐渐增大，加热功率变小。在转变温度两侧，电阻和功率随温度的变化都近似为线性。T 大于 80℃时，由于样品的温度与室温差别较大，散热较快，故温度上升趋于平缓。在 60V 电压下，当样品温度升至 130℃时就不再上升。被测样品起到了加热和控温的双重功能。如果想继续升高温度，就必须加大电压。

但由于钛酸钡陶瓷为典型的正温度系数电阻材料，如果再继续升温，其电阻值在居里点附近将突然增大几个数量级，加热功率急剧下降。使得样品两端即使加上 220V 的交流电，其表面温度也不会超过 185℃。起到了很好的保护作用。图 4-32-2 和图 4-32-3 中的电阻和加热功率转变点约为 80℃，远小于钛酸钡陶瓷的居里点（185℃），因此可以确认该转折是由陶瓷样品中的极化子导电向能带导电转变引起的。

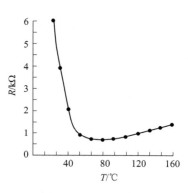

图 4-32-2　R-T 曲线

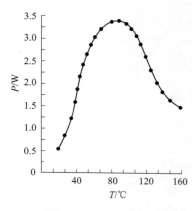

图 4-32-3　P-T 曲线

【实验要求】

根据仪器要求，制作完成实验装置，安装调试正常后，进行以下实验内容。

将电流表拨至 200mA 交流挡。接通电源，则电流随温度变化而改变。从室温开始连续升温至 130℃，每隔 5℃测出对应的电流值，记为升温电流 I_1。升温至 130℃后断开电源，使样品自然降温至室温。再次升温重复上述的测量。记为升温电流 I_2，最后取 I_1 和 I_2 的平均值 $\bar{I}$。根据测量的 U 和 $\bar{I}$ 值，用 $R = U/\bar{I}$，$P = U\bar{I}$，可计算出每个温度对应的瞬时电阻 R 和加热功率 P，实验数据记入表 4-32-1，并据此画出 R-T 及 P-T 关系曲线。

表 4-32-1　实验数据

$U=$ _____。

温度 T/℃	25	30	35	40	⋯	115	120	125	130
电流 I_1/A					⋯				
电流 I_2/A					⋯				
电流 $\bar{I}$/A					⋯				
电阻 R/Ω					⋯				
功率 P/W					⋯				

原则上来说，上述方法也可以采用直流电源。但由于陶瓷的电阻一般都比较大，而实验室常用直流稳压电源的输出电压一般都比较低，且陶瓷样品的直流电导一般都要比交流电导小，因此采用直流电源就需要在实验中采用较精密的直流电流表。只是这样既增加了实验装

置的成本，也容易造成电流表的损坏。

思考题

1. 什么是半导体电阻中的极化子导电？什么是能带导电？
2. 为什么用钛酸钡（PTC）可以使本实验装置的结构得到简化？
3. 在电源类型的使用、温度探头的选择和安装等方面，如何搭配更加合理？

实验 4-33　多普勒效应测速实验

多普勒效应在当前高新技术的发展中有十分重要的应用。例如在交通方面，用微波多普勒测速仪可以测定汽车的行驶速度；在军事上，利用多普勒效应可使雷达能够区分飞机与飞机上施放的烟幕（金属箔等的干扰物），提高了雷达识别能力。此外在医疗诊断与气象预报中也有广泛的应用。1997 年，美国斯坦福大学朱棣文等科学家获得诺贝尔奖的工作——激光冷却中也用到了光的多普勒效应。

为了对多普勒效应有较深刻的理解，特别是对多普勒测速有定量的了解，要求设计一个利用声波的多普勒效应和"拍"测量小车运动速度的实验装置，让学生自己进行测速实验。

【实验目的】

① 学习和掌握多普勒效应的原理。

② 通过实验对多普勒效应和拍频的应用有一个定量认识。

③ 训练综合应用物理原理和设备仪器的能力。

【实验仪器】

多普勒效应测速实验的装置主要由导轨、小车、声波接收器（话筒）、声源（扬声器）和传送系统等五部分组成。

小车通过自身底部的铜钩与链条带连接，链条带由电动机带动使小车在导轨上作匀速运动，如图 4-33-1 所示。实验装置中导轨用"⊏⊐"字形铝型材制作，长 1500mm，设计小车

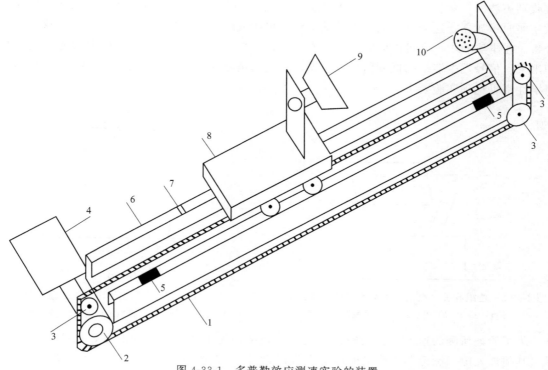

图 4-33-1　多普勒效应测速实验的装置

1—链条传送带；2—交流电动机主轴轮；3—传动齿轮；4—交流电动机；5—电动机自动开关；
6—导轨；7—计时装置；8—四轮小车；9—扬声器；10—话筒

轮间宽度刚好与"⊏⊐"字形铝型材匹配，就像火车轮落在钢轨上。

实验装置与信号发生器、数字实时示波器的接线方法如图 4-33-2 所示。其中信号发生器输出同时加到数字示波器的 Y_1 和扬声器，话筒接收到声波信号转换成电信号加到数字示波器的 Y_2。输入到 Y_1 与 Y_2 的两个信号进行叠加而形成"拍"，拍频就是两个信号频率之差 $\Delta\nu$，声源的声波频率 ν 直接可以从信号发生器上读出，声速 v 可以根据实验时的环境温度查表而得到，最后根据公式可得出声源运动速度 v_s。

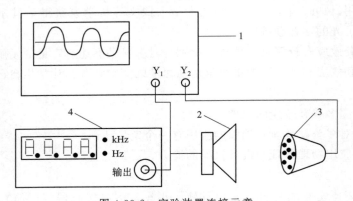

图 4-33-2   实验装置连接示意

1—数字示波器；2—扬声器；3—话筒；4—信号发生器

小车运行到导轨末端时，为了避免电动机继续通电，要在导轨两端各加装一个电动机自动关闭的保护装置，如图 4-33-3 所示。建议实验中应尽量选用口径大的扬声器，这样话筒接收到声波的振幅较稳定，本实验中选用功率大于 5W 的 8 英寸的扬声器；建议示波器采用数字实时示波器，这样就可以将不易捕捉到的单次或瞬间的信号波形记录与存储下来，便于分析。在本实验中，它可以同时记录和存储 ν、ν' 和 $\Delta\nu$ 的波形，还可以根据需要把波形打印出来。信号发生器采用低频信号发生器，它输出信号频率范围为 2Hz～2MHz，其功率和稳定性都可达到实验要求。

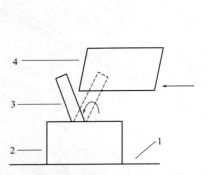

图 4-33-3   位限开关（电机自动关闭保护装置）示意

1—导轨；2—电动机开关；3—开关拨扭；4—小车

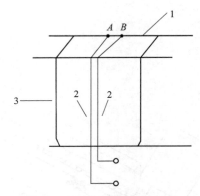

图 4-33-4   测速计时装置示意

1—导轨；2—细铜线外接电子秒表；3—涤纶胶黏纸

为了验证所测的速度是否正确，导轨上安装结构简单的秒表测速装置，如图 4-33-4 所示（其他如光电门测速等方法也可让学生自己设计）。方法是先在导轨上埋下两根细铜线，为了不影响小车速度，细铜线直径小于 0.4mm，两根细铜线相距 2mm 左右，并用涤纶胶黏纸固定，铜线与导轨之间用涤纶胶黏纸绝缘，两根细铜线的一端分别接入电子秒表计时钮

（引出线用屏蔽线），而另一端开路。当小车前轮与后轮分别通过计时装置时，两根细铜线上的 A 点与 B 点通过车轮导电而接通，相当于前、后两次按动电子秒表，秒表的读数 Δt 就是前轮与后轮分别经过计时装置的时间差，小车前轮与后轮中心之间的距离 l 可以用米尺量出。最后计算得出用秒表测的小车运动速度 v_s。

【实验原理】

根据声波的多普勒效应公式，当声源与声波接收器（观察者）沿着两者的连线相向运动而相互接近时，接收器接收到的频率为

$$\nu' = \frac{v + v_0}{v - v_s}\nu \tag{4-33-1}$$

式中，v 为声速；v_s、v_0 分别为声源与声波接收器相对于介质的运动速度；ν、ν' 分别为声源发出的声波频率和接收器接收到的声波频率。在本实验中，介质为空气，声波接收器运动速度为零 $v_0 = 0$，可解得

$$v_s = \frac{\nu' - \nu}{\nu'}v \tag{4-33-2}$$

设 $\nu' - \nu = \Delta\nu$，则式（4-33-2）成为

$$v_s = \frac{\Delta\nu}{\nu + \Delta\nu}v \tag{4-33-3}$$

当 $\nu \gg \Delta\nu$ 时，分母中的 $\Delta\nu$ 可以忽略不计，则式（4-33-3）可写成

$$v_s = \frac{\Delta\nu}{\nu}v \tag{4-33-4}$$

由于 v 是已知的，所以只要设法测出 $\Delta\nu$ 和 ν，就可得到声源的运动速度 v_s（实验中 v_s 方向已知）。这就是多普勒效应测速法的基本原理。

【实验要求】

选择仪器和相关器材、制作附件、安装调试本实验装置，熟练使用测试设备，制定详细的实验操作步骤。

实验开始，小车置于导轨的右端，示波器置于"触发"状态，当扬声器发出某一频率声波 ν，打开电动机开关，小车开始运动，秒表自动测出小车前轮与后轮分别经过计时装置时间差 Δt。当小车在导轨上运行到某一位置时，按下示波器上"RUN"（启动）键，示波器被触发，在示波器上分别显示声源发出的声波与接收到的声波两根扫描轨迹（要求两根扫描轨迹的幅度基本上相等，否则重新选择幅度档位）。等一屏扫描结束后，示波器自动停止扫描，图像固定（存储）。将两个波形叠加，这时在示波器上很清楚地看到"拍"，读拍频 $\Delta\nu$。最后测量距离 l，计算得到 v_s、v_{s1}，并相互比较，数据记录表 4-33-1、表 4-33-2 中。（请学生考虑：是否可以利用数字示波器丰富的测试功能，用另一种方式显示"拍"）。

表 4-33-1　多普勒效应测速

ν/Hz	1000	2000	4000
$\Delta\nu$/Hz			
v/(m·s^{-1})			
v_s/(m·s^{-1})			
$\bar{v}_s$/(m·s^{-1})			

表 4-33-2　秒表测速

实验次数	1	2	3
$\Delta t/\text{s}$			
l/m			
$v_{s1}/(\text{m} \cdot \text{s}^{-1})$			
$\bar{v}_{s1}/(\text{m} \cdot \text{s}^{-1})$			

思考题

1. 为了使接收到的声波的波幅在测量过程中保持稳定，需要反复调节信号发生器的频率，选择合适频率，为什么？
2. 介绍几种测速的方法。
3. 实验中用电子秒表计时，能否用示波器度量出小车通过的时间？
4. 什么是多普勒效应？
5. 实验装置中，位置开关和测速计时部分在安装调试时要注意什么？

实验 4-34 声源做圆周运动时的多普勒效应

多普勒效应在科学研究、工程技术、交通管理、医疗诊断等各方面有着广泛的应用。

【实验目的】

① 加深对多普勒效应的认识。

② 设计简单的实验装置来观测多普勒效应。

③ 训练制作、调试实验装置的能力。

【实验仪器】

如图 4-34-1 所示，用可调直流电源控制的电机带动一根 1.5m 长的铝棒转动，在铝棒的中间固定 9V 的电池，两端分别安装蜂鸣器和配重物（以保持平衡）。将麦克风放在蜂鸣器的环形路线上，再将麦克风接入数字示波器（或计算机），通过数字示波器（或计算机）来测量频率的变化。

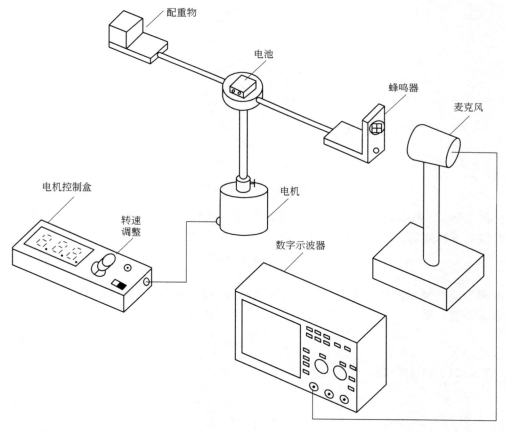

图 4-34-1 实验装置

在铝棒转动之前，需要记录蜂鸣器的声音频率 ν_0，以便作为参考。当棒以恒定角速度旋转时，将麦克风放在如图 4-34-1 所示的位置，并将麦克风接到数字示波器（或计算机的录音插孔）上，以便对旋转时的声音进行记录。

从数字示波器（或计算机上用图谱软件）得出频率分布图。由频率分布图可以看出，当蜂鸣器接近麦克风（也就是最大前进速率）时，所显示的频率达到最大值，当蜂鸣器经过麦克风（即最大后退速率）后，频率急剧下降至最小值，当蜂鸣器和麦克风的位置正好相对时，此时没有靠近或远离的相对运动，这时的频率 ν 和静止时蜂鸣器产生的固有频率 ν_0 相同。

【实验原理】

如图 4-34-2 所示，将麦克风放在 A 点，蜂鸣器逆时针转动，则蜂鸣器相对于麦克风的速度为 v_D，v_D 在蜂鸣器接近麦克风时为正，远离麦克风时为负，接收器（麦克风）处于静止状态，则 ν 和 ν_0 的关系就可由多普勒效应给出

$$\nu = \frac{v_s}{v_s + v_D}\nu_0 \tag{4-34-1}$$

式中，v_s 为声速。

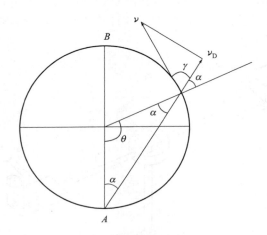

图 4-34-2   几何图示

由图可知 $v_D = v\cos\gamma$（其中 v 为蜂鸣器的切向速度，γ 是 v 和 v_D 之间的夹角）。设 T 为蜂鸣器的旋转周期，R 为半径，则有 $v = 2\pi R/T$，于是

$$v_D = \frac{2\pi R\cos\gamma}{T} \tag{4-34-2}$$

由图 4-34-2 所示的角度关系可知 $\theta + 2\alpha = \pi$，$\alpha + \gamma = \pi/2$，求解 γ，得 $\gamma = \theta/2$。如果切向速率 v 不变，则 $\theta = 2\pi t/T$，则有 $\gamma = \pi t/T$。将 γ 代入式(4-34-2)得到

$$v_D = \frac{2\pi R}{T}\cos\frac{\pi t}{T} \tag{4-34-3}$$

将 v_D 代入式(4-34-1)，得

$$\nu = \frac{v_s}{v_s + \dfrac{2\pi R}{T}\cos\dfrac{\pi t}{T}}\nu_0 \tag{4-34-4}$$

当蜂鸣器处于 B 点时，$v_D = 0$，此时 $\nu = \nu_0$。当蜂鸣器接近 A 点时，$v_D = v$，然而当蜂鸣器刚一经过 A 点，则 $v_D = -v$，即麦克风接收到的频率由最大值迅速降低到最小值。

【实验要求】

根据实验仪器要求，设计、制作、调试装置的各个部分，包括蜂鸣器、电机控制盒的电路设计、元件安装。进一步熟悉数字示波器的使用，尤其是对频谱分析功能的学习和操作的

掌握。制定详尽的实验计划。

用旋转的圈数除以时间可以得到周期，也可以直接观察图谱，找出相邻的频率峰值之间的时间，得出周期 T（当然，电机控制盒上的转速数显表显示的值更方便得到周期）。另外，从蜂鸣器静止时的图谱上可以找出 ν_0。通过式（4-34-4）计算得到理论值，数字示波器（或计算机）上图谱分析得实验值，实验数据填入表 4-34-1 中。作图 4-34-3 并分析实验结果。

表 4-34-1　声源转动一周的实验值 $\nu_{实}$ 与理论值 $\nu_{理}$

t/ms	$\nu_{理}/\mathrm{Hz}$	$\nu_{实}/\mathrm{Hz}$	ν_0/Hz	$E_r/\%$

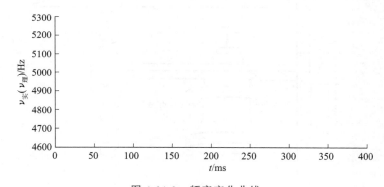

图 4-34-3　频率变化曲线

思考题

1. 举例说明你所知道的多普勒效应的诸多应用。
2. 与常用方法相比较，本实验装置在观测多普勒效应上有何特点？
3. 拟定安装调试实验装置的方法和步骤。

实验 4-35　声悬浮现象的研究

声波是经典物理学长期研究的对象，并由此揭示了一般纵波的各种振荡、波动、传输特征，为日后其他各种波的研究和各领域的应用打下扎实的理论基础。而声悬浮现象的应用，也为诸如金属无接触悬浮熔炼、晶体悬浮生长开辟了新的技术手段。

【实验目的】

① 了解声波、超声波的一般传播规律和声波传播空间中空气密度的变化规律。

② 学习运用声悬浮现象测量声速的实验思路与方法。

【实验仪器】

实验装置如图 4-35-1 所示，压电陶瓷和平板玻璃相互平行，在垂直于地面的方向构成声波的谐振腔体。

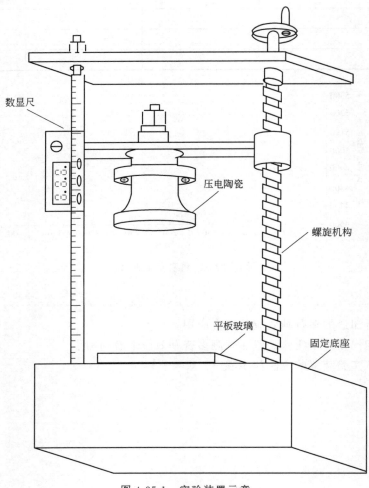

图 4-35-1　实验装置示意

压电陶瓷具有很好的频率选择性，极易获得单一频率的声波；平板玻璃是近似作为理想的全反射材料。压电陶瓷和平板玻璃之间的距离连续可调并附以长度测量装置。另外，由信号发生器为压电陶瓷提供电振荡，并由频率计测量其频率。实验中选用超声波作为声源。

【实验原理】

单一频率超声波在上述声波谐振腔体内传播，其入射、反射两列波相干形成驻波。驻波振幅在谐振腔体内相对空间位置呈现周期性的极大—零—极大的分布规律，且相邻极大值或零值之间的距离均为该超声波的半波长。当声波谐振腔的长度恰好是该超声波半波长的整数倍时产生谐振；在波源强度不变的条件下，驻波振幅获得最大值。同时，各驻波质点位移波节处获得声压的最大值。将一物体置于谐振腔内，当它上下两面受到的压力之差足以克服其自身重力时，该物体会出现悬浮状态。

由于声波引起空气振动产生的声压使压电晶体表面产生的形变非常小，从而运用共振驻波法测量声速的实验以及相关波动知识可知具有定解条件的波动方程为

$$u_{tt} - v^2 u_{xx} = 0$$
$$u \mid_{x=0} = A \sin\omega t \qquad\qquad (4\text{-}35\text{-}1)$$
$$u \mid_{x=l} = 0$$

式中，u 为质点位移；A 为振幅；ω 为角频率，v 为波速；l 为谐振腔长度。解方程组 (4-35-1)，可得

$$u = \frac{A}{\sin \frac{\omega}{v} l} \sin \left[\frac{\omega}{v} (l - x) \right] \sin\omega t \qquad\qquad (4\text{-}35\text{-}2)$$

根据声学理论有

$$\frac{\partial p}{\partial x} = -\rho_0 \frac{\partial^2 u}{\partial t^2} \qquad\qquad (4\text{-}35\text{-}3)$$

式中，ρ_0 为空气平衡时的密度；p 为声压强。求解方程 (4-35-2) 和 (4-35-3) 得

$$p = \frac{A \rho_0 \omega v}{\sin \frac{\omega}{v} l} \cos \left[\frac{\omega}{v} (l - x) \right] \sin\omega t \qquad\qquad (4\text{-}35\text{-}4)$$

从而在相同时刻 2 个不同位置产生的声压强差为

$$Vp = p_{x_1} - p_{x_2} = \frac{A \rho_0 \omega v}{\sin \frac{\omega}{v} l} \left\{ \cos \left[\frac{\omega}{v} (l - x_1) \right] - \cos \left[\frac{\omega}{v} (l - x_2) \right] \right\} \sin\omega t$$

$$= \frac{2A \rho_0 \omega v}{\sin \frac{\omega}{v} l} \sin \left[\frac{\omega}{v} (l - x_{中}) \right] \sin \frac{\omega h}{2v} \sin\omega t \qquad\qquad (4\text{-}35\text{-}5)$$

式中，$x_{中} = \frac{x_1 + x_2}{2}$；$h = x_2 - x_1$ 为悬浮物的厚度。悬浮时要求谐振腔产生谐振的长度 $l = n \frac{\lambda}{2}$。

若声源强度不变，当 $\left| \sin \left[\frac{\omega}{v} (l - x_{中}) \right] \right| = 1$ 时，谐振腔内的超声波产生谐振，有效声压差达到最大，小薄块悬浮于腔中。由 $\left| \sin \left[\frac{\omega}{v} (l - x_{中}) \right] \right| = 1$，令 $k = \frac{\omega}{v}$，可知

$$x_{中} = l - \frac{n\pi}{2k} (n = 1, 3, 5 \cdots \cdots) \qquad\qquad (4\text{-}35\text{-}6)$$

这些位置均为波腹，且 $Vx_{中}=\dfrac{\lambda}{2}$。由于 h 很小，所以有 $x_{中}\approx x_1\approx x_2$，从而由式（4-35-6）可知，第一个小薄块停留在 $x=\dfrac{\lambda}{4}$ 处。

若声源强度不变，当 $\left|\sin\left[\dfrac{\omega}{v}(l-x_{中})\right]\right|=0$ 时，有效声压差达到最小，此时的 $x_{中}$ 满足

$$x_{中}=l-m\frac{\pi}{k}(m=1,2,3\cdots\cdots) \tag{4-35-7}$$

小薄块到达平衡位置的原因分析：由于各小薄块到达平衡位置的原理相同，在此以最底的小薄块作为研究对象进行分析。当小薄块放在平板玻璃上时，小薄块受到的压力差最小。由于声波频率很高及从零位置到 $\dfrac{\lambda}{4}$ 处声压差依次增大，所以当某时刻小薄块受一微小的扰动，在接下来的时间内小薄块就会自动地向上运动并停留在 $\dfrac{\lambda}{4}$ 处。

【实验要求】

根据实验仪器要求，制作、安装、调试实验装置的各个部分，制定实验计划。

（1）运用声悬浮原理进行声速测量

谐振腔内的驻波达到谐振时，每个质点位移波腹处所形成的声压差最大，小纸片或金属薄块在此处被悬浮起来。小薄块均位于驻波质点位移波腹处。关于间距的测量是将数字千分尺（例如光栅尺、容栅尺或波导直线位移传感器等）通过精密螺旋机构与谐振腔长度调节联动。在谐振腔内仅放置一个可被悬浮的物体样品，在不改变压电陶瓷振动频率的条件下改变谐振腔长度，使其由短到长，在每一次物体被悬浮时，就认为声压差达到最大，记录相应的谐振腔长度数据。而最小相邻的谐振腔长度数据之差，就是该单一频率超声波的半波长。实验所得数据填入表 4-35-1 中。用逐差法处理数据。求出在 f_1、f_2 两种情形下声速 v_1、v_2 的平均值。

表 4-35-1　声悬浮位置测量数据

声悬浮位置	声悬浮距离平均值/mm	
	$f_1=35.617\text{kHz}$	$f_1=37.455\text{kHz}$
0		
1		
2		
3		
4		
5		
6		
7		
8		

（2）悬浮物的特性分析

实验所用超声波的功率约为 0.7W。通过实验会发现，在同等功率且薄块面积相同的条件下，小薄块的密度越小，能被浮起的厚度就越大。几种悬浮物的测量数据填入表 4-35-2 中。

表 4-35-2 悬浮物的测量数据

悬浮物	密度/(g·cm^{-3})	厚度测量值/mm		厚度参考值/mm
铝薄片	2.7	1		0.43
		2		
		3		
纸片	2.7～3.4	1		0.41
		2		
		3		
泡沫	0.3～0.4	1		0.75～1
		2		
		3		
铅薄片	11.4	1		0.04
		2		
		3		

关于悬浮物特性的理论分析（仅供参考）

由式(4-35-5) 可知，面积为 S 的小薄块上下表面在 x_1、x_2 所受的净压力差为

$$SVp = S\frac{2A\rho_0\omega v}{\sin\frac{\omega}{v}l}\sin\left[\frac{\omega}{v}(l-x_{\text{中}})\right]\sin\frac{\omega h}{2v}\sin\omega t \tag{4-35-8}$$

由泰勒展开式有

$$\sin\frac{\omega h}{2v} = \frac{\omega h}{2v} - \frac{1}{3!}\left(\frac{\omega h}{2v}\right)^3 + \cdots\cdots \tag{4-35-9}$$

由于小薄块的厚度 h 很小，取一级近似代入式(4-35-8) 得

$$SVp = S\frac{A\rho_0\omega^2 h}{\sin\frac{\omega}{v}l}\sin\left[\frac{\omega}{v}(l-x_{\text{中}})\right]\sin\omega t \tag{4-35-10}$$

由前述 $l = n\frac{\lambda}{2}$，$k = \frac{\omega}{v}$，所以 $\sin\frac{\omega}{v}l \to 0$，有

$$SVp \gg \rho_0 hSg \tag{4-35-11}$$

所以小薄块所受的浮力可以忽略不计。故小薄块受力之差为

$$SVp - mg = S\frac{A\rho_0\omega^2 h}{\sin\frac{\omega}{v}l}\sin\left[\frac{\omega}{v}(l-x_{\text{中}})\right]\sin\omega t - \rho hSg \tag{4-35-12}$$

对式(4-35-12) 做定性分析可知，当小薄块密度 ρ 较小时，浮起小薄块的厚度 h 就可以大一些；当密度 ρ 较大时，浮起的小薄块的厚度 h 就相应地会小一些。

思考题

1. 如何正确理解声悬浮原理？
2. 怎样调节和确定实验装置形成的谐振腔内驻波达到了谐振？
3. 如何观测和分析悬浮物的特性？
4. 举例说明声悬浮现象在工业上的应用。

实验 4-36 热声制冷效应实验

热声制冷是 20 世纪 80 年代提出来的制冷方式。世界上第一台采用扬声器驱动的热声制冷机是 1985 年由美国海军研究生院的 Hofler 研制成功的。虽然热声制冷机目前还处在试验样机和某些特殊场合应用（如冷却航天飞机上的红外传感器及海军舰船上的雷达电子系统等）的阶段，但因其在稳定性、使用寿命、环保（使用无公害的流体为工作介质）及无运动部件等方面的优势以及在普冷和低温等领域潜在的应用前景，近二三十年来，热声制冷机迅速成为制冷领域一个新的研究热点。

【实验目的】

① 学习和掌握热声制冷原理。

② 学习制作热声堆。

③ 以空气做工质，搭建一套热声制冷效应的实验验证装置。

【实验仪器】

热声制冷实验装置由功率信号源、示波器、扬声器、谐振管、热声堆、铝塞、测温探头（温差电偶）、数字式温度计等组成，如图 4-36-1 所示。就制冷装置而言，扬声器、谐振管和热声堆是主要部件。

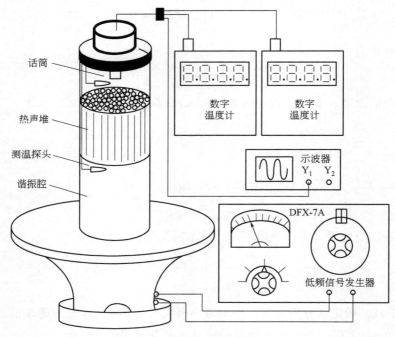

图 4-36-1 热声制冷实验装置示意

功率信号源（可用信号发生器及功率放大器代替）产生一定频率的声振动，推动扬声器工作。扬声器发出的声波（机械能）在谐振腔内成为制冷做功的动力。本实验采用的是一只40W 的普通扬声器，实践证明有较好的制冷效果。

谐振腔是内径为 25mm、长 $L = 385$mm 的有机玻璃管，它通过一块中心有一圆孔（其半径与谐振管相等）的薄树脂板盖在扬声器上（用垫圈），谐振管的长度决定了系统的谐振频率。根据声学理论，对于均匀有限长管的管内声场，只有当管长为声波波长的 1/4 时，才会产生谐振现象，此时振幅最大，制冷效果最为明显。设空气中的声速 $c=340\text{m/s}$，则谐振频率

$$f=\frac{c}{\lambda}=\frac{c}{4L}\approx221\text{（Hz）} \tag{4-36-1}$$

考虑到温度对声速的影响以及管端口误差，实际频率略有偏差。为了准确选定工作频率，在铝塞内安放了微型话筒，并将话筒（可通过计算机）接在示波器上。系统工作时，先在示波器上寻找振幅最大的谐振峰，以此来确定实验中的谐振频率。本实验的实际工作频率应该与理论值（计算值）比较接近。

热声堆是该制冷装置的关键部分，有平板型、多孔材料型及针棒型等多种形式。制作热声堆主要考虑热渗透深度。另外，板叠中心位置和长度也是两个很重要的参数。目前，选板叠形式、优化参数主要由实验确定。实验所采用的热声堆是由一组短细管构成，其结构如图 4-36-2 所示。热声堆在谐振腔内的位置可调。

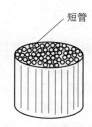

图 4-36-2　热声堆结构示意

短管

热声堆的制作提示：

将内径 $1\sim1.2\text{mm}$ 的玻璃毛细管切成约 $2\sim3\text{cm}$ 长（玻璃毛细管的切口很锋利，裁切时需留意），再用 AB 胶粘成一束（AB 胶黏合位置尽可能靠近玻璃毛细管束的一端，不需整支毛细管都涂满胶，且注意 AB 胶不要堵住毛细管口），并使得玻璃毛细管束能轻松塞入有机玻璃管（谐振腔）中，如图 4-36-1，于是玻璃毛细管束就构成许多轴向穿孔，形成热声堆。

在热声堆上方有一铝塞，它将谐振管的上端口封住。铝塞上开一小细槽，将测温探头置于热声堆的上、下部腔内，由数字式温度计分别读出系统工作前后的空气温度。

【实验原理】

热声效应是指由于处在声场中的固体介质与振荡流体之间的相互作用，使得距固体壁面一定范围内沿着（或逆着）声传播方向产生热流，并在这个区域内产生（或者吸收）声功的现象。按能量转换方向的不同，热声效应可分为 2 类：一是用热来产生声，即热驱动的声振荡；二是用声来产生热，即声驱动的热量传输。扬声器驱动的热声制冷机是按照第二类原理进行工作的。只要具备一定的条件，热声效应在行波声场、驻波声场以及两者结合的声场中都能发生。下面以驻波型热声制冷机为例，简述热声制冷的基本原理。

若在传声介质中插入一块固体平板，使板面平行于传声介质振动方向。考虑一个气体微团在一定声频率下沿平板作往复运动的情况（如图 4-36-3 所示，圆的大小形象表示气体微团体积的大小）。

设初始状态时，气体和平板的温度均为 T，气团在声压作用下由位置 1（$X=0$，状态 1）运动到位置 2（$X=X^{+}$ 处，状态 2），因为此过程中气团被绝热压缩，所以气团温度升为 T^{++}。于是，将有热量 Q_1 由气团流向平板；失去热量的气团体积变小，同时，温度降为 T^{+}（状态 3）；随后，气团又在声压的往复振荡作用下向左回到位置 4（状态 4），因为此过程中气团被绝热膨胀，所以气团温度降为温度 T^{-}；声压继续向左振荡，使气团绝热膨胀到位置 5（$X=X^{-}$，状态 5），温度降为 T^{---}，此时气团的温度低于平板的温度，于是就有热量 Q_2 由平板流向气团，吸热后的气团等压膨胀，同时温度升为 T^{--}（状态 6）；此后声

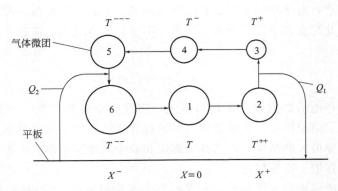

图 4-36-3　热声制冷原理示意

波向右振荡使气团绝热压缩，又回到位置 1（状态 1），完成 1 个热力循环。循环的结果显示，热量从平板 X^- 处转移到了 X^+ 处。这是单个气体微团的情况。事实上，平板附近有无数气团，它们的运动情况相同，所有这些与平板进行热交换的气团连成振荡链，就像接力赛一样将平板左端（冷端）的热量输送到右端（热端），实现泵热。

【实验要求】

根据仪器要求，制作完成实验装置，安装调试正常后，进行以下实验内容。

接通信号源，调节其输出频率使示波器上话筒输出信号为最大，得到系统的谐振频率，每隔 5 s 同时记录两支温度计的示值，填入表 4-36-1 中。绘制热声堆两端温度 T 与时间 t 关系图（图 4-36-4）。

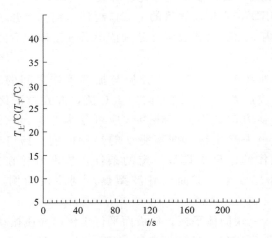

图 4-36-4　热声堆两端温度随时间变化关系

表 4-36-1　热声堆两端温度随时间变化

时间 t/s	0	5	19	20	……	195	200
热声堆上部温度 $T_\text{上}/℃$					……		
热声堆下部温度 $T_\text{下}/℃$					……		

由图表分析实验结果。系统运行多长时间制冷效果就十分明显？影响热声制冷效应的因素有哪些？这些问题都可以利用这套热声制冷效应实验装置进行探讨。

思考题

1. 热声制冷的基本原理是什么?

2. 热声制冷实验装置主要部件有哪些?它们各自的作用是什么?

3. 在制作、安装、调试实验装置过程中,应当采取哪些措施,才能获得明显的制冷效果?

4. 如何制作短细玻璃管构成的热声堆?

5. 如何选择测温探头类型和安装位置?

实验 4-37　声音在颗粒物质中的传播特性测量

颗粒物质是指大量固体颗粒间相互作用组成的复杂体系，该体系中颗粒粒径大于 $1\mu m$。如果颗粒无黏性，那么它们之间只有斥力，材料的形状将取决于外边界和重力场。如果颗粒是干燥的，任何间隙物质（比如空气）对颗粒系统的流动和静态等性质的影响通常可以忽略。然而，尽管这些看起来很简单，但颗粒态与其他的物质形态（固态、液态和气态）有着完全不同的性质，因此可以把颗粒态看成是物质的另外一种形态。颗粒物质研究已经成为现代软凝聚态研究中的前沿问题。

本实验只在原有声速测定装置上增加了一些玻璃珠，学生即可了解现代软凝聚态前沿研究中颗粒物质的性质。

【实验目的】

① 学习基本的测量方法。

② 了解现代软凝聚态前沿研究中颗粒物质的性质。

③ 进一步研究压力对声音在颗粒物质中传播的作用。

【实验仪器】

实验装置如图 4-37-1 所示，图中 S_1 和 S_2 为压电晶体换能器，S_1 作为声波源，它被低频信号发生器输出的交流电信号激励后，由于逆压电效应发生受迫振动，并向空气中定向发出近似的平面声波；S_2 为超声波接收器。测试仪信号源，可发射脉冲波和连续波。用示波器可观测 S_1 的发射信号和 S_2 的接收信号，测量玻璃珠中的声速时，把 S_1 和 S_2 放入装有平均直径为 0.5mm 玻璃珠的容器中。

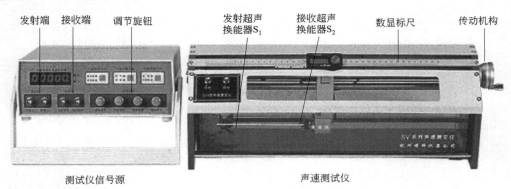

图 4-37-1　实验装置

【实验要求】

测量玻璃珠中的声速时，测试仪信号源采用发射脉冲波的形式，每组发射 10 个方波脉冲，每个脉冲时间为 $20\mu s$，每组脉冲的间隔时间为 15ms。图 4-37-2 是换能器 S_2 处于某位置 L 时接收到的信号在示波器显示的波形图。因为入射玻璃珠的是脉冲方波信号，其中包含频率成分比较多，而换能器 S_2 有一定的频率选择性，所以接收波形是一个波包，其中第一条虚线是时间原点（可以任意选择原点位置），第二条虚线是换能器 S_2 最早接收到信号的对应时间点，从示波器中可以直接读出位置 L 对应的时间差 Δt。改变 S_2 的位置，示波器中波包的位置要发生变化，S_2 传感器最早接收到的信号对应的时间点也发生变化，测出各组

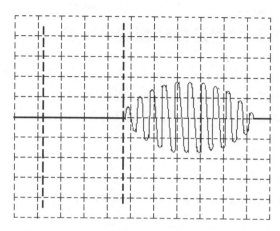

图 4-37-2　方波脉冲经过玻璃珠后形成的波形

数据，填入表 4-37-1 中。做出位置-时间关系曲线，就可以得到声音在玻璃珠与空气复合介质中的速度。

表 4-37-1　实验测量数据

L/mm	12.50	15.00	17.50	20.00	22.50	25.00	27.50	30.00	32.50	35.00
$\Delta t/\mu\mathrm{s}$										

　　根据测量数据作图 4-37-3，可以验证换能器 S_2 的位置与时间 Δt 基本上成线性关系，利用最小二乘法进行拟合，线性相关系数非常接近 1，直线的斜率就是要测的声速。

　　声音在玻璃珠中的传播，其实是声音在空气和玻璃组成的复合介质中的传播，情况非常复杂。现代理论认为压力声波是沿着力链来传播的，如图 4-37-4 所示，沿着力链排列的玻璃珠在声音传播过程中互相碰撞，这样导致测得的声速小于声音在空气中的传播速度。

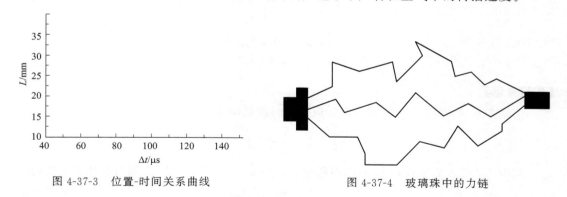

图 4-37-3　位置-时间关系曲线　　　　　　　　图 4-37-4　玻璃珠中的力链

思考题

1. 观测声音在颗粒物质中传播特性的意义何在？
2. 相比声音在空气中的传播，声音在玻璃珠中的传播速度降低了，为什么？
3. 根据你所掌握的知识以及实验室的仪器装置，还可以直接（或间接）测量哪些物理参量？举例说明。

实验 4-38   利用蜂鸣片受迫振动测液体黏度

黏度的传统测量方法是利用落球法来进行。该方法需要很长的圆柱形容器，还要精确测量小球的速度，在生产和生活中这种方法不够方便快捷。

本实验利用蜂鸣片的传感器特性，通过测量蜂鸣片在液体中受迫振动时的谐振频率来确定液体黏度。

【实验目的】

① 学习和掌握液体中振动物体的谐振频率测量方法。

② 通过计算得到的液体阻尼系数来确定液体的黏度。

【实验仪器】

测试装置如图 4-38-1 所示，将蜂鸣片的两端同时并联在示波器测量输入端和信号发生器的输出端上。温控仪通过温感探头实现对加热炉升温控制，所控温度由温控仪事先设定。

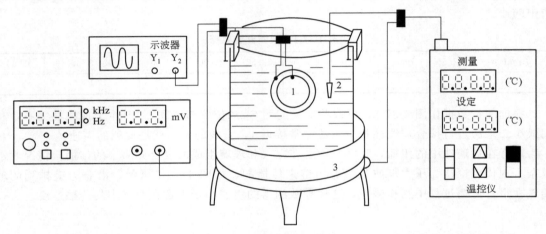

图 4-38-1   实验测试装置

1—蜂鸣片；2—温感探头；3—加热炉

【实验原理】

质量为 m 的蜂鸣片在液体中作受迫振动时的运动方程为

$$m\left(\frac{\mathrm{d}^2 x}{\mathrm{d}t^2}+2\beta\frac{\mathrm{d}x}{\mathrm{d}t}\omega_0^2 x\right)=mf_0\sin\omega t \tag{4-38-1}$$

式中，β 是阻尼系数；ω_0 是固有频率；$mf_0\sin\omega t$ 是频率固定的周期性外力。解得

$$x=x_0\sin(\omega t+\phi) \tag{4-38-2}$$

对 x 求微商，有

$$\frac{\mathrm{d}x}{\mathrm{d}t}=\omega x_0\cos(\omega t+\phi)$$

$$\frac{\mathrm{d}^2 x}{\mathrm{d}t^2}=-\omega^2 x_0\sin(\omega t+\phi)$$

则运动方程(4-38-1) 可写为

$$(\omega_0^2-\omega^2)x_0\sin(\omega t+\phi)+2\beta\omega x_0\cos(\omega t+\phi)=f_0\sin\omega t \tag{4-38-3}$$

通过推导得到受迫振动的振幅为

$$x_0 = \frac{f_0}{\sqrt{(\omega_0^2 - \omega^2)^2 + (\beta\omega)^2}} \tag{4-38-4}$$

我们关心的是在共振情况下，使振幅 x_0 达到最大值时的频率 ω_m（振幅共振频率）。共振时，外加周期力的频率 ω 应与系统的固有频率 ω_0 相等。因为有阻尼系数 β 的影响，实际上 ω 与 ω_0 不相等。

式（4-38-4）的微商为零的条件是

$$\frac{\mathrm{d}}{\mathrm{d}\omega}[(\omega_0^2 - \omega^2)^2 + (\beta\omega)^2] = 2(\omega_0^2 - \omega^2)(-2\omega) + 2\beta^2\omega = 0 \tag{4-38-5}$$

由式（4-38-5）可以得到

$$\omega_m = \sqrt{\omega_0^2 - 2\beta^2} \tag{4-38-6}$$

由式（4-38-6）可知，通过比较系统的固有频率以及其外加频率，可以求出阻尼系数 β。如果谐振子是球而不是蜂鸣片，由 $F = 6\pi\eta rv$ 和阻尼力 $F = 2\beta mv$，很容易得到 $\eta = \beta m / 3\pi r = k\beta$。现在谐振子是圆片，$k$ 需要通过实验方法来确定。

【实验要求】

根据实验要求，设计、制作、组装本实验的附件和测试系统，调试和设定实验装置的基本参数。

通过对蜂鸣片在空气、100# 真空泵油中的谐振频率的测量，可以得到频率随温度的变化规律。

将蜂鸣片放到机油中，由于受到液体的阻碍，由示波器显示的谐振频率和谐振电压的数据明显低于空气中的数据。改变信号发生器的频率，示波器上的电压会有变化，因为信号发生器的输出功率恒定，当出现电压的最小值时，蜂鸣片处于陷波状态，此时的频率就是蜂鸣片的谐振频率。

盛放液体的烧杯可以直接加热，这样就可以测量在不同温度下液体中的蜂鸣片的谐振频率。谐振频率随温度的变化数据填入表 4-38-1 中。在同一坐标下作在空气中和在新油（或旧油）中两者谐振频率随温度的变化关系曲线（图 4-38-2）。

表 4-38-1 不同温度时的谐振频率

T/℃	谐振频率/kHz		
	空气	100# 新油	100# 旧油
10			
15			
20			
25			
……	……	……	……
90			
95			
100			
105			

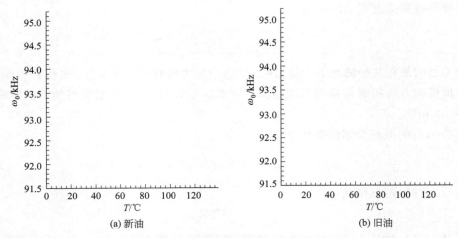

图 4-38-2   谐振频率随温度变化曲线

通过对蜂鸣片在空气中以及 100# 油中的谐振频率的测量，可以看到频率随温度的变化基本上是单值函数。在 40～80℃的范围内，油的曲线斜率与空气的曲线斜率基本保持一致，这就表明真空泵油在正常的工作温度范围内，它的黏度变化很小，原因是油中掺有提高油性的化学物质。从新旧两种油品的曲线对比看，新油随温度升高黏度略有升高，而旧油反之，说明旧油质量已经变差。

思考题

1. 蜂鸣片的结构特点、物理性能以及等效电路各是什么？
2. 常用来测量液体黏度的方法有哪些？各自的特点是什么？
3. 如何获得不同温度下液体中蜂鸣片的谐振频率？

实验 4-39　旋转液体实验装置的设计与制作

旋转液体现象以其直观性、生动性，往往能激发起学生做实验的兴趣，然而国内相应的旋转液体实验装置很少，国外现行的旋转液体的实验装置仅能分析旋转液体的角速度与液面最低点的函数关系，可做的物理实验内容是有限的。

本实验学习制作的一套研究旋转液体的实验装置，利用激光研究旋转液体，丰富了对旋转液体的研究的内容。在计时和位置测量方面进行了重新设计，从实验的过程分析，测量精度和操作稳定性都得到了显著的提高，适合于大学物理实验的教学需要。

【实验目的】

① 了解和研究旋转液体的物理现象。

② 通过对液体表面性质的观测，获得重力加速度值。

③ 研究旋转液体表面成像规律。

【实验仪器】

实验装置如图 4-39-1 所示，主要由支架和附件部分、旋转液体特性测控箱部分组成。

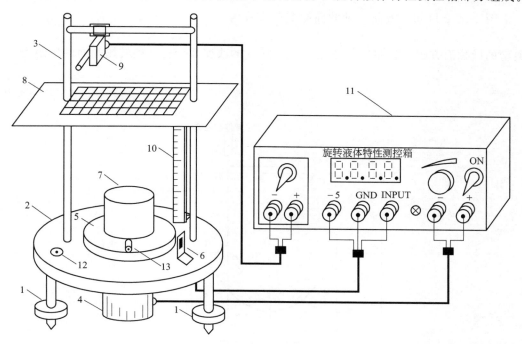

图 4-39-1　旋转液体实验装置

1—水平调节螺丝；2—底座；3—支架；4—旋转电机；5—转盘；6—霍尔传感器；

7—圆柱形容器；8—透明屏幕；9—半导体激光器；10—刻度尺；

11—转速测量和直流电源组合仪；12—水平仪；13—小磁钢

设计制作的旋转液体实验装置有以下特点。

实验中为了实时监控转速和观测圆筒是否均匀转动，专门在转盘侧壁加装了一块小磁钢，用集成霍尔传感器进行检测。周期测量结果直接输入旋转液体特性测控箱旋转周期测试端口（图 4-39-1 中），可直接在屏幕上读出转速，满足了进一步细致研究的需要。另外，借助水平仪易于进行水平调节；透明屏幕采用双轴固定在两根平行的支架上，稳定性好；适当加长两根支架，使得当转速小范围变化而引起竖直方向上焦点空间位置的移动，能够被准确测出，并获得多组数据。值得一提的是，在圆筒侧壁印上了坐标格，使得准确读取旋转液体液面位置成为可能，由此还多出一种测量重力加速度的方法（可从侧壁上读出旋转液面的最高点和最低点的高度差 Δh，联系旋转周期 T 可以推算出重力加速度 $g = \dfrac{\omega^2 R^2}{2\Delta h} = \dfrac{2\pi^2 R^2}{T^2 \Delta h}$）。

透明屏幕上也加印毫米坐标格（用透明片静电复印可得），便于在屏幕上读取入射光点和反射光点的距离；采用光阑控制激光束的粗细，便于准确读出光点位置；在转盘底部距中心 $\dfrac{R}{\sqrt{2}}$ 处印上一圈黑线，便于准确而迅速地确定出激光束的入射位置。

【实验要求】

根据要求制作完成实验装置，安装调试正常后，进行以下实验内容。

当装有液体的圆柱形容器绕其轴匀速旋转时，液体表面会呈现抛物面状。应用半导体激光器可以对液体表面性质进行一系列研究。

（1）测量重力加速度

由图 4-39-2 可知，液面与轴截面的交线方程为 $y = \dfrac{\omega^2 x^2}{2g} + y_0$，因而 $x^2 = \dfrac{2g}{\omega^2}(y - y_0)$

为典型的抛物面方程，且在 $x = \dfrac{R}{\sqrt{2}}$ 处 y 值不随 ω 的改变而变化，旋转抛物面的焦距为

$$f = \frac{g}{2\omega^2} \tag{4-39-1}$$

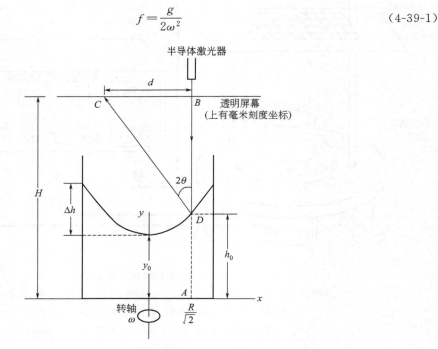

图 4-39-2　旋转液体的轴截面

BC 为透明屏幕，激光束竖直向下打在 $x = \dfrac{R}{\sqrt{2}}$ 的液面上的 D 点，反射光点为 C；D 处切线与 x 方向的夹角为 θ，则 $\angle BDC = 2\theta$。实验中测出透明屏幕至圆筒底部的距离 H、液面

静止时高度 h_0 以及两光点 B、C 的距离 d，则

$$\tan2\theta = \frac{d}{H-h_0} \tag{4-39-2}$$

又因 $\tan\theta = \dfrac{\mathrm{d}y}{\mathrm{d}x} = \dfrac{\omega^2 x}{g}$，所以在 $x = \dfrac{R}{\sqrt{2}}$ 处有

$$\tan\theta = \frac{\omega^2 R}{\sqrt{2}\,g} = \frac{2\sqrt{2}\,\pi^2 R}{gT^2} \tag{4-39-3}$$

式中，R、T 可直接测量；θ 可由式（4-39-2）算出。所以由式（4-39-3）可求得重力加速度 g 值。

数据记入表 4-39-1，并作 $\tan\theta$-T^{-2} 图（图 4-39-3），可拟合得一直线，其斜率为 k，由式（4-39-3）可知 $g = \dfrac{2\sqrt{2}\,\pi^2 R}{k}$。

表 4-39-1　实验测量数据

$R=$ _____；$H=$ _____；$h_0=$ _____

$n/(\mathrm{r/min})$	T	d	$\tan\theta$	T^{-2}

注：实验参考条件 R 为 0.06m；H 为 0.18m；h_0 为 0.10m。

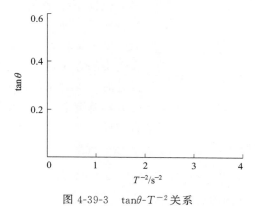

图 4-39-3　$\tan\theta$-T^{-2} 关系

（2）验证式（4-39-1）所描述的旋转抛物面焦距 f 与 ω 的关系

如图 4-39-2 所示，旋转抛物面的焦距 f 可以通过测量位于焦距处的透明屏幕高度 H，

及液面最低点高度 y_0，由 $f = H - y_0$ 得到。测得多组 f 与 T 的值，填入表 4-39-2 中，角速度 $\omega = 2\pi/T$，研究 f 与 ω 关系，即测量 f 与 T 关系（绘于图 4-39-4）。

f 可由 $f = H - y_0$ 得到。假设 $f = \alpha T^\beta$，则

$$\ln f = \beta \ln T + \ln \alpha$$

即 $\ln f$ 与 $\ln T$ 为线性关系。求线性拟合后的方程、β 和线性相关系数 γ。

表 4-39-2 f 与 T 关系数据

H/cm	y_0/cm	f/cm	T/s	$\ln f$	$\ln T$

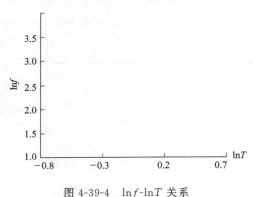

图 4-39-4 $\ln f$-$\ln T$ 关系

（3）旋转液体表面成像规律

给激光器装上有箭头状光阑的帽盖，其光束略有发散且在屏幕上成箭头状像。光束平行光轴在偏离光轴处射向旋转液体，经液面反射后，在屏上也留下了箭头。为了使此箭头看得更为清晰，在屏上铺一块半透明纸，使反射像落在上面。固定旋转周期 T，上下移动屏幕的位置，观察箭头的方向及大小变化。实验发现，屏幕在较低处时，入射光和反射光留下的箭头方向相同；随着屏幕逐渐上移，反射光留下的箭头越来越小直至成一光点，随后箭头反向且逐渐变大。也可以固定屏幕，改变旋转周期 T，将会观察到类似的现象。

■ **思考题**

1. 旋转液体现象研究所包含的内容是什么？
2. 在计时、位置测量方面采用了哪些措施来保证实验测量的精度和重复性？
3. 旋转液体实验装置主要有哪些部分？安装和操作上有哪些要求？

实验 4-40 利用旋转液体特性测量液体折射率

盛有液体的圆柱形容器在绕其圆柱面的轴线匀速转动时，旋转液体的表面将成为抛物面。抛物面的参数与重力加速度有关，利用此性质可以测重力加速度；旋转液体的上凹面可作为光学系统加以研究，还可测定液体折射率等。因此旋转液体的实验内容十分丰富。我们对圆柱形容器进行改进，根据旋转液体的几何特性和折射定律，提出一种利用旋转液体的特性来测量液体折射率的方法。

【实验目的】

① 进一步研究旋转液体的特性。

② 利用旋转液体的几何特性和折射定律，测量液体的折射率。

③ 训练解决实际问题的能力。

【实验仪器】

图 4-40-1 为旋转液体特性实验装置示意。透明屏幕上有毫米坐标，用于实验中读取入射光点与反射光点的距离，屏幕可在竖直方向上下移动。圆筒侧壁有毫米刻线，用于读取液面高度。圆筒底部正中央有小标识，用以确定光轴。圆形转盘由直流电动机驱动，可通过调节直流电源的电压改变液体转动的角速度。用旋转液体特性仪测量液体的旋转周期。仪器底座有气泡式水平仪，圆柱形容器的内径用游标卡尺测量（装置详细介绍可参见实验 4-39 的相关内容）。为了便于测量液体折射率，在原仪器的圆柱形容器底面加装圆形平面镜，用以加强容器底面反射光线的强度。

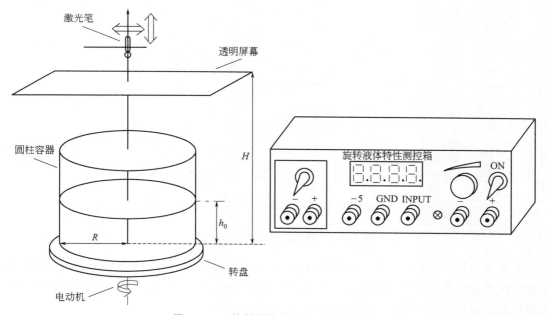

图 4-40-1 旋转液体特性实验装置示意

【实验原理】

半径为 R 的圆柱形容器内盛有液体，当容器绕其轴线以角速度 ω 匀速转动时，液体的表面将成为抛物面。设 x 轴为水平方向，y 轴为垂直水平面向上方向，抛物面的方程为

$$y = \frac{\omega^2 x^2}{2g} + h_0 - \frac{\omega^2 R^2}{4g} \qquad (4\text{-}40\text{-}1)$$

式中，h_0 是圆柱形容器内液体静止时液面的高度；g 是重力加速度。

当 $x = x_0 = \dfrac{R}{\sqrt{2}}$ 时，由式（4-40-1）可得 $y(x_0) = h_0$，即液面在 x_0 处的高度是恒定的，它不随旋转圆柱形容器的转动角速度改变而改变，这个液面高度不变的圆周上的点称为不动点。

测量液体折射率的原理如图 4-40-2 所示。

设圆柱形容器内液体静止时液面高度为 h_0，当液体旋转起来后，根据旋转液体性质，在距圆柱形容器中心轴 $\dfrac{R}{\sqrt{2}}$ 处旋转液体的高度仍为 h_0，不随旋转液体的转动角速度改变而改变。调节激光笔，使激光束竖直入射到旋转液体液面的不动点 B 处。设入射光线为 AB，经抛物液面反射的光线为 BC，其中 A 和 C 分别为入射光线和反射光线与水平半透明屏幕的交点，经过抛物面折射后的光线为 BD。θ_1 为入射光线 AB 的入射角，θ_2 为折射光线 BD 的折射角。设液体折射率为 n，根据折射定律有：

$$n = \frac{\sin\theta_1}{\sin\theta_2} \qquad (4\text{-}40\text{-}2)$$

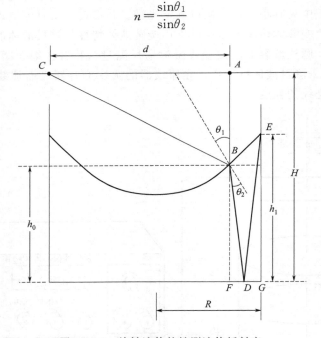

图 4-40-2　旋转液体特性测液体折射率

下面来计算 θ_1 和 θ_2。设 B 点在圆柱形容器底面的投影点为 F。设经过圆柱形容器底面反射镜反射的光线为 DE，E 为反射光线 DE 和透明圆柱形容器侧壁交点，E 在圆柱形容器底面的投影为 G 点。由图 4-40-2 有：

$$\theta_1 = \frac{1}{2}\angle ABC = \frac{1}{2}\arctan\frac{\overline{AC}}{\overline{AB}} \qquad (4\text{-}40\text{-}3)$$

$$\theta_2 = \theta_1 - \angle FBD = \theta_1 - \arctan\frac{\overline{FD}}{\overline{BF}} \qquad (4\text{-}40\text{-}4)$$

另有几何关系$\triangle BDF \sim \triangle EDG$，则有

$$\frac{\overline{FD}}{\overline{GD}} = \frac{\overline{BF}}{\overline{EG}} \tag{4-40-5}$$

又因$\overline{GD} = \overline{FD} - \overline{FD}$，将$\overline{GD}$和式（4-40-5）代入式（4-40-4）有

$$\theta_2 = \theta_1 - \arctan \frac{\overline{FG}}{\overline{EG} + \overline{BF}} \tag{4-40-6}$$

设透明屏幕上部到圆柱形容器底面的距离为H，$\overline{EG} = h_1$，$\overline{AC} = d$。

已知$\overline{BF} = h_0$，$\overline{AB} = H - h_0$，$\overline{FG} = R - \dfrac{R}{\sqrt{2}}$。将上述$\overline{AB}$、$\overline{AC}$、$\overline{FG}$、$\overline{EG}$、$\overline{BF}$的结果代入式（4-40-3）和式（4-40-6）得

$$\theta_1 = \frac{1}{2} \arctan \frac{d}{H - h_0} \tag{4-40-7}$$

$$\theta_2 = \theta_1 - \arctan \frac{R - \dfrac{R}{\sqrt{2}}}{h_1 + h_0} \tag{4-40-8}$$

调节转速ω使E点恰好在抛物液面与容器壁的交线上，则E点距圆柱形容器底面的距离h_1满足抛物线方程（4-40-1），则有

$$h_1 = \frac{\omega^2 R^2}{2g} + h_0 - \frac{\omega^2 R^2}{4g} = \frac{\omega^2 R^2}{4g} + h_0 \tag{4-40-9}$$

又由$\omega = \dfrac{2\pi}{T}$，T为液体旋转周期，将$\omega = \dfrac{2\pi}{T}$和式（4-40-9）代入式（4-40-8）有

$$\theta_2 = \theta_1 - \arctan \frac{\left(1 - \dfrac{1}{\sqrt{2}}\right) R}{2h_0 + \dfrac{\pi^2 R^2}{g T^2}} \tag{4-40-10}$$

实验中只要测出R、h_0、d、H和T，代入式（4-40-7）和式（4-40-10）算得θ_1和θ_2，再根据式（4-40-2）即可求得液体折射率n。

【实验要求】

利用气泡水平仪和平台下的 3 个可调螺丝，调节平台至水平。用游标卡尺（精度为 0.02mm）测量出圆柱形容器的直径$2R$。

利用自准法调节激光笔，使其发出的激光竖直照射于液面，然后保持激光笔的竖直状态，将竖直光线平移到距圆柱形容器底面中心的$\dfrac{R}{\sqrt{2}}$处。用直尺测量液体静止时液面到容器底部的距离h_0及透明屏幕到容器底面的距离H。

打开电机并调节其转速，使得经过圆柱形容器底面平面镜反射的光线刚好打在液面与圆柱形容器侧壁的交线上。待稳定后，记录容器旋转 10 周所用时间$10T$。测量激光束入射光线和经抛物液面反射的光线与透明屏幕的交点之间的距离d。

改变透明屏幕到圆柱形容器底面的距离H及液面高度h_0，重复上述过程，数据记入表 4-40-1。

表 4-40-1　待测液体为甘油的实验测量数据

$R=$ _____

h_0/cm	H/cm	$10T/\mathrm{s}$	d/cm	θ_1	θ_2	n

■ 思考题

1. 列举几种测量液体折射率的方法。
2. 采用旋转液体法测量液体折射率有何特点？
3. 分析实验测量误差的主要原因，设计对应的解决方案。

实验 4-41 白光通信实验装置设计与制作

通过声、光、电三者之间相互转换，设计和制作了光通信原理的实验装置。显示了在外调制和直接调制两种情形下，利用白光来传输信息的过程。加深了学生对各种能量形式之间相互转换的物理原理、设计方法和实际应用的理解。

【实验目的】

① 了解在外调制和直接调制两种情形下，利用白光来传输信息的过程。

② 加深对各种能量形式之间相互转换的物理原理、设计方法和实际应用的理解。

③ 培养制作、安装、调试实验装置的能力。

【实验仪器】

实验装置所用材料主要包括扬声器、塑料圆管、强力胶黏剂、门铃用音乐集成块、电阻、电容、按钮开关、三极管、信号放大集成块等电子元件。

图 4-41-1 为直接调制的白光通信实验装置示意，由（a）、（b）部分组成。两支架上的圆筒，是 10cm 长的 PVC 塑料管，它们相对的一端都装有焦距为 10cm 的凸透镜。（a）架上圆筒另一端封装中心开孔的平板，安装 6.3V 的小灯泡，距小灯右侧 2cm 处开一半圆槽孔。线路连接：灯泡一端→耳塞插头→接线叉 1；灯泡另一端→接线叉 2。实验时，耳塞插头与直流稳压电源相连，接线叉 1、2 与随声音变化的电信号（即调制信号）端相连。（b）架上圆筒另一端封装一块内侧安装硅光电池（受光面朝凸透镜方向）的平板，其探测到的光电信号经接线叉 3、4 传输到放大器后，通过扬声器发出原来的声音。

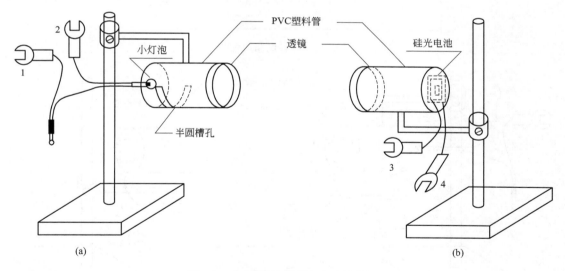

图 4-41-1 直接调制的白光通信装置

图 4-41-2、图 4-41-3 是本实验自制专用控制箱面板图和内部电路框图，就是把原先分散放置的电源、音乐集成块、信号放大器等组件，通过开关和线路构成整体，方便连接，易于操作。

图 4-41-4 为外调制的白光通信实验装置示意，从中看出，外调制只是在直接调制装置基础上增加了（c）支架部分。在（c）支架上，平放高度可调的喇叭，喇叭纸盆上固定一挡

光板，喇叭的引线通过接线叉 5、6，接到实验控制箱的"调制信号输出"5、6 端。此时，实验控制箱上"调制方式"开关置"外"，通过其开关触点 K_{1-1} 和 K_{1-2} 位置的切换，使得含有声音信息的电信号仅通过 5、6 端，加到外调制器上；而 1 端与其断开的同时，1 和 2 端短接，小灯上只加恒定的直流电压。

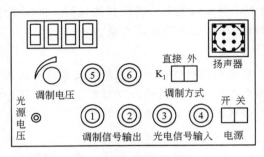

图 4-41-2　控制箱面板

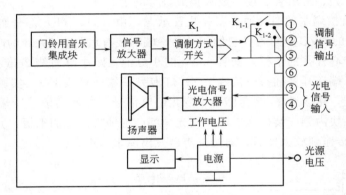

图 4-41-3　控制箱内电路

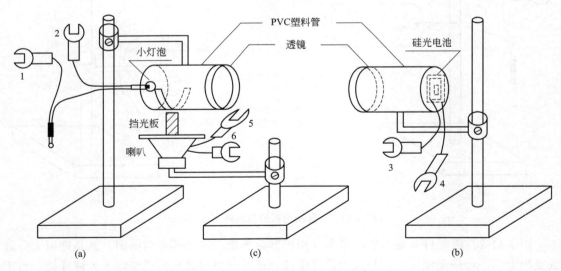

图 4-41-4　外调制的白光通信装置

【实验原理】

白光通信原理，就是把随声音变化的电信号加到白光上去，使白光的强弱随电信号的变化而变化,这一过程也称为光调制。光调制的方法有两种:直接调制和外调制,前者是把电信号直接加到光源;后者是把调制元件放在光源之外,而将电信号加到这种调制元件上。

(1)直接调制的白光通信实验

直接调制白光通信的原理,如图 4-41-5 所示。声音经话筒转换成电信号(本装置中用音乐集成块代替话筒)发送到白光光源上,对光信号进行直接调制。被调制的光信号在大气中从一处传输到另一处,再经过光电探测器解调还原成电信号,最后经音频放大器放大,驱动扬声器还原成声音,实现直接调制的白光通信。

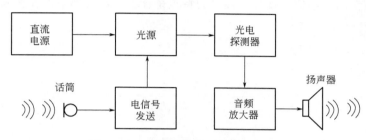

图 4-41-5 直接调制白光通信的原理

(2)外调制的白光通信实验

外调制白光通信的原理,如图 4-41-6 所示。外调制与直接调制不同,它不是将电信号直接加在光源上,而是将含有声音信息的电信号加在调制元件上(与喇叭纸盆固定的挡光板),通过调制元件,使光束的强弱随着电信号的变化而变化,也就是使光束携带了电信号,实现了外调制。

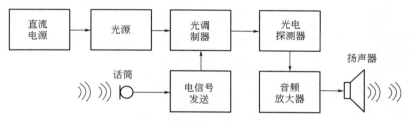

图 4-41-6 外调制白光通信的原理

【实验要求】

根据仪器要求,制作完成实验装置,安装调试正常后,进行以下实验内容。

① 直接调制白光通信实验。调整图 4-41-1 中两支架相对位置和高度,使两圆筒正对(间隔一定距离并处在同一水平线上);连接好支架到实验控制箱的插头和接线叉,接通实验箱电源开关。此时,随着音乐集成块发出的音乐声的强弱变化,小灯泡发生闪烁现象,这闪烁的光束就是经音乐声的电信号调制后的载有声音信息的光束。当此光束照射到硅光电池的受光面上,经光电池解调后,还原成音乐声波的电信号。还原后的电信号再经实验箱的放大器放大后,驱动内置扬声器发出一样悦耳的音乐声。这就实现直接调制的白光通信。若用手遮挡住小灯泡的光束,使之不能照射到硅光电池上,音乐声随即消失。

② 外调制白光通信实验。调整图 4-41-4(a)、(b)两支架同轴等高,相距 20cm 左右。放上(c)支架部分,并调整高度,使得挡光板在半圆槽孔中,挡光板的上部边缘刚好位于从小灯泡发出的发散光束圆形横截面的中心处。若挡光板过高,使得来自小灯泡的光线全部被挡住,光强无变化,实验控制箱上扬声器不发声;若过低,光线不被有效挡住,照射到硅

光电池受光面上的光强无变化，无法调制，扬声器同样不会发声。调节"调制电压"旋钮，使得扬声器的声音无畸变，这样就实现了外调制的白光通信演示。

思考题

1. 分析和讨论本实验装置的技术特点。
2. 加工、安装、调试本实验装置，应当注意些什么？
3. 调制方式开关与外电路是如何连接的？
4. 直接调制和外调制是如何实现的？各自的特点是什么？通常都采用什么调制方式？

实验 4-42　热辐射实验装置制作及热辐射规律探究

物体因具有温度而辐射电磁波的现象，称为热辐射（thermal radiation）。一切温度高于绝对零度的物体都能产生热辐射，温度愈高，辐射出的总能量就愈大，短波成分也愈多。热辐射的光谱是连续谱，一般的热辐射主要靠波长较长的可见光和红外线传播。由于电磁波的传播无需任何介质，所以热辐射是真空中传热的唯一方式。物体在向外辐射的同时，还吸收从其他物体辐射来的能量。物体辐射或吸收的能量与它的温度、表面积、黑度等因素有关。黑体是一种特殊的辐射体，它对所有波长的电磁辐射的吸收比恒为 1。黑体在自然条件下并不存在，它只是一种理想化模型，但可人工制作接近于黑体的模拟物。

本实验通过热辐射实验装置的制作，演示方盒的温度和辐射表面的颜色、粗糙度等对热辐射出射度的影响，探究低温热辐射的斯特藩-玻尔兹曼定律（Stefan-Boltzmann law）和辐射出射度与距离的平方反比关系。

【实验目的】

① 了解辐射出射度与物体的温度和辐射表面的颜色、粗糙度的关系。

② 理解低温热辐射的斯特藩-玻尔兹曼定律和辐射出射度与距离平方的反比关系。

③ 了解温室暖房原理。

【实验仪器】

热辐射实验装置由辐射方盒、红外传感器、导轨、加热电源、数字电压表和指针式电压表等组成，如图 4-42-1 所示。

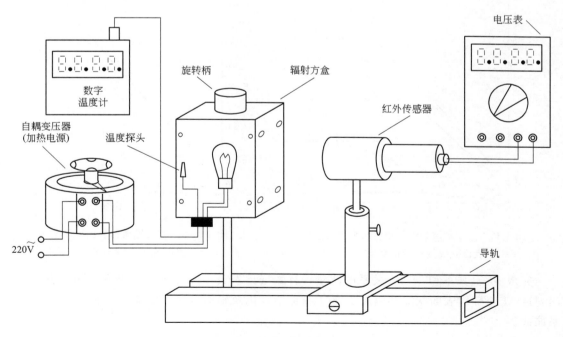

图 4-42-1　热辐射实验装置

辐射方盒的四个辐射面是厚度为 2mm 的铝板，对黑面、白面和粗糙面的外表面分别进行氧化发黑、烤白漆和喷砂处理，构建不同的表面颜色和粗糙度（黑面、白面、光亮面和粗糙面）；旋转柄位于方盒顶部上方，可用来转动辐射面；方盒的中心是功率为 100W 的白炽灯，通过调节加热功率，使得方盒中的温度可从室温变化到约 110℃，其内部有温度传感器测量温度。红外传感器可以在光学导轨上移动，采用数字电压表或者指针式电压表记录或者观察传感器输出电压幅值。

【实验要求】

根据实验仪器要求，制作辐射方盒，选择温度探头和红外传感器，正确连接线路，安装调试实验装置，进行下列实验内容。

（1）辐射出射度与温度及辐射表面的颜色和粗糙度的关系

一切物体，只要其温度 $T>0$K，都会不断地发射热辐射。当温度较低时，主要以不可见的红外光进行辐射；当温度为 300℃ 时，热辐射中最强的波长在红外区；当物体的温度在 500～800℃ 时，热辐射中最强的波长在可见光区。

固定红外传感器与辐射方盒的距离为 120mm，通过调节加热功率控制辐射方盒的温度，分别观测方盒四个不同表面的相对辐射出射度 M 与温度 T 的关系。理论上四个不同表面的相对辐射出射度 M 与温度 T 的关系如图 4-42-2 所示，表明对于同一温度，黑面红外辐射最强，白面次之，粗糙面辐射出射度明显降低，而光亮面的热辐射很小，接近本底信号，即：$M_{黑面}>M_{白面}>M_{粗糙面}>M_{光亮面}$。

另外针对方盒黑面作辐射出射度与温度的 4 次方关系，可以得到如图 4-42-3 所示的曲线，黑面的辐射出射度 M 与温度的 4 次方 T^4 满足正比关系，说明低温时的热辐射满足斯特藩-玻尔兹曼定律。

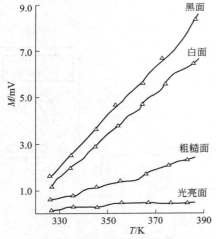

图 4-42-2　方盒四个表面辐射出射度与
表面状况及温度的关系

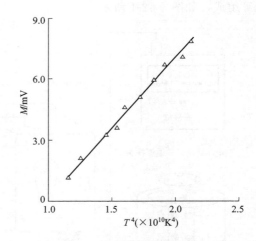

图 4-42-3　方盒黑面辐射出射度与
温度的 4 次方关系

完成 M-T 关系和 M-T^4 关系的测量，将数据记入表 4-42-1 中。作出方盒四个表面辐射出射度 M 与辐射表面状况和温度 T 的关系曲线，以及辐射方盒黑面辐射出射度 M 与 T^4 关系曲线。

表 4-42-1　方盒四个表面辐射出射度 M 与辐射表面温度 T 的测量数据

温度 T/K	285	290	⋯⋯	340	350	360	370	380
辐射出射度 M/mV（黑面）			⋯⋯					

续表

辐射出射度 M/mV(白面)			......				
辐射出射度 M/mV(粗糙面)			......				
辐射出射度 M/mV(光亮面)			......				
T^4			......				

设 Q 为辐射到物体上的能量，Q_α 为物体吸收的能量，Q_τ 为透过物体的能量，Q_ρ 为被反射的能量，根据能量守恒定律

$$\frac{Q_\alpha}{Q}+\frac{Q_\tau}{Q}+\frac{Q_\rho}{Q}=\alpha+\tau+\rho=1 \tag{4-42-1}$$

式中，α 为吸收率；τ 为透过率；ρ 为反射率。

由辐射出射度 M 与吸收率 α 的关系

$$M=\alpha M_{\mathrm{B}} \tag{4-42-2}$$

式中，M_{B} 为绝对黑体的辐射出射度。

本实验中，辐射方盒采用铝材料制成的，所以透过率 τ 为 0，因此有

$$\rho=1-\frac{M}{M_{\mathrm{B}}} \tag{4-42-3}$$

对于黑色面，$M\approx M_{\mathrm{B}}$，所以 $\rho=0$；根据

$$\rho=1-\frac{1}{N}\sum_{i=1}^{N}\frac{M_i}{M_{\mathrm{B}i}} \tag{4-42-4}$$

得到辐射方盒黑面、白面、粗糙面和光亮面四个面的反射率。

（2）辐射出射度与距离的关系

调节自耦变压器的电压，提高加热功率，待温度稳定在 389K 左右，环境温度 299K 左右，在有刻度光学导轨上移动探测器，观测辐射出射度与距离的关系。

理论上，辐射出射度与距离平方成反比关系，如图 4-42-4 所示（距离是以灯泡中心作为起点到探测器之间的长度）。图 4-42-4 表明：当距离大于 100mm 时，辐射出射度 M 与距离平方的倒数 X^{-2} 是线性关系；当红外探测器离辐射面比较近时（即距离<100mm 左右），

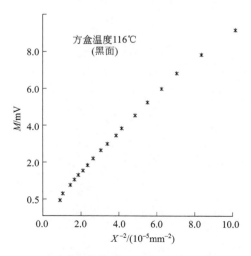

图 4-42-4　辐射出射度与距离平方倒数的关系

辐射出射度偏离线性规律，这是因为距离较近时，灯泡不能作为点源来考虑。

完成辐射出射度与距离之间对应数据的测量，填入表 4-42-2 中。作辐射出射度与距离平方倒数的关系曲线。

表 4-42-2   辐射出射度与距离的测量数据

方盒温度_____℃（黑面）

距离 X/mm								
M/mV								
X^{-2}/($\times 10^{-5}$mm^{-2})								

（3）温室暖房探究

在辐射方盒与红外探测器之间插入一块玻璃，辐射出射度降至接近本底。玻璃具有透过太阳可见光的"短波太阳辐射"、不透过"长波红外热辐射"的特殊性质。一旦太阳光透过玻璃被房内的植物、土壤等吸收，再次发出的热辐射就不会透过玻璃，而被限制在房间内部，并加以再利用。实验中，在传感器前插入一块普通玻璃，再次观测辐射方盒四面辐射出射度，理论上你会发现红外辐射基本上不能透过，太阳可见光可以穿透玻璃，从而演示温室暖房原理。

■ 思考题 ░░░

1. 试着说明热辐射的概念，以及它所具有的特性。
2. 影响辐射出射度的因素有哪些？
3. 加工四块不同辐射面的具体要求和制作方法是什么？

实验 4-43　风力发电实验

　　风能（wind energy）是一种清洁的可再生能源，蕴量巨大。全球的风能约为 2.7×10^{12} kW，其中可利用的风能为 2.0×10^{10} kW，比地球上可开发利用的水能总量要大 10 倍。随着全球经济的发展，对能源的需求日益增加，对环境的保护更加重视，风力发电越来越受到世界各国的青睐。与其他能源相比，风力和风向随时都在变动中。为适应这种变动，最大限度地利用风能，近年来在风叶翼型设计、风力发电机的选型研制、风力发电机组的控制方式、并网发电的安全性等方面，都进行了大量的研究，取得重大进展，为风力发电的飞速发展奠定了基础。

【实验目的】

　　① 了解风速、风机转速、发电机输出电动势之间的关系。

　　② 测量风机的风能利用系数。

　　③ 在模拟条件下，了解风力发电涉及的工程技术问题。

【实验仪器】

　　风力发电实验装置如图 4-43-1 所示。

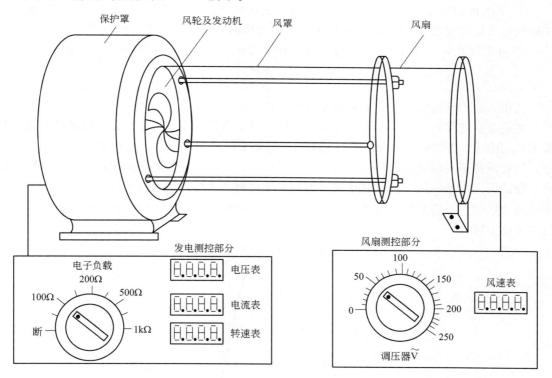

图 4-43-1　风力发电实验装置

　　风轮直接固定在发电机轴上，由紧固螺帽锁紧。风扇由调压器供电，改变调压器输出电压，可以改变风扇转速，即改变风速。为减小其他气流对实验的影响，风扇与风轮之间用有机玻璃风罩连接。风扇内装有风速传感器，发电机端装有转速传感器，由转速表、风速表分别显示转速与风速。发电机输出的三相交流电经整流滤波成直流电后输出到电子负载，电压、电流表测量负载两端的电压与流经负载的电流，电流电压的乘积即为发电机输出功率。风机叶片翼型对风力机的风能利用效率影响很大，叶片翼型可分为平板型、风帆型和扭曲型。平板型和风帆型易于制造，但效率不高。扭曲型叶片制造困难，效率高。实验装置配有扭曲型可变桨距 3 叶螺旋桨、风帆型 3 叶螺旋桨及平板型 4 叶螺旋桨等三种螺旋桨，供对比研究。

本实验装置采用手动调节桨距。扭曲型可变桨距 3 叶螺旋桨上有角度刻线，松开风叶紧固螺钉，风叶可以绕轴旋转，改变桨距角。风叶离指示圆点最近的刻度线对准风叶座上的刻度线时，风叶位于最佳桨距角。以后每转动 1 个刻度线，桨距角改变 3°。

【实验原理】

（1）风能

设风速为 v，空气密度为 ρ，单位时间通过垂直于气流方向、面积为 S 的截面内的气动能为

$$p=\frac{1}{2}Vmv^2=\frac{1}{2}\rho Sv^3 \tag{4-43-1}$$

即空气的动能与风速的立方成正比。

（2）风能利用

① 风力机的实际风能利用系数 C_P（功率系数）。风力机实际输出功率与流过风轮截面 S 的风能之比。理论上：$C_P \leqslant 0.593$。C_P 随风力机的叶片形式及工作状态而变。

② 叶尖速比 λ。风轮叶片尖端线速度与风速之比。是风力发电中的另一个重要概念。

$$\lambda=\frac{\omega R}{v} \tag{4-43-2}$$

式中，ω 为风轮角速度；R 为风轮最大旋转半径（叶尖半径）。

理论分析与实验表明，叶尖速比 λ 是风机的重要参量，其取值将直接影响风机的功率系数 C_P。图 4-43-2 表示某风轮叶尖速比与功率系数 C_P 的关系，由图可见在一定的叶尖速比下，风轮获得最高的风能利用率。对于同一风轮，在额定风速内的任何风速，叶尖速比与功率系数的关系都是一致的。也就是说，当风速变化时，风机转速也应相应变化，才能最大限度地利用风能。不同翼型或叶片数的风轮，C_P 曲线的形状不同，C_P 最大值与最大值对应的 λ 值也不同。

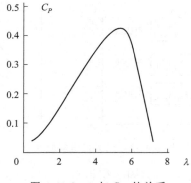

图 4-43-2 λ 与 C_P 的关系

【实验要求】

根据仪器要求，制作完成实验装置，安装调试正常后，进行以下实验内容。

（1）风速、发电机空载转速、发电机感应电动势之间关系测量

断开负载，测量在不同风速下的空载转速与发电机的输出电动势，数据记入表 4-43-1 和表 4-43-2 中，并作图 4-43-3 和图 4-43-4 分析，总结实验曲线呈现的特性。

表 4-43-1　发电机空载转速 ω 与风速 v 的测量数据

风速 $v/(\mathrm{m \cdot s^{-1}})$	5.0	6.0	7.0	8.0	9.0
转速 $\omega/(\mathrm{r \cdot s^{-1}})$					

表 4-43-2　发电机输出电动势 ε_r 与转速 ω 的测量数据

转速 $\omega/(\mathrm{r \cdot s^{-1}})$	35	45	55	65	75
电动势 ε_r/V					

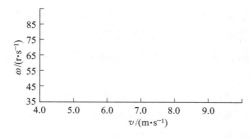

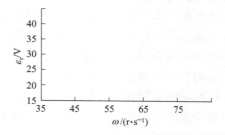

图 4-43-3　发电机空载转速 ω 与风速 v 的关系　　　图 4-43-4　发电机输出电动势 ε_r 与转速 ω 的关系

（2）测量三种不同翼型叶片的风轮叶尖速比 λ 与功率系数 C_P 关系

风速保持不变。连接负载，调节负载大小，负载越大（负载电阻越小），风机转速越慢。记录在不同转速时输出的电压和电流，计算发电机输出功率、叶尖速比、功率系数。数据记入表 4-43-3 中，并作图 4-43-5 分析，总结实验曲线呈现的特性。

表 4-43-3　风轮叶尖速比 λ 与功率系数 C_P 的测量数据

风速 $v=$＿＿＿ $\mathrm{m \cdot s^{-1}}$；风轮半径 $R=$＿＿＿ m；风轮截面 $S=$＿＿＿ $\mathrm{m^2}$。

电子负载/Ω						
转速 $\omega/(\mathrm{r \cdot s^{-1}})$						
叶尖速比 λ						
电压 V/V						
电流 I/A						
发电机输出功率 P/W						
功率系数 C_P						

参照表 4-43-3，分别对扭曲型 3 叶片风轮功率系数、风帆型 3 叶片风轮功率系数和平板型 4 叶片风轮功率系数进行测量，记录数据并作图分析，如图 4-43-5 所示。

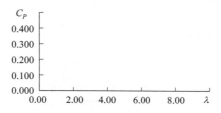

图 4-43-5　风轮叶尖速比 λ 与功率系数 C_P 关系

无论哪一种风轮，输出功率都随叶尖速比而改变，在最佳叶尖速比时，功率系数最大。功率系数的最大值与叶片翼型密切相关，上述三种风轮中，扭曲型功率系数最大。叶片翼型不同，叶片数不同，C_P 峰值对应的 λ 值也不同。风机运行时，应控制叶尖速比，才能最大限度利用风能。

（3）额定风速到切出风速区间功率调节实验

切入风速、额定风速、切出风速是风力发电机的设计参数。

切入风速是风力发电机的开机风速。高于此风速后，风力发电机能克服传动系统和发电机的效率损失，产生有效输出。

切出风速是风力发电机停机风速。高于此风速后，为保证风力发电机的安全而停机。

额定风速与额定功率对应，在此风速下，风力发电机已达到最大输出功率。额定风速对风力发电机的平均输出功率有决定性的作用。

风速在切入风速与额定风速之间改变时，调节发电机负载，控制风力发电机风轮转速，使风力发电机工作在最佳叶尖速比状态，最大限度地利用风能。风速在额定风速与切出风速之间时，要使输出功率保持在额定功率，使电器部分不因输出过载而损坏。目前风力发电机大都采用变桨距调节达到此目的。

风速在额定风速时，输出功率达到额定功率。当风速超过额定风速后，若负载维持不变，采用变桨距调节使风速变化时转速不变，就可使输出功率维持在额定功率。在风力发电系统中，检测输出功率和转速，连续调节桨距角就可以使风力变化时输出功率维持不变。在本实验中，为增加感性认识，要求采用手动调节，从原理上验证以上过程。

实验时，记录额定风速时的转速及输出电压、电流、功率。停机后取下风轮，将 3 个叶片的桨距角调大 3°。开机并调节风速，风速变化时保持负载不变，可以观测到桨距角改变后，在更大的风力下转速才能达到额定风速下的转速，记录此时风速、转速及输出电压、电流、功率。逐次调节桨距角，重复以上实验。记录数据，如表 4-43-4 所示。作图 4-43-6 并总结实验曲线呈现的特性。

表 4-43-4   变桨距风力发电机输出功率与风速的测量数据

额定风速 $v_e=$ _____ m·s⁻¹；负载电阻＝_____ Ω

桨距角						
风速 v/(m·s⁻¹)						
转速 ω/(r·s⁻¹)						
电压 V/V						
电流 I/A						
发电机输出功率 P/W						

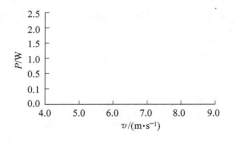

图 4-43-6   变桨距风力发电机输出功率与风速的关系

采用变桨距调节，在风速超过额定风速后能使输出功率保持不变，是控制功率的有效方式。也就是在不同风速下调节桨距角，可使输出功率维持在额定功率。

思考题

1. 说说当前风力发电的现状和风力发电系统的基本构成。
2. 风力发电机输出电动势与哪些因素有关？如何提高风能的利用系数？
3. 表征风力发电机的基本特性的参数有哪些？

实验 4-44 液体表面张力系数实验装置设计与制作

拉脱法是测量液体表面张力系数的常用方法之一，由于液体表面张力很小，传统的测量仪器有：扭秤、焦利氏弹簧秤等；现有国内生产的液体表面张力系数测量仪较多采用硅压阻式力敏传感器进行测量。但这些仪器均采用手控模式降低液面，在测量中由于实验者的操作平稳度不够、降速不匀和微弱抖动不可避免，容易产生实验误差，为此要求学生重新设计液面下降部分，就地取材，自己动手制作测量液体表面张力系数的实验装置，提高实验测量的准确度和重复性。

【实验目的】

① 掌握一种测定液体表面张力系数的自制简易装置。
② 掌握对测量过程中的不稳、不匀和微弱抖动引起误差的分析能力，尝试解决的方法。
③ 理解不同物质、不同浓度液体的表面张力系数的变化。
④ 培养制作、安装、调试实验装置的能力。

【实验仪器】

压阻式力敏传感器、有机玻璃板（白色）、三氯甲烷（氯仿）、胶黏剂、注射器、打点滴用输液管、开关、导线、电阻电容、集成放大器、数显表头、电源变压器等电子元件。

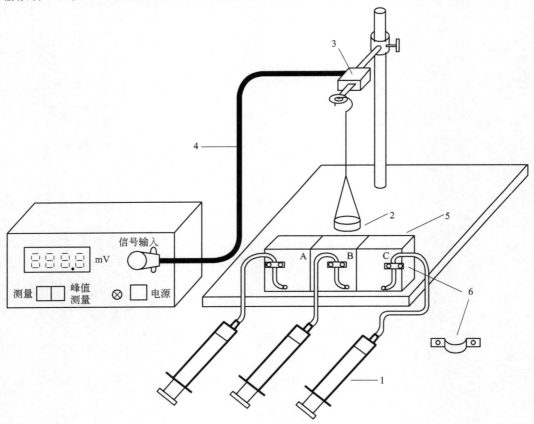

图 4-44-1 液体表面张力系数测定装置

1—注射器；2—圆形吊环；3—压阻式力敏传感器；4—信号传输线；5—有机玻璃容器；6—固定卡件

　　自制的液体表面张力系数测试仪如图 4-44-1 所示。其中，有机玻璃体容器是通过裁制有机玻璃板，再涂抹氯仿粘接而成。容器均匀分割成三部分，其尺寸大小应根据选用注射器的容量确定，其原则是：注射器抽满一管液体，容器中液面的降低量足以使圆形吊环完成拉脱法测量的全过程（吊环拉伸过程中液膜能在临界位置破裂），本装置选用 200ml 的一次性塑料注射器。三部分容器的下端钻孔，孔中插入输液管，再用胶黏剂密封孔的四周。输液管用有机玻璃卡件固定在沿容器外面边缘的上端。输液管的另一端与注射器相连接。

　　图 4-44-2、图 4-44-3 是自制本实验专用控制箱面板图和内部电路框图，即把原先分散放置的电源、信号放大集成块、数显表头等组件，通过开关和线路构成整体，方便连接，构成具有最大值测量功能的数字电压表，易于操作。

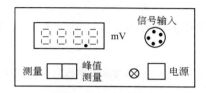

图 4-44-2　实验装置控制箱面板

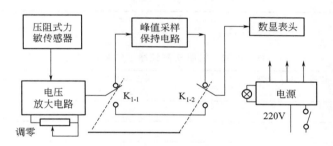

图 4-44-3　控制箱内部电路

　　测量过程中，圆形吊环通过丝线悬挂在力敏传感器前端弹簧片上，作用在吊环周边的液体表面张力，随着被拉升液膜状态的改变而发生变化，而这种张力的变化使弹簧片发生相应的形变，"固定"在弹簧片上的压阻式力敏元件阻值大小随之改变，由这种力敏元件构成的桥路就会输出不平衡电压，此电压的大小反映了吊环的受力变化量。它让我们感知了吊环拉脱过程中张力的变化，实现了非电量到电量的转换测量。力敏传感器输出的信号电压通过放大电路处理，经 K_1 开关的切换，送到数显表头。K_1 开关置"测量"位，用于力敏传感器定标；K_1 置"峰值测量"位，用于采集和保持"拉膜"过程中力敏传感器输出信号电压的最大值。

【实验要求】

　　根据仪器要求，制作完成实验装置，安装调试正常后，进行以下实验内容。

　　① 分别在 A、B、C 三个容器中倒入待测液体（例：A—纯净水；B—10％的氯化钠；C—无水乙醇）。推拉注射器活塞，排尽注射器中气体，将注射器推至尽头，待用。

　　② 连接力敏传感器到测试仪之间信号线，砝码盘悬挂在力敏传感器前端。开启电源，开关 K_1 置"测量"位。预热 5 分钟，调节测试仪后面的调零旋钮，使初始读数为零。然后每加一个砝码（500mg），读取一个对应电压数据（mV），应用逐差法来计算力敏传感器的转换系数 k（N/mV）。

③ 测定圆形吊环的内外直径，清洗后悬挂力敏传感器前端，仔细调节吊环的悬挂线，使吊环水平，然后把吊环部分浸入液体中，开关 K_1 置"峰值测量"位，这时缓慢抽拉注射器，液面非常平稳地下降（相对的吊环往上提拉），观察吊环浸入液体中及从液体中拉起时的物理过程和现象。当吊环拉断液柱的一瞬间，数显表头显示拉力峰值 V_1 并自动保持该数据。液膜拉断后，再将 K_1 置"测量"位，数显表头恢复随机测量功能，静止后其读数为 V_2，记下这个数值。连续测量 5 次，求平均值。那么表面张力

$$2f = (\overline{V_1} - \overline{V_2})\overline{K} \tag{4-44-1}$$

表面张力系数

$$\alpha = \frac{2f}{L} = \frac{(\overline{V_1} - \overline{V_2})\overline{K}}{\pi(D_内 + D_外)} \tag{4-44-2}$$

④ 对力敏传感器定标所得数据记入表 4-44-1 中；拉脱法测纯净水的数据填入表 4-44-2 中。用卡尺测吊环的内、外直径 $D_内$ 和 $D_外$。

表 4-44-1   力敏传感器定标的测量数据

砝码质量 m/mg	500.00	1000.00	1500.00	2000.00	2500.00	3000.00	3500.00
输出电压 V/mV							

转换系数 $k = $＿＿＿＿＿＿ N/mV。

表 4-44-2   拉脱法测纯净水的测量数据   室温 $T = $＿＿℃

测量次数	拉脱时最大读数 V_1/mV	吊环读数 V_2/mV	表面张力对应读数 $V = V_1 - V_2$/mV
1			
2			
3			
4			
5			

$D_内 = $＿＿＿＿ mm；$D_外 = $＿＿＿＿ mm；$\alpha = \dfrac{2f}{L} = \dfrac{(\overline{V_1} - \overline{V_2})\overline{K}}{\pi(D_内 + D_外)} = $＿＿＿＿＿＿ N/m。

实验结果与同温度下纯净水表面张力系数的公认值相比较，确定误差。同样的方法测出 10% 的氯化钠和无水乙醇的表面张力系数。

■ 思考题

1. 同样是拉脱法测液体表面张力系数，本实验装置较以往的仪器有何优点？原因是什么？
2. 实验中用来测量的力敏传感器选用类型的依据是什么？
3. 为什么与容器下端小孔相接的输液管，要采用卡件固定在容器的上端后，再与注射器相连接？

附录A
中华人民共和国法定计量单位

我国的法定计量单位（以下简称法定单位）包括：

（1）国际单位制的基本单位（见表 A-1）。

（2）国际单位制的辅助单位（见表 A-2）。

（3）国际单位制中具有专门名称的导出单位（见表 A-3）。

（4）可与国际单位制单位并用的我国法定计量单位（见表 A-4）。

（5）用于构成十进倍数和分数单位的词头（见表 A-5）。

表 A-1　国际单位制的基本单位

量 的 名 称	量　纲	单 位 名 称	单位符号
长度	L	米	m
质量	M	千克(公斤)	kg
时间	T	秒	s
热力学温度	Θ	开[尔文]	K
电流	I	安[培]	A
物质的量	N	摩[尔]	mol
发光强度	J	坎[德拉]	cd

注：1.［］内的字，在不混淆的情况下，可以省略。

2.（）内的名称为前者名称的同义词。

表 A-2　国际单位制的辅助单位

量 的 名 称	单 位 名 称	单 位 符 号
［平面］角	弧度	rad
立体角	球面度	sr

表 A-3　国际单位制中具有专门名称的导出单位

量 的 名 称	单位名称	单位符号	量 的 名 称	单位名称	单位符号
频率	赫[兹]	Hz	磁通[量]	韦[伯]	Wb
力	牛[顿]	N	磁通[量]密度,磁感应强度	特[斯拉]	T
压力,压强,应力	帕[斯卡]	Pa	电感	亨[利]	H
能[量],功,热量	焦[耳]	J	摄氏温度	摄氏度	℃
功率,辐[射能]通量	瓦[特]	W	光通量	流[明]	lm
电荷[量]	库[仑]	C	[光]照度	勒[克斯]	lx
电压,电动势,电位,(电势)	伏[特]	V	[放射性]活度	贝可[勒尔]	Bq
电容	法[拉]	F	吸收剂量	戈[瑞]	Gy
电阻	欧[姆]	Ω	剂量当量	希[沃特]	Sv
电导	西[门子]	S			

表 A-4　可与国际单位制单位并用的我国法定计量单位

量的名称	单位名称	单位符号	换算关系和说明
时间	分	min	$1\text{min}=60\text{s}$
	[小]时	h	$1\text{h}=60\text{min}=3600\text{s}$
	日,天	d	$1\text{d}=24\text{h}=86400\text{s}$
平面角	[角]秒	″	$1''=(\pi/648000)\text{rad}$
	[角]分	′	$1'=60''=(\pi/10800)\text{rad}$
	度	°	$1°=60'=(\pi/180)\text{rad}$
旋转速度	转每分	r/min	$1\text{r/min}=(1/60)\text{s}^{-1}$
长度	海里	n mile	$1\text{n mile}=1852\text{m}$（只用于航行）
速度	节	kn	$1\text{kn}=1\text{n mile/h}=(1852/3600)\text{m/s}$（只用于航行）
质量	吨	t	$1\text{t}=10^3\text{kg}$
	原子质量单位	u	$1\text{u}=1.6605655\times10^{-27}\text{kg}$
体积	升	l,L	$1\text{l}=1\text{dm}^3=10^{-3}\text{m}^3$
能	电子伏	eV	$1\text{eV}=1.6021892\times10^{-19}\text{J}$
级差	分贝	dB	
线密度	特[克斯]	tex	$1\text{tex}=1\times10^{-6}\text{kg/m}$
面积	公顷	hm^2	$1\text{hm}^2=10^4\text{m}^2$

注：1. 周、月、年（年的符号为 a）为一般常用时间单位。

　　2. 角度单位度、分、秒的符号不处于数字后时，用（°）、（′）、（″）形式。

　　3. 升的两个符号属同等地位，可任意选用。

　　4. r 为转的符号。

　　5. 公里为千米的俗称，符号为 km。

　　6. 日常生活和贸易中，质量习惯称为重量。

表 A-5　用于构成十进倍数和分数单位的词头

因　数	词头名称	词头符号	因　数	词头名称	词头符号
10^{18}	艾[可萨]	E	10^{-1}	分	d
10^{15}	拍[它]	P	10^{-2}	厘	c
10^{12}	太[拉]	T	10^{-3}	毫	m
10^{9}	吉[咖]	G	10^{-6}	微	μ
10^{6}	兆	M	10^{-9}	纳[诺]	n
10^{3}	千	k	10^{-12}	皮[可]	p
10^{2}	百	h	10^{-15}	飞[母托]	f
10^{1}	十	da	10^{-18}	阿[托]	a

注：10^4 称为万，10^8 称为亿，10^{12} 称为万亿，这类数字的使用不受词头名称的影响，但不应与词头混淆。

附录B
物理学常用数表

表 B-1～表 B-15 列出了物理学中各种常用数据，供参考。

表 B-1 基本的和重要的物理常数表

名　称	符　号	数　值		单位符号
真空中的光速	c	2.99792458×10^8		m/s
元电荷	e	$1.60217733 \times 10^{-19}$		C
电子[静]质量	m_e	9.109534×10^{-31}		kg
质子[静]质量	m_p	1.675×10^{-27}		kg
原子质量单位	u	1.660540×10^{-27}		kg
普朗克常量	h	$6.6260755 \times 10^{-34}$		J·s
阿伏伽德罗常数	L, N_A	6.0221367×10^{23}		mol^{-1}
摩尔气体常数	R	8.314510		J/(mol·K)
玻耳兹曼常数	k	1.380658×10^{-23}		J/K
万有引力常数	G	6.67×10^{-11}		N·m²·kg⁻²
法拉第常数	F	9.6485309×10^4		C/mol
热功当量	J	4.186		J·cal⁻¹
里德伯常数	R_∞	1.07373177×10^7		m^{-1}
	R_H	1.09677576×10^7		
电子荷质比	e/m_e	1.7588047×10^{11}		C·kg⁻¹
电子静止能量	$m_e c^2$	0.5110		MeV
质子静止能量	$m_p c^2$	938.3		MeV
原子质量单位的等价能量	Mc^2	9.315		MeV
标准大气压	atm	101325		Pa
冰点热力学温度	T_0	273.15		K
标准状态下声音在空气中的速度	c	331.46		m·s⁻¹
标准状态下干燥空气密度	ρ(空气)	1.293		kg·m⁻³
标准状态下水银密度	ρ(水银)	13595.04		kg·m⁻³
标准状态下理想气体的摩尔体积	$V_{m,0}$	0.02241410		m³/mol
真空介电常数（真空电容率）	ε_0	8.854188×10^{-12}		F/m
真空磁导率	μ_0	1.256637×10^{-6}		H·m⁻¹
钠光谱中黄线波长	D	589.3×10^{-9}	D_1 589.0×10^{-9}	m
			D_2 589.6×10^{-9}	
15℃、101325Pa 时,镉光谱中红线的波长	λ_{cd}	643.84696×10^{-9}		m
转换因子				
$1eV \approx 1.602177 \times 10^{-19} J$				
$1\text{Å} = 10^{-10} m$				
$1u \approx 1.660540 \times 10^{-27} kg$				

表 B-2   不同温度下干燥空气中的声速（单位：m/s）

温度/℃	0	1	2	3	4	5	6	7	8	9
50	360.51	361.07	361.62	362.18	362.74	363.29	363.84	364.39	364.95	365.50
40	354.89	355.46	356.02	356.58	357.15	357.71	358.27	358.83	359.39	359.95
30	349.18	349.75	350.33	350.90	351.47	352.04	352.62	353.19	353.75	354.32
20	343.37	343.95	344.54	345.12	345.70	346.29	346.87	347.44	348.02	348.60
10	337.46	338.06	338.65	339.25	339.94	340.43	341.02	341.61	342.20	342.78
0	331.45	332.06	332.66	333.27	333.87	334.47	335.07	335.67	336.27	336.87
−10	325.33	324.71	324.09	323.47	322.84	322.22	321.60	320.97	320.34	319.72
−20	319.09	318.45	317.82	317.19	316.55	315.92	315.28	314.64	314.00	313.36
−30	312.72	312.08	311.43	310.78	310.14	309.49	308.84	308.19	307.53	306.88
−40	306.22	305.56	304.91	304.25	303.58	302.92	302.26	301.59	300.92	300.25

注：本表中数据为列温度与行温度和的温度下，干燥空气中的声速。如查 55℃下的数据，首先列温度为 50℃，行温度为 5℃，则 55℃下数据为 363.29m/s。

表 B-3   在 20℃ 时常用固体和液体的密度（ρ）

物 质	密度/(kg/m³)	物 质	密度/(kg/m³)
铝	2698.9	水晶玻璃	2900～3000
铜	8960	窗玻璃	2400～2700
铁	7874	冰(0℃)	880～920
银	10500	甲醇	792
金	193200	乙醇	789.4
钨	19300	乙醚	714
铂	21450	汽车用汽油	710～720
铅	11350	氟利昂-12	1329
锡	7298	变压器油	840～890
水银	13546.2	甘油	1260
钢	7000～7900	蜂蜜	1435
石英	2500～2800		

表 B-4   在不同温度下与空气接触的水的表面张力系数

温度/℃	$\alpha/10^{-3}$(N/m)	温度/℃	$\alpha/10^{-3}$(N/m)
0	75.62	20	72.75
5	74.90	21	72.60
6	74.76	22	72.44
8	74.48	23	72.28
10	74.20	24	72.12
11	74.07	25	71.96
12	73.92	30	71.15
13	73.78	40	69.55
14	73.64	50	67.90
15	73.48	60	66.17
16	73.34	70	64.41
17	73.20	80	62.60
18	73.05	90	60.74
19	72.89	100	58.84

表 B-5 不同温度时水的黏滞系数

温度/℃	黏滞系数 $\eta/(\mu Pa \cdot s)$	温度/℃	黏滞系数 $\eta/(\mu Pa \cdot s)$
0	1787.8	60	469.7
10	1305.3	70	406.0
20	1004.2	80	355.0
30	801.2	90	314.8
40	653.1	100	282.5
50	549.2		

表 B-6 液体的黏滞系数

液体	温度/℃	$\eta/(\mu Pa \cdot s)$	液体	温度/℃	$\eta/(\mu Pa \cdot s)$
汽油	0	1788	甘油	-20	134×10^6
	18	530		0	120×10^5
甲醇	0	817		20	1499×10^3
	20	584		100	12945
乙醇	-20	2780	蜂蜜	20	650×10^4
	0	1780		80	100×10^3
	20	1190	鱼肝油	20	45600
乙醚	0	296		80	46000
	20	243	水银	-20	1855
变压器油	20	19800		0	1685
蓖麻油	10	242×10^4		20	1554
葵花籽油	20	50000		100	1224

表 B-7 液体的比热容（C）

液体	温度/℃	比热容/[kJ/(kg·K)]	液体	温度/℃	比热容/[kJ/(kg·K)]
乙醇	0	2.30	变压器油	0~100	1.88
	20	2.47	汽油	10	1.42
甲醇	0	2.43		50	2.09
	20	2.47	甘油	20	2.41
乙醚	20	2.34	水银	0	0.1465
水	0	4.220		20	0.1390
	20	4.182			

表 B-8 在 20℃时某些金属的弹性模量（E）

金属	弹性模量/$\times 10^{10}$Pa	金属	弹性模量/$\times 10^{10}$Pa
铝	6.8	铁（电解）	21
铜	12.6	锌	10.5
钨	36.2	铅	1.5
银	7.5	铜合金	11.2~12.4
镍	21.4	铝合金	6.89~7.17
金	8.1	钢铁合金	17.2~22.6

表 B-9 某些金属或合金的电阻率及其温度系数

金属或合金	电阻率/$10^{-6}(\Omega \cdot m)$	温度系数/$\times 10^{-4}℃^{-1}$
铝	0.028	42
铜	0.0172	43
银	0.016	40
金	0.024	40
铁	0.098	60
铅	0.205	37
铂	0.105	39
钨	0.055	48
锌	0.059	42
锡	0.12	44
水银	0.958	10
武德合金	0.52	37
钢（0.10％～0.15％碳）	0.10～0.14	60
康铜	0.47～0.51	−0.4～+0.1
铜锰镍合金	0.34～1.00	−0.3～+0.2
镍铬合金	0.98～1.10	0.3～4

注：电阻率跟金属中的杂质有关，因此表中列出的只是 20℃时电阻率的平均值。

表 B-10 不同金属（或合金）与铂（化学纯）构成热电偶的热电动势

（热端在 100℃，冷端在 0℃时）

金属（或合金）	热电动势/mV	连续使用温度/℃	短时使用最高温度/℃
95％ Ni+5％(Al,Si,Mn)	−1.38	1000	1250
钨	+0.79	2000	2500
手工制造的铁	+1.87	600	800
康铜(60％Cu+40％Ni)	−3.5	600	800
56％Cu+44％Ni	−4.0	600	800
制导线用铜	+0.75	350	500
镍	−1.5	1000	1100
80％Ni+20％Cr	+2.5	1000	1110
90％Ni+10％Cr	+2.71	1000	1250
90％Pt+10％Ir	+1.3	1000	1200
90％It+10％Rh	+0.64	1300	1600
银	+0.72	600	700

注：1. 表中的"＋"或"－"表示该电极与铂组成热电偶时，其热电动势为正或为负。当热电动势为正时，在处于 0℃的热电偶一端电流由金属（或合金）流向铂。

2. 为了确定用表中所列任何两种材料构成的热电偶的热电动势，应当取这两种材料的热电动势的差值。例如，铜-康铜热电偶的热电动势为＋0.75－（－3.5）＝4.25mV。

表 B-11 常用光源的谱线的波长（λ）

谱 线	λ/nm	谱 线	λ/nm	谱 线	λ/nm
H（氢）红	656.28	蓝	447.15	Na（钠）黄	589.592
绿蓝	486.13	蓝紫	402.62	黄	588.995
蓝	434.05	蓝紫	388.87	Hg（汞）橙	623.44
蓝紫	410.17	Ne（氖）红	650.65	黄	579.07
蓝紫	397.01	橙	640.23	黄	576.96
He（氦）红	706.52	橙	638.30	绿	546.07
红	667.82	橙	626.25	绿蓝	491.60
黄（DS）	587.56	橙	621.73	蓝	435.83
绿	501.57	橙	614.31	蓝紫	407.78
绿蓝	492.19	黄	588.19	蓝紫	404.66
蓝	471.31	黄	585.29	He-Ne 激光	632.8

表 B-12 光在有机物中偏振面的旋转

旋光物质溶剂、浓度	波长/nm	旋光率	旋光物质溶剂、浓度	波长/nm	旋光率
葡萄糖＋水 $c=5.5$ （$t=20℃$）	447.0	96.62	酒石酸＋水 $c=28.62$ （$t=18℃$）	350.0	−16.8
	479.0	83.88		400.0	−6.0
	508.0	73.61		450.0	＋6.6
	535.0	65.35		500.0	＋7.5
	589.0	52.76		550.0	＋8.4
	656.0	41.89		589.0	＋9.82
蔗糖＋水 $c=26$ （$t=20℃$）	404.7	152.8	樟脑＋乙醇 $c=34.70$ （$t=19℃$）	350.0	378.3
	435.8	128.8		400.0	158.6
	480.0	103.05		450.0	109.8
	520.9	86.80		500.0	81.7
	589.3	66.52		550.0	62.0
	670.8	50.45		589.0	52.4

表 B-13 几种物质的绝对折射率和临界角

物 质	折射率	临界角	物 质	折射率	临界角
空气	1.0002919	88.5°	甘油	1.47	42.9°
水蒸气	1.0255	77.2°	麻油	1.47	42.9°
二氧化碳	1.0453	73.1°	桐油	1.50	41.8°
盐酸	1.25	53.1°	苯	1.50	41.8°
冰	1.31	49.8°	轻冕玻璃	1.51	42.5°
水	1.33	48.7°	水晶	1.54	40.5°
甲醇	1.33	48.7°	岩盐	1.54	40.5°
乙醚	1.35	47.8°	加拿大树胶	1.54	40.5°
酒精	1.36	47.3°	二硫化碳	1.62	38.1°
硝酸	1.40	45.6°	溴	1.66	37.0°
松节油	1.41	45.2°	各种玻璃	1.4～2.0	45.6°～30°
硫酸	1.43	44.4°	金刚石	2.44	24.6°

表 B-14 水在一定温度下（℃）的密度   （g/cm³）

T	0.0	0.1	0.2	0.3	0.4	0.5	0.6	0.7	0.8	0.9
10.	0.99973	0.99972	0.99971	0.99970	0.99969	0.99968	0.99967	0.99966	0.99965	0.99964
11.	0.99963	0.99962	0.99961	0.99960	0.99959	0.99958	0.99957	0.99956	0.99955	0.99954
12.	0.99953	0.99951	0.99950	0.99949	0.99948	0.99947	0.99946	0.99944	0.99943	0.99942
13.	0.99941	0.99939	0.99938	0.99937	0.99935	0.99934	0.99933	0.99931	0.99930	0.99929
14.	0.99927	0.99926	0.99924	0.99923	0.99922	0.99920	0.99919	0.99917	0.99916	0.99914
15.	0.99913	0.99911	0.99910	0.99908	0.99907	0.99905	0.99904	0.99902	0.99900	0.99899
16.	0.99897	0.99896	0.99894	0.99892	0.99891	0.99889	0.99887	0.99885	0.99884	0.99882
17.	0.99880	0.99879	0.99877	0.99875	0.99873	0.99871	0.99870	0.99868	0.99866	0.99864
18.	0.99862	0.99860	0.99859	0.99857	0.99855	0.99853	0.99851	0.99849	0.99847	0.99845
19.	0.99843	0.99841	0.99839	0.99837	0.99835	0.99833	0.99831	0.99829	0.99827	0.99825
20.	0.99823	0.99821	0.99819	0.99817	0.99815	0.99813	0.99811	0.99808	0.99806	0.99804
21.	0.99802	0.99800	0.99798	0.99795	0.99793	0.99791	0.99789	0.99786	0.99784	0.99782
22.	0.99780	0.99777	0.99775	0.99773	0.99771	0.99768	0.99766	0.99764	0.99761	0.99759
23.	0.99756	0.99754	0.99752	0.99749	0.99747	0.99744	0.99742	0.99740	0.99737	0.99735
24.	0.99732	0.99730	0.99727	0.99725	0.99722	0.99720	0.99717	0.99715	0.99712	0.99710
25.	0.99707	0.99704	0.99702	0.99699	0.99697	0.99694	0.99661	0.99689	0.99686	0.99684
26.	0.99681	0.99678	0.99676	0.99673	0.99670	0.99668	0.99665	0.99662	0.99659	0.99657
27.	0.99654	0.99651	0.99648	0.99646	0.99643	0.99686	0.99637	0.99634	0.99632	0.99629
28.	0.99626	0.99623	0.99620	0.99617	0.99614	0.99612	0.99609	0.99606	0.99603	0.99600
29.	0.99597	0.99594	0.99591	0.99588	0.99585	0.99582	0.99579	0.99576	0.99573	0.99570
30.	0.99567	0.99564	0.99561	0.99558	0.99555	0.99550	0.99549	0.99546	0.99543	0.99540

表 B-15 纯净液体中的声速

液体	温度 t_0/℃	声速 v/m·s^{-1}	温度系数 α/m·s·℃$^{-1}$
苯胺	20	1656	−4.6
丙酮	20	1192	−5.5
苯	20	1326	−5.2
海水	17	1510~1550	/
普通水	25	1497	2.5
甘油	20	1923	−1.8
煤油	34	1295	/
甲醇	20	1123	−3.3
乙醇	20	1180	−3.6

参 考 文 献

[1] 吕斯骅，段家忯. 基础物理实验 [M]. 北京：北京大学出版社，2002.

[2] 张兆奎，缪连元，张立，钟菊花. 大学物理实验 [M]. 第 4 版. 北京：高等教育出版社，2016.

[3] 马文蔚. 物理学（上册）[M]. 第 5 版. 北京：高等教育出版社，2006.

[4] 马文蔚. 物理学（下册）[M]. 第 5 版. 北京：高等教育出版社，2006.

[5] 葛松华，唐亚明. 大学物理实验 [M]. 北京：化学工业出版社，2012.

[6] 张三慧. 大学基础物理学 [M]. 北京：清华大学出版社，2003.

[7] 余小英，李凡生. 基于 MATLAB 的双棱镜干涉图像处理研究 [J]. 物理实验，2010，30（5）：28-31.

[8] 陈毓斌. 惠斯通电桥测电阻的误差分析 [J]. 技术物理教学，2004，12（1）：32-33.

[9] 黄大林. 电工仪表的使用与调修 [M]. 北京：中国电力出版社，2003.

[10] 顾焕国等. 补偿法测电阻实验设计 [J]. 大学物理实验，2007，20（2）：47-48.

[11] 张永瑞、刘振起等. 电子测量技术基础 [M]. 西安：西安电子科技大学出版社，2000.

[12] 孙以材，刘新福等. 微区薄层电阻四探针测试以及其应用 [J]. 固体电子学研究与进展，2002，22（1）：93-99.

[13] 王琨，晏敏等. 半导体材料电阻率与导电类型测试仪的研制 [J]. 国外电子测量技术，2008，27（9）：1-3.

[14] 单晓峰. 关于受迫振动、共振的实验研究 [J]. 物理实验，2006，26（8）：24-26.

[15] 易忠斌. 共振现象实验演示方法的探讨 [J]. 喀什师范学院学报，2006（6）：72-74.

[16] 丁慎训. 物理实验教程 [M]. 北京：清华大学出版社，2002.

[17] 李越洋，刘存海，张勇. 受迫振动特性研究 [J]. 化学工程与装备，2008（7）：19-20.

[18] 朱鹤年. 波耳共振仪受迫振动的运动方程 [J]. 物理实验，2006，25（11）：47-48.

[19] 许友文，许弟余. 用旋转矢量法求受迫振动的振幅和初相 [J]. 物理与工程，2006，16（4）：20-21.

[20] 方恺，陈铭南. 智能型波尔共振仪网络系统的设计 [J]. 实验室研究与探索，2006，25（7）：771-772.

[21] 任新成，王玉清等. 插入铁芯的螺线管自感系数的实验测定及其应用 [J]. 大学物理，2004，23（7）：45-48.

[22] 陈水波，乐雄军. 测量杨氏模量的智能光电系统 [J]. 物理实验，2001，21（11）：34-35.

[23] 花世群. 利用电容器测量杨氏弹性模量 [J]. 大学物理，2003，22（7）：27-28.

[24] 李平舟，陈绣华，吴兴林. 大学物理实验 [M]. 西安：电子科技大学出版社，2002.

[25] 翟华富，张明宪，王维果等. HYS-1 型霍尔效应应用技术综合实验仪 [J]. 物理实验，2005，25（6）：20-24.

[26] 张玉民，戚伯云. 电磁学 [M]. 北京：科学出版社，2000.

[27] 张逸，章企，陆申龙. 集成开关型霍尔传感器的特性测量和应用 [J]，大学物理实验，2000，13（2）：1-4.

[28] 游海洋，赵在忠，陆申龙. 霍尔位置传感器测量固体材料的杨氏模量 [J]. 物理实验，2000，20（8）：47-48.

[29] 陆申龙，张平. 用集成开关型霍尔传感器测量周期的新型焦利秤的研制 [J]. 实验技术与管理，2001，2（4）：119-122.

[30] 赵凯华，陈熙谋. 电磁学 [M]. 第 4 版. 北京：高等教育出版社，2018.

[31] 杨述武. 普通物理实验（一、电磁学部分）[M]. 北京：高等教育出版社，2000：67-75.

[32] 马文蔚，解希顺，谈漱梅，柯景风. 物理学（第四版）（上册）[M]. 北京：高等教育出版社，2003.

[33] 张梦，吴克刚，朱庆功. 基于霍尔效应的车用角位置传感器线性化研究 [J]. 汽车零部件，2013，6：

83-85.

[34] 焦丽凤. 集成开关型霍尔传感器在测量物体转动惯量中的应用 [J]. 实验室探索与研究，2000 (5)：57.

[35] 何希才，薛永毅. 传感器及其应用实例 [M]. 机械工业出版社，2004.

[36] 梁灿彬. 电磁学 [M]. 北京：高等教育出版社，2004.

[37] 王素红等. 基于示波器使用的系列拓展实验研究 [J]. 大学物理实验，2012，1 (12)：30-34.

[38] 吴功涛等. 基于数字示波器的傅里叶分析实验的开发 [J]. 大学物理实验，2012，5 (14)：44-46.

[39] 张士勇. 磁悬浮技术的应用现状与展望 [J]. 工业仪表与自动化装置，2003 (3)：63-65.

[40] 郭宇虹. 多功能电磁感应实验仪的制作及悬浮现象解析 [J]. 龙岩学院学报，2005，23 (6)：47-49.

[41] 张继荣. 电磁感应理论在磁悬浮列车中的应用 [J]. 物理实验，2002，22 (10)：38-41.

[42] 徐明奇，乔红华，张雪明等. 磁悬浮轨道交通演示模型的研制 [J]. 物理实验，2007，27 (11)：21-25.

[43] 沈元华. 设计性研究性物理实验教师用书 [M]. 上海：复旦大学出版社，2004.

[44] 严导淦. 物理学 (下册) [M]. 第 3 版. 北京：高等教育出版社，2004.

[45] 张艳，高强，俞炳丰等. 室温磁制冷研究新动态及应用 [J]. 制冷与空调，2005，5 (4)：1-8.

[46] 戴闻，沈保根，胡凤霞等. 磁制冷研究中的物理问题 [J]. 中国科学基金，2000，14 (4)：216-220.

[47] 刘爱红. 熵与绝热去磁制冷的物理原理 [J]. 物理与工程，2001，11 (2)：35-37.

[48] 王贵，张世亮，赵仑等. 磁制冷材料研究进展 [J]. 稀有金属材料与工程，2004，33 (9)：897-901.

[49] 李学慧等. 磁性液体表观密度随磁场变化测量仪 [P]. 中国专利 CN-02132428. X，2003-05-07.

[50] 庄明伟，余志文，梁爽等. 双管对比式楞次定律演示装置 [J]. 物理实验，2010，30 (6)：23-24.

[51] 程守洙，江之永. 普通物理学 [M]. 第 5 版. 北京：高等教育出版社，2006：328-330.

[52] 张步元. 用光电门测自由落体加速度实验的改进 [J]. 物理实验，2010，30 (12)：14-17.

[53] 周勇，李更磊，郑小平. 对光电门测得的瞬时速度的误差分析 [J]. 物理实验，2009，29 (1)：24-26.

[54] 张增明，孙腊珍，霍剑青等. 研究性物理实验教学的实践 [J]. 物理实验，2011，31 (2)：21.

[55] 舒信隆，景培书，张路一. 磁悬浮运动演示仪 [J]. 物理实验，2010，30 (5)：16-18.

[56] 韩九强，周杏鹏. 传感器与检测技术 [M]. 北京：清华大学出版社，2010：95-99.

[57] 胡基士. EMS 型磁浮列车悬浮力分析 [J]. 西南交通大学学报，2001，36 (1)：44-47.

[58] 李潮锐，姚若河，何振辉等. 开放式物理实验交流平台及教学辐射作用 [J]. 物理实验，2010，30 (11)：15-20.

[59] 陈宜保，王文翰，杨翔等. 超磁致伸缩材料性能测量实验 [J]. 物理实验，2008，28 (12)：13-15.

[60] 曹惠贤. 磁致伸缩系数的测量 [J]. 物理实验，2003，23 (2)：37-38.

[61] 谭有广，刘峰. 非接触测量液体电导率的仿真与实验分析 [J]. 电工技术，2004 (7)：69-71.

[62] 陈丽梅，程敏熙，肖晓芳等. 盐溶液电导率与浓度和温度的关系测量 [J]. 实验室研究与探索，2010，29 (5)：39-42.

[63] 阎守胜. 固体物理基础 [M]. 北京：北京大学出版社，2000.

[64] 张伶俐，贝承训，黄绍江. 多普勒效应测速实验仪的改进 [J]. 大学物理实验，2009，22 (3)：60-63.

[65] 秦颖，王茂仁. 多普勒效应实验数据的简单处理方法 [J]. 物理实验，2009，29 (7)：31-32.

[66] 赵旭光. 浅谈多普勒效应 [J]. 现代物理知识，2003 (2)：20-21.

[67] 傅廷亮. 计算机模拟技术 [M]. 合肥：中国科学技术大学出版社，2001.

[68] 童培雄，刘贵兴，沈元华. 多普勒效应测速实验 [J]. 物理实验，2000，20 (2)：35.

[69] 陆正兴，王亚伟. 声波多普勒效应综合实验 [J]. 物理实验，2002，22 (7)：35.

[70]　高永慧，王冰. 用超声波测量混合介质中的含气量 [J]. 物理实验，2004，24（11）：26-29.

[71]　欧阳录春，蒋珍华，俞卫刚等. 扬声器驱动热声制冷机的研究进展 [J]. 应用声学，2005，24（1）：59-65.

[72]　曹正东，马彬，陈润等. 热声效应及其实验 [J]. 物理实验，2004，24（12）：7-9.

[73]　杜功焕，朱哲民，龚秀芬. 声学基础 [M]. 南京：南京大学出版社，2001.

[74]　史庆藩，潘北诚，阿卜杜拉等. 不同堆构条件下颗粒柱有效质量的涨落 [J]. 物理实验，2011，31（7）：45-46.

[75]　骆子喻，张雷锋，鲍德松. 颗粒链在振动条件下的行为研究 [J]. 物理实验，2010，30（12）：36-38.

[76]　王开圣，赵志敏，刘小廷. 声速测量实验原理讨论 [J]. 物理实验，2012，30（3）：25-28.

[77]　俞嘉隆. 压电晶体换能器在声学实验中的调配 [J]. 物理与工程，2005. 15（4）：34-35.

[78]　丁祖荣. 流体力学（上册）[M]. 北京：高等教育出版社，2003. 14-21.

[79]　包奕靓，黄吉，陆申龙. 新型旋转液体实验 [J]. 大学物理，2003，22（2）：27-30.

[80]　袁野，晏湖根，陆申龙等. 旋转液体实验装置的设计 [J]. 物理实验，2004，24（2）：43-46.

[81]　秦允豪. 热学 [M]. 第 3 版. 北京：高等教育出版社，2011.

[82]　黄淑清，聂宜如，申先甲. 热学教程 [M]. 北京：高等教育出版社，2011.

[83]　张开骁，李成翠，朱卫华. 《热学》课程论文在教学中的形式与作用 [J]. 中国校外教育，2013，（9）：116.

[84]　章登宏，钟菊花，房毅等. 温度传感器在热学实验中的应用 [J]. 实验室研究与探索，2013，32（7）：149-152.

[85]　任清晨. 风力发电机组工作原理和技术基础 [M]. 北京：机械工业出版社，2010.

[86]　何显富. 风力机设计、制造与运行 [M]. 北京：化学工业出版社，2009.

[87]　张鹏飞，张子亮，张鹏等. 小型风光互补发电演示装置 [J]. 物理实验，2012，32（1）：21-24.

[88]　香茹. 用敏传感器测液体表面张力系数的实验研究 [J]. 科技创新导报，2009（5）：4.

[89]　全国量和单位标准化技术委员会. GB 3100—1993 国际单位制及其应用 [S]. 北京：中国标准出版社，1993.

[90]　全国量和单位标准化技术委员会. GB/T 3101—1993 有关量、单位和符号的一般原则 [S]. 北京：中国标准出版社，1993.

[91]　全国量和单位标准化技术委员会第一分委员会. GB/T 3102.1—1993 空间和时间的量和单位 [S]. 北京：中国标准出版社，1993.

[92]　全国量和单位标准化技术委员会第一分委员会. GB/T 3102.2—1993 周期及其有关现象的量和单位 [S]. 北京：中国标准出版社，1993.

[93]　全国量和单位标准化技术委员会第一分委员会. GB/T 3102.3—1993 力学的量和单位 [S]. 北京：中国标准出版社，1993.

[94]　全国量和单位标准化技术委员会第二分委员会. GB/T 3102.4—1993 热学的量和单位 [S]. 北京：中国标准出版社，1993.

[95]　全国量和单位标准化技术委员会第二分委员会. GB/T 3102.5—1993 电学和磁学的量和单位 [S]. 北京：中国标准出版社，1993.

[96]　全国量和单位标准化技术委员会第三分委员会. GB/T 3102.6—1993 光及有关电磁辐射的量和单位 [S]. 北京：中国标准出版社，1993.

[97]　全国量和单位标准化技术委员会第四分委员会. GB/T 3102.7—1993 声学的量和单位 [S]. 北京：中国标准出版社，1993.

[98]　全国量和单位标准化技术委员会第五分委员会. GB/T 3102.8—1993 物理化学和分子物理学的量和单位 [S]. 北京：中国标准出版社，1993.

[99] 全国量和单位标准化技术委员会第六分委员会. GB/T 3102.9—1993 原子物理学和核物理学的量和单位 [S]. 北京：中国标准出版社，1993.

[100] 全国量和单位标准化技术委员会第七分委员会. GB/T 3102.11—1993 物理科学和技术中使用的数学符号 [S]. 北京：中国标准出版社，1993.

[101] 全国量和单位标准化技术委员会第八分委员会. GB/T 3102.13—1993 固体物理学的量和单位 [S]. 北京：中国标准出版社，1993.